U0323096

新能源科技译丛

可再生能源

（丹）亨里克·隆德　著
王育民　译

中国三峡出版传媒
中国三峡出版社

图书在版编目（CIP）数据

可再生能源／（美）亨里克·隆德著；王育明译．— 北京：中国三峡出版社，2016.12

书名原文：Renewable Energy Systems：A Smart Energy Systems Approach to the Choice and Modeling of 100% Renewable Solutions

ISBN 978－7－80223－954－8

Ⅰ．①可… Ⅱ．①亨…②王… Ⅲ．①再生能源－研究 Ⅳ．①TK01

中国版本图书馆 CIP 数据核字（2016）第 268656 号

责任编辑： 彭新岸

中国三峡出版社出版发行
（北京市西城区西廊下胡同 51 号　　100034）
电话：（010）66117828 66116228
http：//www.zgsxcbs.cn
E－mail：sanxiaz@sina.com

北京市十月印刷有限公司印刷　新华书店经销
2017 年 1 月第 1 版　2017 年 1 月第 1 次印刷
开本：787×1092 毫米　1/16　印张：19.75
字数：364 千字
ISBN 978－7－80223－954－8　定价：60.00 元

目　录

第一部分　理论基础篇

第二部分 方法工具篇

第三部分 专题分析篇

第四部分　案例分析篇

第五部分 总结篇

致　谢

首先，我要感谢奥尔堡大学发展和规划系的所有同事——你们为创造一个跨学科的环境做出了贡献，这里鼓励新想法，技能和领域的多样性为富有成效的意见创造了良好基础。这些专业财富让我的职业生涯受益匪浅。我尤其需要感谢 Frede Hvelplund——我多年的好友和研究合作伙伴——参与了本书中介绍的大部分案例。没有你的帮助和鼓励，我不可能写出这样一本书。

感谢发展和规划系的 Mette Reiche Sϕrensen 和 Pernille Sylvest Andersen 提供优秀而高效的语言支持，以及对本书观点提出意见和建议。感谢 Annelle Riber-holt 的文字编辑，以及 Jimmi Jensen 提供的图表处理协助。

感谢能源规划研究小组的以下成员对本书第六章和第七章做出的重要贡献：Poul Alberg ϕstergaard、Bernd Möller、Brian Vad Mathiesen 和 David Connolly。同时，还要感谢 Karl Sperling、Steffen Nielsen、Peter Sorknæs、Wen Liu、Lixuan Hong、Pil Seok Kwon、Sean Bryant、Anna Carlson、Morten Boje Blarke、Georges Salgi、Marie Münster、Iva Ridjan、Sϕren Roth Djϕrup、Rasmus Sϕgaard Lund 和 Jakob Zinck Thellufsen 多年来的协作和帮助。

感谢奥尔堡大学的 Tim Richardson 教授、隆德大学的 Thomas B. Johansson 教授和弗伦斯堡大学的 Olav Hohmeyer 教授在 2009 年 4 月授予高级博士学位时，对本书第一版内容的评估和答辩给出的启发性建议。感谢 Niels I. Meyer、Andrew Jamison、Bent Flyvbjerg 和 Jes Adolphson 为本书提供的建设性意见。感谢 Woody W. Clark II 多年来的支持与帮助，以及对本书第七章做出的巨大贡献。感谢 EMD international 的 Anders. N. Andersen 说服我将 EnergyPLAN 模型转换为基于 Windows 的 Pascal 语言。感谢 PlanEnergi 以及 EMD 的 Ebbe Münster、Henning Mæng 和 Leif Tambjerg 近 10 年来为本模型的设计、测试和开发提供的巨大帮助。

感谢丹麦能源署的 Sigurd Lauge Pedersen、丹麦电网公司的 Jens Pedersen 和 EA Consulting 的 Hans Henrik Lindboe 在 2001 年及后续的热电联产和可再生能源专家小组的建模工作中给予的协助。感谢丹麦技术大学国家能源实验室的 Poul

Erik Morthorst 和 Kenneth Karlsson 给予的帮助和鼓励。

感谢都布罗夫尼克会议组的 Naim Afgan 教授、Noam Lior 教授、Zvonimir Guzovic 教授 和 Zeljko Bogdan 教授，尤其要感谢萨格勒布大学的 Neven Duić 和 Goran Krajačić，感谢他们为各类能源系统分析模型的研讨和对比研究提出的建设性意见。

感谢特拉华大学的 Willett Kempton 在 V2Gs（车辆到电网）模拟方面给予的协作，以及对本书第五章的贡献。

感谢丹麦技术大学的 Brian Elmegaard 和 DONG 能源公司（DONG Energy）的 Axel Hauge Pedersen，以及丹麦电网公司的 Henning Parbo 和 Kim Behnke 为压缩空气储能技术（CAES）建模提供的建设性意见。

感谢丹麦工程师协会的“能源年 2006”筹划指导委员会的各位成员邀请我和我的同事 Brian Vad Mathiesen 对项目进行总体技术和经济分析，他们分别为 Sϕren Skibstrup Eriksen、Per Nϕrgaard、Kurt Emil Eriksen、John Schiϕler Andersen、Thomas Sϕdring、Charles Nielsen、Hans Jϕrgen Brodersen、Mogens Weel Hansen 和 Bjarke Fonnesbech。感谢“能源年 2006”的所有参与者提出的专业意见和见解，这些专业意见和见解为本研究的开展奠定了基础。

感谢 CEESA 项目的团队成员，分别为南丹麦大学的 Henrik Wenzel 和 Lorie Hamelin，哥本哈根大学的 Claus Felby 和 Niclas Scott Bentsen，奥尔堡大学的 Peter Karnϕe、Per Christensen、Birgitte Bak - Jensen、Mads Pagh Nielsen、Jayakrishnan R. Pillai 和 Erik Schaltz、Aalborg University，丹麦技术大学的 Thomas Astrup、Davide Tonini、Morten Lind、Kai Heussen、Frits M. Andersen、Lise - Lotte P. Hansen 以及 Jesper Munksgaard，还有前文已经提及的其他同事。

感谢零耗能建筑研究中心的研究团队为未来区域热网提供的建设性意见，他们分别为奥尔堡大学的 Anna Marszal 和 Per Heiselberg 教授，丹麦技术大学的 Svend Svendsen 教授，还要感谢哈姆斯塔德大学的 Urban Persson 和 Sven Werner 教授，以及英国建筑研究院的 Robin Wiltshire。

感谢清华大学的张希良教授和格罗宁根汉斯应用技术大学的刘文（音译）对本书第七章做出的贡献。

感谢奥尔堡能源办公室在 20 世纪 80 年代早期的团队，尤其是 Poul Bundgaard 在 Nordkraft 发电厂案例中的参与。

感谢我的 84 级同学 Frank Rosager、Henning Mæng、Lars Mortensen 和 Sofie Jörby 在奥尔堡供暖规划案例中设计的“替代方案 4”；感谢市议会成员 Willy Gregersen 坚持让大学职员参与供暖规划和 Nordjyllandsværket 的“现实生活”问题和规划程序。

感谢丹麦能源署生物质秘书邀请我参与 20 世纪 90 年代早期由 Helge Φrsted Pedersen 和 Kaare Sandholt 领导的大型沼气电厂分析项目。

感谢参与 Nordjyllandsværket 项目的人员和机构，尤其感谢电力公司的 Peter Hφstgaard Jensen 和 Flemming Nissen 在公共辩论期间提出的精彩反驳观点。

感谢参与 20 世纪 90 年代中期输电线项目的人员和机构，包括由 Marianne Bender 领导的东希默兰能源办公室。另外，感谢郡议会成员 Thyge Steffensen 和 Karl Bornhφft 为在决策过程中采用适当替代方案做出的努力。

感谢 Netzwerk Dezentrale Energienutzung 的 Ulrich Jochimsen 邀请我们参与 1992 年的劳西茨项目，感谢 Niels Winther Knudsen 和 Annette Grunwald 在替代能源战略设计和倡导中提供的富有成效的合作。

感谢总工会邀请我参与 20 世纪 90 年代中期的绿色能源规划编制工作，尤其要感谢 Ole Busck 和 Sussi Handberg。

感谢丹麦可再生能源组织的 Ejwin Beuse 和 Finn Tobiesen 邀请我和我的同事参与泰国能源规划；感谢下列学者在 1999 年举行的曼谷研讨会上发起巴蜀电厂项目以及为该项目提供的帮助：泰国农业大学的 Decharut Sukkumnoed 博士和 S.（Bank）Nunthavorakarn，曼谷法政大学的 Aroon Lawanprasert 博士和 Sumniang Natakuatoong 女士。

感谢常务董事 Asbjφrn Bjerre 提议让我参与丹麦风电设计的可行性研究以及 2002 年的经济委员会的项目。感谢奥胡斯大学商学院的 Karl Emil Serup 以及奥尔堡大学的 Carsten Heyn - Johnsen 和 Erik Christensen 提出的重要观点和建议。

感谢特约撰稿人 Paul Quinlan 为本书第八章做出的重要贡献。

衷心感谢我的妻子 Sφsser Lund，是她在 20 世纪 80 年代参与人体动力学时将我带入了这一领域，而且为后来“选择认知”的提出起到了引领作用。她始终是本书相关演讲的重要参与者和忠实听众。

最后，我要感谢我的两个女儿 Olivia 和 Fanny。她们每人为本书创作了一幅画，一幅画的是代表可再生能源的风机，另一幅画的是“霍布森的选择”，表示可再生能源是不可替代的选择。

Henrik Lund

2013 年 9 月

合著者简介

张希良：中国北京清华大学能源环境经济研究所执行所长、教授，获得清华大学管理科学与工程专业博士学位，当前主要研究领域为能源技术创新、能源和气候政策综合评价、可再生能源和汽车能源。2004—2005 年，张希良教授担任起草《中华人民共和国可再生能源法》的专家组的负责人之一，并于 2007 年担任《中华人民共和国循环经济促进法》编制组能源专家。目前，张希良教授是中国国家社会科学基金会中国气候政策决策关键问题重点研究基金首席专家，以及由中华人民共和国科学技术部组织、国家发改委支持的气候变化缓解目标、途径和政策研究项目联席首席科学家。张希良教授从 2006 年开始担任中国能源研究会新能源委员会秘书长，并自 2011 年以来担任中国可再生能源行业协会副会长。

Willett Kempton：训练有素的认知人类学家和电气工程师，特拉华大学无碳电力一体化中心主任和地球、海洋与环境学院教授。Kempton 与合著者于 1997 年发表了现名“车辆到电网”（Vehicle-to-Grid，简称 V2G）的首次提议，并于 2005 年公开了 V2G 电力和 V2G 市场基本方程。Kempton 与行业合作伙伴携手创建中部大西洋电网互动汽车联合会（MAGICC），力图实现 V2G 的商业化。除了关于 V2G 的文章和报告外，Kempton 还发表了多篇研究，主要涉及海上风力发电、公民和政策制定者对环境问题的信念和价值、能源效率认知和行为特点，以及推动公民采取环保措施的因素。

Frede Hvelplund：丹麦奥尔堡大学能源规划教授，具有经济学和社会人类学背景。Hvelplund 已编著一系列关于向可再生能源系统过渡的综合性系列书籍和文章，其中，《替代能源规划》（*Alternative Energy Plans*）是与其他工程师以跨专业团队合著的。Hvelplund 作为“现实派制度经济学家”，明白市场作为一个社会建构，数十年来为了支持化石燃料经济而不断调整社会结构。因此，他坚信要向“可再生能源”经济体过渡，就必须从本质上改变具体制度规则、法律和市场条件。2005 年，Hvelplund 获得丹麦技术博士学位，并于 2008 年 12 月被欧洲可再生能源协会（EUROSOLAR）授予的“欧洲太阳能奖”。

Bernd Möller：可持续能源系统管理学教授、德国弗伦斯堡大学发展中国家能源和环境管理理学硕士研究项目主任。Möller已获得丹麦奥尔堡大学能源系统工程硕士学位和能源规划空间信息使用和分析（GIS）博士学位，主要研究方向为定量地理学分析在可持续能源资源经济学、技术和规划方面的应用，分布、位置和距离可能对风能、生物质能和太阳能等资源可行性的影响，以及能源效率和区域供暖和供冷等基础设施。

Woodrow W. Clark II：文学硕士，博士，定性经济学家。因在联合国政府间气候变化专业委员会的出色工作，成为2007年诺贝尔和平奖联合获奖人。Clark于2000年至2003年担任加利福尼亚州州长可再生能源顾问，并多次在加利福尼亚州、欧洲和亚洲发表主题演讲。此外，Clark是克拉克战略伙伴公司（Clark Strategic Partners）创始人，创立了使用智能绿色基础设施、电网、技术、公共政策（计划）和经济（融资和投资）的可持续社区。Clark已发表50余篇同行评议论文，出版6本关于可再生能源和可持续社区的书籍，其他还有最近出版的书籍《下一轮经济》（*The Next Economics*）以及即将出版的新书《绿色工业革命》（*The Green Industrial Revolution*）和《全球可持续社区设计手册》（*Global Sustainable Communities Design Handbook*）（2014年）。

Paul Quinlan：美国北卡罗来纳州可持续能源协会的经济研究和发展部主任。该协会是一个专门通过公共政策、教育和经济发展促进全州的可再生能源发展和提升能源效率的非盈利性组织。他的工作是领导一个创新型经济研究项目，为公共政策和市场发展活动提供信息。Paul Quinlan发表了一份年度可再生能源和能源效率调查，详细展示了北卡罗来纳州的相关行业动态和发展情况。其研究领域和专长还涉及风能和劳动力发展。Paul Quinlan在杜克大学获得了公共政策研究生学位和环境管理研究生学位。

Poul Alberg ϕstergaard：丹麦奥尔堡大学能源规划副教授，已获得能源规划理学硕士学位和博士学位；其博士研究方向主要是综合资源规划和能源领域组织结构。ϕstergaard从1995年开始展开研究并写作能源规划方面的刊物，多次担任大规模能源接入及可再生能源方案编写等一系列研究项目的项目经理、工作包负责人或参与者。此外，ϕstergaard是奥尔堡大学可持续能源规划和管理理学硕士项目协调人，并多次参与各类教学和培训活动，比较著名的包括在丹麦、尼加拉瓜、约旦和马来西亚举办的能源系统分析研讨会。

Brian Vad Mathiesen：奥尔堡大学能源规划教授，获得未来能源系统燃料电池研究的硕士学位和博士学位（2008年），研究领域包括短期众所周知的过渡技术分析、100%可再生能源系统、技术能源系统分析和可行性研究、公共监管和技术变革。Mathiesen从2005年开始参与可再生能源系统和大规模风电并网技术研究，曾负责技术和社会经济分析，为国际开发协会（IDA）2050年气候计划（2009年）和CEESA（2011年）战略研究项目确定的100%可再生能源目标的详细蓝图奠定了坚实基础。2008年和2010年，Mathiesen参与编写丹麦供暖计划，该计划旨在分析未来可能的供热方式。

David Connolly：丹麦奥尔堡大学环境规划副教授。在其研究中，Connolly主要开发了国家或国际级能源模型，用于评估能源系统的技术、环境和经济后果，重点放在100%可再生能源系统上。迄今为止，Connolly的研究方向集中在电力储存的作用、区域供暖和100%可再生能源系统中的合成燃料。Connolly已获得爱尔兰利默里克大学能源规划博士学位，并荣获2010年全球论坛最佳青年研究员。

Wen Liu：荷兰汉斯应用科学大学讲师、研究员，获得丹麦奥尔堡大学环境规划博士学位和中国北京师范大学环境科学硕士学位。Wen Liu的工作重点是环境系统分析、建模，以及可持续交通运输层面的可持续交通技术和大规模可再生能源并网。Wen Liu已发表一系列专业文章，在文章中提出了可再生能源系统的分析方法，评估了中国的可持续交通运输方式。Wen Liu是首位将“能源计划”计算机工具应用于中国能源系统的研究员。

Anders N. Andersen：EMD（www.emd.dk）国际能源系统部主任。能源系统部主要负责模拟工具energyPRO的研发；energyPRO在全球广泛应用于模拟和优化具备能源储存功能的分布式发电站、参与电力批发业务、平衡电力市场。Andersen已获得数学和物理硕士学位，以及企业管理和组织专业毕业证书。

缩略语

电厂技术

CHP：热电联产

PP：电厂（冷凝机组）

CAES：压缩空气储能

CCS：碳捕集与封存

CCR：碳捕集与循环

COP：性能系数（热泵的输出热量与输入功/电力之比）

电力需求与供给

DSM：需求侧管理

CEEP：临界过剩发电量

EEEP：可出口过剩发电量

可再生能源和燃料

RES：可再生能源

PV：光伏

DME：二甲醚（甲醇第一衍生物）

运输

BEV：纯电动车

HFCV：氢燃料电池汽车

V2G：汽车到电网（汽车向公共电网提供电能）

pkm：人公里（人员输送）

tkm：吨公里（货物输送）

可再生能源

建筑物和能源设施

DH：区域供热
4GDH：第四代区域供热
ZEB：零耗能建筑/零碳排放建筑

政策和规划

EIA：环境影响评价
GIS：地理信息系统

经济

GDP：国内生产总值
DEC：丹麦经济委员会
O&M：运行和维护
DKK：丹麦克朗
USD：美元
THB：泰铢
DM：德国马克
EUR：欧元

能源与电力单位

TWh：太瓦时（等于10亿千瓦时的能源单位）
GWh：吉瓦时（等于1百万千瓦时的能源单位）
PJ：拍焦耳（等于1千万亿焦耳的能源单位）
MW：兆瓦（等于1百万瓦的能源单位）
GW：吉瓦（等于10亿瓦的能源单位）
MWe：兆瓦电力输出
MWth：兆瓦热输出

第一部分

理论基础篇

第一章　导　论

社会如何向100%使用可再生能源的模式转型？本书针对这一问题开展了大量论述。其中必须考虑两个重要方面：

一是在技术层面，哪些技术可用于确保现有资源满足需求？针对这个问题，本书介绍了能源系统分析方法论以及可再生能源系统设计方法。该部分涵盖了超过十五个可再生能源系统分析的研究结果，其中包括将可再生能源大规模融入现有能源系统的分析，以及推广100%使用可再生能源系统。另外，本版本第六章为新增章节，主要介绍了智能能源系统和基础设施。

二是在政治和社会科学层面，社会如何推广这一技术变革？为此，本书引入了一个理论框架法，使读者更好地理解如何在国家和国际层面实施关键性技术变革，如可再生能源。这方面涉及对选择认知理论（Choice Awareness theory）的介绍，以及对丹麦和其他国家的11个实际案例的分析。

丹麦从化石能源向可再生能源的转变相当具有探讨意义。在1973年第一次石油危机爆发时，丹麦和其他西方发达国家一样，完全依赖于石油进口，几乎所有的交通和住宅供热均依赖石油。燃油发电占当时丹麦电力供应的85%。总体来看，在石油危机爆发之前，丹麦超过90%的主要能源供应均依赖石油。

第一次石油危机爆发时，和许多其他国家一样，丹麦对当时油价的突然上涨毫无准备。丹麦的能源规划是以“供给满足需求”原则为基础的，发电厂的规划和建设也是根据基于历史电力需求所做的预测进行的。当时，丹麦尚未设置能源署和能源署长，也没有针对石油供应突然中断时的应急预案，更没有针对未来石油可能枯竭的长期战略。

然而，40年后的现在，丹麦社会证明了其推动能源系统显著变革的能力。图1.1展示了1972年以来，丹麦一次能源供应的发展情况，主要展示了两个重要方面：煤、天然气和部分可再生能源替代了半数的石油能源消耗，而丹麦的一次能源供应稳定性与1972年基本持平。丹麦的这一能源供应稳定性在类似国家中的表现非常抢眼，与此同时，丹麦还实现了所谓的“正常西欧模式”的经济增长。

丹麦主要通过节能和提效实现了上述能源结构的巨大转变。国内建筑均加设了绝热外墙，同时大力推广热电联产（CHP）。通过上述节能措施，四十年后，建筑

可再生能源

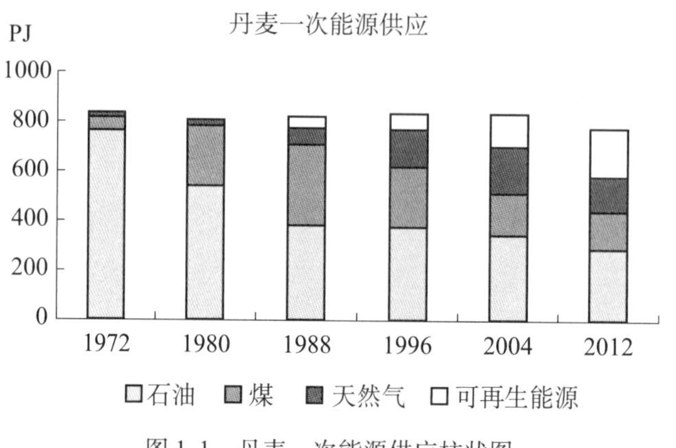

图 1.1　丹麦一次能源供应柱状图

供热的一次能源较 1973 年降低了三分之一，而建筑取暖面积却增加了 50% 以上。可再生能源在一次能源供应中的占比从 1972 年的 0，增加到 2012 年的 20%，其中风电的发电量在电力总需求量中的比例已达到 25%。

自 2006 年以来，丹麦政府致力于建设无化石燃料的能源供应环境。在本书第一版发行时，政府就设定了能源结构目标：到 2050 年，在能源供应和运输领域实现 100% 新能源化。2012 年三月份，欧洲议会 95% 的成员国签署了一份政治协议，为促进 2050 年能源目标的实现奠定了坚实的基础。根据该协议规定，各倡议国到 2020 年将可再生能源在能源消耗中的比例提升到 35% 以上，风电占比提升到近 50%，而温室气体排放要比 1990 年减少 34%。（丹麦能源署，2012）

20 世纪 80 年代早期，丹麦开始在北海（North Sea）开采石油和天然气。从 1997 年开始，丹麦已经实现了能源自给，而且生产的能源还有剩余。然而，丹麦的油气资源储量有限，可能仅供开采几十年。因此，丹麦能否在几十年之内实现 100% 的可再生能源供给，或者，是否会再次依赖能源进口？值得进行深入探讨。这个问题不仅和丹麦密切相关，而且也关系到整个欧洲，甚至关系到美国、中国以及全球许多其他国家。

本书综合了大量研究成果，并在此基础上进行了重要的推理研究，以便更加深入了解如何推广和实现可再生能源系统。本书以作者 25 年来参与的丹麦和其他国家重大和代表性的政治决策过程为依据。通过这些决策过程可以看出，技术相关机构和组织在根本性技术变革方案和计划的制定和推广方面仍存在诸多不足。

另一方面，图 1.1 显示的一次能源供应的稳定性表明，虽然会存在新旧科技的冲突问题，但整个社会还是趋向改革的。在丹麦，这一时期的政府能源目标和规划是在国会与公众的全程参与和沟通下制定出来的。而在这一参与和沟通过程中，对新技术和替代能源方案的描述发挥了重要作用。

选择认知理论主要是分析最优替代方案不能得到推介的原因，以及可以采取的改进措施。选择认知理论认为，公众参与以及对选择的认知已经成为成功决策过程的一个重要因素。本书提出了四项战略来促进这一过程的形成。

1.1　本书内容和结构

图 1.2 展示了本书的结构。选择认知部分（灰色区域）包括理论解释以及建立可再生能源系统分析工具及方法学（白色区域）所用框架。本章介绍了这两个方面并包括了一些重要定义。

第二章介绍了选择认知理论。该理论的重点是如何推广可再生能源系统等根本性技术变革相关。这一理论认为，对现实和现有组织利益的认知会影响各个选择的社会认知程度。相关组织通常会出于权利和影响力丧失的预期，而采取措施阻止激进式的制度性变革。选择认知理论认为，这一论述的一个关键因素是对“是否有可选方案”的社会认知。

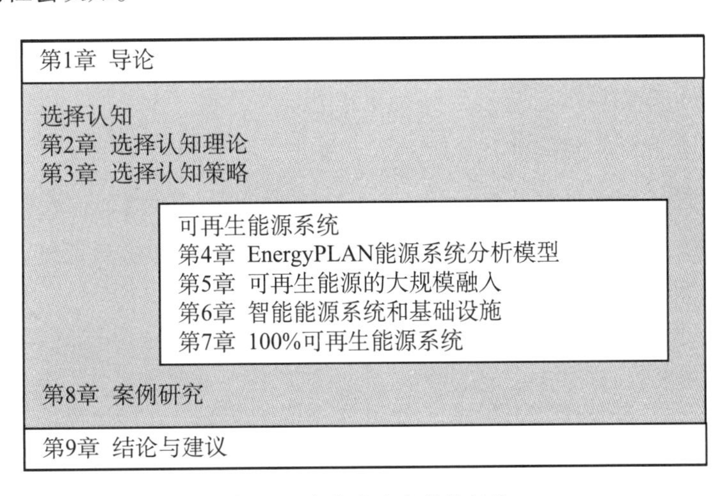

图 1.2　本书内容和总体结构

选择认知理论陈述了两大论点：第一，社会对根本性技术变革的目标概念有了充分认知，并期望付诸实施时，相关组织通常会试图制造出根本性技术变革不具有可行性的表象，只能执行一个能保留和强化该组织现有地位的技术解决方案，别无他法。第二，该理论强调，在上述情况下，提升公众对真实存在的可行方案及其可行性的了解程度，从而使整个社会受益。本书确认并介绍了四个可提升社会效益的关键性策略。

第三章详细阐述了选择认知策略的第二论点，主要介绍了具体技术替代方案的设计，基于制度经济学的可行性研究，基于公共管理政策的设计，以及基于新企业监管政策的民主决策机制推广。

第四章介绍了可再生能源系统具体技术替代方案的设计方法，并按照三个推广阶段进行了划分，分别为引进阶段、大规模融合阶段和100%可再生能源系统阶段。后两个阶段着重强调了模拟工具的重要性。本章还结合选择认知的理论框架对方法论和工具的开发进行了讨论，同时介绍了EnergyPLAN这一能源系统分析工具。EnergyPLAN模型是一套免费的软件，可从其主页www.EnergyPLAN.eu获取软件及相关文档和培训教程。

第五章深入分析了丹麦能源系统开展的一系列研究的实质性成果。这些研究均采用了EnergyPLAN模型分析可再生能源的大规模融合。可再生能源在丹麦能源系统中的占比较高，这是丹麦能源系统的一大特色，因此非常适合作为分析大规模融合的案例。本章的一个核心的问题是，如何设计可充分利用间歇性可再生能源的能源系统。本章介绍了方法学的主要发展情况，并对各类能源系统进行了比较，包括如何应对风电等可再生能源的发电量波动和间歇性问题。

第六章是在前一版本的内容上增加的章节，主要介绍基础设施情况，同时引入了智能能源系统概念。近年来，新能源系统在设计中产生了许多新的名称和概念，比如智能电网和电能转气。基础设施是未来新能源系统设计的关键性因素，但是，如果不能将其正确纳入整体能源系统的大背景下，很难对各个因素进行充分理解和分析。本章介绍了如何使用EnergyPLAN工具模拟能源运行情况，同时介绍了近期多项研究成果，包括智能电网的作用，未来区域供热技术和供热系统，以及智能运输技术和电能转气技术。

第七章继续了前文主题，展示了运用EnergyPLAN模型设计100%可再生能源系统取得的成果。本章关注的问题是如何构建和评估100%可再生能源系统。本章论述了可再生能源系统的分析和评估方法与化石能源系统（包括或不包括可再生能源系统）使用的分析和评估方法的主要变化。本版本的研究增加了智能能源系统，并且关注点涉及在当前经济危机大背景下实体经济学的应用情况。各政府和地区如何在不增加公共开支的情况下对可再生能源进行投资？该方案涉及应该采用哪些方法？

第八章探讨了理论框架。本章介绍了大量选择认知策略在1983年以后的能源投资决策过程的应用案例。研究人员是整个设计和引入技术替代方案或者应用其他选择认知策略的全程参与者。这些案例涉及大量的出版物和文献资料。本章的目的是通过相关案例进一步解读选择认知理论和第二章及第三章中阐述的策略的实际应用意义。

第九章主要对以下两方面进行了总结性讨论：选择认知和可再生能源系统。本章对本书提出的关于全社会应用可再生能源系统的观点和结论进行了总结。

1.2 定义

下文为选择认知问题和可再生能源系统案例涉及的一些基本定义。

1.2.1 选择认知

选择认知理论应对的是社会层面问题，涉及代表不同利益和角度的多个个体和组织的集体决策过程，其中还会关系到影响决策过程的各级权力。“选择”这个名词在选择认知的定义中占有重要地位。《牛津英语字典》（2008）把“选择（Choice）”定义为“挑选的行为；对建议的事务进行偏好确定；挑选，选举”。选择涉及思考行为和判断多个选项的优势和劣势的过程，并最终选定一个选项采取行动。本书还对真实选择和虚假选择进行了区分。

真实选择是关于两个或多个真实选项之间的抉择，而虚假选择指某种假设性选择，比如《第二十二条军规》以及《霍布森的选择》，是指看似自由选择的背后实际上只有一个可选项，详见第二章。敲诈和勒索也属于虚假选择的例子，在此类情况下，你只能按照绑匪的指令行事，或者承担因不按指令行事造成的可怕后果，别无其他选择。

《牛津英语字典》（2008）把“认知（Awareness）”定义为“处于知觉的状态或阶段；意识”。在生物心理学中，认知包括一个人对一种观点或事件的认识或认知上的反应。原则上来说，认知不一定意味着理解，而只是一种了解、感觉或者认识的能力。然而，“选择认知”一词将这个名词和“选择”联系起来，而选择意味着有思考和判断的行为。因此，“选择认知”确实涉及理解的要素。选择认知用于描述针对真实选择的集体感知。此外，这种情形还包括对相关选项的特点进行判断，并且选定其中一个。

集体感知是指社会的共同看法和观点，不包括认知程度更高或者持有不同观点的少数人。如果某个人产生了新的想法或者创造出了替代方案，但尚未公之于众，该情况不会改变集体感知。如果产生上述新想法或者替代方案的个人通过说服或者告知公众的方法提高公众的认知水平，此类新知识则可视为集体感知的一部分。此外，集体感知也可能由于个人或组织成功说服公众相信某些替代方案不存在（比如，替代方案不符合技术要求或者其他的规定）而被扭曲。

选择消除机制通过引导公众相信完全没有选择或只有虚假选择而影响集体感知，而提高选择认知则通过让公众相信存在真实选择，并且帮助公众识别和理解相关替代方案的优势和劣势来影响集体感知。

1.2.2 根本性技术变革

选择认知理论与根本性技术变革的推行紧密相关。“技术”是人类再生产和提高生存条件的方法。技术的定义包括四个方面的要素：方法、知识、组织和产品

（详见第二章）。

“根本性技术变革”为技术四要素中有至少两个方面发生变革。在选择认知当中，重点关注的是现有组织的变革，并对组织和制度进行了区分。组织是指追求公共目标的社会团体，可以管理自身绩效并有自身的区分边界，比如公司、非政府组织、商业机构和行政体系。制度是社会秩序和合作的框架与机制，管制一个或多个个人和/或组织的行为，通常包括一套正式的决策和执行体系。因此，简单来说，制度可以看作是组织本身以及所有适用法律和约定俗成的规范等。

1.2.3 应用经济学和具体经济学

选择认知理论包括四个策略，在这些策略中，具体制度经济学（与应用新古典经济学相对）发挥着重要作用。应用新古典经济学为基于新古典方法应对现实生活中的市场经济问题，比如成本效益分析和均衡模型等。而这些方法与满足自由市场假设的市场经济理论应采用的正确方法恰恰相反。新古典市场经济学理论以现实生活中市场经济无法满足的一系列假设为基础（详见第三章）。本书对基于新古典的方法提出的批评针对的是这些方法的现实应用，不涉及该方法的理论正确性。

具体制度经济学是应对一个具体的社会实际制度状态的经济学。制度经济学专注于理解人为设立的制度对经济行为的影响作用。具体制度在各个社会形态的作用各不相同，因此与制度经济学相关联的方法可用于确定分析的目的、背景以及对一个现实社会具体社会制度进行分析的聚合层次（Hvelplund，2005，91－95页）。

1.2.4 可再生能源

可再生能源为阳光、风、雨、波浪、潮汐和地热等产生的自然资源，这些自然资源通常可在几年内得到重新生成和补充。可再生能源包括把自然资源转换为有用能源服务的技术：

- 风、波浪、潮汐和水电（包括小型和径流式电站）；
- 太阳能（包括光伏）、太阳能热和地热；
- 生物质和生物燃料技术（包括沼气）；
- 垃圾的可再生能源部分（家庭和工业废弃物）。

家庭和工业废弃物由不同种类的垃圾组成，其中一些组分（如土豆皮）可以看作是可再生能源的原材料，而另外一些（如塑料制品）则不是。只有能够自然补充的废弃物属于本定义范畴。然而，本书出于现实原因，大部分分析把所有垃圾列为可再生能源来源范畴。

1.2.5 可再生能源系统

可再生能源系统是基于可再生能源的完整能源供应与需求系统，与核能或化石能源相对，既包括供应也包括需求。从传统的核能和化石能源系统过渡到可再生能源系统需要在以下方面实行协调和改变：

- 与能源节约相关的能源需求技术；
- 提高供给系统能效，比如热电联产；
- 纳入供给波动性可再生能源，比如风电。

应对终端使用和需求加以区分。能源终端使用是指人类对室内温度、交通运输和照明等能源服务的需求。能源需求是指消费者对热、电力和燃料的需求，消费者包括家庭、工业以及公共和私营部门。燃料可用于供暖或交通运输。热能需求可以划分为不同的温度水平，比如区域供暖和过程供暖。

终端使用还可以分为像食物、维持室温、日常交通运输等基本需求，以及特殊需要，比如将某一区域维持在设定温度，或者设定里程的驾驶。这一区分具有重要意义，比如开展食物生产基础设施分析，或者常规交通基础设施。然而，这一区分对本书的研究没有实际意义。

电器设施的绝热和能效改进可引起供暖、电力、燃料等方面的能源需求变革，称之为“需求系统变革”。除前文提到的可再生能源技术外，可再生能源系统还包括将一种能源转换为另一种能源形式（如从电能转化为氢能）的技术以及能源存储技术。Mathiesen（Mathiesen 和 Lund，2009）和 Blarke（Blarke 和 Lund，2008）把这些技术归类为指定转移技术。下文对能源转换和能源存储技术间的区别进行了着重强调。

能源转换技术是指能够把一种需求（如热、电或者燃料）转换成另一种需求的技术，比如：

- 通过使用发电站、锅炉或热电联产（包括蒸汽机和燃料电池）等技术把燃料转换为热能或者电能；
- 通过电热炉或热泵等技术把电能转换为热能；
- 通过电解槽、沼气或者生物质燃料装置等技术把固体燃料转换成天然气或液体燃料。

能源存储技术是能够将不同形式的能源存储到未来使用的技术，比如：

- 燃料、热、电存储技术；
- 压缩空气蓄能（CAES）技术；
- 氢存储技术。

存储技术的概念范围比存储本身要广泛。以电力为例，它可以通过被转换成氢能的方式加以存储，而存储技术则包括转换技术，如电解槽和燃料电池。转换技术和存储技术通过技术目标进行定义和区分。如果将电力转换为车用氢气，则电解槽可视为一种转换技术。然而，如果转换目的是为了存储电能，那么电解槽、氢气储能、燃料电池应属于存储技术。

在复杂的可再生能源系统中，单个组成部分都可用于上述两种目的。比如，电解槽既可以用于给汽车供氢，也可用于生产氢气储能。因此，电解槽既可视为转换技术，也可视为存储技术。

设计可再生能源系统时，对这两种技术的区分非常重要，详见本书第四至七章。同时，平衡时间的需求和平衡每年对不同种类能源的需求量也很重要。

1.2.6 智能能源系统

当前能源系统向未来可再生能源系统的转变仍面临着诸多挑战，其中一项是能源基础设施的改变，比如电网、气网、地区供热和制冷网络。所有上述网络都面临着一个共同的问题，那就是如何推动涉及与客户间的互动和双向流的分配活动。为了解决这一问题，所有网络均应充分应用现代信息和通信技术。智能网络的定义如下（具体见第六章）：

智能电网是指可将用户行为与发电机和消费者进行智能沟通的电力基础设施，从而更高效地提供持续、经济的电能，保证供电安全和稳定性。

智能供热网是连接社区、城镇或整个城市内建筑物的管道网，通过集中供热/制冷设备和大量的输热站、制冷站（包括各个建筑的单独供热/制冷装置）进行供热或制冷。

智能气网是指将所有用户的行为与相关的供应商、客户进行智能连接的天然气基础设施，从而更高效地提供连续、实惠的天然气，保证天然气供应的安全和稳定性。

上述三个网络是未来所采用新能源系统的重要组成部分，各个网络不能作为独立的网络。首先，如果一种能源转换不能与能源系统的其他部分进行有效协调，将某一部分替换成新能源系统并没有实际意义。第二，相比只关注某一单独领域，此类协调有助于在某些领域内找到更好的智能网络解决方案。因此，本书提出了智能能源系统概念。

智能能源系统是将智能电网、智能供热网络和智能气网进行有效整合和协调的方法，从而实现各个网络间的协同运行，为各个领域以及整个能源系统提供理想的解决方案。

1.3　可再生与可持续

本书多处提到了可再生能源，但为什么不用可持续能源呢？在很多情况下，这两个词是可以互换的。然而，两者之间的定义却存在明显差异，本书鉴于下列原因采用了可再生能源的概念。

1.3.1　可持续能源

可持续能源是指在人类存在的时间范围内不会耗尽的能源，因此，对于所有物种的持续生存具有重要意义。

可持续能源的定义和前文对可再生能源的定义代表这两个名词比较典型的定义方式，与因特网上百科全书 Wikipedia 给出的定义也很接近。然而，这些定义揭示了这两个词在范围上的差别。比如，Wikipedia（2008）把“核能”列为可持续能源范畴。不过，Wikipedia 也补充说明：由于种种原因，核能是否可以作为可持续能源仍存在争议。尽管如此，在当前技术阶段，核能并不可持续，而是需要铀赖以维持，而铀在一定时间范围内属于稀有的自然资源。

碳捕集和封存技术也存在类似争论，该技术成为了应对气候变化问题的重要解决手段。本技术是针对化石能源，尤其是煤炭的解决方案。这一技术的出现通常会引起这样的问题：如果碳捕集和封存技术可以持续解决碳污染问题，是不是可以继续烧炭，继续投资兴建新型火电站？

另一方面，尽管通常认为可持续能源包括可再生能源，但仍有一些可再生能源并不一定符合可持续的标准。比如，一些全生命周期的分析结果显示，用乙醇发酵生产生物柴油的过程并不是可持续的。不过，针对此类问题，业界尚未达成共识。

尽管如此，本书认为某些定义中的可持续能源包括核能以及采用碳捕集技术的化石能源，但这些技术和能源来源并不包括在可再生能源的定义中。另一方面，可再生能源也可能包括一些不可持续的生物质资源。

1.3.2　可再生能源的政治因素

此外，可再生能源和可持续能源间还有一个重要差异，这一差异与社会期待技术变革的动因有密切关系。社会为什么希望推广可再生能源解决方案？推广可持续能源的目标是什么？引入可持续能源的主要原因是环境动机。然而，推广可再生能源的原因则是多方面的。

在《选择认知》（Lund，2000）这篇文章和《可持续发展的工具》（Lund，2007b）这本书的第 23 章中，作者叙述了自 1973 年石油危机以来，丹麦能源规划和政策的发展情况。其中，至少有三个方面的原因促进了从化石能源向可再生能源系统（包括节能和能效措施）的转变。

• 能源安全因素：其中着重关注石油依赖（以及石油枯竭）。20 世纪 70 年代，这个原因在丹麦社会扮演了最为重要的角色，并在 21 世纪初期，由于油价上涨以及西方国家和石油拥有国之间的关系而再次受到重视。

• 经济因素：其中着重关注就业机会、工业创新，以及收支平衡。20 世纪 80 年代，这一因素超越油价，成为丹麦社会关注的核心。关注重点从能否获得石油转向能否用得起可再生能源。20 世纪 80 至 90 年代，这一因素极大地推动了太阳能供热和风电技术在丹麦的工业化发展。

• 环境和发展因素：其中着重关注气候变化。20 世纪 90 年代，布伦特兰报告（United Nations，1987）发布后，这一因素成为核心因素备受关注，同时由于全球变暖议题的升温，社会意义逐步提升。

以上三个因素也列入了政治议题，并且从一开始，便被认定为丹麦能源政策的政治目标。然而，社会关注的重心每十年左右都会发生一次调整，这些因素的受重视程度也随之变化。

对能源安全的担忧主要是因为化石能源资源的有限性。联合国环境和发展评估也是以穷富国之间的能源消费不均衡为依据。作者在《京都议定书诸机制和技术变革》（Lund，2006a）一文中对这个议题以及全球能源消费增长问题进行了阐述和讨论。这篇文章认为，《京都议定书》规定的各个减排机制的实际实施效果其实违背了联合国期望。这些减排机制允许富国在其他国家开展气候变化项目，代替本国减排。因此，这些机制实际上进一步拉大了富国和穷国间的能源消费差距。不仅如此，这些机制还可能延缓相关技术开发。

针对可再生能源与可持续能源争议，一个主要观点是，即使社会认可核能和配有碳捕集设施的化石能源作为能源解决方案的一部分，可能会实现部分环境目标。但这并不能解决化石能源和铀的稀缺性和有限性这些根本性问题。从丹麦的角度来看，它无法从根本上解决能源安全问题，而且仍需要付出经济成本进口化石能源和铀。

1.3.3 可再生能源和民主

可再生能源与可持续能源的另一个区别的重点是民主问题，其与能源系统和选择认知理论相关的技术变革问题密切相关，具体见第二章。

20 世纪 70 年代，丹麦社会与许多西方国家一样，兴起了一场能源运动，主要由反核能运动（OOA）、丹麦可再生能源协会（OVE）和其他的一些组织发起。核能运动成立之初讨论能源问题时，民主以及当地社区的居住环境等是反对核能和支持新能源讨论的主要议题。公众对核能技术实施的安全性和所有权问题表示出了担忧，问题主要集中在：如何不雇佣保安，设置防护栏，如何保护核电厂和核废料运输的安全性？这些超大型电厂的归属权和经营权问题？如果将所有权授予某家大公司，当地社区可能失去对电厂的影响力。除此之外，如何在不降低受影响社区生活质量的前提下确定核电站建站场址以及核废料处理场地？反核能运动（OOA，1980）对上述问题展开了讨论，同时还讨论了核能与核武器的关系问题。

当地社区的所有权问题也是可再生能源讨论中的重要议题。大多数人更倾向于保留对决策的影响力，因此倾向于发展他们自己的可再生能源，而非依赖核电或者进口化石能源（OVE，2000）。上述理念符合选择认知理论（见第二章）。选择认知理论非常强调在个人和社会层面构建一个“有价值的生活”的过程中拥有选择的权益。

从这一角度来看，可再生能源与可持续能源的区别非常重要。如果社会认可核能和配备有碳捕集设施的化石能源作为能源解决方案的一部分，则技术变革可能无法满足当地社区对提升决策影响力的期望。简而言之，推广可再生能源系统有助于创建依据选择认知理论创造的条件，见第三章的“适当的民主决策基础”章节。这种适当的民主决策基础可以提高公众对选择的认知从而创造更好的生活条件。另一方面，改进后的民主决策基础也将改善做出实施可再生能源系统选择的条件。在某些具体情况下，可持续能源系统并不能达到这种效果。因此，本书采用“可再生能源系统”一词。

第二章　选择认知理论

本章主要介绍选择认知理论的两个论题。该理论主要解决如何实施根本性技术变革（如可再生能源系统）的问题。从核能和化石能源到可再生能源的转换涉及根本性技术变革。仅依靠现有组织在现行制度模式下是难以实现的，组织和制度本身的变革也至关重要。因此，在变革过程中，可能会变动原有的利益格局。

较之话语权理论，选择认知理论强调不同组织对待问题的观点会有所不同。因此，现有组织出于自身利益考虑，会尽可能地阻止可再生能源发展方案。选择认知理论正是以大量的此类案例为依据。在此类案例中，最后会形成“别无选择”的局面。社会公众经常会出现这样的集体感知：“我们只能再建一个火电厂，别无选择。”然而，选择认知理论认为事实并非如此，而是我们还有其他选择。该理论告诉我们如何认知这些选择，从而对未来发展进行讨论，做出更好的决策。

选择认知理论针对社会层面问题，关注涉及多个不同利益群体以及权利影响的集体决策过程。这一理论主要关注在政治决策过程中，现有组织利益消除选择机会的行为。

选择认知理论倡导拓宽对策范围，比如技术替代方案设计，基于制度经济学的可行性研究，存在利益冲突时的公共管理政策设计以及民主决策基础的变革，详见第三章。

2.1　选择与变革

“选择”这个词在选择认知的定义中占有重要地位。本书将对真实选择和虚假选择加以区分。真实选择指拥有两个或更多真实选项的选择，而虚假选择则指实际没有多余选项的选择（见第一章）。虚假选择的一个典型案例就是霍布森的选择，即只有一个选项的“自由”选择。在这种情形下，选择就变成了选与不选，而不是选哪一个的问题。虚假选择一词据传源于 Thomas Hobson（1544—1630），他是一名邮差，在伦敦和剑桥之间用马传递邮件。不需要用马送信时，他就把马租给大学里的学生和教职员工。Hobson 很快就发现，他最好最快的马最受欢迎，因此这些好马很快就出现了过度使用的情况，为了防止累垮最好的马，Hobson 设计了一个严格的轮换制度，只允许顾客们按马的编号顺序租马。他的政策“要么这匹马，要么没有”就成了一个新名词，称为“霍布森的选择”，指事实上没有其他选项的情形（Smith，1882）。

虚假选择的另一个例子是《第二十二条军规》的故事，来自 Joseph Heller 于 1961 年出版的同名小说。它讲述的是一个轰炸机飞行员期望如何逃脱飞行任务的故事。要达成目标，他需要递交官方医疗证明来表明他因为存在精神错乱而不适合飞行。根据军方的规定，由于飞行战斗任务非常危险，任何精神正常的人都不会自愿去执行。然而，以精神错乱为理由请求不执行飞行战斗任务，恰恰证明该飞行员是头脑清醒的，因此应继续执行飞行任务。反过来说，如果飞行员主动要求执行飞行战斗任务又暗示着他实际上精神错乱而不适合飞行，因此应该免于飞行。而要免于飞行，这个飞行员还需要提交申请，显然，他不会这么做。而如果这个不情愿的飞行员真的提交申请要求免于飞行的话，第二十二条军规就会生效，最终杜绝任何想逃脱飞行任务的企图。

2.1.1 个人层面的选择/无选择

选择认知理论解决社会层面的问题，但这一概念的形成则源于个人层面的活动。选择认知这个名词源于运动机能学（Kinesiology），是一种治疗个人精神压力的方法。1984 年和 1986 年，Stokes 和 Whiteside 研究了引发身体问题的精神原因，比如诵读困难症。他们阐述了通过调整一个人的精神状态来解决一些健康问题的方法。Stokes 和 Whiteside 相信，通过运用各种心理工具，可以治愈一些人的心理问题。

其中一个重要工具是“行为晴雨表”，它提供了将不同感觉相互关联起来的系统途径。根据 Stokes 和 Whiteside 的定义，行为晴雨表指一个人的不同感觉之间会在有意识或无意识地与身体层面相互关联、相互反应。例如，根据行为晴雨表，如果一个人在有意识的层面感觉到他“不被欣赏”，那么这种感觉会与其他相关的无意识层面及身体层面的感觉相互照应。因此，可以通过理解这种不同层次的意识和认知上的不同感觉之间的关系，从而应对个体问题。通过与其他方法相结合，个人行为晴雨表可能成为帮助解决个体问题的有益工具。

在运动机能学中，“选择”扮演着不可或缺的角色。Stokes 和 Whiteside 认为，人类从一出生起就有“我们没有选择；但是没有选择，就没有权力”[①] 的感觉。这种感觉可以帮助个人发现自我，但在个人经历情感问题时，这种感觉会逐步显现。Stokes 和 Whiteside 认为：“当我们承认没有选择时，我们就会审视我们的自我性、自我价值以及精神现实。”[②]

---

① Stokes and Whiteside（1986），Chapter 1，p. 8.

② Stokes and Whiteside（1986），Chapter 1，p. 9.

根据 Stokes 和 Whiteside 的理论，没有选择的感觉既是必要的但同时也可能是致命的。如果一个人长期处于“别无选择但又必须做不想做的事情”的感觉状态时，这种状态会是致命的。治疗这种情感状态的方法就是让这个人感觉他其实还有其他选择。尽管可能会经历那种没有真实替代方案的绝望状态，人们仍可以选择说“不”。通过这样的经历，让一个人感觉到他至少还有说“不”的选择机会，从而去思考更好、更具建设性的替代方案。选择认知理论的观点是，这种感觉或者观念也可以在集体和社会层面观察到。

2.1.2　社会层面的选择/无选择

我参加各种政策的决策过程时（11 个案例，见第八章），我发现“没有选择”的观念会以各种形式出现在集体和社会层面。“集体感知”指社会的总体看法，不包括那些认知水平远远高于或者远远低于公众水平的少数个体。如果某个人产生了新的想法或者提出了替代方案，但尚未公之于众，该情况不会改变集体感知。如果产生上述新想法或者替代方案的个人通过说服或者告知公众的方法来提高公众的认知水平，此类新知识则可视为集体感知的一部分。此外，集体感知也可能由于个人或组织成功说服公众认可某些替代方案不存在（比如，替代方案不符合技术要求或者其他的规定）而被扭曲。

20 世纪 90 年代，我的家乡丹麦奥尔堡进行一个新电站的决策时，就存在着集体观念认为没有选择的例子（见第八章）。那时候，电力公司属于市政府和电力用户所有，而投资决策者是一个代表委员会和政府人员。当电力供应问题被提上日程后，似乎只有一个解决方案，那就是建一个火电站。其中一个代表对此决策过程颇感沮丧，认为除此之外，别无他选。如果他投了反对票，奥尔堡迟早有一天会面临电力短缺问题。他希望能有一个像天然气联合循环发电厂这样的替代方案，但是，该方案在投票前就已经被排除了。

此后，北日德兰郡需决定是否批准建设该火电站。在当时的公共辩论中，电站建设创造就业机会的观点引起了公众的关注。然而，如果从电厂的整个运营周期来看，火电站的建设是所有方案中创造就业机会最少的一个（见第八章）。如果将对新能源的投资与分布式热电联产电厂等燃料节约技术相结合，当地社区不仅能够减少煤炭进口，还可以将节约成本用于创造当地就业机会。然而，丹麦西部的电力公司联合会却说，如果火电站建设不能获得审批，他们会在北日德兰郡以外投资新建一个火电站。这在当地形成了一个“别无选择”的集体感知。如果不选择建一个火电站和保留数量有限的就业机会，他们就什么也得不到：“要么选择建设火电站，要么什么也得不到!”这就是一个真实的霍布森的选择。

从区域层面上来看，确实没有其他可行的选择。然而，从更高层面来看，社会公众原则仍有其他选择。可以通过进行制度性变革，让可再生能源和热电联产在区域层面上成为一种选择。

我在德国东部、泰国和越南也发现过类似别无选择的集体意识状态。在所有这些案例中，公众讨论和执行权力之间的斗争导致了这种别无选择的局面。虽然这种解决方式对环境、健康、能源效率、安全、创造就业和技术革新都不利，但只有这一选择。

"别无选择"的集体感知在能源规划的重大公众决策中扮演着重要角色。然而，选择认知在根本性技术变革中对政治目标的执行非常关键。

在本书的编写过程中，我在 *Ingeniφren* 报纸上看到一个与气候变化的讨论相关的新例子。

2006 年 10 月，当时的丹麦首相安诺斯・福格・拉斯穆森在国会演讲中宣布了丹麦的长期能源政策目标：完全脱离对化石能源的依赖。在问答辩论阶段，首相声明核能不作为未来能源解决方案的组成部分。换言之，丹麦的长期能源目标就是 100% 转向可再生能源。此后，政府又多次重申了这个目标。

很明显，煤炭不属于该能源目标范围。然而，燃煤的既得利益组织提倡使用二氧化碳捕集技术。在 2008 年 1 月 11 日那期的 *Ingeniφren*（2008a）刊物上，用两个版面阐述了丹麦如何在 2050 年之前实现降低 80% 的温室气体排放的研究报告。这篇文章声称，该报告是"第一份丹麦大规模减排蓝图"。[①] 该报告最后写道：

"电动汽车、热泵、海上风电和碳捕集等技术将主动进入我们的日常生活"。[②]

然而，这个信息并不正确。还有其他不需要采用煤和碳捕集技术的能源方案。上述报告执行之前，至少开展过三次类似研究，其中一个由丹麦工程师协会（见第八章）协作完成。这三份报告都阐述了丹麦在 2050 年之前如何实现 100% 可再生能源系统，其中不使用煤和碳捕集技术。而上述报纸刊登文章的信息非常明确：丹麦别无选择。我们必须把煤和碳捕集技术包括到未来的能源供应系统中。

该报道发行后一周，*Ingeniφren*（2008b）报纸的头版刊登了丹麦 DONG 能源公司（拥有多家火电站）的研发经理发表的一个声明：

"CO_2封存技术是实现 2020 年的二氧化碳大规模减排目标的保障。欧洲尚不具

---

① 译自丹麦语："Cowirapporten er den fφrste kortlægning af så massive reduktioner i Danmark". *Ingeniφren*, 2008 年 1 月 11 日，p. 14.

② 译自丹麦语："Elbiler, varmepumper, havvindmφller og CCS er nogle af de teknolo – gier, vi simpelthen bliver nφdt til at benytte". *Ingeniφren*, 2008 年 1 月 11 日，p. 14.

备脱离煤炭的条件。因此，必须将二氧化碳从火电站排放物中清理出去。”[①]

该报告的立场非常明确：丹麦和欧洲别无选择，只能烧煤并引进碳捕集技术。

上述声明故意忽视了其他研究，或者否认了存在其他不需燃煤的替代方案的事实。另外，声明发布人是该领域的资深人员，专业经验丰富。该声明的意图非常明显，就是试图影响公众对选择的集体认知。第八章讨论的所有案例中几乎都存在此类问题。我们需要探讨的是造成公众产生“别无选择”这种集体感知的背后原因。要理解导致这些看法产生的背后机制，首先应理解什么是“根本性技术变革”。

2.1.3　根本性技术变革

技术变革对现有组织和机构的影响程度各不相同，有些对政治决策过程的挑战较大，有些较小。Müller、Remmen 和 Christensen（1984）对“技术”的定义为：

“技术包括四个要素：技能、知识、组织和产品。”[②]

Hvelplund（2005）加入“利润”作为技术的第五个特征，这在进行能源行业技术变革分析时具有重要意义。Müller、Remmen 和 Christensen 对技术理论的基本假设是：

“上述任一成分的质变最终都会导致其他成分的补充性、补偿性或者报复性的变化。”[③]

如果其中一个成分发生了彻底改变，至少会有另外一个成分也会随之变化。如果其他成分不发生变化，过一段时间后，初始发生的变化也会被放弃。任何一项技术变革离开相关知识、组织或产品的改变是不可能实现的。如果其他的一个或多个成分不发生改变，这项新技术也无法推行，传统的技术仍会继续得以使用。

引入“技术”的定义后，Hvelplund（2005）认为激进变革的程度随着必须发生变化的成分数量增加而变大。Hvelplund 把“根本性技术变革”定义为对一个或多个成分产生影响的变化。[④] 从核能和化石能源系统到可再生能源系统的过渡应看作是一个根本性技术变革。这种技术变革意味着组织结构的根本性改变。

需要强调的是，必须将技术变革放入相应的历史和制度背景。Hvelplund（2005）认为，现有的制度设置会在许多层面上更倾向于使用已有的技术。因此，

---

① 译自丹麦语：“CO_2 – lagring er bydende nφdvendigt, hvis vi vil opnå CO_2 – reduktioner i den stφrrelsesorden, der er på tale efter 2020. Europa kan umuligt klare sig uden kul. Derfor er vi nφdt til at rense CO_2 fra kulkraftvæ rkerne”. *Ingeniφren*, 2008 年 1 月 18 日，p. 1。

② 定义引自《技术分析概念框架》（Müller 2003）。该概念第一次由 Müller 提出（1973），后由 Müller、Remmen 和 Christensen（1984）进行了扩展。

③ Müller（2003），p. 30.

④ Hvelplund（2005），p. 12.

社会需要在不同的层面上进行连贯而协调的变革。然而，一个技术变革，如用风电替代煤电，可能给那些拥有煤矿或在煤矿工作的人带来巨大的变化，然而与此同时，它并不一定会给电力用户带来任何变化。

从核能和化石能源系统到可再生能源系统的技术变革牵涉到经济利益的重新分配，比如将对大型电站的投资转移到对能源保护和分布式热电联产电站的投资上。还可以把对开采煤矿的投资替代为对生物质燃料收集和风机及太阳能热电站的投资。

本部分关于从化石燃料到可再生能源系统技术性变革的介绍引用了 Hvelplund、Lund 和 Sukkumnoed 的观点（2007）。现有体制的供应由大公司主导，而需求方则细分为家庭、公共和私营企业等。通常，现有供应体系多由单一目的的公司（即公司以生产和出售能源服务作为它们的唯一目的）持有，一般分为供热、供电或者供气系统。这些领域的投资多为资本密集型；从技术上来说，这些企业有 20 ~ 40 年的技术生命周期，而且有 100% 明确的使用目的。分布式供热系统、供应站、电网等投资只能用于建设时已经明确的用途。

现有消费者体系则主要由具有多重目的的组织构成，像家庭、私营或公共企业等能源使用单位，它们除了可以投资可再生能源体系之外还有许多其他的目的。这些组织通常缺少投资可再生能源技术和能效提高项目的资本，而且无法设立与上述技术获得相关的统一组织。

不同于核电或化石能源技术以大型电站为依托，可再生能源系统技术通常在消费者所处的地理区域内大范围分布。技术解决方案也需要因地制宜，而且有些时候还必须采用一些新的、没有经过市场检验的技术。而维护主要由拥有者和相关组织执行。因此，在推广这些新技术的同时，必须推动相应新型组织的发展。

多功能组织扮演投资主体角色。家庭和行业是电力节约的践行者，但它们对电力消费的了解有限，而且它们的主要目的与单纯的热电生产和消费几乎没有什么关联。因此，需将这一情况与之前由单一目的组织（如公用公司，其将能源生产作为首要目标）投资供应技术的情况进行比较。

可再生能源技术必须由多个相互独立的组织推行。可以将这一情况与之前由少量公司推行的情况进行比较。较之现有能源供应公司，新型组织的金融资本通常都很有限。

综上所述，这种技术变革可以看作是一种执行方式的变革——由原来小部分单一功能组织执行的趋同式解决方案向多功能组织执行的差异化解决方案的变革。因此，向可再生能源系统的变革是一种根本性技术变革。同时，这会给现有的组织和制度带来根本性的变革，是对现有组织的挑战。另外，这一变革会影响社会对选择的总体看法。

2.2　选择认知和消除

可再生能源系统的根本性技术变革意味着对现有组织的根本性挑战和威胁，因此这些组织不会主动去寻求和推广技术变革所需的替代方案。这些组织确实会寻求一些替代方案，与此同时会将许多替代方案排除在外。即使他们希望推广这些替代方案，在现有的制度结构中，通常也没有能力去执行。

2.2.1　选择认知

Nordkraft 电站（见第八章）是20 世纪80 年代早期的一个例子。在这个案例中，该电站计划从用燃油发电转换为燃煤发电。电站最初提供了一个“有且仅有”的方案。电力公司建议将燃油锅炉替换为燃煤锅炉，煤电技术可以与电力公司现有组织结构进行良好融合。方案审批期间，没有提出其他可选方案，而市议会的议员更倾向于使用天然气发电的替代方案，但是没有提出此类方案，决策过程基本信息也没有涵盖相关内容。

当地市民必须自行提出和倡导一个能代表根本性技术变革的具体技术方案。在这个案例中，给房屋加隔热层以及在市区边界以外的地方扩展热电联产成为备选方案。根据历史能源价格信息，该备选方案经论证为最具经济性的解决方案。然而，现有电力公司的制度结构决定了它不能自己去提出和执行最优的替代方案。该替代方案包含一个根本性技术变革，但是，如果没有制度性变革，尤其是现有组织的变革，该方案是不可能付诸实施的。

电力公司的观点是在现有技术和组织结构框架内进行能源使用的优化。根本性技术变革并未进入其认知或兴趣范围。即使电力公司对该变革有兴趣，也没有能力实施该方案，因为涉及的投资包括对私有房屋的改造和将区域性的供热公司改造为热电联产。

市议会关注的是将区域供热成本维持在较低水平。他们在城市规划中必须考虑城市和环境利益。另外，给房屋加隔热层以及在市区边界以外的地方扩展热电联产也超出了市议会的能力范围。天然气方案在市议会的能力和认知范围内。然而，面对区域供暖价格可能大幅上升的风险，市议会缺少对这个替代方案进行合理分析和推介所需的权力和资源。

根本性变革的技术替代方案应由电力公司和市议会以外的市民或组织提出。这种替代方案的出现可以提升公众对技术和经济可行方案的认知，了解存在其他选项。因此，随后有700 名市民要求将替代方案纳入公众辩论，并对其进行介绍说明。然而，受制于现有的制度结构，这些根本性技术变革方案无法付诸实施，需要在更高层面进行制度变革。

话语理论（Discourse Theory）可用于解释为什么现有组织会设计和提倡部分方案，而忽略另一部分方案。该理论源自于语言哲学，将社会现实看作是语言建构（Thomsen、Frϕlund 和 Andersen，1996）。描述和话语是该理论的关键概念。Laclau 和 Mouffe（1985）把“描述”定义为“建立起成分间关联的行为，比如由于描述方式而改变对各成分的识别”，而“话语”的定义是“通过描述形成的有序整体”①。

根据话语理论，不同的组织会对事情产生的看法不同，行使不同的话语权。在对气候变化的讨论中，政治家和环境组织对现实的看法也不统一。例如，工业组织似乎并不认同环境组织提出的气候变化原因，对这个问题的解决方案也持有不同观点。他们通常认为，市场上存在环保安全的产品，并由现有组织和制度管理（Thomsen、Frϕlund 和 Andersen，1996）。

话语理论的一个核心观点是，通过竞争性的观点和现实描述的切磋展现出事实的真相，而这些竞争性的观点也会在切磋中相互影响。Mouffe（1993）认为，对“我们”的集体感知通常会形成“我们/他们”间关系的区分，而“他们”这个概念在“我们”的定义中发挥着重要作用。Mouffe 提出，二十一世纪初期，集体认知的概念发生了一些变化，新定义“与共产主义的衰败和民主/集权主义的消失相关联”。②

从与话语理论的关系来看，可再生能源系统的推行演变成了一场对现实的不同描述和观点间的战争。选择认知理论认为，对是否存在选择的看法，包括对替代方案的集体感知，是一个核心因素。然而，不能认为一种观点比另一种观点更加实际或真实。现实是由各种不同描述和观点综合呈现出来的。话语理论的主要观点是对现实的不同观点会导致思考建构过程的差异，也就是对同一个事实问题的不同应对方式。因此，这就不再单纯是各方的不同兴趣和观点，语言也会影响对事实本身的呈现。根据 Laclau 和 Mouffe 的观点：

“任何话语权都可以看作是主导话语性场域的尝试，以缩小差异，构造核心”。③

将话语理论应用到可再生能源系统的推广上，可以有助于理解不同组织对现实的认知不同，对解决方案的观点也会不同。通过话语理论可以预见：与燃烧化石能源相关的组织不会将气候变化问题看作是一个严重威胁，认为可以在现有组织结构的内部加以解决。如果依据这一观点推行可再生能源系统，这些组织会倾向于应用可以融入现有组织框架内的可再生能源技术。

---

① Laclau and Mouffe（1985），p. 105.

② Mouffe（1993），p. 3.

③ Laclau and Mouffe（1985），p. 112.

推行碳捕集技术便是一个技术进步能较好地符合现有组织利益的案例。另一个例子是如何在丹麦扩展风电的问题，现在仍在辩论阶段（2005—2015）。最为经济有效的方式是增加陆上风机的数量。根据过去多年的经验，丹麦社会很清楚，如果形成可以使风电场周围社区持有部分所有权并从中获益的制度框架，就可以实现增加陆上风机的目标。丹麦社会也清楚，如果当地社区不参与进来，它们就很可能会抗议这个解决方案的实施。Christensen 和 Lund（1998）对此进行了分析，证明如果采用当地社区所有权的方式，丹麦就可以采用社会接受而且对环境有益的方式发展陆上风电。

然而，根据风电发展应根据市场进行调整的观点，已经放弃了社区拥有风机权益的制度框架。政府希望发展海上风电。海上风电场较之陆上风电场，并没有明显的经济优势，需要更多的政府补贴。然而，海上风电场和电力公司现有的制度框架能够很好地融合。简而言之，风电需要适应现有市场制度的话语权决定了电力公司推行可以适应现行制度结构的可再生能源技术。尽管这些技术的经济优势不明显，但如果更经济的技术要求设立新的组织而且会涉及社区所有权，前者仍然会成为现有组织的选择。

不同组织对现实的看法各不相同，因此会依据各自观点提出相关的项目建议和方案，但不太可能提出根本性的技术变革方案。此类根本性变革方案通常由其他方提出。为了更好地理解这一问题，我们可以再回顾一下 Nordkraft 案例（详见第八章）。在这个案例中，当地的电台问 Nordkraft 的执行主管，他是否可以想象，由于很多当地居民的反对，最终该项目无法实施。该执行主管回答说（如果这样的话）他无法想象人们还能提出什么样的替代方案。由此可见，现有组织不会考虑包含根本性技术变革的方案。

为什么某些选择没有进入集体感知，以及应该如何进入集体感知，这些问题不仅仅与现有电力公司的话语权有关。如果当本地居民和环保组织通过提出根本性技术变革方案提高选择认知，现有技术相关组织可能会采用不同的选择消除机制和策略予以回应。

2.2.2　选择消除机制

根本性技术变革会对依赖现有技术（可能被替代或者削弱）的现有组织带来威胁，而这些组织也会做出相应回应。选择认知理论认为，这些回应的一个核心内容就是在公共辩论和集体感知中消除这些选择。

现有组织会通过权力行使来保护它们的既得利益。然而，Flyvbjerg（1991）在对理智和权力关系的调查中认为，应在权力直接行使场合外开展对权力最重要行使方式的发现和研究。Flyvbjerg 的研究将理论与案例进行了综合：

"在许多例子中，最关键的活动不是出现在对目标、政策、立法机关或规划的设计中，也不是出现在相关政治集会的公共参与和正式的决策过程中。其实，它们在目标、政策、立法或规划形成之前就已经发生了，也可能在正式决策之后，随着规划和政策的执行而发生。"①

Flyvbjerg 对官方规划和正式政治与实际规划和实际政治进行了区分。就它们的关系，Flyvbjerg 指出，如果重要角色无法通过官方政策过程实现其意愿，就会利用实际政治在实施阶段采取措施，通常无法在短期内发现。发现实际政治的唯一方法是对具体规划和政策实施过程开展深入研究。

针对具体规划和政策制定过程的研究（详见第八章）显示，在正式权力视野之外执行的选择消除策略和机制涉及各个方面，形式也是多种多样。其中一种形式是将替代方案排除在日程之外。20 世纪 80 年代早期的 Nordkraft 电站就是这样一个典型案例，它排除了使用天然气的方案。另外一个例子是 20 世纪 80 年代中期的奥尔堡供暖系统改造，当时市政府直接忽视了小型热电联产电站方案的可行性，因为这一方案与市议会和市政府运营的区域供暖公司的利益和观点不融合。当时，市政府根据供暖规划的法律程序安排可行方案的公共参与环节时，直接忽略了这个方案。

根本性技术变革方案只能由大学或者当地市民提出。在奥尔堡供暖规划的例子中，一些替代方案提出后，就会出现一些相应的选择消除机制和策略。在公共参与环节，市政府直接忽略了一些替代方案。市民提出后，市政府在后续的比较分析中会予以忽略。如果不得不对此类替代方案进行比较分析，而且结果"不容忽视"时，市政府将进行新的分析。然而，市政府只把最为有利的结果呈现给市议会。而当市民把"不可忽视"的分析结果寄送给市议会时，市议会会选择"忽略"。或者，市议会将对信件进行讨论，并以此指责寄信人。

因此，选择消除行为会发生各个层面，以各种各样的形式出现。可以使用权力理论对不同层次进行分析，找出系统方法。Christensen 和 Jensen（1986）在《安静的控制——关于权力和参与》② 这本书中描述了不同层次的权力，并阐释了现有组织在影响决策过程时如何行使权力。该书的基本出发点是理解如何为促成参与策略而行使权力。因此，他们对权力的定义非常宽泛："权力是人类在分配产品和社会

---

① 译自丹麦语："De afgφrende aktiviteter findes således mange gange ikke i udform – ningen af mål，politikker，lovgivning og planer eller i borgerdeltagelse og formel politisk behandling i relevante politiske forsamlinger. De findes derimod fφr der overhovedet er noget，som hedder mål，politikker，love og planer，i det man kunne kalde planlægningens og politikkens genese，og efter den formelle politiske vedtagelse，i planlægningens og politikkens implementering"。Flyvbjerg 1991，p. 19。

② 译自丹麦语。

负担（物质和非物质）时实现其利益的可能性。”[1] 在这本书和其他一些文献中，Robert A. Dahl（1961）、Peter Bachrach 和 Morton Baratz（1962）、Steven Lukes（1974）、James G. March（1966）、Christensen 和 Jensen 将权力归纳为四个层次：直接权力、间接权力、思想控制权力和结构性权力。[2]

后三个层次的权力对选择认知理论尤其重要。对权力的行使导致了是否存在选择的集体感知，而且对替代方案的评估通常发生在直接权力行使之前。

直接权力可以在决策过程中行使，比如，针对出现在董事会、市议会或国家议会议事日程上的事项行使权力。直接权力较少在选择消除策略中行使。通常，在出现可能提醒公众存在其他选项的方案之前，选择消除策略和机制就已发挥作用。因此，在 20 世纪 90 年代中期的环境影响评价程序（见第八章）案例中，北日德兰郡议会就建设新火电厂方案事宜进行自由选择。根据法律程序，他们只需对相关方案进行介绍，包括在公众参与阶段提出的方案，没有义务必须从中进行选择。然而，法律程序并没有要求对当地公众提出的根本性技术变革方案进行描述（比如，电力公司和地区管理部门的机构设置变革）。当地郡政府通过行使间接权力，将这个建议在进入日程前就消除掉了。

间接权力的核心是在官方会议之前或者之后行使权力，比如，确定列入日程的内容。众所周知，并不是所有的事情都需要决策过程。因此，有权势的利益集团就可以通过采取措施排除一些内容，或者通过使实施结果产生偏差的方法来影响方案的实施。间接权力的行使与选择消除机制的识别切实相关，而且此类例子很多（详见第八章），比如上文提到的忽视替代方案和指控方案提议人员，或者声称方案的数据依据不准确，同时政府以“国家安全”为由拒绝公开所谓的“正确”数据（见第八章的电网案例）。

间接权力还包括在决策完成后行使权力，比如不执行决策，或不按决策执行等情况。20 世纪 90 年代中期 Nordjyllandsværket 的例子就属于这种情况。丹麦议会已经决定了一项称为“Energy 21”的能源政策，根据这一政策，丹麦将不需要再兴建火电厂，议会应推行电力节约并增加小型热电联产电厂。然而，受政府少数派支持的电力公司却仍然建立了一个新的火电站。

直接和间接权力可能在确定有多少替代方案以及哪些替代方案可供决策团体选择时，将部分方案消除掉了。时间和资源是有限的，因此，必须有人来决定需要对哪些替代方案进行分析和描述，对哪些后果进行识别，采用哪些识别方法。此外，消除行为还可发生在确定讨论内容、讨论地点、讨论时间时。然而，选择消除并不

---

① 译自丹麦语，p. 12。

② 译自丹麦语，pp. 13 – 14。

仅仅是忽略替代方案，也可能是通过影响方案的支持者、设计者和提倡者的意识和观念来实现。这个阶段不属于现有技术代表组织的控制范围。这个权力通过下列两种权力实现。

思想控制权力包括以如下方式行使权力：一些行为人影响其他行为人对于其利益和如何通过法律途径倡导其利益的认知。思想控制权力、直接权力和间接权力有一个共同点，即它们都是在行为人之间执行。然而，第四个层次的权力——结构性权力与此不同，这一权力通过习惯、惯例和常规组成的社会框架的集体性无意识接受得以执行。

在思想控制和结构性层次，选择认知受民主基础架构的观点和设计等多种因素的影响（见第三章），比如，关于关键社区工作涵盖哪些利益以及如何在关键社区工作中展示这些利益的观点。思想控制权力的另外一个例子是第一章讲述的“可持续能源”讨论。将可持续能源定义为包括核能和配套了碳捕集技术的煤电可以视为一种让原本支持可再生能源的人支持和提倡核能和煤电的方式。

结构性权力可以视为通过展示现有制度结构来实施。例如，在 20 世纪 90 年代中期的环境影响评价程序的例子中，选择消除机制确实是由于当地郡议会希望只考虑其管辖地理范围的替代方案。而在 Nordkraft 案例中，现有的电力公司和市政府无法想象和设计超出电力公司的所有权或城市边界的替代方案。即便它们提出了此类方案，在现有组织结构下，也没有能力实施该方案。在这些例子中，现有制度结构的结构性权力影响着对潜在替代方案的观点。

总而言之，选择不仅可以通过从集体感知中剔除得到消除，也可因在现有制度结构下无法实施的观点而被消除。因此，我和奥尔堡大学的同事多年来一直开展“技术替代方案”和“制度替代方案”的设计与推广。我们曾通过对我们设计的技术替代方案进行推广和公开讨论的方式来识别制度障碍，以此设计出相应的制度替代方案。通过这种方式，我们多年来一直致力于提升公众对技术和制度变革的选择认知。

2.2.3 选择认知的第一论点

选择认知理论关注社会层面的问题。如上文所述，它关注涉及不同利益和话语权的个人和组织以及不同层次权力影响的集体决策过程。该理论关注如何在社会上推行根本性技术变革，同时意味着重大的制度变革。

通过参考话语权理论和权力理论，选择认知理论假定现有组织对现实和既得利益的看法通常会促使它们阻止激进的制度变革，因为它们担心失去权力和影响力。选择认知理论认为，在这场斗争中的核心因素是社会对是否有选择的看法。

选择认知理论的第一论点是：如果社会设定并试图推广根本性技术变革目标时，现有组织的影响力和话语权会影响目标的执行。这些影响会阻止新解决方案的开发，消除特定的替代方案，并且试图创造出一种假象，暗示除了保留和加强现有组织地位的技术，别无他法。这种行为会产生各种各样的结果，比如：

- 在辩论和决策过程中排除某些技术替代方案；
- 通过将根本性技术变革评价为与需求不相关或不相符的方式对替代方案进行技术评估；
- 在可行性分析报告中将根本性技术变革列为不经济的方式。

这些影响形式通常是基于新古典经济学的观点，该观点认为现有组织和技术结构由市场定义，通过定义，市场会主动去甄别和推广最优解决方案。

2.3　提升选择认知

选择认知理论的第一论点是以下列事实为基础：在对能源规划的主要社会决策进行讨论时，社会经常会形成没有选择的集体感知。该机制既可能排除根本性技术变革方案，也涉及执行层面的制度障碍。在结构性权力层次上，这会再次影响对选择的集体感知。

该理论认为，当根本性技术变革成为核心问题时，选择认知就会成为非常关键的内容。但我们能做些什么呢？其核心就是提升社会对确实有一个选择的认知：根本性技术变革是可行的。由于选择消除机制可以应用在许多层次上，因此选择认知理论的第二论点建议为对应的层次引入对策。对选择认知的提升涉及技术替代方案的设计和推广，对评估方法的运用，以及制度替代方案的设计等多个方面，后者既包括直接的公共管理措施，也包括倡导合适的民主机制。

我曾多次发现这种选择消除行为。然而，我也经历过如何通过具体替代方案的介绍和描述提升公众对“我们还有其他选择”的认知。经过一段时间之后，这种认知的提升可以推动制度的变革，使得社会在多个替代方案间进行选择。丹麦能源规划在过去三四十年间变更的历史便是一个典型案例。丹麦的能源政策是经过一系列冲突和辩论后形成的。这个过程导致了对根本性技术变革的执行，并使得丹麦能够在国际舞台上展示它非凡的成就。尽管与旧技术的代表组织有冲突，社会仍有可能作为一个整体采取行动。正式的能源目标和计划是在议会和公众的不断互动中完成的。在这个过程中，新技术替代能源方案的描述起到了很重要的作用。公众参与以及对选择的认知在最终的决策过程中扮演了重要角色。因此，这种充满冲突的辩论可以看作是使能源计划和项目进一步提高的必需条件。

第八章详细介绍了一些例子，说明这种长期的制度变革带来的影响。比如，前文提到的奥尔堡供暖规划案例中，对具体技术建议的倡导促进了在能源税收体系中对具体制度性障碍的甄别。在这个案例的跟进过程中，我和同事为如何改革丹麦的能源税收体系提出了具体建议，使社会经济角度的最优方案也同时能带来最优惠的取暖价格。

在 Nordjyllandsværket 案例中，对具体技术替代方案的推广倡导提升了社会对项目建议书和议会官方能源政策之间冲突的理解。丹麦社会过去不得不使用大型中央电站，因为这种电站非常适合现有能源公司的组织结构。然而，议会在批准大型中央电站的同时也有足够的权力来倡导小型热电联产电站。这个决定对小型热电联产电站市场的制度设置带来了实质性的变革。因此，在 20 世纪 90 年代中期和后期，议会放开了针对装机容量在 1000MW 以上的小型热电联产电站的投资。

选择认知理论的第二论点呼吁在多个层次上提升选择认知。通常情况下，第一步是设计具体的技术替代方案。选择认知理论的这些观点与 Mary O'Brian（2000）提出用替代评估来取代风险评估（O'Brian，2000）时给出的建议基本一致：

"风险评估是通过整体（比如整个社区或国家）意愿的形式实现部分人（比如孟山都公司，现代公司，'私人土地拥有者'，工业机构等）目的的主要方法，实施方式不易察觉。风险评估仅通过量化数据估算是否会引起死亡，如何造成死亡，以及由此带来的生育缺陷，而忽略其他重要的因素，从而使得评估目标显得非常'科学'或者'合理'。"①

因此，风险评估成为判定"一个替代方案决策"的方法。

O'Brian 呼吁将风险评估改为替代方式的评估，即对各方案进行优势和劣势对比分析，目标是扩大接受公众评估的方案范围。O'Brian 同时也指出，这种评估方法不能反映现有组织的利益。替代评估是：

"一个易于操作且意义重大的替代方式，其考虑方案的范围较广，可能对正常和规划商业，以及现有权力机构产生威胁，因此通常会被抵制。"②

与选择认知一样，替代评估这个想法也是受个人层面的行为启发而提出的。O'Brian 说他的姐姐是一位精神病学领域的社会工作者，曾告诉他，一个人可能选择去自杀的一个前兆是他们认为自己只有这么一个或者两个可怕的选择。O'Brian 解释道：

"将风险评估转换为替代评估涉及同样简单的原则。为了避免将自己局限在一两个很可怕的选择中，我们应对一系列看似很好的选择进行公共评估。通过这种方

① O'Brian（2000），p. xviii.

② O'Brian（2000），p. xiii.

式，我们可以对这些替代方案开展评估，然后从中选择最佳方案。”①

选择认知理论的观点与团体迷思理论（Groupthink Theory）基本一致。Janis 在《团体迷思的受害者》（1972）以及《团体迷思》（1982）这两本书中引入了“团体迷思”的概念，其定义为紧密决策团体内部不惜一切代价来压制反对意见，防止支持替代观点的精神动机。Janis 介绍了这一概念在美国几次重大外交政策失利中产生的影响，比如朝鲜战争僵局、越战升级、防备袭击珍珠港的失败、猪湾入侵的错误。

Janis 认为“团体迷思”是：

“一个描述紧密小团体内的团体观点压制了部分人员对替代方案开展评估意愿的快捷方法。”②

他描述了团体迷思的七个特征和后果，其中“对替代方案的不完全调研”是其中的第一条。③ 因此，团体迷思理论在总体上与选择认知理论相当一致，尤其选择认知理论强调促进新的集体式民主决策基础的重要性，这种机制在决策过程有助于产生相关替代方案（见第三章）。

Janis（1982）推荐了防止形成团体迷思的一些策略。其中一个建议是：

“组织应该定期运用行政手段，设立几个独立的政策规划和评估小组对同类政策问题进行分析，每个小组应设有自己的行动领导。”④

这个建议与我在下一章将要讲到的选择认知理论提升民主决策基础的观点不谋而合。

Christensen（1998）在《替代方案，自然和农业》一文中讨论了人类与自然的关系以及农业领域对替代方案的观点。Christensen 也对什么是“真正的”替代方案进行了讨论。例如，有机农业是传统农业真正的替代吗？我们这个时代的环境和自然保护问题要求我们需要对自然的看法和我们的农业发展方式进行创造性的思考。根据 Christensen 的观点，这不仅仅是需要有新的想法，而且这些新的愿景还需要与冷静全面的分析结合起来。其中关键的问题是如何促成一个富有成效的变革，使得这些新的方法既不孤立，也不会成为现有体系的一部分。

Christensen 将这种情形与“根本性变革”这个词联系起来，这与陈述选择认知理论的两个论点时使用的“根本性技术变革”这个概念是相通的。Christensen 以有机农业的替代方案为例讨论了根本性变革：“这些建议期望统一两个目标：社会可

① O’Brian（2000），p. 129.

② Janis（1982），p. 9.

③ Janis（1982），p. 175.

④ Janis（1982），p. 264.

行性和环境可持续性。”[1] 然而，Christensen 指出，“似乎对社会可行性的关注会很容易降低对环境问题的考量”。[2] 因此，Christensen 强调了如何在不把技术调整到适应社会可行性的情况下推行根本性技术变革的问题，因为如果将技术调整到满足社会可行性的需求，它就会融入现有机制中，而根本性变革就无法得到推广。这个问题也是选择认知理论的核心议题。第三章陈述的四个选择认知策略均是用于应对这一挑战。

2.3.1 选择认知的第二论点

选择认知理论所要解决的是社会设定和实现根本性技术变革目标这一情况。

选择认知理论的第二论点认为，社会在这样一种情形下将从关注选择认知中受益，即提升社会对确实存在一个替代方案并且可以做出选择的认知。这种认知可以通过多种途径得到提升，包括：

- 在对新方案和项目进行辩论和决策的各个层次上推进对真实技术替代方案的描述；
- 对替代方案进行分析时提倡包含相关的政治目标的可行性分析方法；
- 提倡对公共管理措施的真实描述以促进新的技术推广。

对民主决策机制的变革通常会促进对这三个认知提升方法的推广，同时强化新技术。

选择认知理论，包括它的两个论点，强调“冲突”和“过程”。决策的程序，包括对替代方案的确定和评估，可以看作是一个冲突。这个冲突是由不同利益、影响和既得利益组织为了保持既得权力和影响力而运用话语权开展的一场斗争。这个过程会随时间不断推进。形成可以包容下列项目的社会程序需要时日，比如替代方案设计，采用合适的评估方法，适当的公共管理措施等。这是一个过程，在这个过程中，没有必要对每一场争斗都寸土必争，关键是要赢得整个战役。

---

① Christensen（1998），p. 446

② Christensen（1998），p. 446.

第二部分

方法工具篇

第三章　选择认知策略

选择认知的基本观点是，应理解现有制度倾向和组织利益在涉及根本性技术变革的决策过程中，通常会消除某些方案。而应对这一问题的策略是提升公众对替代方案确实存在，而且社会可以做出选择的认知。了解选择消除机制也是提高这种认知的一项内容。我们可以通过第二章介绍的策略以及图 3.1 中内容提升选择认知。本章将详细介绍各个策略。

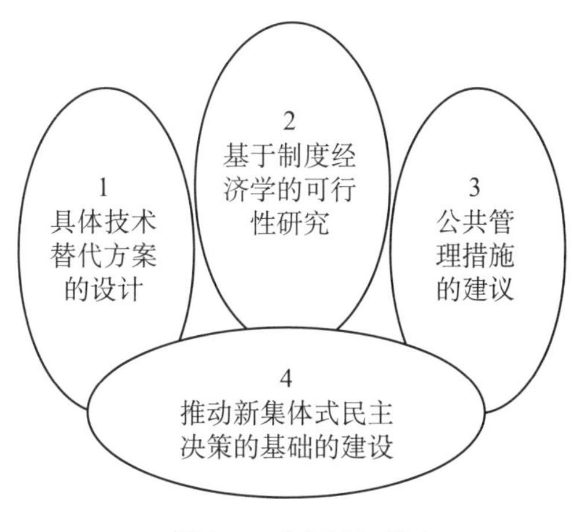

图 3.1　选择认知策略

3.1　技术替代方案

对具体替代方案的描述和提倡是选择认知的一个核心战略。它是改变公众辩论关注点必须采取的第一步。通常来说，提出“有且仅有”的一个解决方案时，比如新建一个不配套热电联产的火电厂，公众会意识到这将给控制污染和提高能源效率带来负面影响。然而，公众通常的反应可能是“既然这是唯一的选择，那又何妨?”，他们别无选择，只好采纳这个方案。然而，如果有人能成功地提出并倡导一个具体的替代方案，这个过程就会发生两个改变：第一，社会公众现在有了真正的选择机会；第二，公众议论的中心将会从“是的，这个方案是不好，但又怎么样呢?”变成了“哪个方案是最好的选择?”。

当一个替代方案出现时，由于制度上和经济上的一些障碍，即便它是最优的选择，也可能无法得以执行。在这种情况下，要进一步推行这个方案，就需要识别出具体障碍。而且，我们应该明确，可再生能源系统的推广是一个长期的目标。因此，重要的不是赢得每一场战役，而是赢得整个战争。

如何才能设计出优秀而具体的可再生能源系统替代方案呢？需要考虑到哪些反面观点呢？Lund 和 Hvelplund（1994）在《公共管理与技术变革》[①] 这本书中描述了发展可再生能源时需要面对的一些争议。我们的分析是基于 Nordjyllandsværket 和修建电网这两个案例（见第八章），并且这些描述被称作“对半真实陈述的剖析”。

半真实陈述可以分为以下几类：

对错误背景的半真实陈述：这种陈述通常是指将一个与陈述人认定的背景不一致的某个要素放进背景之中。在 Nordjyllandsværket 案例中有一个例子——ELSAM 电力公司的董事长告诉当地的一些政治人物，规划中的电站项目是可行的，而且会改善当地环境。这个说法是半真实的，因为它没有说明其只有在一些特殊情况下才是正确的，而这样的情况与政府能源政策的目标并不一致。这样的陈述通常可以看作是在现有的方案和新提出的替代方案之间达成一个折中，但并不提及和考虑其他甚至可能更好的替代方案。例如，可能有报道认为新建一个火电站比继续运行老电站要好，但并未提及可能有其他的替代方案对环境更为有利。

错误时间域的半真实陈述：这个陈述忽视了经济成本结构和技术创新的动态关系。例如，在 Nordjyllandsværket 案例中，电力公司希望新建两个（而不是一个）发电厂，获得投资成本中的折扣优惠。在这个案例中，电力监管当局告诉政府人员，过多的装机容量不会影响电力需求，然而他们却没有去考虑由于装机过量带来的成本结构的变化。

非均等化评估的半真实陈述：这个陈述只着重描述优势而忽略劣势。Nordjyllandsværket 案例中包括几个这样的例子。比如，电力公司着重强调了通过新建两个发电厂可获得的 3 亿丹麦克朗的折扣，而忽视了由于现在同时建两个电厂而不是日后再建第二个电厂所错失的技术创新（更高的发电效率）机会。我们通过计算认为，这个隐含的劣势对应的价值相当于 7 亿丹麦克朗（见第八章）。

“操纵者”可以利用一个半真实陈述提倡一个方案。在他们看来，较之对整个真实情况的完整描述，一个好的半真实陈述更易于传达和理解。

公众认为一个新发电厂比旧电厂好，因此替代旧电厂有益于环境。相比之下，要向公众解释根本没有必要建设电厂（在 Nordjyllandsværket 例子中）要复杂得多。这样的解释需要对以下方面进行详细讨论：未来需求预测、发展小规模热电联产的可能性，以及等待需求出现的过程中可能发生的技术创新等。公众也很容易理解过

---

① *Offentlig Regulering og Teknologisk Kursændring. Sagen om Nordjyillandsværket.*

量的装机容量不会影响到电力需求。但在存在过剩装机容量的情况下，政治和经济可能的互动通常会给推广新的节能技术带来障碍。然而，要向公众解释清楚这一点非常复杂。通过投资两个发电厂获得折扣看上去像是一个好主意。而要解释“在若干年之后，需求真正出现时，现在使用的技术会变得陈旧”就复杂得多。

对半真实陈述的建构一定程度上植根于现有制度和组织的利益中。通常情况下，人们可以发现行政管理和政治的不同分工。比如，在 Nordjyllandsværket 案例中，电力公司的规划部门做了技术分析，该分析在给定假设下是正确的。因此，该部门评估了新建电厂替代旧电厂方案与延长旧电厂寿命方案的经济可行性。这样的分析导致了“在给定的假设情景下，投资兴建两个新电厂是一个好主意”的结论。接下来，公共关系部门和董事会主席将这个结论公之于众，使公众认为在任何情况下兴建两个发电厂对环境都是有益的，与政府的能源政策目标一致。然后，政客们会采用同样的支持态度。能源监管当局和电力公司的规划部门通常不会提出异议，而是直接放行。

通过上述故事可以了解设计好的替代方案的原因和方法。其中一个主要的目标是避免半真实陈述控制整个局面。在引入一个具体的替代方案后，像“新建火电厂比旧电厂更好”之类的陈述需要与其他更好的替代方案进行辩论。引入具体替代方案后，公众的注意力就会从因别无选择而被迫接受糟糕解决方案的窘境转移到对各种可行方案的讨论，甚至到进一步考虑该选哪一个方案。然而，在引入替代方案时可以预见到来自现有体制框架下各个既得利益相关方的抵制。因此，如何对替代方案进行具体设计非常关键。

根据从第八章中讨论多个案例中获得的经验，确定下列指导原则：

（1）替代方案设计时使用的装机容量和能源产能等主要技术指标应与其他竞争替代方案使用的类似数据相当。否则，这些替代方案就很容易被忽略。如果计算了能源节约，应在方案中列入能源节约信息。如果主设计方案的设计容量偏大（大型发电厂通常如此），替代方案仍然可以以原有的装机容量进行设计。不过，可以通过在替代方案中将投资成本分摊到一段投资期间内，来凸显主设计方案中过大的装机容量带来的成本影响。对投资成本的计算还应该包括降低成本带来的收益，以及通过更高的效率和更低的成本实现技术创新而带来的收益。

（2）涵盖可再生能源系统三个方面的特征，包括需求侧的节约，供应侧的效率提高（如热电联产）等，以及可再生能源的供应。因此，替代方案通常都不是只存在于某一个方面的选择。通过包括所有的方面，替代方案就成为向可再生能源系统转型的根本性技术变革的典型案例。如果替代方案只是用生物质替代煤，就有人会反驳说这不是一个长远的解决方案。生物质资源并不充沛，可能很快就需要建一个新的火电厂。然而，将可再生能源系统所有方面进行综合后，原则上来说，替代方案就可以替代所有的火电厂。

（3）替代方案的设计应使其直接成本与主设计方案相当。这个特征实际上与涵盖可再生能源系统所有三个方面的观点基本一致，因为需求侧的节约通常非常具有经济性。另外，可以通过推迟投资而不是在一开始就兴建过剩的产能来削减一部分成本。

将替代方案的装机容量、能源产量（包括节省量），以及直接成本采用与主设计方案相同的方式，公众就可能会更关注主设计方案和替代方案之间的差别。将替代方案和主设计方案的主要特征（环境、当地就业机会、收支平衡、农业发展、技术创新和工业发展等）进行比较。下文将介绍如何设计针对此类参数的可行性研究方案。

此类替代方案设计的经典案例包括丹麦的 Nordjyllandsværket、德国的 Lausitz 和泰国的 Prachuap Khiri Khan。在所有这些案例中，主设计方案都是建议新建一个电厂或是扩大现有的火电厂，而不考虑可以通过热电联产实现的效益。不仅如此，建议的电厂通常都很大，基本都会带来过剩产能。

如果将主设计方案作为唯一选择，不能将热电联产纳入方案内的问题便无法呈现出来。在上述的三个案例中，那些只供热的锅炉都会浪费掉大量的热能。然而，设计一个以小型热电联产电厂为主的替代方案时，这些只供热的锅炉会作为对比项目呈现在方案中。通过这种方法，热电联产带来的能效改进就可以清晰地展现出来。因此，在所有的例子中，都可以在提高能效而不增加成本的情况下设计出更好的替代方案。

3.2 经济可行性研究

选择认知理论是基于“社会决策过程会涉及根本性技术变革，而现有的组织集团会试图影响决策过程，使得公众认为（除了主设计方案）别无选择”这一基本假设。现有利益集团的影响包括消除技术替代方案，以及使用支持现有组织利益的方法和假设进行可行性研究。因此，选择认知包括对“什么是可行性研究以及如何开展可行性研究”的认知。

这一部分采用了 Hvelplund 和 Lund（1998a）的《市场经济背景下的可行性研究和公共管理》以及《可持续发展的工具》（Hvelplund、Lund、Sukkumnoed，2007）的两章内容。新古典市场经济学的理论是基于现实市场经济无法满足的一些假设，具体见下文。本书对新古典经济学的一些方法的批评正是针对它们在现实生活中的应用。这些批评对理论本身的正确运用并不重要。因此，我们采用“应用新古典经济学”，并将其定义为在现有市场经济中应用的新古典理论方法，包括成本效益分析和均衡模型等工具。这一方法与理论上正确的方法相对应，后者是基于以自由市场假设为基础的市场经济模型。每一个市场经济都由若干市场主体构成。在应用新古典经济学中，对这些主体的分析通常超出了分析模型的范围。因此，这些主体在分析中通常作为静态量或者不变的量。然而，在根本性技术变革情形中，考虑形成市场机构主体的变化非常重要（见第二章）。

新古典经济学以自由市场概念为基础。理论上的“自由市场”需要有几个针对市场主体的前提条件，比如同一产品存在许多各自相互独立的卖方和买方；市场的参与者都拥有针对产品的价格和质量的完全信息；市场参与者都是完全理性的，卖方希望最大化利润，而买方希望最大化产品的效用。

满足这些和其他一些条件时，可以认为所有的买方和卖方都会以个人利益最大化的方式参与市场，而市场会决定什么是对社会最好的结果。市场会成为一个民主场所，在这里，自由而又理性的买方在充分了解其面临的选择后去买他们想要的商品。因此，满足上述针对市场主体的前提条件时，任何对自由市场过程的干预都可以看作是不民主行为。

需要强调的是，“自由市场”并不是一个没有公共干预的市场，而是公共管理的过程表现为建立和维护自由市场需要的上述制度性前提条件的市场。大多数市场经济是既包括私营部门也包括公共部门的混合经济。在私营部门，交易在市场上依据供需关系在买家和卖家间发生，而交易的对象是商品、劳动和资本。公共部门主要在市场之外重新分配收入并且生产商品和服务。

在应用新古典经济学中，市场通常是指“自由市场”。市场活动的主体是信息充分，自由而理性的参与者，他们的目标是将自己的效用最大化，并且没有私下干预影响分配过程。在新古典经济学中，公共部门和私营部门的关系通常是政府自动通过公共管理手段设立法律和市场的结构框架；从分配的角度来看，公共部门的税收、产品和服务应视为是中立性的。

因此，在应用新古典经济学中，公共部门对市场过程的管理效果也是中性的。假设私营和公共部门不扭曲分配过程，同时市场活动在自由、理性且拥有充分信息的参与者间进行，意味着任何时间点的生产都可以看作是最优的。这种最优状态的假设是大多数以新古典经济学为依据的数量模型的一个前提条件，而宏观经济学家将这些数量模型用于规划作业。

假设“我们生活在所有世界的最优状态”，我们可以推理出，任何偏离这种最优状态的变化都会给社会带来社会经济上的损失。例如，所有与降低温室气体排放或增加可再生能源的比例相关的政策在所有模型计算中都被认为是额外的社会成本。

“IDA 能源计划 2030”中给出了一个与这些数量计算讨论相关的例子（见第七章）。在这些数量模型中，系统性的制度错误在经济过程中不会存在。然而，在现实生活中，这样的假设却不成立。因此，我们有必要把一个国家或地区的经济看作是一个制度经济，在这种经济中，现状可能根本不在最优状态。

下面是针对在根本性技术变革情形下进行可行性分析的一些指导原则。这些原则考虑了涉及的环境影响因素，并以带来技术创新和制度变革作为主要目标。因此，这种可行性研究的范围和关注角度比传统的成本效益或者成本收益分析更为广泛。

可行性研究应包括以下方面：可行的技术替代方案设计，社会、环境和经济成本评估，替代方案的创新潜力概述，影响替代方案执行的制度分析。由于这些可行性分析研究既可用于公共领域也可用于私营领域的决策，我们需要区分社会角度和商业角度的经济分析。在社会经济可行性分析中，关键问题是一个项目针对社会整体的可行性；而在商业经济可行性分析中，其目标仅取决于一个项目的商业可行性。不过企业也可以使用社会经济可行性分析的标准，更好地了解它们的决策对全社会的影响。

因此，任何可行性研究或者公共管理行为均应从项目所在国家或地区的制度和政治背景的一系列具体分析开始。所以，可行性研究不能以新古典经济学处于最优经济状态的假设为基础。制度分析并不是一项简单的工作。然而，这项工作非常有意思，有助于识别从社会经济角度来看既经济又环保，但在现有制度条件下尚未得到执行的项目。

在根本性技术变革条件下，必须开发新技术，同时，当这些技术达到与现有成熟技术的竞争水平或具有可比性时，应对这些新技术进行投资。但是，这样的竞争或比较在理想的自由市场中永远也不会发生，而是需要特定的政治和制度框架。这些制度框架通常需要经历很长时间才能形成，因而原有的旧技术系统更受青睐。所以，引进新技术远非仅考虑收益与成本这么简单的问题。它需要对重新建立一个系统进行详细的评估；需要把这些系统与更广泛的目标以及社会情况联系起来；不仅如此，它还需要面对“与其投资新型清洁系统，还不如维护旧的技术系统”等类似想法的质疑和挑战。

因此，可行性研究就不再是基于“现有制度形态可带来最优社会结构”假设情景下的简单成本收益计算。在设计可行性研究时，我们必须记住：社会通常不处于最理想的经济状态。因此，使社会公众认识到存在其他使经济和环境受益的方案非常重要。这样，可行性研究的设计应包括这些可能性以及相应的制度政策，协助有远见的领导人对其进行顺利实施。不同技术发展的可行性研究会产生显著影响，因此，可行性研究的过程很有可能会受到来自不同的政治和经济利益团体的影响或压力。我们需要考虑这些可能性，并且倡导形成一个促进交流、创新性和透明的一体化研究过程，确保研究团队和整个社会不会受某一种处于优势地位的技术系统或利益团体的控制。可行性研究应作为一种有效的社会学习工具，克服制度和政治障碍，为根本性技术变革扫平道路。

针对现有技术和制度的上述结论，总结得出下列可行性研究设计指导原则：

- 首先，以需要决策的对象为目标进行系统分析：谁将是这个可行性研究报告的阅读对象，阅读目的是什么？研究中包括哪些相关政治目标？同时，研究设计还应提供与实际情况紧密联系的信息。
- 尝试对研究方法和相关衡量指标进行公开政治讨论，提高公众的认知度，使他们了解可行性研究的方法也是研究的一部分。
- 设置尽可能长的分析时间，以便发现现有技术系统以外的最优解决方案。
- 分析现有技术系统的局限。在现有系统存在过剩产能的情况下，此类分析尤其重要。例如，一个存在过剩产能的电力系统通常有两种倾向：使其电价接近于短期边际成本；或者由能源公司在决策过程中施加压力，促使政治家们保护这些公司免受新技术的竞争威胁。
- 分析项目的经济成本和未来技术变革之间的联系。例如，如果我们面对的是可再生能源，在包括大比例核电或者热电联产的电力系统中引入太阳能热系统的经济性如何？此类分析称为技术敏感性分析。
- 分析一个项目的经济成本和所需立法间的联系。例如，如果废除电力向公共电网销售权的制度会有什么后果？如果经济政策导致利率升高会有什么后果？这些分析属于制度敏感性分析。
- 分析制度敏感性和政治过程之间的联系。例如，在能源市场上，哪些参与方有经济和政治动力来扼杀新技术？能否定义出可以支持新技术的对抗性力量？如何描述目标行业的政治势力均衡？可以描绘出什么样的政治情景，并且它们会对具体的项目产生什么样的影响？这些分析被定义为政治敏感性分析。

3.3　公共管理

能够成功推行根本性技术变革的公共管理措施不能采用前文描述的应用新古典经济学理论作为前提条件。主要问题是，必需的技术解决方案通常要求与之对应的新组织和制度。总体来说，应用新古典模型把制度作为给定条件，不考虑通过公共管理措施加以改进。因此，区别上述“自由市场”以及在给定时间和地点存在的制度形成的“真实市场”非常关键。

“真实市场”是指带有现实中真实存在的制度、私营市场力量、公共管理、基础设施、信息获取、商业结构等各种要素的市场。这个市场经常存在相当程度的私人监管。传统能源领域尤其如此，通常是垄断或者寡头市场，只有一个或者几个供应商提供特定产品。甚至当市场上有很多供应商时，他们通常也是通过拥有权关系相互联结起来，因此他们之间并不是相互独立的。尽管全面的信息和信息公开是运行良好的自由市场的前提条件，但在这个市场上，信息则通常被当作商业机密保护起来。

总而言之，“真实市场”不符合经济学教科书上对“自由市场”定义的制度性前提条件。“自由市场”和“真实市场”之间的互动经常带有意识形态色彩，在处于寡头垄断状态的“自由市场”上，最有实力的市场参与者会以“自由市场”为由拒绝公共管理，同时要求保留他们在市场上的私人监管权。在现实中，“让自由市场来决定”就等同于“让我们来决定”。“我们”意味着寡头市场上最有力的参与方，即少数几家处于控制地位的企业。

我们把公共领域的“自由市场”假设看作是中性的，因为它不涉及市场分配过程。然而，把公共资金用在教育、公路、海港、国防和医疗等领域会对市场过程的方向产生不同的影响，这一点很容易理解。高水平的基础建设投资将会促进与汽车工业相关领域的发展，军事开支将会促进与军工产品有关的领域，其他类似例子还有很多。因此，公共领域的活动不影响市场动态的方向这个假设是不成立的。

即便市场部门如经济学教科书上描述的那样确实是“自由”的，这个市场仍会不可避免地受到公共部门的干预。由此，我们可以总结认为，在真实市场的世界中，总是存在某种形式的自上而下的公共管理或私人管理。管理由任何直接影响市场框架和市场合作组织的组织化目的规定。

因此，在设计公共管理措施时，区别社会经济的可行性研究和商业经济的可行性研究非常重要，前者的目的是分析一个给定项目从全社会角度是否可行，后者的目的是从一个具体的公司角度分析一个给定项目是否经济。图 3.2 展示了在一个给定的市场条件下，资本密集型技术在一个较长的技术生命周期内面对的商业经济、社会经济和公共管理之间的关系。

从图 3.2 中，我们可以看出，在现在的情形下（情形Ⅰ），可以识别出具体的市场情形和具体立法要求（“市场经济Ⅰ” +“公共管理Ⅰ”）。通常，在现有情形下，现有技术更受青睐，它们会成为商业经济分析中最为可行的方案，而包括根本性技术变革的替代方案从商业经济的角度可能并不受欢迎（“商业经济Ⅰ”）。尽管如此，社会经济分析（“社会经济Ⅰ”）显示出，从整个社会的角度来看，对新技术的开发和投资是可行的。

在这样的情况下，对社会有利的选择可能不一定对商业有利，具体需要在民主

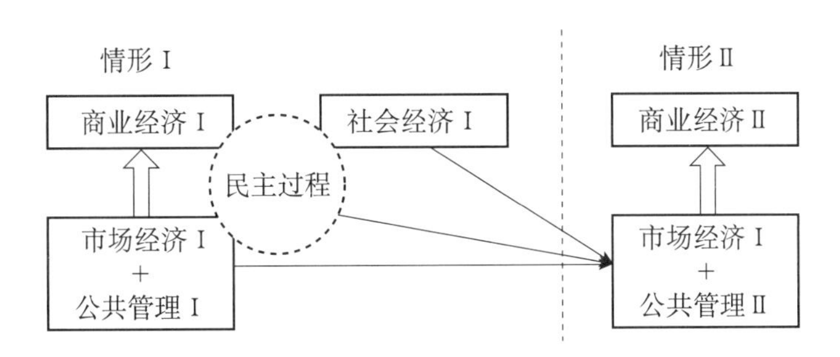

图3.2　给定市场条件下的商业经济、社会经济和公共管理间的关系

注：来源于Hvelplund、Lund和Sukkumnoed（2007）。

过程（虚线圆圈）中展开讨论。最终，此类讨论会制定和执行一个新的管理战略（“公共管理Ⅱ”），从而确保从全社会角度来看最优的解决方案也是商业领域的最优方案，因为在这个时候，一个与“社会经济Ⅰ”有着同样优先目标的新商业经济战略（“商业经济Ⅱ”）也被建立起来了。这样就达到了一个理想状态。在这种状态下，市场上的公司将会以对社会最有利的方式运行。

在“情形Ⅰ”中，一个企业如果希望评估包含根本性技术变革的替代方案，它应开展商业经济可行性研究（“评估商业经济Ⅰ”），以便估计在现有制度和技术情形（“市场经济Ⅰ”和“公共管理Ⅰ”）下的经济后果。与此同时，该企业也应进行社会经济可行性分析（“分析社会经济Ⅰ”），以便评估政府未来可能采取措施的社会经济后果。通过这种方式，企业就可以提前识别出政府可能引入的公共管理措施（“公共管理Ⅱ”）中包含的机会。

政府应开展社会经济可行性研究（“分析社会经济Ⅰ”）来制定代表全社会目标的环境政策。与此同时，政府也应进行商业经济可行性研究（“分析商业经济Ⅰ”）以理解企业在给定市场情形下的利益得失。因此，商业和社会经济可行性研究都很重要，政府机构和私营组织应对两方面都进行分析。Hvelplund和Lund（1998a）提出了几个这方面的例子，尤其是丹麦风能发展和区域热电联产系统的案例。这些案例的可行性分析清晰展示出了丹麦社会的总体受益情况。它们鼓励丹麦政府引入可带动新技术和新工业出现和发展的公共管理措施，从而带来社会经济利益。

三个波罗的海国家也开展过一些类似研究，这些研究的目标主要是用热电联产替代核能和依靠油页岩的大型集中发电站（Lund、Hvelplund、Kass、Dukalskis、Blumberga，1999；Lund、Hvelplund、Ingermann、Kask，2000；Lund、Šiupšinskas、Martinaitis，2005；Rasburskis、Lund、Prieskienis，2007）。所有这些案例都显示，国家从社会经济、创造就业以及平衡收支的角度分析，将会从投资热电联产中受益。但在现有公共管理体制下，企业投资热电联产并不经济。

《能源、就业和环境：一体化发展》（Lund和Hvelplund，1998）这篇文章也从整个欧盟的角度进行了相似的分析。这个研究以欧盟20世纪90年代后期的供需数据作为依据。由于欧盟对化石燃料的需求呈现增加趋势，而本地区的储量却不断减少，因此可以预计欧盟从其他地区进口化石燃料的需求会增加。

以此为基础，这篇文章提出了一个包括多个技术可行措施的替代方案。替代方案的目标是提高能源效率，帮助欧盟实现20世纪90年代后期提出的CO_2减排目标以及提高能源安全。技术上可行的措施包括需求侧20%的能源节约，热电联产增加50%，风能增加10%。如果得到采纳，这些措施会帮助欧盟将CO_2排放量在1990年的基础上降低25%，还可以帮助欧盟减少50%的化石燃料进口。

不仅如此，通过这些措施，欧盟还可以在不影响收支平衡的情况下创造大量的就业机会。由于建设需要，对这些措施的采纳将会在2000—2010年间创造大约150万个就业机会。初期，由于新能源技术投资的需求，欧盟的收支平衡会受到影响，但这些影响可以通过补贴欧盟内部的这些技术和相关服务的供应商而弱化。接下来，随着化石燃料进口的下降，欧盟会获得正的净收益。

文章指出，根据预期，欧盟的劳动力人口未来会下降，因此欧盟最好是当前就利用这些机会，不要等到以后。文章中提到的目标，如减少CO_2的排放和提高能源安全，是欧盟无法回避的方向。文章最后问道："为什么我们还要等到2010年再来解决这些问题呢？到那时候，欧盟的CO_2排放水平可能更高，化石燃料进口可能更多，而我们的劳动力数量反而更少。"

在进行社会和商业经济可行性研究时，改进公共管理起到的作用在"丹麦电力供热系统转换"中得到了体现。这一案例在《执行能源转换政策：丹麦电力供热系统转换案例》（Lund，1999a）一文中进行了介绍。文章分析了哪些公共规划、管理和建议有助于执行能源节约政策。丹麦电力供热系统转换的这个案例阐明了几个常见的问题，并且展示了在执行CO_2减排这个政治目标时需要哪些根本性技术变革。这个案例还为公共管理如何应对这些问题提供了参考。

首先，执行CO_2减排政策属于一项技术变革。这种变革不仅需要对现有技术进行修补，而且需要大规模的组织变革，包括建立全新的组织。其次，现有制度结构很大程度上受现有组织的影响，而且与将来不再需要的旧技术关系紧密。

因此，新技术的推广代表着对公共管理的挑战。一方面，必须对来自旧技术的抵制有充分的认识。另一方面，必须开始建立新制度。在丹麦电力供热系统转换的案例中，通过使用大量多功能性公共管理措施和战略变更清除了部分障碍。首先执行"可行性最低"的转换方式以降低与旧技术的冲突。这个案例的细节在Lund（1999a）发表的文章中有详细描述。

如果根本性技术变革受到质疑时，应根据具体的制度经济学对公共管理措施进行设计，这一点非常关键。在2000年夏天和2001年春天的加州能源危机期间，由于电力供应无法满足需求导致电价大幅上涨，公众对放松管制的市场是否能保障供应安全提出了质疑（Clark、Lund，2001）。加州需要面对这样一个根本性问题：像电力这样的公共物资是应该由“自由市场”来调节其供应，还是政府应在能源等领域的基础设施方面发挥更大的作用。Clark和Bradshaw（2004）提出了一个策略，避免未来类似危机的再次发生。该策略强调政府和行业都需要清晰、简洁和长期稳定的市场制度、标准、程序和操作协议，以实现可持续的社会和商业目标，并且在识别和制定这些市场制度时，应对具体市场的制度性状况进行分析。

3.4　民主决策基础

上文所描述的三个策略包括描述具体的技术替代方案、使用合适的可行性研究和设计合理的公共管理措施。然而，由谁来执行这些策略呢？显然，不能期望那些依存于现有制度结构的现有组织提出和执行这些策略。必须由其他人来做这些事情，那么是谁呢？应该是未来社会利益的代表和潜在新技术的代表，他们可能是民众、非政府组织、小的成长型企业以及参与到公共决策的政治家。

然而，公共决策不可能从政治真空中产生，通常会受到社会上各式各样的政治和经济利益团体的影响，这些团体会努力保护它们的利益或追求它们的价值。因此，在推广根本性技术变革的过程中，现有的技术通常可以在民主决策的过程中得到很好的代表和介绍，而未来潜在的技术却经常会得不到足够的代表，或根本无法得到代表。

1995年，Hvelplund、Serup、Mæng和Lund（1995）描述和分析了当时丹麦能源规划的民主决策的基础情况。根据这些描述，我们提出了一些有助于更好地实现可再生能源发展的政治目标的建议。在本书中，我们定义了旧集体式管理和新集体式管理。集体式是指在混合式市场经济中，行政当局通常与不同技术的代表进行合作。

我们的分析显示出丹麦的管理属于“旧集体式管理”，也就是说各级行政机构更偏向旧技术，而新技术代表却缺少表达意见的机会。这种旧集体式管理在那些负责技术和经济分析，以及为决策提供参考意见的委员会中表现得最为明显。这些委员会通常由许多来自火电站、天然气及地区供热公司的代表组成。然而，极少有可再生能源行业或独立环境和能源效率机构的代表，甚至没有这方面的代表。

各种闭门会议通常也充满了旧集体式管理的色彩。行政机构和旧技术代表通常不让公众了解他们正在做什么，而公众通常是在他们做出决定之后才得到消息。作为分析的一部分，我们曾向20世纪90年代初期非常重要的三个委员会——电力供热转换委员会、供电战略委员会和高压输电线委员会索要一些工作文件。但是，在委员会工作完成之前，这三个委员会始终大门紧闭。公众不允许介入决策过程，只会在最后被告知决策结果。

根据丹麦的法律，公众对政府部门和私营企业（如电力公司）的对话过程有知情权。因此，公众有权获得政府部门和私营企业之间传阅的相关文件。然而，为了“私下”进行这些对话，政府确定了新的“自治机构”，包括来自政府和私营企业（如电力公司）的代表以及“个人成员”，而个人成员需要把他们的“私人”文件一直存放在这些部门的文件柜里。政府表示，这些“私人”文件不在法律要求公开的范围之内，而丹麦的上诉机构——丹麦监察专员组织批准了这一做法。在有些情况下，政府很难区分全部“自治部门”和“个人成员”。政府需要就此进行道歉，而监察专员通常也会接受它们的道歉。而且，没有任何措施阻止这一决策程序的再次发生。

在决策结果中，我们可以看到委员会的代表构成。其中一个例子是1985年的联合供热与电力委员会，详见Hvelplund、Lund、Serup和Mæng（1995）以及Hvelplund（2005）的文章。该委员会的职责是评估热电联产在丹麦的潜力。委员会最终得出的结论是技术潜力仅为450MW，潜力比较小，不具有实际意义。然而事实证明，这一潜力实际上比当时预期的大得多。仅在几年间，实施量已经超过了2000MW。Hvelplund、Lund、Serup和Mæng还提供了许多其他重要案例。

旧集体式管理使得政府和社会都难以发现新技术的潜力。因而，在现实中推广像可再生能源系统这样的根本性技术变革非常困难。因此，我们曾在1995年呼吁丹麦采用新集体式管理代替旧集体式管理。我们提出的其中一条建议是，各级委员会均应吸收来自新技术的代表。

上述例子表明，社会希望推行根本性技术变革时，应更多地关注民主决策的基础，这一点非常重要。因此，将旧集体式管理和新集体式管理进行比较分析是选择认知策略的重要部分。民主决策基础的改革可能会成为推行对替代方案加以描述、进行合理的可行性研究和针对公共管理措施提出具体建议这三个策略的关键步骤。

3.5 研究方法

根据第二章阐述的选择认知理论，我们不能期望与现有技术紧密关联的组织启动和促进根本性技术变革，这不属于它们的认知和利益范围。变革方案必须由其他组织提出。如本章前文所述，认识到这一事实可对制定促进选择认识的策略产生影响，而且也会影响应用的研究方法。

如果没有人提出代表根本性技术变革的替代方案，不能期望研究人员可以观察到选择消除机制的各个方面。而且，也不能期望会自动产生这样的替代方案。因此，奥尔堡大学的能源规划研究小组开发了一套研究方法。在这套方法中，我们凭借能源领域的专业经验设计和推广具体的技术替代方案和相应的制度替代方案。多年来，这个小组的成员既有技术背景的研究人员，也有社会经济背景的研究人员。这使得我们能够构造、设计和推广技术和社会经济影响可行的可再生能源方案。

我们经常为公共舆论提供社会经济层面的公共管理建议。我们的能源方案和建议已经公开发表，并就此与国家级政府和市级政府以及许多能源领域的私营企业展开了讨论。这个小组的成员从 1975 年开始为丹麦各地区设计替代能源项目和规划，并把这些方法也应用到其他国家。

这样做的目的有两方面：第一，我们希望从总体上提升替代能源方案的技术和社会可行性，而这些可行性时常受到经济和政治既得利益者的阻碍。我们希望通过这种方式履行在公立大学的“社会服务”义务。第二，这个研究方法可以得出有关社会动态的新信息。我们建立了一个社会经济实验室，引入新的研究讨论。

本研究方法在第八章描述的所有案例中都得到了应用。如果没有这一方法，我们可能无法完成我们的研究。例如，在丹麦的欧盟环境影响评价程序案例中，我们的目的是分析丹麦在执行欧盟环境影响评价的过程中是否对根本性技术变革的替代方案进行了全面评估。然而，由于政府没有权利做出如此要求，而能源公司没有动力提出这样的替代方案，使得清洁型技术替代方案不太可能纳入欧盟环境影响评价的日程中。因此，我们的研究方法引入了一个参与性部分，将可再生能源技术的替代方案介绍给了欧盟环境影响评价地方管理机构。此外，当我们发现替代方案没有得到议会机构的合理评估时，我们还向自然保护申诉委员会进行了投诉。

我们的技术替代方案和制度替代方案的研究方法可以看作是先“质疑”再申诉的过程。在上述案例中，不同的欧盟环境影响评价机构通过回复我们的“质疑”做出了回应。通过这种方式，社会公众就可以了解，欧盟环境影响评价在实际操作中将会如何对替代方案做出反应。清洁型技术替代方案的存在性认知也得到了提升。因此，民众就可以进一步发问：它们为什么没有得到执行？

将这个研究方法应用到我们参与的不同案例中时，我们使用了图 3.3 所示的步骤。

第 1 步：识别和设计相关的技术替代方案。此类替代方案通常与实现具体的政治目标相关联。对相关目标的识别通常包括能源政策目标和经济目标的结合。能源政策目标经常包括能源安全、环境保护和发展可再生能源。而经济目标通常包括经济增长，此外根据当时的经济状况，这一目标还可能包括创造就业、收支平衡、创新，以及工业发展。在这一步，我们可以将议会立法中明确下来的目标或者其他目

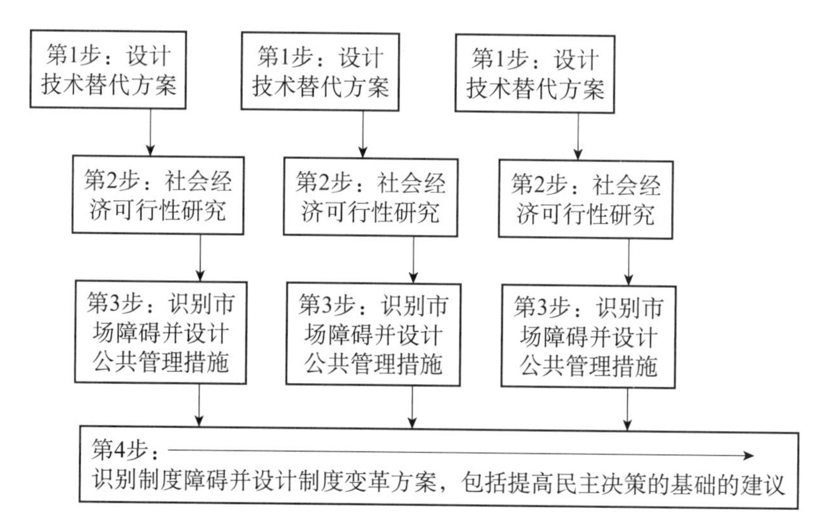

图 3.3　步骤化的研究方法：可以识别出市场障碍和其他制度障碍的技术替代方案和社会经济分析

标作为参照。

第 2 步：执行社会经济可行性研究，获得相关的信息，以便了解哪些替代方案可以最好地实现政治目标。这些信息通过一些常见的方式，如成本效益分析或基于新古典经济学的宏观经济平衡模型等很难获得。因此，我们推荐采用基于具体的制度经济学的方法。

第 3 步：识别执行最低成本的社会经济解决方案（例如能够更好地实现能源政治目标和经济目标的替代方案）时的市场经济制度障碍。这些障碍可以通过进行商业经济可行性研究以及与社会经济研究的成果相比较等方式识别出来。此外，这一步还将为短期公共管理措施提出具体的建议（对税收、补贴、融资、能源销售、上网政策与协议等进行改革）。

第 4 步：识别更广泛意义下的制度性障碍，比如缺少合适的组织，缺少知识或缺少能够为决策过程提供相关信息的制度；为组织机构和民主决策基础的长远制度变革设计方案。在我们的案例中，第 4 步的执行是以从几个案例中获得的信息为基础的。

第四章　EnergyPLAN 能源系统分析模型

本章讨论的是应用于设计和评估可再生能源系统替代方案的能源系统分析工具和方法学的发展。本章的具体目的是介绍能源系统分析模型 EnergyPLAN，以及如何在相关替代方案的设计中应用这一模型。在第五至第七章中，将这个模型用在了可再生能源系统和替代方案的分析上。

EnergyPLAN 模型是一个能源系统的输入/输出分析模型，自 1999 年开始开发并不断改进。该模型是确定性模型，通过对一年中的每小时进行模拟，识别最优的操作策略。这个模型采用累积模式对全国能源系统进行分析，并着重对不同的操作策略进行评估。本模型包括地区供热和制冷以及电网和气网的小时数据，同时还包括大量跨领域技术，比如供热泵、热电联供装置、电解槽、电动汽车，以及气化、加氢和电解装置。该模型是免费软件，在世界各地使用广泛。本章介绍了 EnergyPLAN 模型，并将其与其他能源系统分析模型进行了对比。

首先，本章将以设计可再生能源系统为目标，介绍在该模型的使用和构造中的一些总体性考虑。在阐述选择认知时，第二章和第三章讨论了如何进行替代方案描述，何时进行描述，以及为什么要对替代方案进行具体描述。在本章中，这些议题将在能源系统分析模型设计和基于可再生能源技术的具体技术替代方案的框架下加以分析。该分析还将区分为三个推广阶段：引进阶段、大规模融合阶段和 100% 可再生能源系统阶段。

4.1　总体考虑

根据选择认知的概念，EnergyPLAN 模型的总体目的是分析能源系统，以此来帮助设计基于可再生能源系统技术的替代方案。根据上一章对选择认知的描述，应着重强调下列因素。

该模型应对所有可以考虑或参照的替代方案进行系统的比较分析。所有替代方案包括参照情景均应进行平等的计算和分析，为系统分析创造基本条件。参照情景可以是人们通过引入替代方案而试图挑战的一个现有方案，或者是政府制定的能够将替代方案和其他方案之间的讨论联系起来的一个官方方案。

该模型可以分析根本性技术变革。可以分析现有的系统，也可以分析与现有系统在技术上和制度上都非常不同的其他系统。这意味着这个模型不应太过于受现有系统技术设计的影响，而且这个模型也不应只专注于现有的制度设置，比如现有的电力市场的设置。这个模型能够根据现有的技术和制度设置进行分析，但又不需要过于依赖这些条件以至于无法合理地进行根本性变革的分析。例如，如果像北欧电力交易所（Nord Pool）这样具体的电力市场是这个模型不可分割的一部分，该模型就可能无法分析完全不同的替代方案；或者如果现有电站结构是该模型不可分割的一部分，该模型就可能无法分析完全不同的技术选择。

该模型应该能以具体的制度经济特征为基础给可行性研究和公共管理措施的设计提供合适信息。因此，这个模型应可以为可行性研究提供诸如外部成本、创造就业和工业创新等方面相关的指标。在以市场价格为基础进行优化时，这个模型应能够区分商业和社会经济可行性研究。

这个模型中包括的方法及其结果应易于解读。也就是说，这个模型应该是透明一致的。这意味着它应对分析进行连续的记录，并且使结果对外开放，易于使用和获取。不仅如此，公众的广泛认可或其他形式的接受也有利于模型的改进。

除了以上四个重要的标准之外，还有人提出，在一些情况下，模型还应能够帮助未来的系统识别和设计合理的替代方案，而且在模型中，各种替代方案的组合应该是无限的。因此，这个模型应能够为我们的未来选择进行广泛的探索。它应该能够快速地进行分析，并且能够简单系统地控制各种输入指标的变化。

如果该模型用于识别100%可再生能源系统，那么该模型应能够分析此类系统的两个主要挑战（具体见下文）。

4.1.1 100%可再生能源系统面临的两大挑战

100%可再生能源系统的实施涉及几个重大挑战。但是从能源系统分析模型的观点看，存在两个最主要的挑战：（1）可用于能源的生物质资源的数量有限，且大大低于当前所用化石燃料的水平。（2）其余资源，主要是指风能和太阳能，均具有波动性和间歇性。

要应对第一种挑战，包含如下方法和技术——优化有限生物质资源的使用，同时也在生物质资源和气体燃料或液体燃料之间架起一座桥梁，补充运输行业中的直接用电——对于能源系统分析模型至关重要。

要应对第二种挑战，在分析中包含可再生能源资源的时间分布和间歇性，是必不可少的。时间步可能是以小时计或类似的计量方法。作为决定性因素，模型必须能够以适当的方式在分析中包含可再生能源资源波动性影响的相关情况，通常以小时计算，与年时间步或月时间步截然不同。但是对这种准确度的要求取决于研发系统中可再生能源的实施程度。下面小节中介绍了三个推广阶段的相关情况。

4.1.2　三个推广阶段

对能源系统分析工具的需求取决于可再生能源在能源系统中的比重。下文定义了推广可再生能源技术的三个阶段。

引进阶段：这个阶段代表没有或只有很小比例的可再生能源存在于现有的能源系统中的状态。这个阶段通常以引进可再生能源的边缘性建议为特征，比如，将风电引入到没有或只有很小比例风电的能源系统中。系统仍然按照以往的方式全年运转；从每年节省的化石能源量的角度很容易识别引入风电的技术影响。

大规模推广阶段：在这个阶段，相当大比例的可再生能源已经存在于能源系统中，向一个已经拥有相当大比例风电的能源系统中继续增加风电装机就是典型的例子。在这个阶段，进一步增加可再生能源会影响到系统的运行，这种影响会以小时为时间阶段发生变化，比如，在某一个小时中，热能是否足量供应，或者电力的需求是高还是低。在这种情况下，风电融入系统带来的影响，以及每年节省的化石能源量的计算，都变得复杂，需要通过以小时为单位的仿真模型来进行计算。

100%可再生能源阶段：在这个阶段，能源系统已经或正在转变为基于100%可再生能源的系统。这个系统的特征是，对可再生能源投资的决策不是基于与核能或化石能源比较的结果，而是与其他可再生能源系统技术进行比较，包括节能、能效提高，以及存储和转换技术，比如引进风电来替代生物质资源。这些技术对能源系统的影响非常复杂，不仅存在以小时为时间单位的变化，而且需要识别转换与存储技术之间的合理变换关系。

对这三个推广阶段的定义可以用来为技术分析选择和设计合适的工具。在第一个阶段，技术上的计算相当简单，并不需要复杂的模型。通常来讲，年度化石能源节省量不需要使用模型，或只用基于时间曲线或相似数据的简单模型便可计算出来。然而，在下一个阶段，由于大多数可再生能源来源的波动性特征，需要进行以小时为单位的连续计算。在第三个阶段，应在系统中进行高级转换和存储技术的合理分析。

4.1.3　能源系统分析模型的类型

全球存在着大量不同的计算机模型，统称为能源系统分析模型，它们能够进行与能源系统分析相关的计算。Connolly、Lund、Mathiesen 和 Leahy（2010）在列表中详细介绍了37种模型。表4.1列出了部分模型的信息。总体来说，所有的这些模型都可以应用于可再生能源或其他与可再生能源系统相关的技术（如热电联产）的推广。

表 4.1 能源系统分析模型

名 称	描 述
Balmorel	Balmorel 项目的主要目的是进行能源行业的模拟和分析，侧重于电力以及热电联产。这样的分析通常会包括多个国家，并考虑能源、环境和经济等方面的因素。Balmorel 项目负责维护和开发 Balmorel 模型。能源系统专家、能源公司、政府当局、电网系统运营商、研究人员和其他的分析区域能源领域未来发展的人员等都可以把 Balmorel 模型作为分析工具。该模型的源代码是开放的，由丹麦 Balmorel 项目所开发。参见 www. balmorel. com
COMPOSE	COMPOSE 的开发是基于由外部性主导的技术经济能源项目的需求，它用来根据一系列的重要输入指标，比如能源来源、环境、经济成本、金融成本、就业、收支平衡，以及财政成本等，提供成本-收益和成本-效率分析。COMPOSE 在马来西亚有固定的用户群，并被一些丹麦的能源咨询公司用来作为能源领域的项目分析和能源建设的平台。该模型由丹麦奥尔堡大学开发
CHPSizer	一个为英国的医院和宾馆开展热电联产提供初步评估的工具。这个软件帮助用户为某个建筑开展热电联产进行初步分析。这将帮助用户决定是否针对该建筑进行更为细致的分析。这个软件是根据从英国的建筑上收集的真实能源数据而不是理论值进行计算。参见 www. chp. bre. co. uk/chpoverview. html
EnergyBALANCE	这个模型是一个简单的能源平衡表，它为国家或地区层面的能源系统提供一个很好的全面概括。这个模型是能源规划工具（Energy Planning Tool，EPT）的一部分。其能源平衡方法简单且易于推广。基本上，一个国家或地区的能源平衡可以在一页表上计算出来。该模型由丹麦可再生能源协会（Danish Organization for Renewable Energy）开发。参见 www. orgve. dk
EnergyPLAN	该模型是通过计算机来为区域或全国的能源系统——包括电力、个体或区域供热、制冷、工业与交通用能等——以小时为单位进行完整模拟的模型。模型专注于可再生能源系统的设计和评估，可以容纳高比例的具有波动性的可再生能源、热电联产以及不同的能源储存方式。模型由丹麦奥尔堡大学开发。参见 www. EnergyPLAN. eu
energyPRO	这是一个为化石燃料和生物质燃料进行热电联产或热电冷联产项目以及其他类型的复杂能源项目提供联合技术经济设计、分析和优化的完整软件包。它通过积极使用热能和燃料存储来模拟和优化在固定和浮动电价系统中的能源产出。该模型由丹麦 EMD International A/S 开发。参见 www. emd. dk
ENPEP	适用于能源环境整体分析的一套模型包。ENPEP 由美国阿岗国家实验室（Argonne National Laboratory）开发并在 70 多个国家得到应用。这个模型为能源政策评估、能源定价研究、评估能源效率和可再生能源潜力、评估总体的能源行业发展战略，以及分析环境负担和温室气体排放减缓策略等方面提供了最为出色的工具。该模型由美国阿岗国家实验室开发。参见 www. adica. com

续表

名　称	描　述
H2RES	一个用来平衡各小时的水、电、天然气的需求，合理的存储，以及由风电、太阳能、氢气、柴油或大陆电网构成的供应这三个方面的模型。该模型主要用于依靠离网系统的岛屿和孤立地区的能源规划，但也可以用在其他方面。模型由萨格勒布大学（Zagreb University）开发
HOMER	这个模型为小型离网式电力系统特别设计，尽管它也可以用在并网系统中。优化和敏感性分析的运算为大量技术的经济和技术可行性评估提供了基础。模拟对象既包括传统能源技术，也包括可再生能源技术。由美国国家能源实验室开发。参见 www. nrel. gov/homer
HYDROGEMS	该模型用来模拟基于可再生能源的综合型氢气系统的计算机模型。其目标是提供一系列可以用来优化可再生能源/氢气综合系统的模型工具。该模型由挪威能源技术研究所（Institute for Energy Technology，Norway）开发。参见 www. hydrogems. no
LEAP	该模型是以情景为基础的能源-环境模型工具。它的情景是在一个给定地区或经济体中，在一系列关于人口、经济发展、技术、价格等方面的替代性假设下，能源是如何使用、转换以及生产的综合描述。这些情景可以在建立之后相互比较，以评估它们的能源需求、社会成本和收益以及环境影响。该模型由波士顿的斯德哥尔摩环境研究所（Stockholm Environment Institute）开发。参见 www. energycommunity. org
MARKAL	该模型是一个综合性的能源/环境分析模型。MARKAL 通过调整输入数据来展示 40～50 年中在国家、地区、州、省或地区层面的一个具体能源系统的普适性模型。由国际能源署（IEA）的能源技术系统分析项目开发。参见 www. etsap. org
MESAP	MESAP 是一个能源系统工具箱，它在多个领域提供以应用为导向的系统解决方案：电力交易的市场分析，电厂运行控制的数据库，技术报告的数据源，电网公司的控制数据管理，CO_2 监测，空气污染物的排放清单，能源模型的数据库，以及普通统计管理的系统。MESAP 是唯一的一个包括所有这些方面应用的软件。它由位于德国卡尔斯鲁厄的 Seven2one Informationssysteme GmbH 公司开发。参见 www. seven2one. de
PRIMES	PRIMES 是为欧盟成员国的能源供应和需求模拟出一个市场均衡条件下的解决方案的模型系统。这个模型通过发现各种能源形式的价格来决定均衡状态。因此，生产者的最优生产量就会与消费者的需求量对应起来。在各个时间阶段内，这个均衡是静态的，但它会在一个动态关系中按照向前的时间路径不停地重复这个均衡过程。这个模型由雅典国家技术大学（National Technical University of Athens）开发。www. e3mlab. ntua. gr
RAMSES	该模型是一个对电力和区域供暖进行模拟和规划的模型。它对北欧电力和区域供暖系统进行半线性的每小时模拟。模型输入：电厂数据库（包括现有的和新的电厂），输电线路，价格和税收，电力和区域供暖需求，以及载荷曲线的设置等。输出：电价、燃料消费、排放、现金流、失负荷概率以及其他数据。该模型由丹麦能源署（Danish Energy Authority）开发

续表

名称	描述
Ready Reckoner	该模型是帮助用户对热电联产进行第一阶段的技术和金融分析的模型，其目标在于进行快速的初步评估。Ready Reckoner 对一个潜在热电联产项目进行简单的技术和金融分析。如果这个热电联产项目在分析中显得有吸引力，那么用户就有必要采取更为细致的分析或寻求相关的咨询以进行项目的详细评估，以达到能够筹集资金的程度。该模型由澳大利亚工业科学与资源部（Department of Industry Science and Resources）以及澳大利亚生态发展协会（Australian EcoGeneration Association）开发。参见 www. eere. energy. gov
RETScreen	RETScreen 是可以用来评估各种节能及可再生能源技术的能源生产与节约、全生命周期成本、排放削减、财务可行性以及风险等方面的一个模型工具。这个软件还包括生产、成本和气候方面的数据库。模型由 RETScreen 国家能源决策支持中心开发。参见 www. retscreen. net
SESAM	SESAM 是一个普遍适用的多情景模型，可以用在包括多个国家的地方、区域或国家层面的能源系统中。SESAM 是一个物理模型。它的数据库包括 25 个方面的数据输入，代表了所研究的能源系统在现有以及未来可能的结构方面和物理方面的特征，此外还包括了替代性的可量化发展因索。SESAM 项目每月和每天都会计算系统中的能流状态。该模型由丹麦 Klaus Illum 开发。参见 www. klausillum. dk/sesam
SIVAEL	SIVAEL 是一个与热电联产领域相关的、为热电系统提供模拟的模型。这个模型通过每小时的开始/停止设置和载荷分布来进行模拟。模拟时间区间可以从 1 天到 1 年。模型还可以应用于冷凝厂和热电联产厂（都涉及背压和抽气）、风电、电力存储（电池或抽水储能），以及国际电力交易。该模型由丹麦 TSO energinet. dk 开发。参见 www. energinet. dk/en/menu/Planning/Analysis + models/Sivael/SIVAEL. htm
WASP	WASP 用于包括了环境分析的长期电力生产规划。这个模型可以在完全满足电力需求的情况下决定最低成本的发电系统扩张计划，而且同时考虑到用户对系统稳定性带来的制约。WASP 用概率仿真来为大量的未来系统配置和动态程序计算出生产成本。这个模型可以用来决定电力系统的最优扩张计划。该模型由国际原子能机构开发。参见 ww. adica. com

根据不同模型开发者的论述，同时参考 Connolly、Lund、Mathiesen 和 Leahy（2010）进行的模型比较，可以发现各模型开发者使用的语言不同，可以据此对能源工具进行划分。为了对上述工具进行正确描述，创造了七个定义并由开发者依据相应定义对能源工具进行分类。可以使用一个或者多个定义对能源工具进行描述。能源工具类型包括：

1. 模拟工具模拟规定能源系统按照规定需求量进行供应的情况。通常情况下，模拟工具采用小时步对年度情况进行模拟。

2. 方案工具通常将历年情况结合到长期方案中。一般情况下，方案工具的作用时间步为 1 年，并将每年结果与典型的 20 ~ 50 年方案结合在一起。

3. 平衡工具主要用于解释几个市场或若干市场中整体经济或部分经济（普遍经

济或部分经济）中的供货行为、需求行为与价格。平衡工具往往假设代理商为价格接受者，并假设可对平衡进行标识。

4. 自上而下工具是一种宏观经济工具，利用通用宏观经济数据决定能源价格的上涨和能源需求的增加。一般情况下，该工具也是平衡工具。

5. 自下而上工具确定并分析具体能源技术，从而确定投资选择和可选方案。

6. 操作优化工具对规定能源系统的操作进行优化。通常情况下，操作优化工具也是模拟工具，对规定系统的操作进行优化。

7. 投资优化工具对能源系统的投资情况进行优化。一般情况下，优化工具也是方案工具，对新能源站和新能源技术的投资进行优化。

根据选择认知的理念以及上文对三个推广阶段的介绍，便可在模型之间发现重大差别：一个重要差别是模型是否进行了详细复杂的逐时模拟取决于年度计算结果总计，而年度计算结果可能利用历时曲线或类似数据得出；另一个重要差别是模型是否满足国家系统或地区系统水平要求，或是否满足项目水平或单站水平要求。在表4.2中，根据这些重要差别对所选模型进行了分组。

表4.2　能源系统分析模型的分组

	累积年化计算	详细的每小时模拟
区域/国家系统层面	EnergyBALANCE	EnergyPLAN
	LEAP	LEAP
	MARKAL	RAMSES
	PRIMES	BALMOREL
	ENPEP	SESAM
		SIVAEL
		WASP
		H2RES
		HOMER
项目/电站系统层面	Ready Reckoner	energyPRO
	CHPSizer	HYDROGEMS
	RETScreen	COMPOSE

有些模型的设计并不符合上面的分组方式。因此，有一个模型同时出现在两个组中，另外还有一些模型的特点也超出了一个组的范畴。而MESAP模型没有出现在表4.2中，因为它在很大程度上是结合了其他模型功能的一个数据库。其中有一些模型还处于持续不断的开发中。通常，基于年度数据汇总的模型为计算过程中不同方面的每小时仿真提供了可能。表4.2展示了这两个重要差别。

针对上文描述的三个推广阶段，基于汇总数据的模型通常适用于引进阶段。它们能够以合适的方式提供需要的信息，而且在这个阶段还不需要进行详细的每小时仿真模拟，这种过程通常既复杂又需要大量的数据。基于汇总数据的模型与进行每小时模拟的模型相比，通常还有易于存档和交流等优势。然而，在大规模推广阶段或100%可再生能源系统阶段的分析中，采用每小时仿真模拟模型是必需的。

在对运行层次的划分中，适用于项目/电站层次的模型通常无法评估可再生能源的波动性给整个地区或国家的系统带来的影响。另一方面，它们通常更适合于对单个电站的商业经济运行和设计进行详细的分析。因此，在表4.2的分组中，只有能够在区域/国家层次上进行每小时的仿真模拟的模型才适用于为处于大规模推广和100%可再生能源系统阶段的能源系统进行分析。

然而，在许多情况下，在使用这些模型设计替代方案时，将它们与基于汇总数据的模型或针对项目/电站层次的模型结合起来会产生更好的结果。例如，基于EnergyPLAN模型的分析在有些情况下可以与其“姐妹”模型——如energyPRO和EnergyBALANCE——结合起来使用（Lund等，2004）。energyPRO模型曾被用于帮助一个单独的电站如何应对在EnergyPLAN模型下定义的能源系统设计的变化。EnergyBALANCE模型曾被用来在引入EnergyPLAN模型之前对各种不同的大规模方案进行快速简单的估计。

4.1.4 国家层面的每小时模拟模型

历史上，在区域/国家层面上以每小时模拟为基础的能源系统分析模型在其开发时通常有两个目标。其中一些模型用于优化在电网系统中各电站之间的负荷分配，而另一些模型用在规划方面，比如识别合适的投资策略。

电网负荷分配模型的总体目标是根据每天的情况设计合理的操作策略。在全国性和国际性电力市场形成之前，这些模型已经由电力系统运营商用于规划电力供应系统各电厂之间的最低成本发电战略。因为这些模型必须能够计算出确切的运营成本和排放，它们针对每个电站的参数通常都很全面细致。

规划模型的总体目标是识别合理的未来投资策略。这些模型通常由公共管理机构、电力公司、大学及研究机构等非营利组织开发和应用。有时候，电网负荷分配模型也会用于规划方面，而有些规划的模型则是根据负荷分配模型开发的。在实践中，这些模型有时候趋于保守，因为它们通常只能分析现有系统中小型的、短期的调整，而不能分析系统整体设计和管理上的根本性变革。另外，由于需要非常详细的数据，这些模型的使用通常也非常耗时。

负荷分配模型和规划模型都受许多国家在20世纪90年代末形成的国际电力市场的影响。现在，发电机组的运行策略是由市场决定的，而规划模型则需要在分析中增加对国际电力市场的模拟。有些模型转变为了只依据现行国际电力市场制度设置产生的运行结果进行模拟，而像 EnergyPLAN 这样的模型则既可以根据市场分析，也可以根据纯粹的技术优化进行模拟。

因此，在区域/国家层面进行每小时模拟的模型有着众多不同之处。首先是，在进行模拟和优化运行程序时，模型是将现有的电力市场结构作为唯一制度基础，还是也包括技术或经济优化。如果进行优化，这种优化是基于商业经济的市场策略还是基于某种社会经济最低成本策略，需要进行明确。

另一个重要的不同之处是，模型是结合了一个区域/国家层面能源系统的所有行业，还是只包括这个系统的一部分，比如电力供应。这样的区别对分析大规模推广可再生能源系统，甚至100%使用可再生能源系统非常重要。这些系统会从一些节能措施（比如热电联产）中受益，但这同时又要求对电力和供热行业进行综合分析。它们也可以从交通电气化中受益，而这又需要把电力和交通领域的分析结合起来。

表4.3根据优化和运行层次对区域/国家层面的小时模拟模型进行了分组。这样的分组并不是100%准确的。LEAP模型没有包括到分组中。较之其他模型专注于对系统运行的优化，LEAP模型更属于仿真模拟模型而非优化模型。原则上来说，SIVAEL和BALMOREL这两个模型不包括所有的行业，因为单户供暖和交通领域没有包括在这两个模型中。然而，它们确实囊括了电网在小型热电联产或电动汽车方面的作用。

表4.3 国家层次的每小时模拟模型

	运 行	运 行
在区域/国家层面进行小时详细模拟的模型	根据技术经济优化进行运行优化	根据电力市场的模拟进行运行优化
包括所有行业：电力、区域供暖、单户供暖、工业交通	EnergyPLAN SESAM	EnergyPLAN RAMSES（BALMOREL）
主要包括电力行业	H2RES	BALMOREL
	HOMER	SIVAEL
		WASP

在表4.3中，EnergyPLAN模型同时出现在技术经济优化模型和电力市场优化模型两个分组中。这个模型的设计可以计算两个优化策略结果。市场经济策略的计算以各个电站商业经济（包括详细的税收和补贴情况）的优化为基础，其目标是为民众针对合理的公共管理措施的讨论提供参考信息。

当然，这些模型之间还有在表4.2和表4.3中没有呈现出来的差异。比如，LEAP和RAMSES模型还强调对情景的分析，并且包括了以年为时间序列的计算。

4.2 EnergyPLAN 模型

EnergyPLAN 模型是一个用计算机进行能源系统分析的模型。这个模型自 1999 年以来一直在改进和扩展。它是使用 Delphi Pascal 程序语言编写的，使用非常方便。输入值由用户决定的一些技术输入制表和一些成本说明制表组成（见图 4.1）。

下一节将对这个模型进行简要描述。在 www. EnergyPLAN. eu 网站上可以找到对这个模型的详细说明。Lund 和 Münster（2003a），Lund 和 Münster（2003b），Lund、Duić、Krajacić和 Carvalho（2007）以及 Connolly、Lund、Mathiesen 和 Leahy（2010）还对这个模型进行了解释，并与其他模型进行了比较。

4.2.1 目的和应用

这个模型的主要目的是根据不同能源系统的推广和投资成果进行技术和经济分析，为国家或区域层面的能源规划战略提供协助。这个模型包括了整个国家或区域的能源系统，包括供热、供电以及交通和工业领域。在电力供应方面，这个模型侧重于分析不同的管理策略，尤其关注热电联产和可再生能源的波动性之间的互动。此外，该模型还包括生物质能转换和电转气方案。

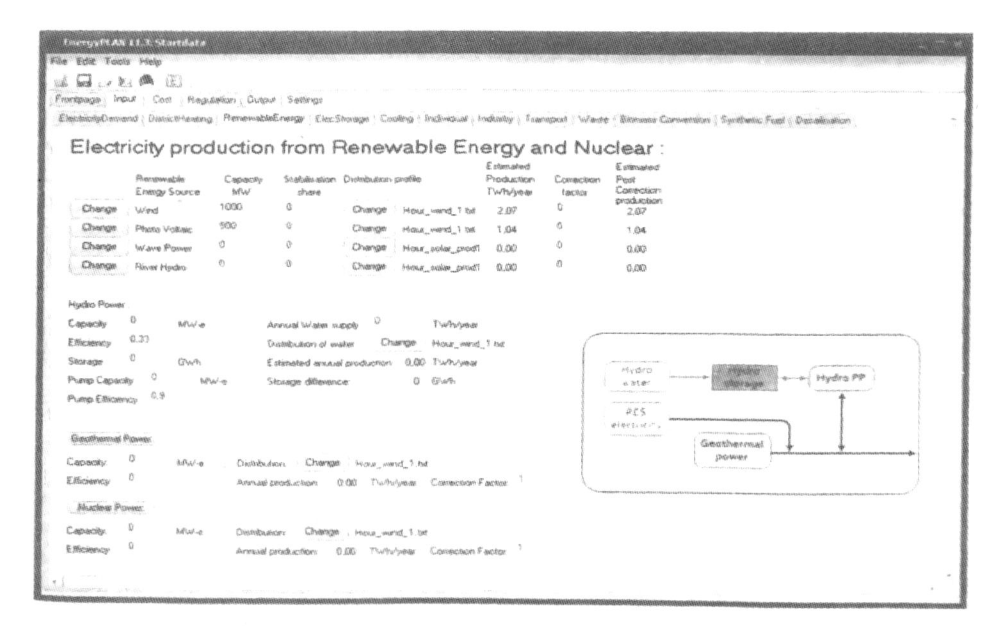

图 4.1　EnergyPLAN 模型中输入表的例子

EnergyPLAN 模型是一个确定性输入/输出模型。通常的输入值包括需求、可再生能源来源、能源生产工厂的产能、成本以及其他一些侧重于进口/出口和过量电力生产的管理策略。输出值包括能源平衡和相应的年产量、燃料消耗、电力进口与出口、总成本以及来自电力交易的收入（见图 4.2）。

与其他模型相比，EnergyPLAN 模型具有下列特点：

• EnergyPLAN 是一个确定性模型，不是随机模型或者使用蒙特卡洛方法的模型。输入相同时，会得出同样的结论。然而，如第五章所述，这个模型也可以基于随机断续的可再生能源数据进行计算，得出与未来可再生能源输入数据相一致的系统结论。

• EnergyPLAN 是进行小时模拟的模型，不是基于累计年度需求和生产数据的模型。因此，这个模型可以分析可再生能源的波动对系统的影响，每周和每季度的电力和供暖需求以及大型水电站来水的区别。

• EnergyPLAN 对系统的描述进行了汇总，不像一些模型对每一个电站及组成部分都进行描述。例如，在 EnergyPLAN 模型中，区域供暖系统经整合后定义为三个主要群体。

• EnergyPLAN 模型对一个给定系统的运行进行优化，而不是进行投资优化。通过分析不同的系统（投资），这个模型也可以用于识别可行的投资（见第五章到第七章）。

• EnergyPLAN 模型在一个给定系统的不同管理策略之间进行选择，而不像有些模型那样把一个具体的制度框架（如北欧电力市场）内置在模型中。

• EnergyPLAN 通过以小时为时间序列来分析一年的情况，而不像一些模型那样直接以年为时间序列进行分析。不过有几类分析可以涵盖以年为单位的分析情况。

• EnergyPLAN 是基于分析性编程，而非迭代动态编程或高级的数学工具。这使得计算过程很直接，而且在计算时能进行迅速的模拟。编程过程中避免了会增加计算时间的步骤。因此，在一个普通计算机上，很复杂的全国性能源系统的年度计算也只需要几秒钟时间。

• EnergyPLAN 模块包括智能能源系统的消失分析，比如区域供热和制冷系统，电力和天然气网络和基础设施，而不是仅关注电力领域。

4.2.2　能源系统分析框架

该模型能够以满足给定年份的能源需求为目标，来分析给定能源系统的运行结果，也可以对不同运行策略进行分析。这个模型将技术管理（即识别最低燃料消耗的解决方案）和市场经济管理（即识别以优化商业经济利润为目标，在电力市场上运营各种电站的结果）进行了区分。在这两种情形中都可以计算系统的总成本。这个模型的说明列出了一系列能源需求，并对这个模型的所有组成部分进行了概述。此外，该说明还通过一个关于各个组成部分主要输入值的列表描述了它们的运行与

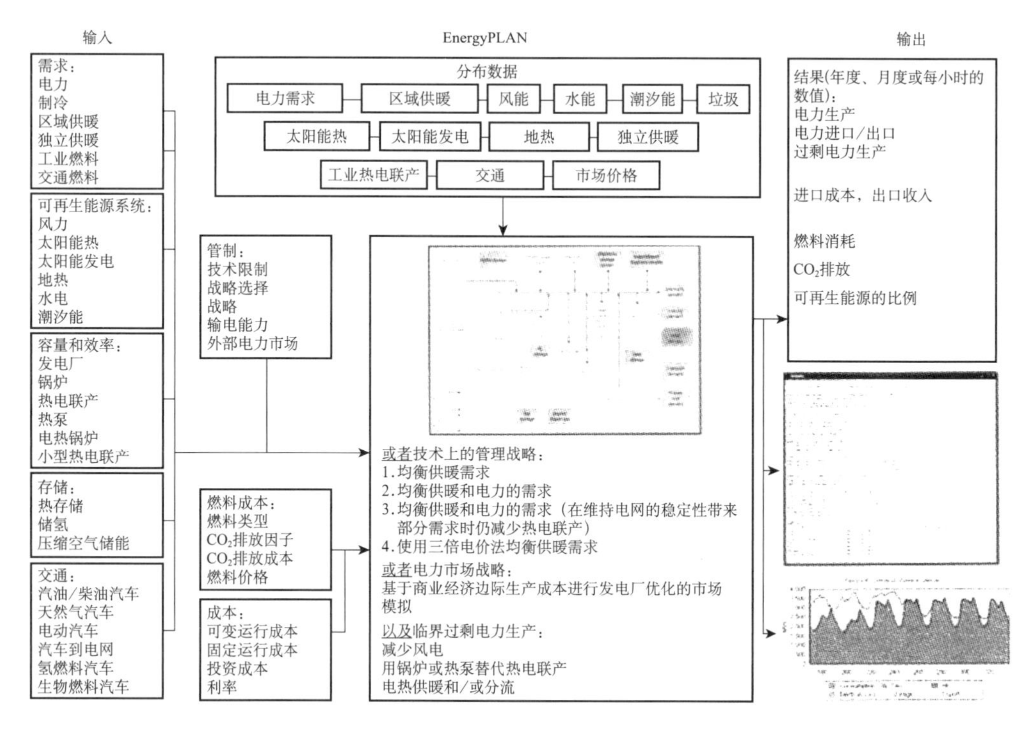

图 4.2　EnergyPLAN 模型的输入/输出框架

这两个不同的管理策略之间的关系。

这个模型包括大量的传统技术（比如电站、热电联产、锅炉、能源转换）和使用在可再生能源系统中的技术（比如热泵、电解槽、储热、储电和氢气储能技术），以及压缩空气储能技术。这个模型还可以包括一系列替代型交通工具，比如像 V2G（汽车到电网）这样用汽车电池为电网供电的复杂技术。此外，这个模型还包括各种可再生能源来源，如太阳能热和光伏、风能、潮汐能以及水能。

EnergyPLAN 通过与用户的交流在不断进行扩展和改进。自本书第一版发行后，本模型在天然气网络小时分析方面又进行了功能扩展，包括天然气存储、生物质和电转气装置（如气化和氢化）。在第六章和第七章介绍了使用上述设施的案例，研究运输的燃料路径和完整能源系统的小时分析，包括使用各类智能网络和基础设施。

图 4.3 展示了能源系统分析的过程。在第一步，计算过程基于小范围的累积，与在输入表及成本表中输入数据同步进行。下一步包括一系列不涉及电力平衡的初步计算。然后，这个过程分为技术优化或市场经济优化两个选项。用户确定选择哪一个。不过，每一步的计算只需要几秒钟，因此可以按先后顺序对两个选项进行计算。技术上的优化可以将进口/出口电量最小化，并识别消耗燃料最少的解决方案。另一方面，市场经济优化则可以基于每一个生产单元的商业经济成本识别最低成本的解决方案。在这两种情形中，模型都可以计算社会经济后果，为不同的公共管理

措施的设计提供重要信息。

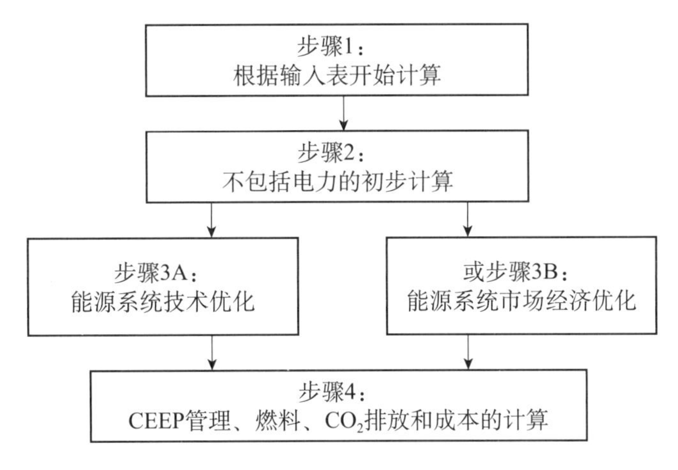

图 4.3 能源系统分析程序的总体框架

图 4.4 为 EnergyPLAN 模型能源系统的原则。在 EnergyPLAN 模型中，汇总分析是基于多个单独电站，它们共同组成了一个区域或国家能源系统。EnergyPLAN 模型还包括一系列可选的可再生能源来源和大量的转换与存储技术。通过这种方式，这个模型就可以对很复杂的 100% 可再生能源系统做出全面分析，而不需要大量的详实数据。

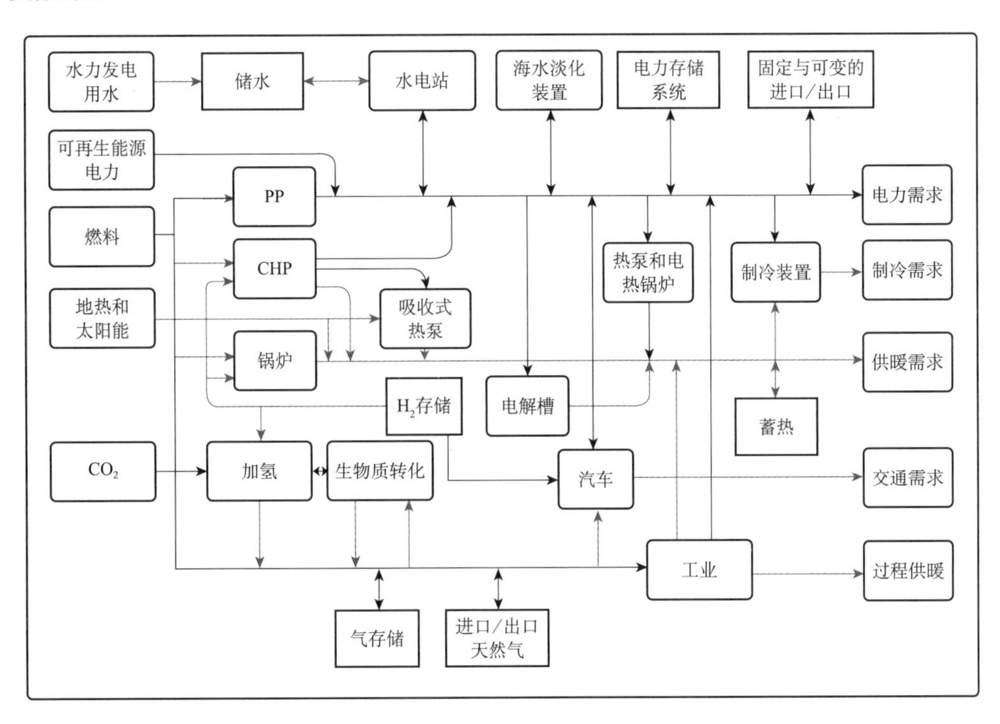

图 4.4 EnergyPLAN 模型描述的能源系统总体框架

4.2.3 模型验证

Lund 和 Mathiesen（2012）发表的论文介绍了模型——如 EnergyPLAN 模型——的验证工作。由于 EnergyPLAN 模型一般比较庞大，且涉及大量的假设和公式（难以对所有公式进行解释说明），因此模型的此类验证工作很复杂。Kleindorfer、O'Neill 和 Ram（1998）提出：此类模型的验证可与微型科学理论的验证进行比较。验证原理与不同的哲学立场（包括理性主义、经验主义和实证经济学）有关，强调了客观主义方法与相对主义方法，即基础主义与反基础主义之间的讨论。一方面，极端客观主义者坚信模型验证可与模型创建者及其环境分离，验证是一个计算过程，并不进行开放解释或争论。极端相对主义者坚信模型和模型创建者是密不可分的，验证也是见仁见智的。

Kleindorfer、O'Neill 和 Ram（1998）认为大多数实际工作者在这场争论中已经本能地采取了中间立场，他们将模拟模型的验证与法庭上进行的验证进行比较。检察官无须证明基础主义观念的罪行，更确切地说是“无合理怀疑”。将这一法庭比喻说法延伸，笔者认为模型创建者可以自由建立模型，并通过合理手段增加模型的可信度。该过程可涉及其他的模型利益相关人，如模型使用者和期刊论文的审稿人。

在界定合理性的过程中，工作人员可能会参考论文，如 Pidd（2010）、Qudrat - Ullah 和 Seong（2010）撰写的论文。论文中突出强调模型的创建目的至关重要，即模型是否符合其预期用途要求。根据这些指导方针，首先必须突出的是创建 EnergyPLAN 模型的目的是根据将当前能源系统转变成未来可持续能源系统的需要，协助设计完整的可再生能源系统。从选择认知观点来看，这需要根本性技术变革。

着重强调了与 EnergyPLAN 模型验证相关的下列方面。首先，EnergyPLAN 能源系统分析模型具有完整文件记录，其更新版本可从 www. EnergyPLAN. eu 下载获得。其次，EnergyPLAN 已证明其在各种研究中均能够成为完整国家能源系统建模的基础。因此，已将 EnergyPLAN 模型用于不同国家的若干近期研究中，包括丹麦、罗马尼亚、中国和爱尔兰。这些研究一般包括对参考资料的分析。已将该参考资料与官方统计数据或类似数据进行比较。此外，已将模型用于分析各种不同技术在未来可持续能源系统中的作用，包括风、波浪、光伏、热电联产、热泵、转废为能、压缩空气储能以及运输用电和生物燃料（包括 V2G）。所有研究已发表在专业期刊论文上。可登录 www. EnergyPLAN. eu 查看大部分专业期刊论文。再次，EnergyPLAN 是一款免费软件，可从 www. EnergyPLAN. eu 首页下载获得。任何人都可以使用该模型，并重做其他人已经完成的研究，或对其他人已经完成的研究进行评估。

4.2.4　能源系统分析方法

本节简要概括了如何使用这个模型进行国家层面的能源替代方案设计（Lund、Andersen、Antonoff，2007）。在模型主页 www. EnergyPLAN. du 上，可以直接下载练习和作业，并且有详细的答案，形成了完整的模型使用手册。如表 4. 3 所示，这个模型可以用于不同类型的能源系统分析。

技术分析：在国家或区域层次根据不同的技术管理策略设计和分析复杂的能源系统。在这个分析中，输入值是对能源需求、生产能力、效率，以及能源来源的描述。输出值包括能源年度平衡量、燃料消耗和 CO_2 排放。

市场交易分析：对国际电力市场的交易与交换进行进一步的分析。在这种情况下，模型需要更多的输入值确定市场价格，并根据进口和出口的变化做出对这些价格的决策。此外，模型还需要输入值来决定各个发电单元的边际生产成本。模型的建模是基于这样一个根本性的假设，即各个电站可以根据包括税收和 CO_2 排放成本在内的商业经济利润进行优化。

可行性研究：根据不同的设计和管理策略所带来的年度总成本来计算可行性。在这种情况下，像投资成本以及固定的运营和维护成本这样的输入值必须将它们的整个生命周期和相应的利息都累积起来。这个模型会决定生产的相应社会经济影响（税收和补贴没有包括在内）。成本可以划分为燃料成本、可变运营成本、投资成本、固定运营成本、电力交易成本和收益，以及潜在的 CO_2 排放成本。

4.2.5　对国家层面的能源系统进行逐步分析

在 EnergyPLAN 模型中使用的能源系统分析可以分为以下四个步骤：

第一步：确定参照的能源需求；

第二步：确定参照的能源供应系统；

第三步：确定能源供应系统的管理战略；

第四步：确定替代方案。

第一步：确定参照的能源需求

第一步是确定参照的能源需求。电力需求可以通过确定年度需求量（TWh/年）和小时分布数据来确定。分布数据可以从模型的数据库中获取，也可以新建一个（更多信息请参见模型说明）。节能可以通过调整能源需求量在模型中实现。模型设计应有助于改变电力需求的小时分布。比如，电力取暖或制冷可能会因为采取能效提高措施而减少用电需求。

虽然年度需求数据比较充分，模型能够通过其他分布数据表确定另外两个需求值。其中一个是交通用电量，另一个则是进口/出口电量的固定值。它们可以用于任何目的，而模型则会把这三个需求进行简单累积。

这个模型还可以包括有弹性的电力需求：指包含在供应和需求平衡管理中的需求。在模型中，必须选择一天、一周或一个月（四周）的时间弹性。每组的弹性需求都可以划分为两个值：年度需求（TWh/年）和最大容量（MW）。

区域供暖需求的确定方式与电力需求相同，也是通过年度需求量（TWh/年）和分布数据来确定。模型把区域供暖供应分成三个组，确定每组的具体需求。第一组主要包括由锅炉组成的传统区域供暖站，第二组由小型热电联产机组组成，第三组由基于热抽取的大型热电联产电站组成。

在能源系统分析中，模型专注于电力需求和区域供暖需求。然而，所有行业都包含在模型中。因此，工业、单户供暖以及交通也可以包括到电力和区域供暖的供应与需求平衡中。如果工业附带的热电联产机组提供了电力或区域供暖，也可以在三个区域供暖组中体现出来。其生产和需求也都可以用同样的方式，即一个年度需求量（TWh/年）和一组分布数据确定出来。

交通和单独供暖领域的能源使用存在多样化选择，比如电力、氢气、生物柴油汽车、各式各样的太阳能热系统、小型热电联产系统，以及诸如使用电解槽的能源转换和存储技术。如果这些技术也应用在区域供暖或电力领域，那么它们也应包含到电力平衡计算中。

第二步：确定参照的能源供应系统

第二步需要确定参照的能源供应系统，这个系统可以划分为可再生能源来源、能源生产机组的容量和效率，以及年度燃料类型的平均分配比例。电力生产使用的可再生能源来源，例如风能、太阳能和潮汐能，可以通过装机容量和分布数据予以确定。同样，分布数据可以从现有的数据库中选择，也可以新建。模型提供了增加一个因子（在0~1之间）更改分布曲线的可能性。例如，如果在有更好风力资源的地点增加了风电装机容量，这个因子就可以将分布曲线调整到更高的年度产能水平。

区域供暖的可再生能源来源，例如太阳能热系统，可以像工业供暖一样通过采用年度需求量（TWh/年）和分布数据的形式，在三个区域供暖组中分别确定出来。此外，还可以确定出供暖、电力，以及氢储能和能源转换技术（如电解槽）。

能源生产机组的容量和效率定义为三个区域供暖组中每个机组的平均值。在第一组（区域供暖锅炉）中，需注明效率数据，锅炉性能应始终保持充裕状态。第二组和第三组（热电联产），热电联产机组和锅炉的性能（MW_e和MW_{th}）和效率是给定的。各组应确定其热泵和热存储容量（GWh）。热泵由容量（MW_e）和COP因子

（热输出除以电力输入）确定，而热泵的热生产最大比例可以由实现相应的 COP 值来定。

最终，凝汽式电站的容量（MW）和效率也是给定的。模型将第三组中的热电联产电站和凝汽式电站进行了区分。然而，实际上这些电站可能是相同的机组（抽气式）。因此，模型的计算是基于以下假设：凝汽式电站和第三组中的热电联产电站的最大容量之和构成了凝汽式电站的容量输入。如果在某个分析阶段，热电联产的容量没有用于热电联产电站的生产，这个容量有可能用于凝汽式电站的生产（但效率可能不同）。

电站燃料消耗可以通过基于效率的模型计算出来。模型需要各个电站的各种燃料比例作为输入值，以跟踪燃料使用和 CO_2 排放数据。燃料的比例是相对值，因为所有种类的燃料都可以相应地增加或减少。然而，模型可以对一种或多种燃料的量进行调整。

第三步：确定能源供应系统的管理战略

管理战略可以定义为从预先确定的总体战略中做出选择，然后再加上一些限定条件和额外的选项。基本来说，技术分析会在技术优化或者电力市场的优化之间进行区分。在市场经济优化中，电力生产由不同种类的发电机组对应的商业经济边际生产成本决定。此外，还包括电力消耗机组（如热泵和电解槽）。我们还可以确定不同燃料和生产方式相应的税负，并依此对改变税负或增加新税所导致的后果进行分析。

针对技术优化，我们必须对以下两种战略进行选择：

技术管理战略 1：满足供暖需求。在这个战略中，所有机组都只根据供暖需求进行生产。在没有热电联产的区域供暖系统中，锅炉只需要简单地满足区域供暖需求和太阳能热以及工业热电联产的供暖生产之间的差值带来的需求。在有热电联产的区域供暖系统中，机组根据①太阳能热、②工业热电联产、③热电联产电厂、④热泵和⑤调峰锅炉的顺序进行排序优化。这个模型还提供了根据三倍电价运营小型热电联产电厂的可选方案，用以激励在需求峰值的时间段进行电力生产。

技术管理战略 2：满足供暖和发电两方面的需求。在选择战略 2 时，电力出口的最小化主要通过用锅炉或热泵替换热电联产来实现。这个策略同时增加了电力的消耗，并降低了电力的生产，而此时热电联产电厂必须降低其供暖能力。如果把热电联产电厂的多余容量和热存储容量进行综合利用，就可以使用热电联产电厂替代凝汽式电厂的生产，从而实现后者生产的最小化。

除了上述两个战略之外，还存在另外两个技术管理战略作为前者的变化形式。更进一步的解释请参见模型说明。

这个模型包括确保电力系统中的电网稳定的辅助功能。识别最优运营策略的制约因素可以通过提供辅助功能所需的电站电力生产的最小比例来确定。通常认为凝汽式电站和第三组中的热电联产电站具有这种能力。小型热电联产电站和可再生能源电站用来提供辅助功能的比例数据，可以在模型中直接作为输入值。

作为管理战略的一部分，我们可以用输电线容量（MW）代表的电力出口/进口确定系统的承载边界。根据实际情况和选择的管理战略，这样的瓶颈有可能会导致对出口的需求超过输电线的承载范围，即所谓的超额电力生产临界值。因此，我们需要找出避免这种问题的策略。在推广和讨论替代战略时，对参照系统的描述和分析可以用来建立一个共同的起始点（见第五章至第七章内容）。

第四步：确定替代方案

完成参照系统描述后，对替代方案的分析就相对容易了。在一个普通的计算机上，对整个系统的计算只需几秒钟。在许多情况下，对不同管理战略的分析也只是简单地按一下按钮，改变管理框架，然后再重新运行一遍计算而已。改变技术是指选择其他技术。当然，这个改变还有赖于对效率和成本输入数据进行合理的定义。对于新技术而言，这些输入数据比较难找。

4.2.6 EnergyPLAN 的“姐妹”模型

EnergyPLAN 这个计算机模型还有三个“姐妹”模型（“姐妹”模型是指它们都来自丹麦奥尔堡大学，并且它们具有互补和支持作用）：EnergyBALANCE、energyPRO 和 COMPOSE。EnergyBALANCE 模型是基于能源平衡的年度累计计算的简单电子数据表软件。这个模型的设计目的是对国家统计的典型输入数据进行简单整合。模型将各类效率数据进行累积，从而对需求和供应技术的变化进行总体分析。可以登录丹麦可再生能源组织（Danish Organization for Renewable Energy，OVE）的主页 www. orgve. dk 查询该模型。

EnergyPRO 模型在模拟和优化单个电站的运行特征方面具有出色表现。它有评估多个不同类型的技术和发电机组运行标准的能力，尤其是热电联产电站，因此能够帮助用户对供暖生产、电力生产、燃料成本、电力曲线和控制战略等指标进行详细的界定。该模型还可以执行涵盖可变收入因素（比如供暖价格和电力市场现货价格）的复杂经济分析。然而，这个详细程度也要求进行大量的研究和数据输入，以恰当地对模型进行初始化，因此需要对电站的具体运行特征具有很高程度的了解。

这个模型主要专注于生产方面，除了像供暖损失这样的少数几个特征之外，不考虑单个电站如何融入更大的能源系统中这一因素。这个模型是设计和运营热电联产电站的一个高级计算机模型，并已经在丹麦现有的大多数小型热电联产电厂设计中得到应用。energyPRO 模型最初的版本在 20 世纪 80 年代末设计完成，之后由软件公司 Energy and environmental Data（EMD）公开发售。通过与用户的不断交流，EMD 始终在对软件进行不断改进，不断增加新的功能和特征。该软件在由内燃机、燃气轮机、燃烧垃圾和木质碎屑的汽轮机，以及只有锅炉的电站等构成的地区能源供应的分析方面应用非常广泛。Lund 和 Andersen（2005）以及 Andersen 和 Lund（2007）的研究中也应用了 energyPRO 模型。

COMPOSE（Compare Options for Sustainable Energy）由 Morten Blarke 设计，是一个应用于能源项目技术经济评估的模型。通过 COMPOSE 模型，用户可以在自定义的能源系统中使用用户自己选择的方法学进行用户自定义的可持续能源项目评估。COMPOSE 的目标是把能源项目运营模拟模型与能源系统情景模型的优势相结合，创造出一个能够对日益现实和高质量的可持续能源进行比较评估的模型框架。

COMPOSE 的现有功能专注于框架设计模拟。模型使用者能够计算出用户自己定义的能源项目和能源系统的迁移系数（Relocation Coefficient）。用户自己定义出的不确定性可以通过详细说明开展广泛的风险分析，例如，为风电生产的不确定性进行区间界定。该模型现有功能包括：蒙特卡洛风险评估，从 energyPRO 中导入项目，以及从 EnergyPLAN 中导入小时分布数据。

COMPOSE 的长期目标是成为私营和公共部门决策者的一个成本-收益和成本-效率分析的工具箱。COMPOSE 主要评估能源项目的间歇性支持程度，同时对有不确定性的成本和收益分布情况进行总体现实评估。COMPOSE 会进一步提升从项目-系统结合的角度分析能源项目特征（比如化石能源消耗、排放、经济成本、财政成本、就业、收支平衡，以及成本和收益分布等）的能力。

4.3 回顾

本章以第三章介绍的选择认知理论为基础，主要介绍了代表根本性技术变革的可再生能源替代方案的分析和评估工具的几个重点内容。关于 EnergyPLAN 模型的主要内容如下：

- EnergyPLAN 模型可以对化石燃料、核能以及可再生能源等能源系统进行连续比较分析。完成对参照能源系统的描述后，EnergyPLAN 模型可以对各种不同的替代方案进行快速简单的分析，即使开展复杂的可再生能源系统技术评估也不会失去连续性和一致性。

- EnergyPLAN 模型主要开展根本性技术变革分析。该模型可对现有化石燃料系统的技术指标进行汇总描述，可以相对简单地切换到能源系统（如 100% 可再生能源系统）。该模型将市场经济分析中的输入值划分为税收和燃料成本，便于对不同的制度框架对应的税收进行分析。此外，如果需要对更为激进的制度框架进行分析，模型还可以提供单纯的技术优化。该模型可以将针对制度框架的讨论（如具体电力市场设计）与燃料和 CO_2 排放替代方案的分析进行区分。较之其他一些模型，EnergyPLAN 没有把现有电力市场机制设置设为模型的唯一制度框架。

• 该模型可以计算系统的总成本，并把它划分为投资成本、运营成本和 CO_2 排放成本等税收项目。模型可以为社会经济可行性研究的进一步分析提供数据，比如收支平衡、就业创造、工业创新等方面。

• 该模型说明连贯，力图为用户呈现界面友好的输入/输出数据表。模型运行快捷，在普通电脑上运行复杂的全国性能源系统小时步模拟完整分析只需要几秒钟的时间。因此，模型能够在设计参照系的同时以交互的方式测试不同的输入值组合，并且能够在很短的时间内对多个方案进行多轮计算。分布数据库的内置进一步强化了这一点，可以快速简单地在输入值中进行大量的数据更改。

• 该模型针对三个推广阶段，包括了与可再生能源系统相关的各类技术。因此，它是开展大规模推广甚至 100% 使用可再生能源系统分析的有效工具。

第三部分

专题分析篇

第五章　可再生能源的大规模融入

Henrik Lund 与 Willet Kempton[①] 参与了本章编写。

将可再生能源大规模融入现有能源系统中，必须应对协调波动性和间歇性的可再生能源生产与其他能源系统这一挑战。这个挑战是电力生产必须要面对的问题，因为电力系统的运行必须依赖任一时间点上的供给与需求的平衡。鉴于光伏、风能以及波浪和潮汐能的自然特点，对这些可再生能源本身可以采取的管制措施非常有限。但是大型水电项目比较便于管理，因此通常比较适合参与电力平衡调整。然而，实现可再生能源大规模融入的可能性还主要取决于系统中的其他供应渠道，比如电站和热电联产电站。热泵、用户需求、运输用电等弹性需求有助于推动供应管理。此外，各种能源存储技术也有助于可再生能源的融入。当然，并不是所有的措施都能发挥同等功效。

本章将对一系列通过 EnergyPLAN 模型对可再生能源大规模融入丹麦能源系统的研究进行了分析和推理。现在，可再生能源在丹麦能源系统中的占比较高，比较适合进行更大规模的融入分析。开展的研究主要是将可再生能源融入能源系统中，其中的分析主要以 2001 年丹麦能源署发布的丹麦能源系统官方预测为依据。本章在开头部分介绍了这些预测信息。

除上述研究结果外，本章还介绍了各种能源系统大规模融入可再生能源的能力的分析方法。我们关注的问题是如何设计能源系统，更好地利用间歇性的可再生能源，同时还需要考虑风能等可再生能源的波动性和间歇性在各个年度也不相同。该挑战可以通过在过剩电力图中分析和描述不同的能源系统加以解决。此类图中的一条曲线代表了所有年份的系统，而不需要考虑可再生能源的波动性在每年都会发生变化这一事实。

本章首先陈述了针对大规模融入可再生能源的一系列研究，然后回顾和总结了一些使用的方法和原则，以及技术措施。通过上述研究针对适用的技术措施，如何进行措施整合，何时可根据可再生能源在能源系统中的比例使用这些措施等方面提出了建议。

5.1　丹麦的参照能源系统

本章针对大规模融入可再生能源的分析方法均以 2020 年丹麦未来能源供应预测为依据。2001 年，根据丹麦议会的要求，丹麦能源署组成了一个专家组，对热电联产和

---

① Willet Kempton：特拉华大学海洋与地球研究学院副教授。

可再生能源产生的过剩电力供应的管理途径和战略进行调研和分析（丹麦能源署，2001）。根据政府能源计划“能源21”（丹麦环境与能源部，1996）中的丹麦官方能源政策，热电联产的比例，尤其是风电的比例将会增加。

专家组定义了两个概念：可出口过剩发电量（EEEP）和临界过剩发电量（CEEP）。[①] 可出口过剩发电量可用于出口，而临界过剩发电量指的是发电量超出了本国电力需求和输电线可承载的最大出口量。必须避免临界过剩发电量，防止电力系统崩溃。根据这些定义，专家组确定了一种参照情景，展示热电联产、风能和电力需求根据官方能源政策发展时临界过剩发电量和可出口过剩发电量的相应结果，分别将2005、2010和2020年选做分析的参照年份。

当时，丹麦电力系统划分为两个独立的地理区域：丹麦东部和丹麦西部。过剩电力生产可能在一个地区上升，而在另一个地区并不发生变化。丹麦政府已决定把两个地区连接起来，但这个决策在做预测时还没有完全确定。因此，他们决定对每个地区进行单独分析。该参照系统的发展具有以下几方面的特征：

- 丹麦电力需求预期将从2001年的35.3TWh增长到2020年的41.1TWh，相当于每年增长大约0.8%。
- 从2001年到2020年，风电装机容量在丹麦东部预计会从570MW增加到1850MW，在丹麦西部预计会从1870MW增加到3860MW。增加量主要是来自每年预期新建一个150MW的海上风电场。
- 现有大型燃煤式热电联产汽轮机组在其生命周期结束时，都将由新的天然气联合循环热电联产所替代。此外，分布式热电联产电站和工业热电联产机组预计也将小幅增加。

丹麦拥有与邻国相通的大容量输电线路。其中，丹麦东部与瑞典（AC 1700MW）以及德国东部（DC 600MW）连接，丹麦西部与德国北部（AC 1200MW）、瑞典（DC 600MW）以及挪威（DC 1000MW）连接。在定义临界过剩发电量时，除了连接德国北部的交流电线路，所有现有输电线容量都纳入了考虑范围。因为德国北部也有大量的风电生产，所以会与丹麦西部在相同的时间遇到相似的过剩产能问题。

根据前面的假设，专家组分可出口过剩发电量和临界过剩发电量两部分评估了预期过剩电力生产问题的严重程度。分析结果见表5.1。在参照情景中，过剩电力的生产量预计到2020年会大幅增长。其中丹麦东部预计的1680GWh过剩产量相当于2020年电力需求量的11%。在丹麦西部，过剩产量相当于2020年需求量的28%。表5.1所示的预期大量过剩产量可以主要由两个假设进行解释。

第一，在参照情景中，小型和中型热电联产电站预计不会根据风电的波动进行调

---

① 译自丹麦语：Kritisk og Eksporterbart Eloverlφb。

控，而只根据供热需求调控。在丹麦，热电联产电站通过一个三倍电价系统计价，早上和下午电价高，反映了这段时间的高电力需求；而在夜间、周末和节日则电价低。

表 5.1　2001 年定义的丹麦参照情景中预期的过剩电力生产

参照情景（GWh）	2000	2005	2010	2020
丹麦东部				
可出口过剩发电量（EEEP）	2	190	460	1680
临界过剩发电量（CEEP）	0	0	0	0
总量	2	190	460	1680
丹麦西部				
可出口过剩发电量（EEEP）	520	3130	3360	5070
临界过剩发电量（CEEP）	0	170	290	1330
总量	520	3300	3650	6400

因此，丹麦的热电联产电站设计成了高热电联产容量和热存储能力，使得它们能够主要在高电价期间运转。当电价高的时候，热电联产机组满负荷容量运行，并且存储热能。电价降低之后，热电联产机组就会停止运行，由存储热能提供区域供暖。截至 2001 年，这种调控能力没有用于协调可再生能源的波动性，仅根据所谓的“三倍电价体系”应付电力需求的调整。这意味着，根据生产情况，产生的电将会得到低中高三种电价，电价取决于是否是在峰值负荷期间生产。

第二个假设是，仅由大型电站参与保证电网（电压和频率）稳定任务。因此，小型热电联产电站和风电机组的分布式电力视为完成这个任务的负担。采用 EnergyPLAN 模型开展关于如何避免过剩生产问题的分析（Lund 和 Münster，2001；2003b）。

本章接下来几部分的大多数分析都可以应用于丹麦西部。然而，由于丹麦随后决定将东西部电网连接起来，因此有些分析是基于整个丹麦的参照系统。此外，专家组的工作只包括对电力系统进行分析。因而，包括交通等其他行业的数据是根据丹麦的官方能源计划“能源 21”（丹麦环境与能源部，1996）添加进来。联合参照情景的主要数据见表 5. 2 所示。

表 5. 2　参照能源系统（丹麦，2020）

关键数据	TWh/年
电力需求	41. 1
区域供暖需求	30. 0
过剩电力生产（CEEP + EEEP）	8. 4
一次能源供应	
风电	17. 7
热电联产和火电厂用燃料	92. 3
户用燃料	19. 7
工业燃料	20. 2
交通燃料	50. 7
炼油厂等其他领域的燃料	17. 4
总计	218. 0

5.1.1 运输用电

本章展示的研究中有几项包括将交通领域的部分交通工具转换为电动汽车和氢燃料电池汽车。所有这些研究都是以 Risϕ 国家实验室的方案报告《交通领域的电动汽车和可再生能源——能源系统结论》（Nielsen and Jϕrgensen 2000）为基础。该报告最后认为，蓄电池和氯燃料电池汽车的技术表现，尤其是其电池的里程在未来的几十年将逐步提高，使得它们能够替代相当一部分以汽油为燃料的小汽车和小型运输用面包车的交通任务。到 2030 年，丹麦 80% 的重量小于 2t 的燃油汽车将会被蓄电池电动车（BEV）和氢燃料电池汽车（HFCV）替代。根据这项研究，这样的变革将会导致电力消费每年增加 7. 3TWh，同时每年节省燃料 20. 8TWh。如果把这个方案应用到丹麦西部，考虑到交通和电力的相应比例，将有 12. 6TWh/年的汽油被 4. 4TWh/年的电力所替代。

5.2 过剩电力图①

本部分基于作者（Lund，2003a）的文章《过剩电力图表和可再生能源的融入》，这篇文章陈述了一个展示给定的能源系统在电力供应中使用一定量的可再生能源的方法。在这篇文章中，该方法可用于将风电、光伏和潮汐能大规模融入丹麦未来的参照能源系统。可再生能源融入的潜力可以用系统避免过剩电力生产的能力来表达。根据 0% ~100% 的电力需求进行电力生产，本文对不同的能源来源进行了分析。这些分析有助于将稳定电网（电压和频率）所需的一定程度的辅助功能纳入考虑范围。过剩电力图展示了各种可再生能源的不同特征。尽管可再生能源的波动每年都会发生变化，该图也能够展示一个给定系统的总体特征。

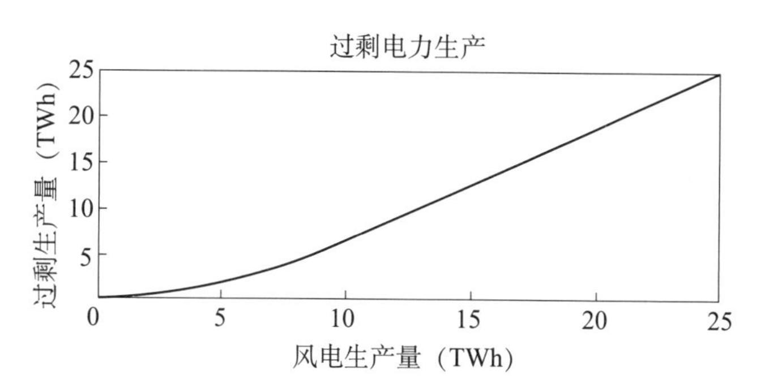

图 5. 1 参照能源系统的过剩电力生产图（丹麦西部，2020）

① 摘自《可持续能源》国际期刊，Henrik Lund，23/4，《过剩电力图表和可再生能源的融入》，pp. 149 –156（2003），已获得 Taylor 和 Francis 的许可。

下文的分析是针对丹麦西部2020年的情况。在这些参照能源系统中，如图5.1所示，波动性可再生能源的融合能力可以在图中展示出来。在这幅图中，假设风电每小时的分布和丹麦西部2001年的分布完全相同，则系统每年最终的过剩产量是风电比例的函数。

图5.1是利用EnergyPLAN模型针对一年的完整能源系统开展的一系列分析。每一个分析都对给定生产机组和管理策略下的所有电力生产和需求进行了小时步计算。根据这些计算结果，可以确定年度电力生产量和过剩电力生产量（定义为电力生产总量和需求量之间的差值）。在图5.1案例中，首先根据系统0TWh/年的风电输入进行分析，然后将这个输入值增加到5～25TWh/年。

X轴代表风电生产量在0～25TWh之间，相当于需求从0%～100%变化(24.87TWh)。Y轴显示的是以TWh为单位的过剩电力产量。过剩电力的产量越低，越有利于融入可再生能源。在上述文章和图5.1的分析中，对维持电网（电压和频率）稳定性的辅助服务的限制进行了分析：至少30%的电力（任何一小时之内）来自能够提供辅助作用的发电机组；至少有一个运行容量为350MW的大型电站可以随时发电；分布式热电联产和可再生能源电力不能提供辅助作用。因此，这些系统的过剩生产量非常显著。

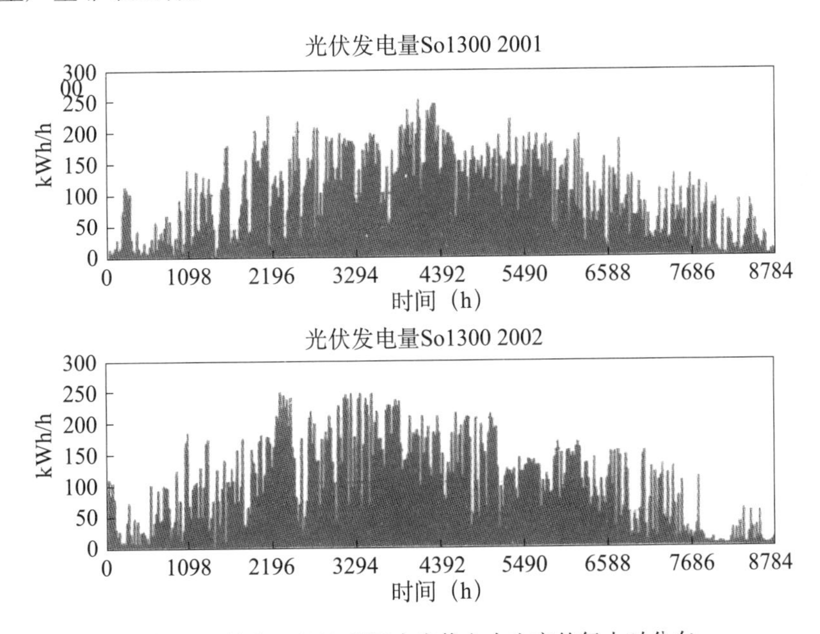

图5.2　丹麦Sol300项目中光伏电力生产的每小时分布

Lund的文章对过剩电力生产曲线如何随着风电生产量而每年发生变化进行了分析。此外，文章针对光伏和潮汐能也进行了同样的分析。在条件允许的情况下，不同的可再生能源每小时的分布均以实际测量数据为基础。光伏领域的数据均为实际测量值。电力生产分布来源于丹麦Sol300项目。这个项目涉及丹麦从2000年开始装在独栋家庭住房屋顶上的 267 个光伏系统。如图 5.2 所示，项目提供了两年的分布数据。

陆上风电已在丹麦存在多年，其分布数据来自位于丹麦西部的风机的实际生产数据。这些数据由该地区的 TSO（电网系统运营商）公司提供。文章分析了三年的数据（相关数据如图 5.3 所示）。

现在还没有丹麦潮汐能的实际测量数据。到目前为止，丹麦还只有一些作为小型测试设施的潮汐能电站。因此潮汐能的分布是以北海外的丹麦西海岸浪潮测量为基础。图 5.4 展示了两年的数据。Lund 的文章对这三种可再生能源的数据来源进行了更详细的解释。

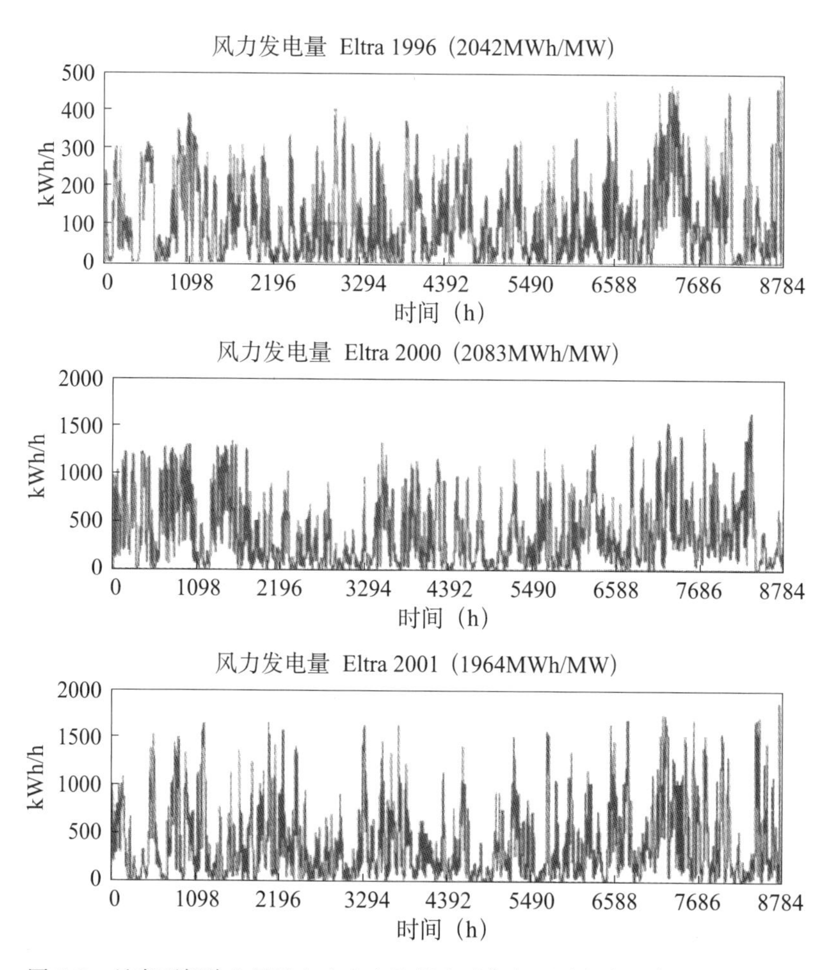

图 5.3　丹麦西部陆上风机电力生产的每小时分布（对电力生产的实际测量）

通过图 5.2 ~ 图 5.4 可以发现两个现象。第一，三种波动性可再生能源的电力生产量在各年间的差别较明显。将这两年中的某一天的某一个小时进行比较时，我们会发现风电在 2000 年的生产比 2001 年要高。这一现象对另外两种能源也适用。然而，尽管产量有波动，我们仍能发现一些主要的特征并勾画出全貌。因此，通过图示，我们很容易分辨出潮汐能和风能。

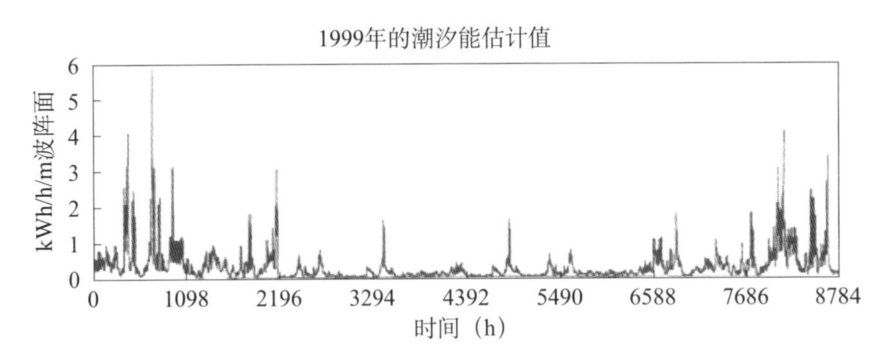

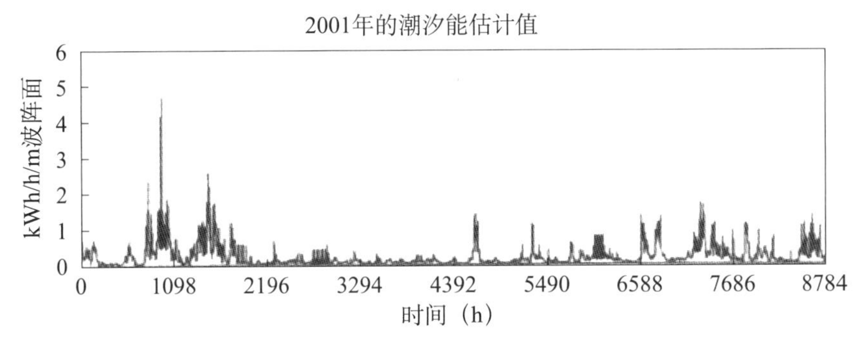

图 5.4　基于丹麦北海潮汐测量数据的潮汐能电力生产每小时分布的估计值

针对三种能源的来源和年度绘制出了过剩电力生产图，见图 5.2—5.4。此外，文章还根据丹麦太阳能资源统计的典型数据和分布，即所谓的测试参照年，对一个“合成”的光伏年度进行了分析。各类可再生能源结果见图 5.5。在分析系统中，光伏可产生的过剩生产量最多，随后是潮汐能和陆上风能。

这个分析揭示了一个重要事实：尽管电力生产在各年之间存在很大的波动，每种可再生能源的过剩生产曲线几乎始终保持一致。这个发现非常重要，因为过剩电力图可以作为系统融入具有波动性的可再生能源能力的一种展示，这种能力并不受不同年份之间可再生能源波动的影响。因此，风电所有年份的分布可以用同一个曲线来表示。这也使得以大规模融合可再生能源的能力为基础，用在同一个图中比较两条曲线的方式比较不同的能源系统成为可能。数据随着年度风力资源的“变好”或“变坏”，在不同的年份在曲线上上下移动，但这仍然是同一条曲线。

唯一与图 5.5 不同的曲线是合成光伏曲线，这个曲线表示过剩产量比基于实际的测量数据的两条曲线要稍微高一些。这是由于实际的测量数据包括多个地点之间的关联特征，而合成出来的分布数据原则上假设所有的装机都在同一个地点。这凸显了使用测量数据而非合成数据的重要性。来自分散地点的分布式可再生能源的实际数据要优于在同一个地点的测量数据和合成数据。这也意味着基于合成的潮汐能数据的分析结果会得到稍微高估的过剩产量。

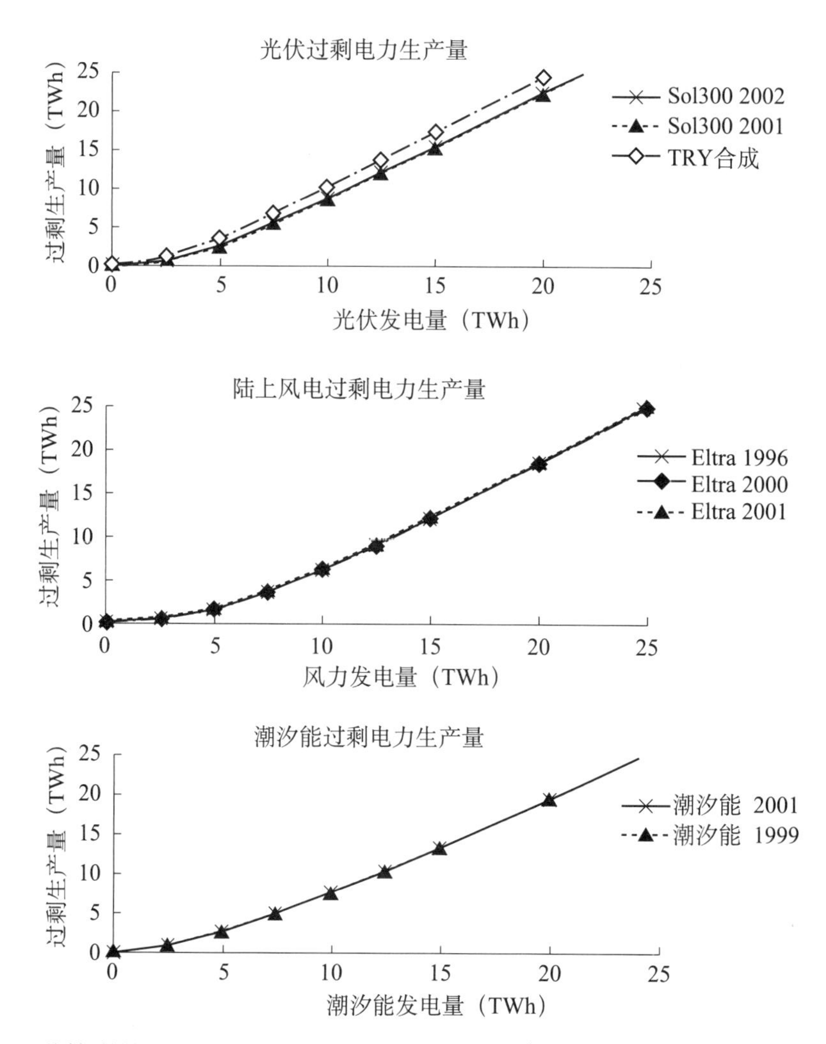

图 5.5　不同年份的过剩电力生产图，显示了风能、潮汐能和光伏的电力生产量的每小时分布

图 5.6 代表三种不同的可再生能源的 2001 年曲线以及它们之间的相互比较。其中，代表光伏的曲线要略高于其他两条。

过剩电力图这一方法不仅可以应用于上述参照系统，也可以应用于完全不同的系统。图 5.7 为应用于两个系统（这些系统将会在第七章进一步解释）的图：丹麦 2030 年的正常商业情景参照系统（BAU2030）和由丹麦工程师协会设计的包括根本性变革的系统（IDA2030）。EnergyPLAN 模型对两个系统的三个风电年度进行了分析，即风电年度 1996、2000 和 2001。相比将系统从 BAU2030 转换到 IDA2030，不同风电年度之间的差别仅导致了过剩电力图中非常细小的变化。因此，图 5.7 展示了过剩电力图是如何能根据利用像风电这样的波动性能源的能力对不同能源系统进行比较。更重要的是，尽管风电生产的波动性每年都会发生变化，但显示结果并不随之改变。

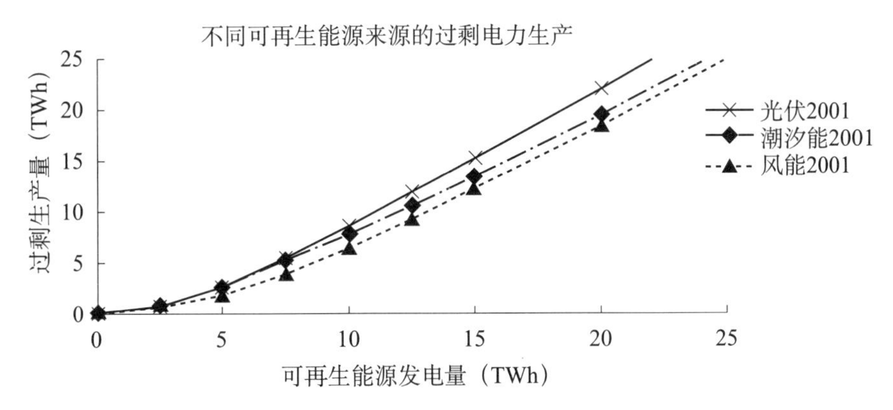

图 5.6　比较输入同一个能源系统的风能、潮汐能和光伏的过剩电力图

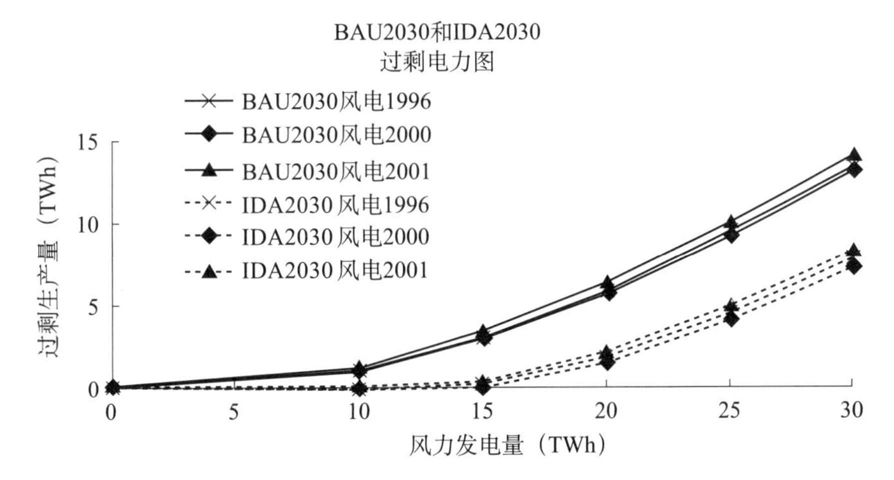

图 5.7　两个能源系统（BAU2030 和 IDA2030）的过剩电力图。对两个系统的三个不同年度的风电生产的小时分布数据进行了分析，即风电年度 1996、2000 和 2001

5.3. 可再生能源的优化组合[①]

本节以作者（Lund，2006b）的文章《光伏、风能和潮汐能组合大规模融入电力供应》为基础编写，这篇文章介绍了将风能、光伏和潮汐能大规模融入丹麦能源系统的一系列分析结果。文章也是以图 5.2 至图 5.4 所示的数据为基础，参照系统是对丹麦西部到 2020 年的未来能源系统的预测。本文的目的是对各种可再生能源来源波动性的不同特征加以利用，以此从技术角度来识别这些可再生能源的最优组合方式。

所有三种可再生能源都有 2001 年的数据，因此文章的分析是基于 2001 年的小时分布数据。通过对同一年进行分析，本研究也涵盖了风能和潮汐能等能量间的关

① 《可再生能源》节选，31/4，Henrik Lund，《光伏、风能和潮汐能组合大规模融入电力供应》，pp. 503－515（2006），已获得 Elsevier 许可。

联性。分析结果通过由增加可再生能源输入产生的过剩电力生产曲线展示出来。该研究对每种可再生能源间相关的组合都进行了分析，以识别最优组合。需要说明的是，由一种可再生能源提供100%供应的电力生产在现实中很难想象，尤其是像光伏和潮汐能这样的技术。例如，25TWh的太阳能电力年产量需要25000MW的装机容量，这在经济上和实际操作上都不太现实。潮汐能的情况也类似。如果不提高系统的融合能力并且减少过剩生产，大规模可再生能源可能无法并入到参照系统中。系统改进在本章稍后部分进行详细讨论。文章的分析是对三种不同的可再生能源进行了清晰描述，并构成了识别最优组合的重要基础。

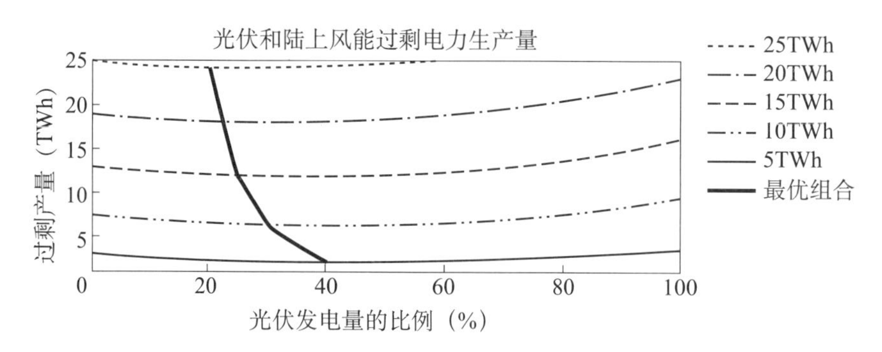

图5.8　识别光伏太阳能和陆上风能最优组合的分析

图5.8为对陆上风能和光伏这两种可再生能源技术的最优组合，以及这个组合的年度过剩电力生产量。过剩产量可以由可再生能源的总发电量作为输入变量计算得出。过剩产量的变化可以由以5TWh为单位，从起点的5TWh增加到25TWh的一系列曲线展示出来。每一条曲线都展示了不同比例的光伏和风能组合的相应过剩产量。

在图5.8的左侧，光伏的比例是0；在右侧，比例是100%。所有曲线都展示了过剩产量最低的一个最优组合。当可再生能源的总发电量很高时，光伏的比例可以在20%时达到一个最优的组合；而当可再生能源的总发电量很低时，光伏的比例在40%时达到最优组合。使用同样的方式，我们也可以识别出光伏、陆上风能和潮汐能的最优组合。图5.9所示为三种可再生能源的最优组合，也就是产生最少的过剩电力产量的组合。

在图5.10中，假定每一个同样的产出都只来自一种可再生能源，图中显示了最优组合（Optimix）的过剩电力图与每一个不同的可再生能源技术的比较结果。光伏是可带来最高过剩产量的可再生能源，潮汐能和陆上风能次之。对这三种可再生能源来源进行最优组合可以降低过剩电力的生产。

图5.10展示了将不同的可再生能源组合起来可以如何降低它们融入系统的困难。然而，最优组合状态下的过剩产量仍相当可观。需要强调的是，如果同时采取像柔性能源系统这样的措施（参见后续章节），电力供应系统就可以融入很高比例

的可再生能源，而且不会产生任何额外的过剩产量。图 5.10 所示为可再生能源的某些组合强化这些推广策略的效果。

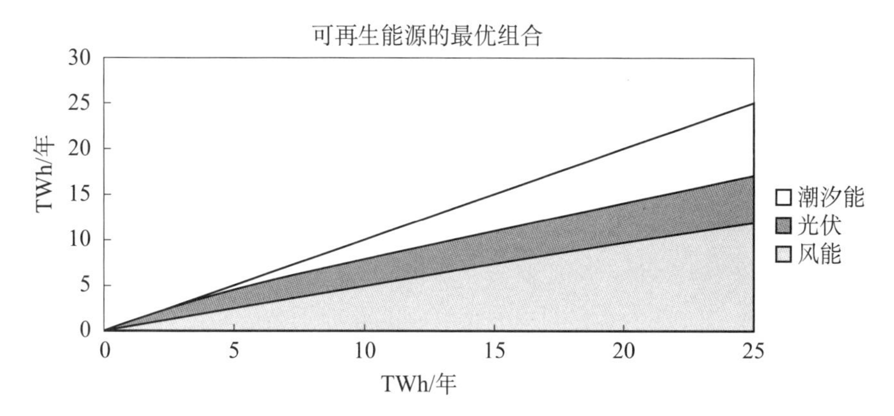

图 5.9　可再生能源来源的最优组合（即带来最低过剩产量的组合）

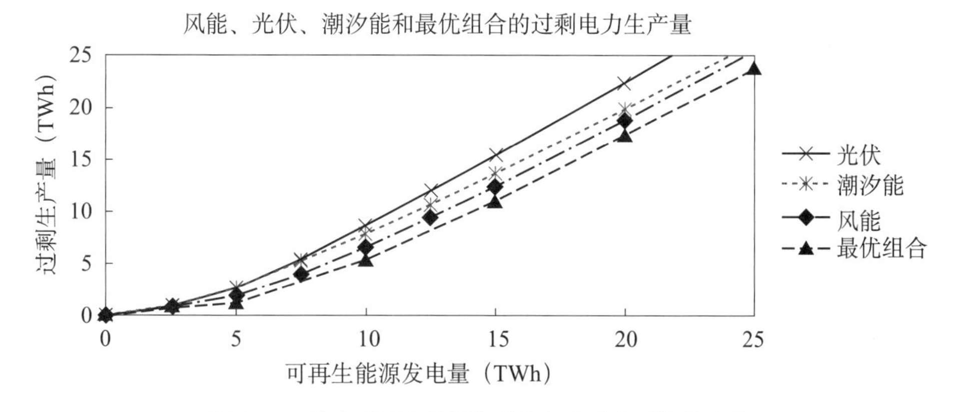

图 5.10　单个可再生能源与最优组合融入系统的比较

这个结果显示了当风能、光伏和潮汐能等可再生能源的输入值增加时，过剩产量的增长趋势。同时，不同可再生能源的组合可以减缓过剩产量的增加。例如，研究发现，20% ~40% 的光伏和 60% ~80% 的风能的最优组合就比 100% 的光伏或者风能这样的单一来源产生更少的过剩产量。

如图 5.9 所示，当陆上风能提供大约 50% 的可再生能源总发电量时，这样的比例就比较接近最优组合。而光伏和潮汐能的最优比例则取决于可再生能源的总发电量。当所有的可再生能源发电输入量低于总需求的 20% 时，光伏应占 40%，潮汐能占 10%。所有的可再生能源发电量高于总需求的 80% 时，光伏应占 20%，潮汐能占 30%。但是，确定不同可再生能源的组合比例离完全解决可再生能源的融入问题还有很远的距离。通过对柔性能源供应和需求系统的投资，以及交通系统的融入等措施解决这个问题的可能性更大。

5.4 柔性能源系统[①]

本节以作者（Lund，2003b）的文章《柔性能源系统：将来自热电联产和具有波动性的可再生能源融入电力生产中》为基础编写。这篇文章讨论和分析了各个国家针对大规模融入可再生能源采取的战略措施。它指出了能源系统要从一个很高比例的风电和热电联产中受益而不产生额外过剩电力所需要的关键性变革。经过变革的系统定义为柔性能源系统。

这个研究要早于上文提到的能源署专家组的工作。因此，它们所用的参照情景并不完全一样。不过，这个研究使用的是政府能源计划中公布的丹麦官方能源政策对未来发展的预测，与上文的参照情景非常相似。根据“能源21（Energy 21）”，风能到2030年预计会增长50%左右，过剩产量也会随之增长并给电力供应的管理带来严重的问题。图5.11展示了这个问题的严重程度。

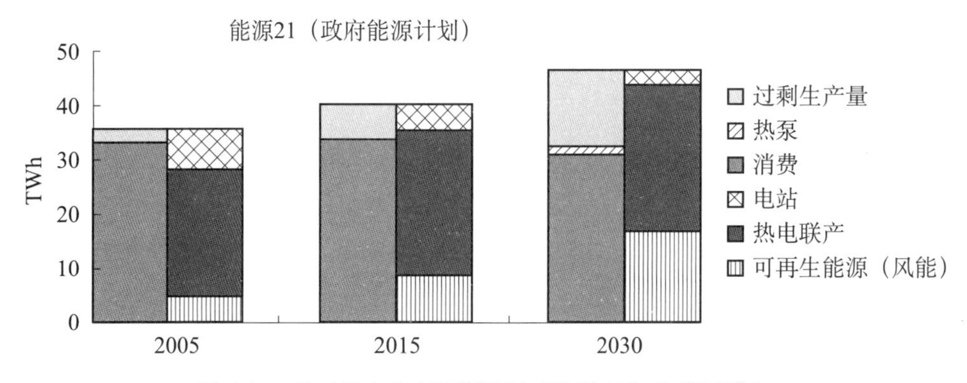

图5.11 基于丹麦政府能源计划“能源21”的能源平衡

尽管电力消费预期会小幅降低，但电力生产显著增加。到2030年，过剩产量预计会占到来自风能和其他可再生能源提供的电力产量的80%。根据“能源21”，丹麦能源政策的推行需要基于三个领域的措施：通过节能小幅降低能源需求，融入更多的可再生能源，以及用热电联产提高能源利用效率。原则上来说，需求和供给的波动带来过剩产量是这三个方面同时作用的结果。因此，如图5.11所示，我们预计过剩电力生产量会很高，这可以通过以下假设进行解释：①对小型和中型热电联产电站的管理预期不是基于风能的波动性，而是仅根据供热的需求；②确保电网稳定（电压和频率）的任务仅由大型电站来承担。

图5.11揭示了很重要的一点，即过剩电力生产问题在整个时间周期内发生极端变化。在2005年，过剩产量要明显低于凝汽式电站的产量。原则上，这也就是意味着这个

① 节选自《国际能源技术和政策》杂志，1/3，Henrik Lund，《柔性能源系统：将来自热电联产和具有波动性的可再生能源融入电力生产中》，pp. 250－261（2003），已经获得Inderscience的许可。

问题完全可以通过调整和存储电力得以解决，即通过使用第一章定义的能源存储技术进行解决。到2030年，过剩产量预期会远高于凝汽式电站的产量，这就意味着转移和存储电力无法解决这个问题。在这种情况下，引入如第一章定义的能源转换技术等其他方面的变革非常有必要。参照第六章的介绍，有人可能会认为2005的问题通过智能电网概念在电力领域内得到了解决，而2030的问题则要涉及多个领域。

EnergyPLAN模型对参照情景进行了模拟，结果如图5.12所示。这个图展示了在分别代表冬天、春天、夏天和秋天的四周中推行基于图5.11中的“能源21”参照情景的结果。其中，消费量由左侧的图代表，产量由右侧的图代表；“出口（Export）”代表过剩产量。图5.12显示过剩电力生产主要是风能和热电联产相结合的结果。同时，稳持电网稳定性的限制因素有时会要求没有热电联产的电站在存在过剩产量时仍进行生产，从而使问题更加严重。图5.12显示，过剩电力生产这个问题在全年都非常突出。

5.4.1　柔性能源系统的分析

EnergyPLAN模型分析了多个不同的投资和管理方式，以找出最适合柔性电力系统设计的方式。下文阐述了几点关键性内容：

热电联产管理。热电联产电站不要求根据风能的波动性进行调整，而只根据供热需求采取管理和调整措施，这一事实对图5.11和图5.12中显示的过剩电力生产是一个严重的问题。因此，研究中引入了一个在存在过剩电力时由锅炉进行供热，从而替代一部分热电联产电站的替代管理策略。这个策略变化可以在开始时期解决问题，因为这一时期的问题不算严重。不过这一替代措施会导致使用热电联产的效益降低，能源效率也随之降低（即生产每单位热能和电力所需的燃料增加）。

热泵和热存储技术投资。在系统中增加热泵意味着可以用热泵替代锅炉维持燃料的效率。此外，能源系统也可以从多个方面变得更为柔性：第一，使用热泵可以减少过剩电力生产；第二，通过用热泵替代热电联产的供暖生产，容量能够满足要求时，热电联产电站的灵活性就可以得以提高；第三，通过增加热存储能力，系统本身的柔性可以进一步得到提升。这种柔性可以解决绝大部分的过剩电力生产问题。与此同时，系统需要用大型电站的生产维持电网稳定性的情况会增多，限制了降低过剩电力生产的能力。

热电联产和风能参与稳定电网。到目前为止，维持电网稳定（电压和频率）的任务只由大型电站承担。因此，来自小型和中型热电联产机组以及风能的分布式生产可能成为一种负担，从而限制任务的完成。让分布式电力参与维持电网稳定性任务可以克服这种制约。

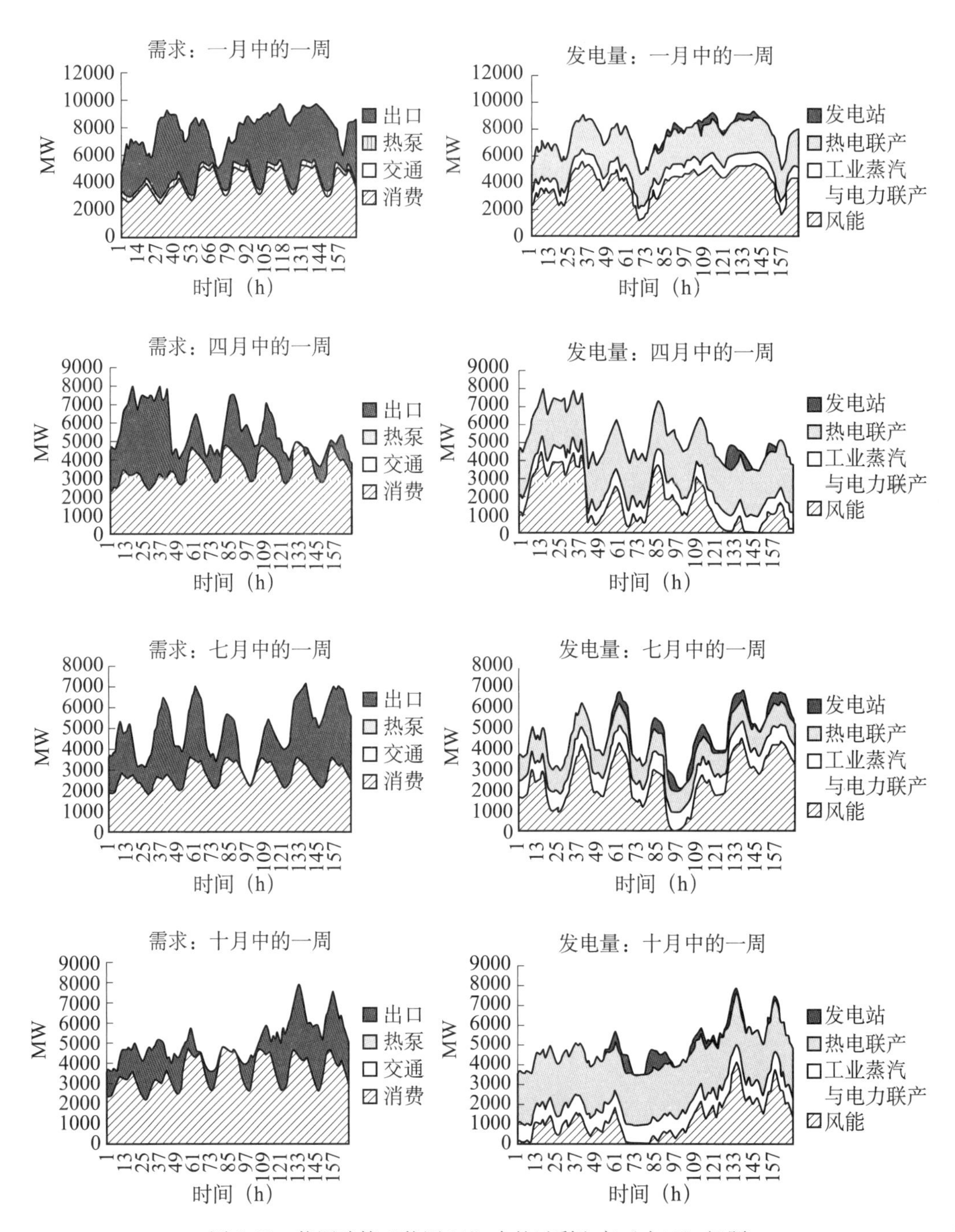

图 5.12　能源政策“能源 21”中的过剩生产（出口）问题

EnergyPLAN 模型对下列柔性能源系统进行了分析：

- 到 2030 年，在能源系统中使用相当于 1000MW 装机容量的热泵，补充热电联产机组，其热存储能力相当于大约 1 天的供暖需求；
- 热电联产机组和热泵的运行应以满足需求和风能生产之间的差额为目标；
- 所有建造时间晚于 2005 年的热电联产机组和风机均需要参与到维持电网稳定

的任务中。

图 5. 13 显示了该系统的推广结果。维持能源利用效率的同时，避免了绝大部分的过剩电力生产。

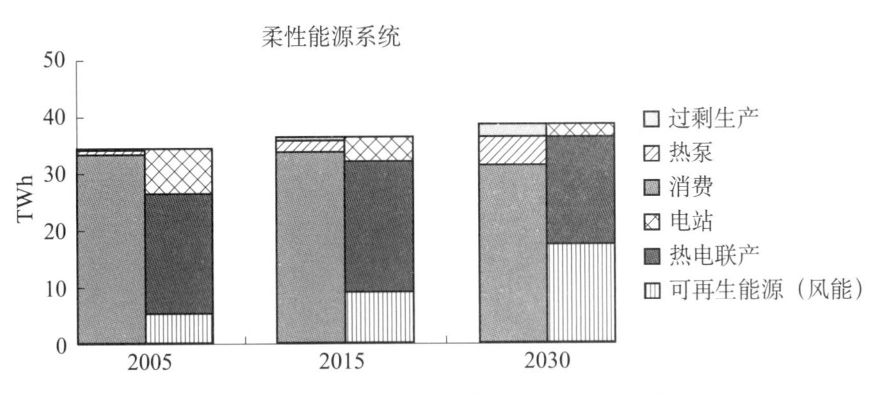

图 5. 13　推广柔性能源系统后的电力平衡情况

5. 4. 2　包括交通用电的柔性能源系统

随着风能比例的增加，基于热电联产、热泵和热存储的柔性电力系统在管理过剩电力生产上变得越来越困难。系统需要采取新的措施。而交通领域的电气化可以带来更好的柔性，同时提高能源效率。EnergyPLAN 模型的上一个版本未将交通领域模型作为一个专门主题，但能够模拟由于交通领域的电力使用（电池和/或氢气）产生的柔性电力需求。这种需求假定为在一年中均匀分布，但可以在更短的时间内保持柔性。

EnergyPLAN 模型评估了将交通领域融入能源系统的可行性。到 2030 年，丹麦 80% 小于 2t 的汽车将被蓄电池电动车和氢燃料电池汽车替代，这可每年增加电力消费 7. 30TWh，每年节约燃料 20. 83TWh。

我们的研究将交通电气化情景与上述基于热电联产、热泵及热存储的柔性能源系统一起进行了分析。分析的结果见图 5. 14 和图 5. 15。在所示的分析中，交通领域电力可以在 1 天之内保持柔性。图 5. 14 显示出过剩电力生产是如何消除的，甚至

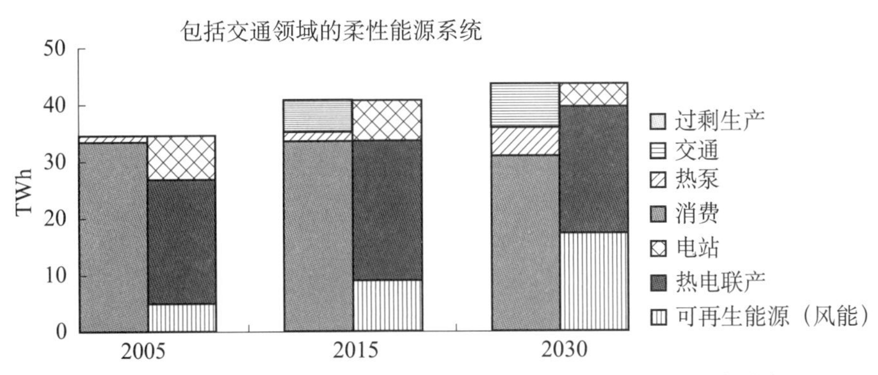

图 5. 14　推广包括交通领域电气化的柔性能源系统达到的电力平衡

到 2030 年都能如此。图 5. 15 为在四周（为一个周期）内，电力消费和生产如何通过管理热电联产和热泵以及推广交通领域的电气化实现平衡。

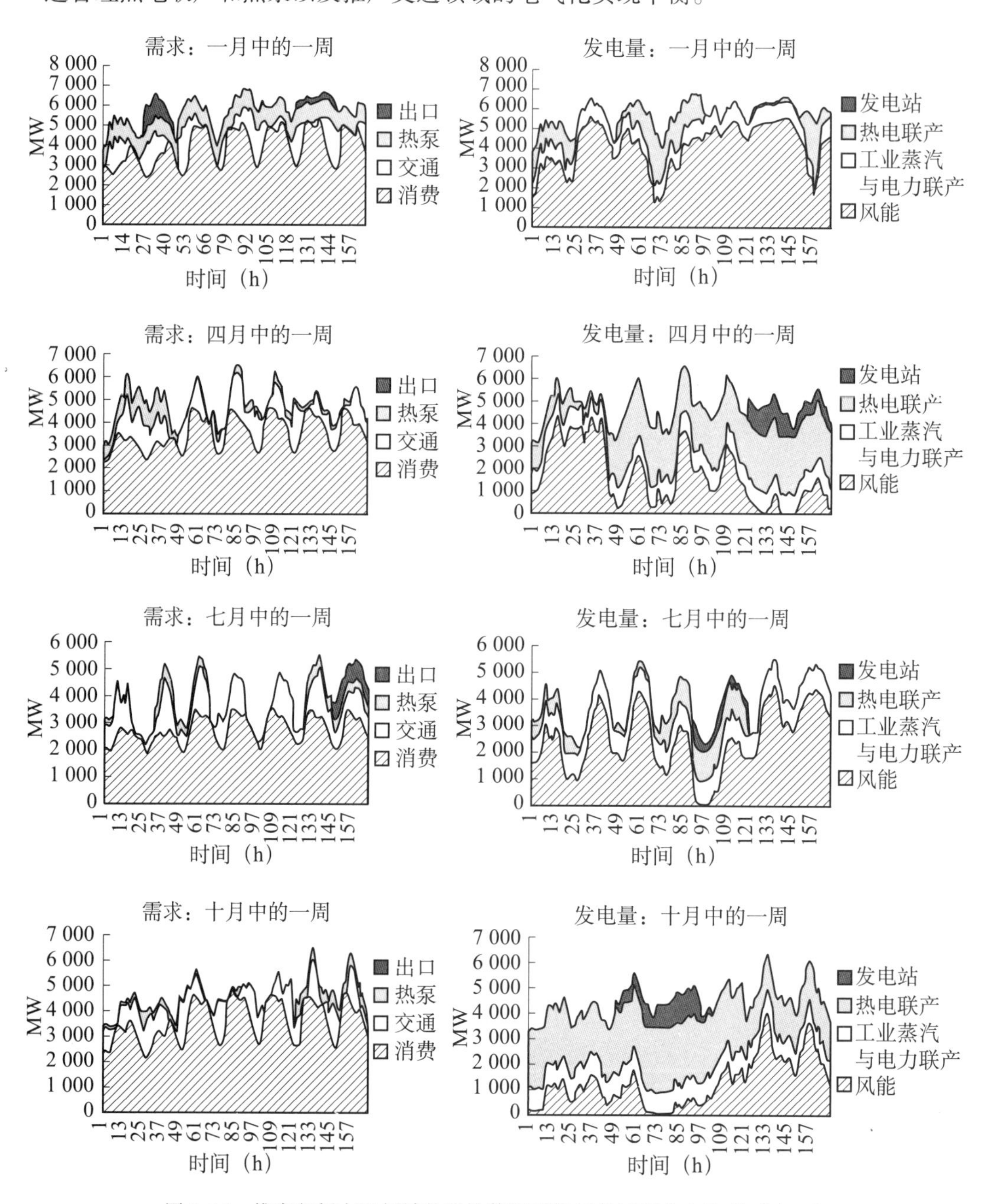

图 5. 15　推广包括交通领域的柔性能源系统后的过剩电力生产（出口）

丹麦 1995 年发布官方能源政策“能源 21”时，丹麦的主要政策是把“问题”出口，也就是向欧洲电力市场出售过剩的电力生产量。然而，如果每个国家都采取同样的政策，整个欧洲将无法解决这个问题。此外，丹麦还需要面对输电线的高投资低收益问题，以及完成 CO_2减排的协议目标问题。引入柔性能源系统可以解决融入高比例可再生能源和分布式热电联产带来的波动性问题。这个解决方案的关键因素可以总结为以下几点：

- 使热电联产电站根据波动性运行；
- 投资热泵和热存储技术；
- 在保障电网稳定性的同时融入小型热电联产和风能；
- 通过引入电动汽车（电池和氢燃料）融合电力领域和交通领域。

在引入这些柔性能源系统降低出口过剩电力产量的同时，丹麦的燃料消耗和CO_2排放也随之减少。采用专用电动汽车和氢燃料驱动汽车融入交通领域时，由于车辆的内燃发动机效率很低，燃料消耗的降低幅度较大。

5.5　不同的能源系统[①]

本节以作者（Lund，2005）的文章《将风能大规模融入不同能源系统》为基础。本章的开头介绍了将可再生能源融入丹麦西部2020年的参照能源系统时的过剩电力图。同时将该参照系统与其他能源系统进行了比较，过剩电力图也将辅以CO_2减排图，展示了增加柔性技术带来的影响。这篇文章讨论了不同能源系统和管理战略融合风能的能力。

在这篇文章中，参照系统的定义是为避免临界过剩发电量而引入的一系列措施的管理体系。因此，参照管理措施的特点为：

- 所有风电机组均根据风的波动运行。
- 所有热电联产电站都根据供热需求（或三倍电价）运行。
- 只有大型电站参与平衡供需以及维持电网稳定的任务。
- 至少300MW和30%的生产量必须来自参与电网稳定任务的电站。
- 通过采取以下措施避免临界过剩发电量（优先顺序按序号）：①用锅炉替代热电联产；②用电热供暖；③在必要情况下关停风电机组。

在研究中，这个参照系统与以下三个替代能源系统进行比较：

热电联产增加50%：在参照能源系统中，丹麦50%的供暖需求（相当于21.21TWh）是由热电联产来满足的。一个替代能源系统使热电联产的比例提升了50%，增加到31.82TWh。

燃料电池技术：提高热电联产机组和电站（比如燃料电池）的发电效率可以提高燃料效率，降低消耗。一个替代系统将热电联产的发电效率从现在平均的38%提高到55%，电站的效率从50%提高到60%。

汽车电气化：根据汽车电气化的研究（一部分蓄电池电动车，一部分氢燃料电

---

① 《能源》节选，30/13，Henrik Lund，《将风能大规模融入不同能源系统》，pp. 2402－2412（2005），已经获得Elsevier许可。

池汽车），替代系统被定义为12.6TWh的汽油替代为4.4TWh的电力。

替代系统的分析结果见图5.16。这个图展示了更大比例的热电联产（50%的热电联产）和更高效率（燃料电池）如何加剧过剩生产，而汽车电气化（交通）是如何减少了过剩生产问题。在起点的时候，没有任何风能，所有改进与参照系统相比，都在不同程度上降低了CO_2的排放。然而，随着风能输入的增加，只有汽车的电气化能够维持CO_2减排能力。

如果图5.16中三个方面的改进都结合起来，即使在没有风能的情况下，过剩生产这个问题也会变得很严重。在研究中，将该系统融合风能的能力与其他几个替代管理方案进行比较。这些替代方案均是基于下列原则：小型热电联产机组也参与到电网稳定的任务中，并且热电联产机组需要在存在过剩生产的时段减少它们的电力生产来融合风能。文章对三个用其他设施替代供热生产的变化方案进行了分析：

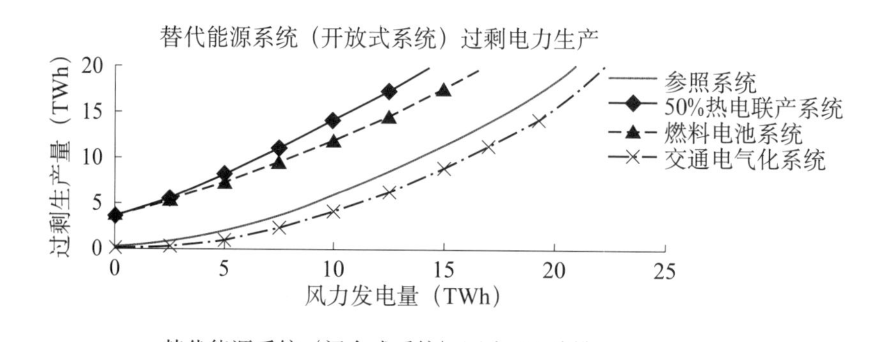

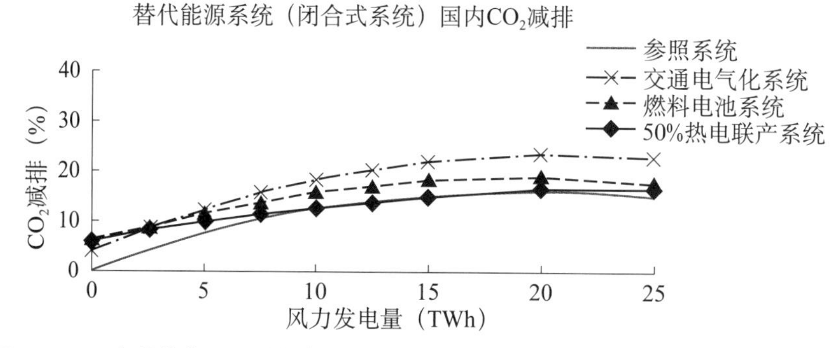

图5.16　三个替代能源系统与参照系统在过剩电力生产和国内CO_2减排方面的比较

- CHPregB：锅炉替代热电联产的供热生产；
- CHPregEH：电热供暖（锅炉）替代热电联产的供热生产；
- CHPregHP：热泵替代热电联产的供热生产。

图5.17所示为把这些替代管理系统添加到图5.16的参照系统后的结果。图5.17显示了将热电联产纳入到管理中的重要性。该措施会大幅削减过剩电力生产。但与此同时，如果热电联产机组被锅炉替代（CHPregB），燃料效率会降低，削减CO_2排放的潜力也会大打折扣。把电热供暖添加到系统中（CHPregEH）并不能解决这个问题，但引入热泵（CHPregHP）可以在降低过剩电力生产的同时维持燃料效率。

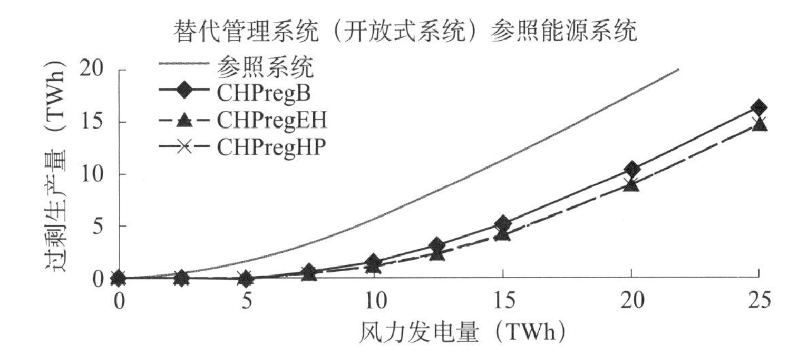

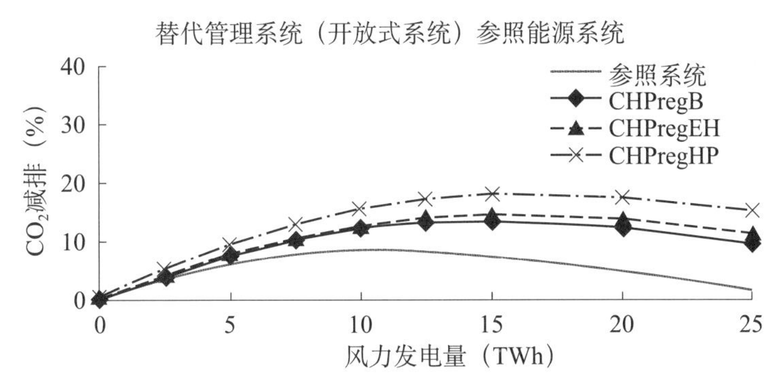

图 5.17　将三个替代管理系统结合到参照能源系统之后的过剩电力生产和国内 CO_2 减排

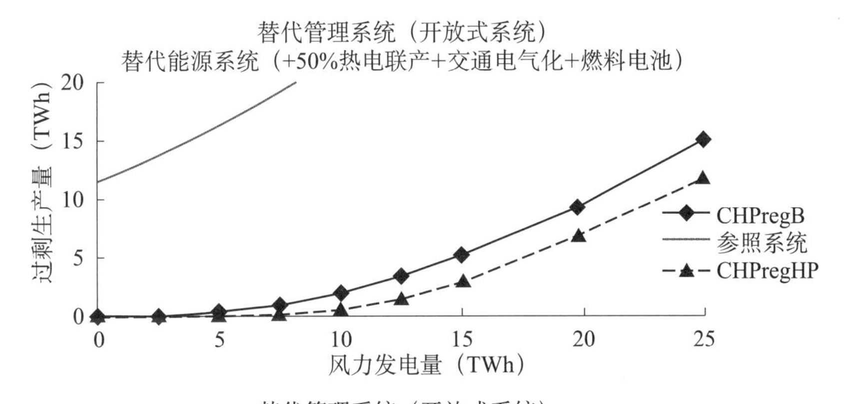

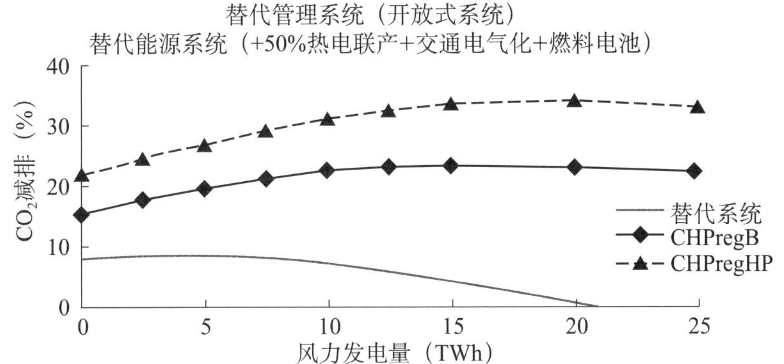

图 5.18　将三个替代管理系统融入替代能源系统（即同时增加热电联产的比例，引入燃料电池和交通领域的电气化）的过剩电力生产和国内 CO_2 减排

图 5. 18 所示为将同样的替代管理系统添加到图 5. 16 所示系统的结果，该图纳入了三个系统变革，同时增加热电联产比例，引入燃料电池和交通领域的电气化。这个图再次说明，将热电联产机组纳入管理体系的重要性。

图 5. 17 和图 5. 18 的结果共同验证了柔性能源系统的分析结论，并且还显示出这样的结论对其他三个系统同样适用。这篇文章还描述了不同的能源系统如何在同一个图中对大规模融合可再生能源的能力进行相互比较。

5. 6 电网稳定性①

本节以作者（Lund，2004）的文章《电网稳定性与可持续能源系统的设计》为依据。该文章分析了分布式热电联产和可再生能源电站机组在维持电网稳定性（保障电力供应时的电压和频率的稳定性）任务中的重要性。现在，大多数国家的电力生产主要来自于水电或基于化石能源或核能的大型蒸汽机组。分布式生产的电力只在电力总产量中占很小一部分。目前，平衡供给和需求关系，维持电网频率和电压的任务主要由大型发电机组完成。

然而，可再生能源、热电联产和节能等更清洁能源技术的推广对实现未来可再生能源系统非常必要。因此，这些分布式发电机组迟早需要为维持电力生产和消费需求的平衡这一任务做出贡献。这篇文章陈述了既能够平衡生产和需求，又能够满足电网的电压和频率稳定要求的未来潜在柔性能源系统的技术设计特点。该分析也是以丹麦西部到 2020 年的能源系统参照情景为依据。第六章提供了一个丹麦能源系统（属于北欧电力市场）中实施的如何解决现有小型热电联产装置保证能源供应稳定性问题的案例。

图 5. 19 展示了该分析的起点。到目前为止，保障电力生产和消费需求平衡的任务仅由大型电站来承担。然而，小型热电联产机组具备解决部分平衡问题的技术潜力。在分析过程中，小型和中型热电联产电站不直接参与丹麦风能的平衡。不过，这些电站确实为平衡需求波动做出了贡献。热电联产电站通过“三倍电价”制度运行，它们在早上和傍晚之间的电价很高，反映了这段时间的电力高需求；而在晚上、周末和节日的电价很低。

因此，丹麦的热电联产电站设计具有很高的生产和热存储能力，使得它们能够主要在高电价时段运行。电价高时，热电联产机组满负荷运行并在储热设备中存储过剩的热能；电价低时，热电联产机组停止运行，由储热设备来满足区域供暖的需求。截至 2004 年，这样的调节能力并没有用于协调可再生能源的波动性。

---

① 摘自《可持续能源》国际期刊，24/1，Henrik Lund，《电网稳定性与可持续能源系统的设计》，pp. 45 –54（2004），已获得 Taylor 和 Francis 许可。

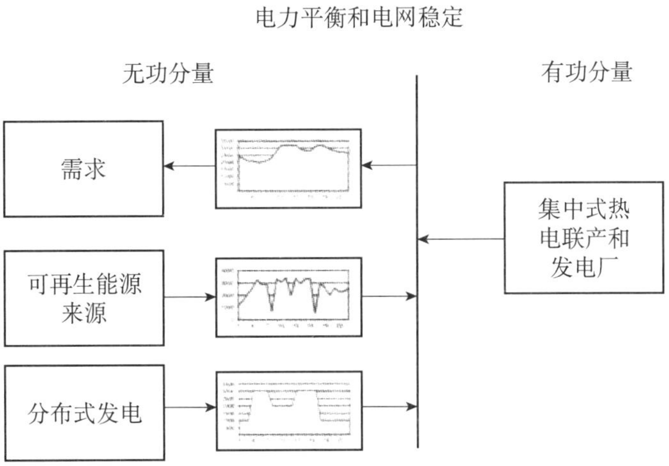

图 5.19　丹麦当前电力系统

小型热电联产机组可以用来平衡风电输出的波动。热电联产电站的储热设备是这种平衡能力的重要特征。由于过剩热能可以存储起来在未来使用，因此热电联产电站可以在任何需要平衡电网的时候增加电力生产，同时避免经济受损。

在丹麦现有的电力系统中，这两个任务主要由大型火电站承担。在有些国家，大型水电站也承担部分职责。分布式电力比例很低时，电网平衡的要求并不会受影响。然而，当其比例增加时，电网的平衡就会受到威胁。因此，现有的系统设计在融合热电联产和可再生能源方面存在着明确的承载限度。在图 5.19 中，小型和中型热电联产电站被描述为基于固定的三倍电价制度运营的分布式发电机组。

为了识别电力系统的承载限度和增加可再生能源及热电联产电力比例的解决方案，文章分析了三个潜在的未来系统，并将它们与现行系统进行了比较。图 5.20 将参照系统（系统 0）与三个潜在未来替代系统进行了比较。

系统 0（参照情景）具有以下特征：

• 分布式发电机组根据相应季节供热需求的波动以及在一周中固定的三倍电价制度运行。

• 可再生能源来源（如风电机组）根据风的波动运行。

• 包括大型热电联产在内的集中式电站不仅需要根据维持电力生产和需求的平衡，而且需要根据满足区域供暖需求的季节性波动运行。

• 维护频率和电压稳定的任务仅由大型集中式电站承担，这些电站的生产需要一直保持在电力总产量的 30% 以上；其生产总容量必须至少达到 350MW（以确保必要数量的机组处于运行状态）。

该系统就代表丹麦当前的能源系统。

系统 1（启用小型和中型热电联产电站）：该系统和参照系统均将所有热电联产

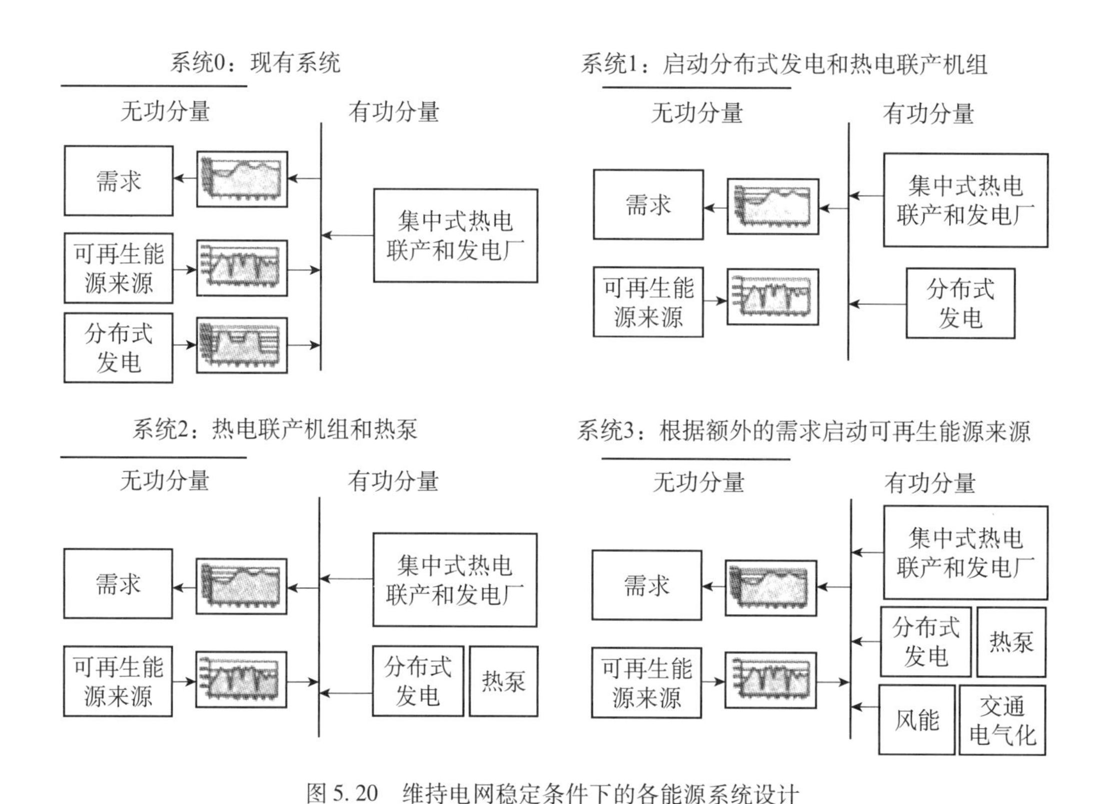

图 5.20　维持电网稳定条件下的各能源系统设计

电站的运行参与到维持电力和供热生产的平衡之中。如果电力生产超过需求，部分热电联产机组由锅炉替代。热存储设施用于将这种替代需要最小化。对该系统在两种情形下的状态进行了分析：在第一种情形（系统 1A）中，小型和中型热电联产电站不参与电网稳定任务；在第二种情形（系统 1B）中，它们参与该任务。

系统 2（增加热泵）：在系统 1 中，存在过剩电力生产时，热电联产机组由锅炉供热生产替代，会导致系统的燃料效率下降。系统 2 的目标是通过将热泵引入系统来抵消燃料消耗的增加。由于热泵能够在系统存在过剩生产时消耗电力，并且能够替代热电联产机组的供热生产，所以它们还增加了系统的柔性。因此，对系统在两种情形下的状态都进行了分析：在第一种情形（系统 2A）中，小型和中型热电联产电站不参与电网稳定任务；在第二种情形（系统 2B）中，它们参与该任务。

系统 3（纳入交通用电）：在系统 3 中，根据本章开头描述的情景，交通领域的电力消费纳入管理系统。重量小于 2t 的燃油汽车将逐渐被蓄电池和氢燃料汽车替代。到 2030 年，20.8TWh 的汽油消费将由 7.3TWh 的电力消费取代。根据国家的情况，文章选择了丹麦西部到 2020 年的情景进行分析。预计到 2020 年，这一地区 9.8TWh 的石油消费将由 3.2TWh 的电力消费取代。

Lund（2004）对参照情景和三个替代管理系统进行了分析，分析重点为在给定情景下风能输入发生变化时，它们平衡供需的能力。三个管理系统的结果见图 5.21

和图 5. 22。在系统 B 中，小型热电联产电站也参与维持电网稳定的任务，但在系统 A 中它们没有参与。在两张图中，分析结果都与参照情景（系统 0）进行了比较。在图 5. 21 和图 5. 22 中，管理能力通过过剩电力的生产量（风能输入的函数）展示出来。这两个数值都以电力需求百分比的方式给出。

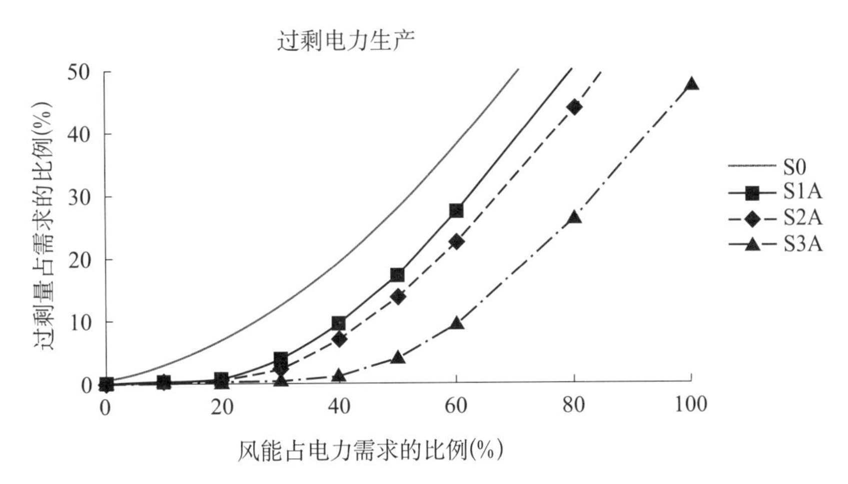

图 5. 21　小型热电联产机组不参与维持电网稳定任务时的过剩电力生产量（按百分比显示）

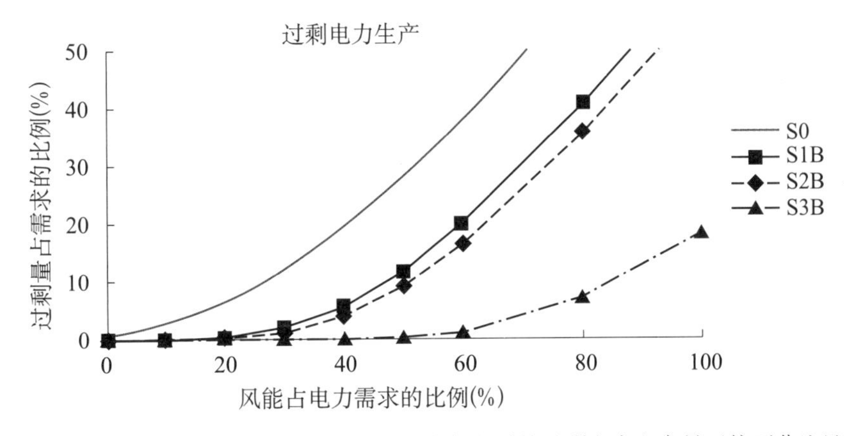

图 5. 22　小型热电联产机组参与维持电网稳定任务时的过剩电力生产量（按百分比显示）

这张图应以下列方式解读：在给定 40% 风能输入条件下，S0 曲线代表其对应的过剩电力生产量为 20%。因此，风能输入中只有一半可以被系统直接利用。对于同一输入值，S3 曲线（包括 S3A 和 S3B）显示出过剩电力生产量为 0。因此，如果推广这一管理系统，所有生产出的风能都可以被系统直接利用。

在丹麦西部的参照情景中，2000 年的风能输入为 20%。图 5. 21 和图 5. 22 展示出这样的风能输入比例仅带来了较低的过剩生产，当年的实际情况也正是如此。同时，过剩生产问题可以通过将小型和中型热电联产机组纳入到电力供需平衡任务中而轻易解决。在丹麦，从 2004 年开始执行这一措施，而且确实显著缓解了这个问题。在参照情景中，风能的输入预计到2005年增加到25%，到2010年增加到35%。因此，应考虑将热电联产机组纳入到电网稳定任务中并对热泵进行投资等进一步的措施。到2020年，风能的比例在参照情景中会增加到接近50%。这时，如果需避免过剩电力生产，应考虑交通领域电气化事宜。2004年，丹麦的风能实施速度放缓，但实施的实际进度与计划之间的差距并没有明显拉大。因此，风能在2012年的占比是近30%，计划到2020年增加到近50%。

5.7 地区性能源市场[①]

本节以Lund和Münster（2006a）的文章《综合能源体系和地区能源市场》为基础，这篇文章采用了《地区能源市场》（Lund等，2004）和《MOSAIK》（φstergaard等，2004）的观点。这篇文章进一步对弹性能源技术进行了经济可行性研究。该分析还包括了对北欧电力市场的建模。以本章前几部分的技术分析为基础，这一分析专注于丹麦在融入可再生能源时如何从国际电力交易中获益。

这篇文章的结论是，丹麦可以通过增加能源系统的柔性实现巨大的收益。一方面，柔性能源系统可实现与邻国交易电力获得收益的可行性；另一方面，丹麦也有可能在未来更好地利用风电和其他类型的可再生能源。这篇文章分析了增加丹麦能源系统柔性的不同方式，使用了本章前几部分介绍的柔性技术。将这些策略与其反面极端情形（通过在国际电力市场用电力交易的方式解决所有的均衡问题）进行了比较。该分析得出的结论是，丹麦社会可以用热电联产电站平衡风能的波动性。此外，给小型和大型热电联产电站加装热泵可以产生很大的优势。通过这种方式，在将风能的比例从现在的20%增加到40%的同时，可以避免产生本章前几部分所述的电力消费和生产平衡问题。这样的投资对丹麦社会具有经济可行性，还可以提升大规模风能生产的可行性。

该文章描述了EnergyPLAN模型模拟北欧电力现货市场的情况，以及开展风能融入不同的能源系统的可行性研究需要使用的数据。如图5.23所示，这个模型以北欧电力市场价格典型历史波动特征为依据。

根据这些价格的变动，模型包括了一个价格弹性函数，它可以评估根据北欧电力现货市场价格进行电力出口和进口产生的影响。出口包括热电联产和风能生产的过剩电力，而进口的则主要是挪威和瑞典生产的水电。这个模型还包括了CO_2排放交易市场可能产生的影响。不仅如此，这个模型还包括挪威和瑞典的水库水位在不同年份存在的“涝”、“干旱”以及“正常”状态的组合。该分析以七年为一个循环统计周

① 《能源政策》节选，34/10，Henrik Lund & Ebbe Münster，《综合能源体系和地区能源市场》，pp. 1152－1160（2006），已获得Elsevier许可。

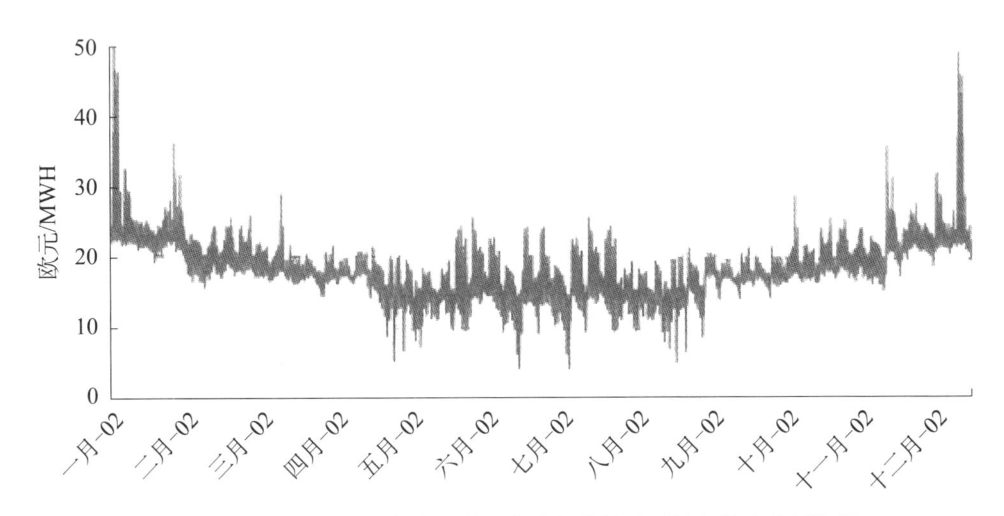

图 5.23 以北欧电力市场典型的现货市场价格波动情况作为分析依据

期，同时包括七年周期的一个平均值。模拟的过程以及分析数据见文章内容。

上述模型用来分析柔性能源系统融合可再生能源的能力以及融合的结果。分析的主要目的是识别增加能源系统柔性以及由此带来的融合和利用更多风能的能力所需的系统变革。EnergyPLAN 模型用于计算丹麦西部能源供应的年度成本，包括在北欧电力市场的电力交易和在柔性方面的投资成本（如有）。风能输入按照 0～25TWh（等于丹麦西部电力需求的 100%）的年度发电量范围进行分析。

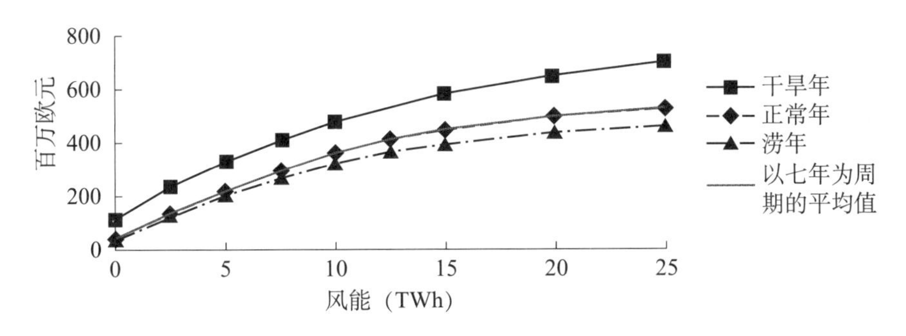

图 5.24 北欧电力市场交易风能的年收入（包括 CO_2 排放支出）

首先，对没有柔性投资的参照能源系统进行风能价值计算；然后再把各种不同的柔性投资纳入到系统之中，再对风能的价值加以评估。在图 5.24 中，计算了三个不同年份（涝年、正常年和干旱年）的风能年收入（包括 CO_2 排放支出）。图中也展示了七年周期的平均值。假设该系统希望将北欧电力市场交易最大化，结果显示的是丹麦社会在不同年度风能产量下的净收益。与系统中没有风能也不进行“交易”的情况进行对比时，净收益显示为额外收益，即以少量进口/出口的方式运行系统。图 5.24 中不包括投资成本。该图显示市场交易与风能相结合有利于丹麦社会的能源供应，但风能的边际扩张带来的净收益会随着风能年产量的增加而减少。

图 5.25 上图显示了七年期的均值曲线（20 年使用寿命，5% 的净利息率），包括风能投资成本。最优水平的风能投资对应曲线的最大值。该点的位置在图 5.25 下图中得到了很好的展示。该图将边际净收益（不包括投资）与包括了风能扩张投资的边际生产成本进行了比较。图 5.25 假设国际 CO_2 价格为 13 欧元/t，风能生产成本为 29 欧元/MWh。

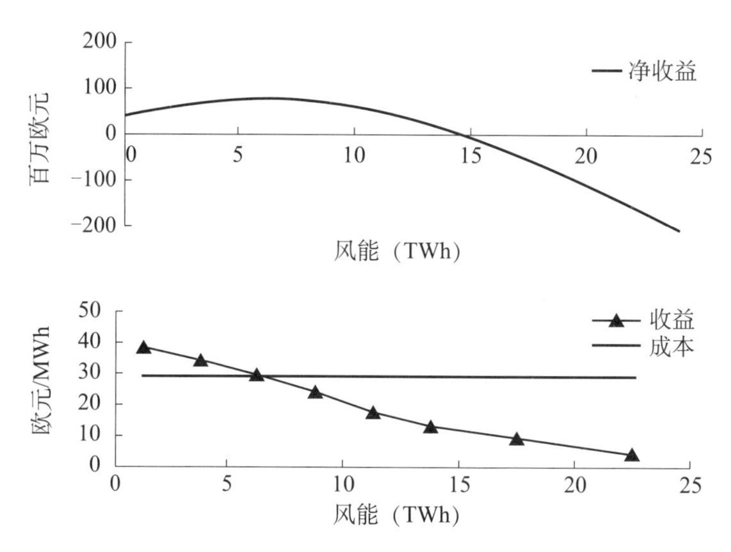

图 5.25　风能每年的净收益（上图）和边际成本收益（下图）

文章分析了在这样一个系统中对大型蒸汽式电站进行投资的可行性。分析结论认为增加交易收益的可能性非常有限，并且额外收入远不足以偿付投资成本。在参照能源系统中，风能的价值随着风能投资的增加而迅速降低。投资获得的边际收益将迅速下降到安装新风能装机的边际成本之下，考虑到 13 欧元/t 的 CO_2 排放成本也是如此。这种快速下降反映了当参照能源系统没有对具有波动性的可再生能源融入电网进行管理时，这种融入带来的问题。因此，研究分析了以下替代系统，这些系统在接纳风能时进行了旨在改进系统柔性的小规模额外投资：

- regCHP：存在过剩生产，并且北欧电力市场的电价水平很低时，热电联产的生产由锅炉替代。
- regCHP + HP：在 regCHP 的基础上增加 350MWe 的热泵容量，将其与热存储容量相结合。当北欧电力市场处于低电价时，将在经济可行的条件下替代锅炉。

图 5.26 显示了分析结果，包括风能和热泵投资。柔性能源系统的投资看似非常有利可图，其中包括热泵的替代方案明显增加了丹麦能源供应的净收入。结果，当风能产量为 5TWh/年时，年度净收益（在偿还投资成本之后）每年大约增加了 500 万欧元；风能生产为 15TWh/年时，年度净收益每年增加额超过 800 万欧元。应将该收益增加与将热泵添加到系统中产生的每年约 1600 万欧元（包括资本成本）进行比较。

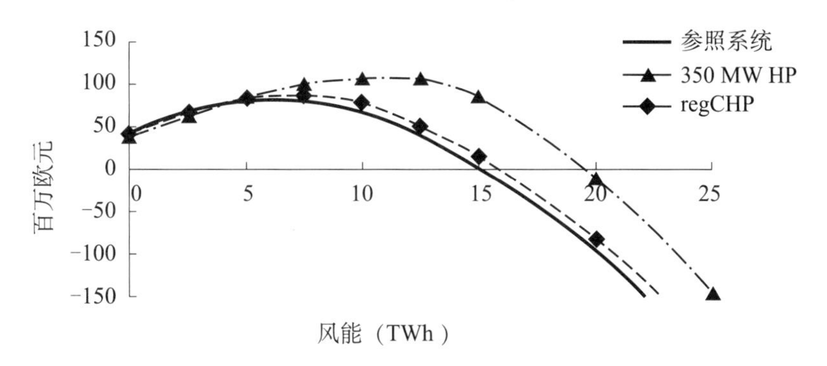

图 5.26　与参照情形对比的两个柔性能源系统电力交易年度净收益。小型热电联产电站的管理和 350MWe 热泵装机容量（350MWHP）的投资会增加风能生产的年度收益

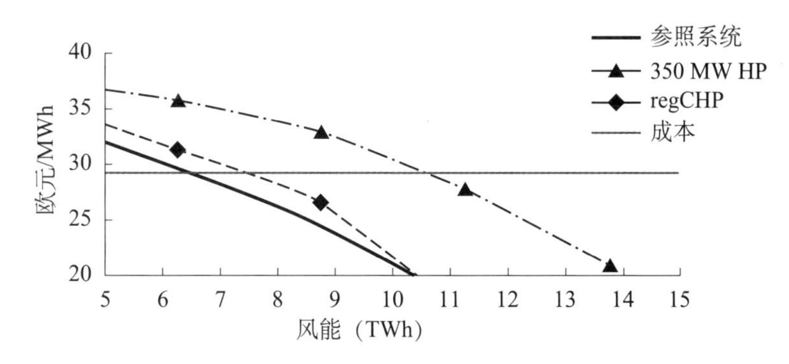

图 5.27　风能在柔性和非柔性能源系统中的可行性。在柔性能源系统中增加风能的净收益高于参照系统。边际净收益无法再超过边际成本的最优状态从 6TWh/年变为超过 10TWh/年

如图所示，风能生产超过需求约 20% 时，在柔性措施上进行投资（比如给能源系统增加热泵）是可行的。此类投资可以影响风能的可行性（见图 5.27），这一点可以与图 5.25 下图进行比照，并找出在优化北欧电力市场交易，并包括出售 CO_2 排放指标利润条件下的最优风能投资水平。图 5.27 显示，两个柔性能源系统的最优风能投资水平高于参照情景的最优风能投资水平。

在新增风能装机容量的单位成本为 29 欧元/MWh，CO_2 指标价格为 13 欧元/t 的情况下，参照系统的最优投资量为 6～7TWh，相当于需求的 25%。如果将热电联产纳入管理（regCHP），最优水平可达 30%；如果纳入热泵，则最优水平可超过 40%。

此外，作者还对上述可行性研究进行了一个综合敏感性分析，该分析包括了以下指标：

- 热泵的投资成本增加 50%；
- CO_2 指标价格的变化（0～33 欧元/t）；
- 风能生产成本的变化（23～37 欧元/MWh）；

- 燃料成本的变化；
- 北欧电力市场 CO_2边际减排量的变化；
- CO_2减排对北欧电力现货价格影响的变化；
- 北欧电力的平均期货价格从 32～40 欧元/MWh 的变化；
- 德国进口/出口的变化；
- 北欧电力价格波动范围的变化（价格的更大波动）。

从这个敏感性分析中可以看出，新风能投资的可行性研究对 CO_2指标的价格和风能的生产成本非常敏感，图 5.28 的参照系统也说明了这一点。

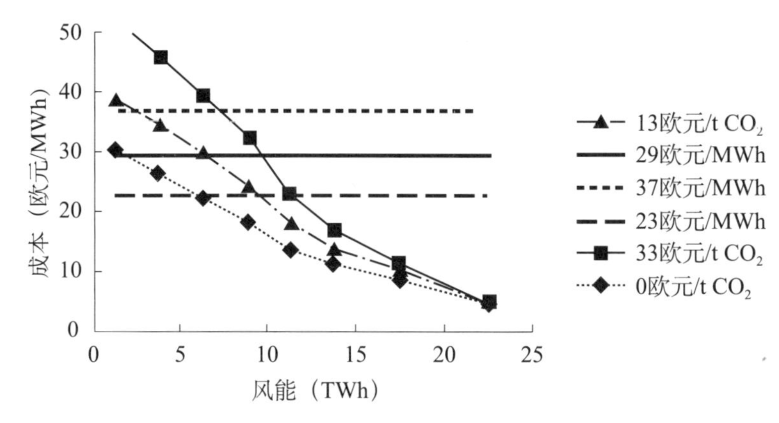

图 5.28　敏感性分析。风能在柔性和非柔性能源系统中的可行性主要取决于 CO_2的排放成本和风能的投资成本

柔性能源系统存在类似影响。然而，这些系统的可行性比通常状态要好。两个因素已被证明不受假设中的各种变化的影响：风能超过年度电力生产的 20% 时，投资柔性能源系统（如热泵）的高度可行性，以及柔性能源系统也提高风能的可行性这个事实。

5.8　交通系统的融合[①]

本书以 Lund 和 Münster（2006b）编写的《综合交通系统和能源领域的 CO_2排放控制战略》为基础，这篇文章在分析丹麦能源系统时将交通和能源领域进行综合的互利局面进行了量化陈述。这个问题与可再生能源的大规模融合具有非常强的关联性。简单来说，能源行业可以帮助交通行业用可再生能源和热电联产替代石油，而交通行业可以帮助能源系统融入更高比例的间歇性可再生能源和热电联产。

本处使用的参照系统仍然是 2020 年的丹麦西部系统。为了研究交通系统部分电

① 摘自《交通政策》，13/5，Henrik Lund & Ebbe Münster，《综合交通系统和能源领域的 CO_2 排放控制战略》，pp. 426－433（2006），已获得 Elsevier 许可。

气化对现有电力系统的影响，我们为2020年确定了两个方案。一个方案已经在前面几节进行了分析：电动汽车和氢燃料电池汽车的技术性能，尤其是里程，在未来几十年将逐渐提高，使它们能够替代相当一部分燃油小轿车和载重低于2t的运输车的交通任务。本研究未将使用甲醇等合成燃料的燃料电池汽车包括在内，因为它们的效率总体偏低。

图5.29所示方案仅与丹麦西部相关。该情景假设，截至2020年，27%的内燃机轿车和小货车将被电动汽车替代，而14%的内燃机轿车和小货车将被氢燃料电池汽车替代。假定汽车的电池足够大，使24h的电力消费处于平稳状态（夜间充电），而电解槽和汽车的储氢能力可以满足四个星期的电力消费需求。电解槽的尺寸设计为每年可运行约4000h。电解槽产生的热能没有纳入模型。如果将电解槽置于热电联产电站附近，系统需增加电力消费期限，电解槽产生的热能将有助于实现电网平衡。如果将生产的热能用于区域供热系统，热电联产电站可以降低热能和电能的生产。然而，本研究并未考虑这种效果。

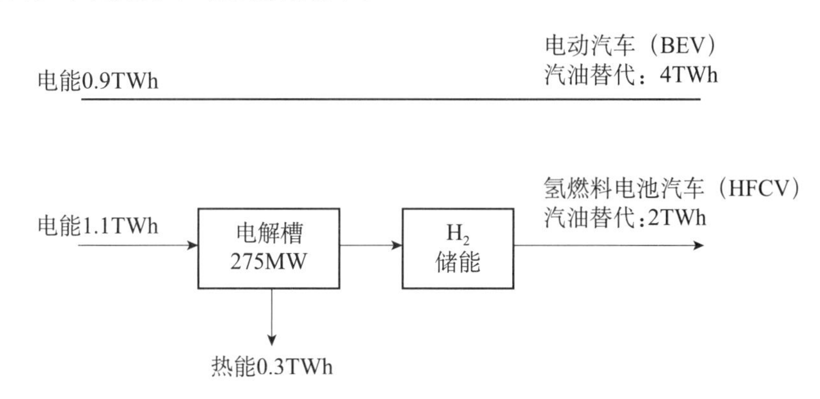

图5.29　交通情景1：电动汽车（BEV）和氢燃料电池汽车（HFCV）的组合

图5.30显示了一个内燃机汽车使用液态燃料（生物燃料和合成燃料）的替代情景。这个情景是基于丹麦电力公司ELSAM（现在叫做DONG能源）的REtrol－vision模型[①]（ELSAM2005）。它被调整到与情景1提供同样的汽油替代。这个情景的总体效率更低，但它不能直接被用来与情景1相比，因为它包括了内燃机汽车的使用，这些汽车或者是标准汽车（在汽油中混有低比例的乙醇或甲醇），或者是经过轻微改装的汽车（混合比例更高）。因此，包括了汽车改装在内的整个系统的成本就低得多。在这种情况下，没有考虑汽车的内燃机产生的热能，因此发热均衡是负的。系统消耗的热能来自凝汽式发电厂的废热。这种情景的一个重要价值是，乙醇发酵产生的碳为甲醇的生产提供了原料。通过这种方式，包括汽车在内的整个系统

① 译自丹麦语VEnzin。

可以认为是碳中性的。除了乙醇之外，发酵还产生一种固体生物燃料。这种燃料提取自生物质原料。在情景1中，认为电解槽对电力的消费是柔性的，因此能够以四周为基础形成稳定状态。

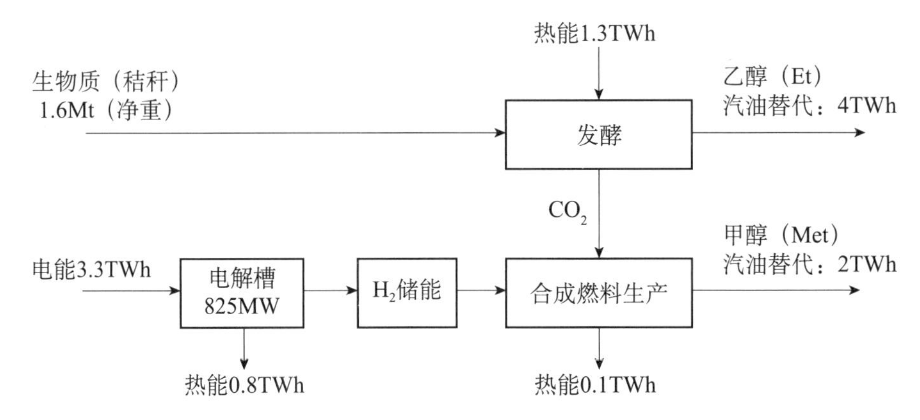

图5.30　交通情景2：在内燃机汽车中使用乙醇和甲醇

在这篇文章中，各替代方案首先在一个过剩电力生产图中进行比较，见图5.31。“参照系统”曲线展示了应用前几节描述的管理方法的参照情景，到2020年，丹麦西部生产的绝大部分风能都需要出口。25TWh的风能发电量相当于丹麦西部100%的电力需求。如果在热电联产电站建设350MW的热泵，并且使用替代管理方法（HP350MW），情况会得到大幅改进。

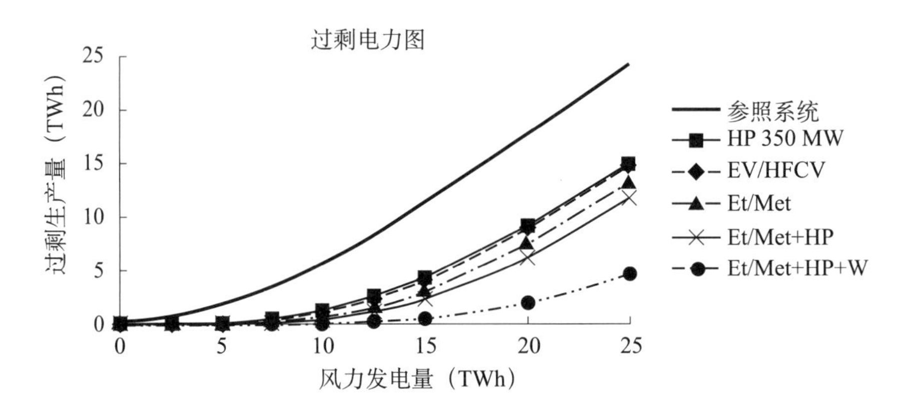

图5.31　考虑或不考虑热泵（HP）的两个交通情景（EV/HFCV和Et/Met）以及参照系统的过剩电力图

如果引入交通情景1（EV/HFCV），它或多或少会产生同样的效果。交通情景2（Et/Met）产生的影响更大，因为它使用的电力更多。热泵和情景2的结合只能起到很微小的改善作用，因为电站在发挥稳定作用时需要的最小比例给管理调整造成了限制。

如果在50%的风电机组中装载高压半导体调节装置，以使它们能够参与相位和频率调节，就可以缓解这种束缚，因此情况也能得到大幅改善（Et/Met + HP + W）。

这种装置现在已经在市场上存在，而且对于海上安装的大型风电机组具有经济可行性。这对风电机组与电解槽的结合尤其相关，因为当组合的两部分都处于启动状态时，它们可以实现向上和向下的双向调节（ϕstergaard 等，2004）。我们的分析没有计算将所有汽车进行改装带来的经济影响，但对整个能源系统转变给经济带来的正面影响进行了评估。

图 5.32 展示了替代方案对风能可行性的影响以及在系统中引入更多风能的边际收益。在这个图中，风电生产的最优比例随着系统柔性的增加而增加。假设引入热泵和交通电气化后，最优风电生产量从参照系统的现行状态移动到需求的 40% 甚至 50%。情景 2（Et/Met + HP）拥有最高的最优状态值，因为它比情景 1（EV/HFCV + HP）使用的电力更多。

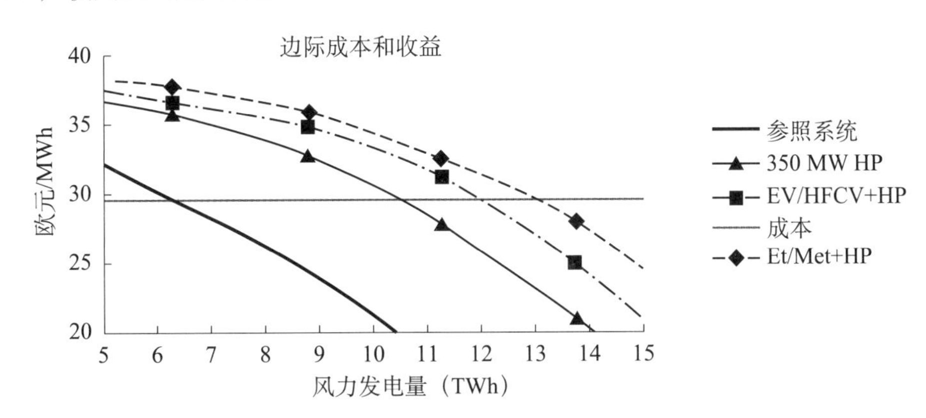

图 5.32 丹麦西部 2020 年的风能边际成本和收益。如果推广两个交通情景中的任意一个，增加风能的净收益均将高于参照情景。风能边际净收益小于或等于边际成本的最优状态将从约 6TWh/年增加到 10 ~ 14TWh/年

因此，我们可以发现交通电气化是如何提升丹麦西部的风电机组优化数量的。为热电联产配套建设 350MWe 热泵，可以促使 2020 年的最优比例从 25% 增加到约 40%，交通系统电气化可以进一步将最优比例提升到 50% 左右。

本文包括了 CO_2 平衡的计算，结果显示这两个情景可以为丹麦西部带来每年约 100 万吨的 CO_2 减排。如果考虑通过出口电力给邻国实现间接减排，上述增加风机数量的模式可以实现更大的减排（大约 200 万吨）。

5.9 电动汽车和电动汽车入网技术[①]

本节由 Willet Kempton 供稿。

---

① 摘自《能源政策》，36/9，Henrik Lund & Willett Kempton，《通过电动汽车入网技术将可再生能源融入交通和电力领域》，pp. 3578 – 3587（2008），已获得 Elsevier 许可。

本节以 Lund 和 Kempton（2008）所写的《通过电动汽车入网技术将可再生能源融入交通和电力领域》为基础。该文章在前文关于交通系统分析的基础上引入了电动汽车入网技术（车辆到电网），即电动汽车不使用时，将车载电池的电能供应给电网系统。插电式电动汽车（EV）可以降低或消除汽车对石油的需求。将电动汽车入网技术应用于电动汽车可以提供储电能力，使发电和用电的时间统一起来。

这篇文章选择了两个国家能源参照系统：对丹麦西部 2020 年能源系统的预测和一个包括整个丹麦的联合系统。在本章前面几节中使用的预测只包括了对能源系统的分析。为了对能源系统进行更为综合的分析，接下来的分析在前文的丹麦政府能源规划“能源 21”的基础上增加了能源行业和交通行业的数据。

丹麦的参照情景中热电联产的比例很高，与大多数国家的状态不同。因此，通过锅炉区域供热、凝汽式发电厂供电替代丹麦系统中所有的热电联产，定义了一个不包括热电联产的参照情景。为了便于比较，第二个国家参照系统的设定与丹麦能源系统的规模相同。交通需求模拟以丹麦从 2001 年以来的统计数据为基础，系统包括 190 万辆内燃机汽车，平均每年行驶 20000km，总共消耗 27 亿升汽油，相当于 25. 5TWh/年。将内燃机汽车保有量参照方案（Reference Combustion Vehicle Fleet, REF）与四个电动汽车替代方案进行了比较：

- BEV：电池电动汽车，夜间充电；
- InBEV：智能电池电动汽车；
- V2G：能实现车辆到电网供电模式的汽车；
- V2G +：电池容量比通常情况大三倍的电动汽车入网技术汽车。

除了内燃机汽车，所有这四个方案中的汽车都叫做电动汽车（EV）。除了 V2G +（见下文）之外，假定所有电动汽车具有 30kWh 的电池容量和 10kW 的电网连接能力。电动汽车的效率为 6km/kWh，每年运行 20000km 需要消耗 3333kWh 能量。根据这些统计和假设，我们确定了参照情景和三个替代汽车保有量情景（见表 5. 3）。

表 5. 3　交通参照情景和三个替代方案的输入参数

	REF 参照系统	BEV 夜间充电	InBEV 智能充电	电动汽车入网技术
车辆数量（百万）	1. 9	1. 9	1. 9	1. 9
平均里程（km/年）	20000	20000	20000	20000
汽车效率	14km/L	6km/kWh	6km/kWh	6km/kWh
汽油消耗	25. 5TWh/年	—	—	—
电力消耗（TWh/年）	—	6. 33	6. 33	6. 33
充电容量（GW）	—	19	19	19
电池存储（GWh）	—	57	57	57
放电容量（GW）	—	0	0	19

夜间充电的电动汽车（BEV）假定在夜间充电，从下午 4 点开始充电，直到电池充满。而 InBEV 和电动汽车入网技术是根据电网的信号充电，这一点在 Lund 和 Kempton 的文章里有详细描述。InBEV 在存在过剩电力时多充电，电动汽车入网技术也是如此，但它在发电站、风电机组或运行中的热电联产电厂发电量低的时候可以给电网供电。交通系统的全国总需求来自于美国各时间段的驾驶数据。

根据在丹麦国家能源系统中风力发电量 0 ~ 45TWh/年的波动范围，本文计算了电动汽车和电动汽车入网技术对热电联产和非热电联产系统的影响。45TWh 的年度风力发电量相当于丹麦 2020 年预计国家电力需求总量（包括电动汽车），相当于 5. 2GW 的平均电力输出。图 5. 33—5. 36 为对整个能源系统的模拟结果。

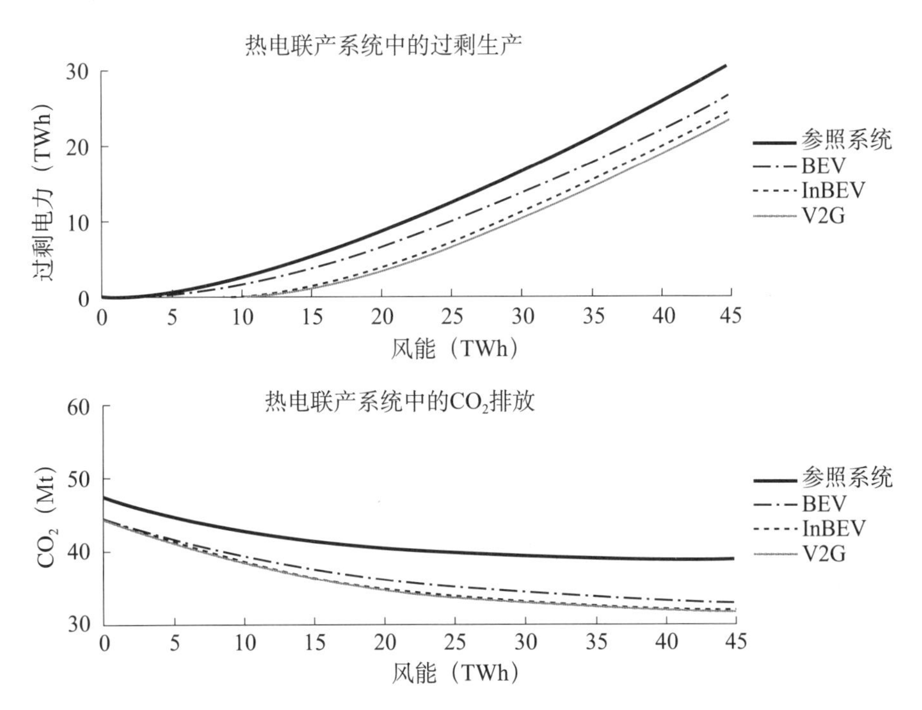

图 5. 33　热电联产系统随着风力发电量增加的年度过剩电力生产（上图）和 CO_2 排放（下图）

图 5. 33 的上图是热电联产系统的过剩电力生产图。随着风能的产量增长超过 5TWh，电力的过剩生产量增加。沿着参照系统情景的粗线，当风能比例为 10%（约 5TWh）时，存在少量过剩；但当风能比例为 50%（22. 5TWh）时，相当一部分（约 50%）的风能是过剩电力。其他曲线显示过剩电力可以被电动汽车夜间充电、电动汽车智能充电和电动汽车入网逐步抵消。总之，过剩电力在一定程度上由于汽车作为载荷引入后而降低，汽车增加的电力消耗约为 41 ~ 47TWh/年。此外，对保有汽车的任何改进都会逐步降低过剩电力，而由此产生的累积削减量相当惊人。例如，在风能占 50% 的情景中，从参照的内燃机汽车转变为电动汽车入网技术可以降低 50% 的过剩电力产量。

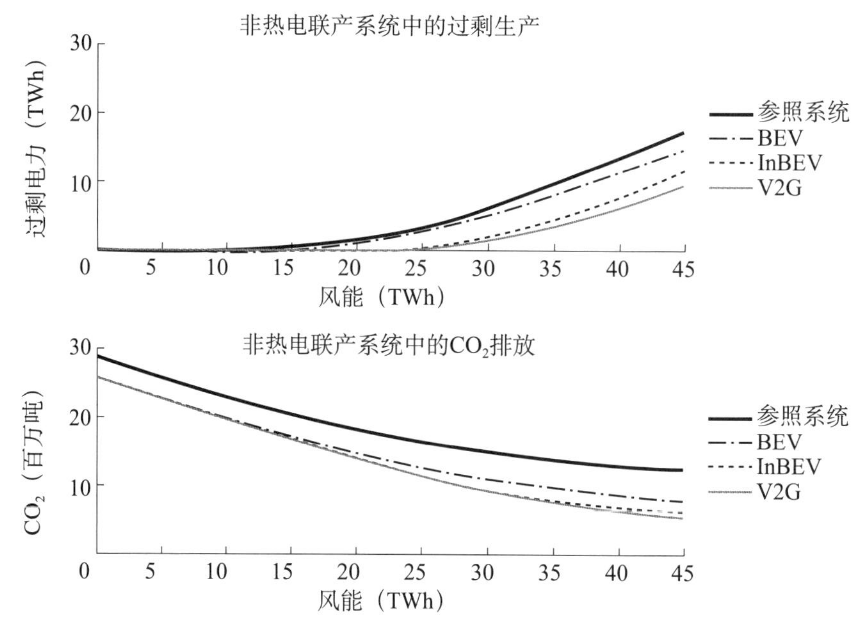

图 5.34　非热电联产系统，随着风力发电量增加的年度过剩电力生产图（上图）和 CO_2 排放图（下图）

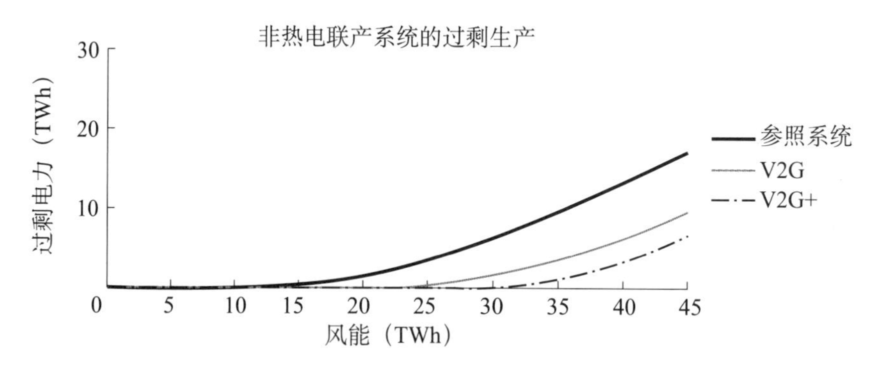

图 5.35　电动汽车入网技术和具有三倍电池存储能力的 V2G + 系统分别对非热电联产系统中的年度过剩电力生产的影响曲线

夜间充电的电动汽车可以大幅降低过剩电力产量和 CO_2 排放（见图 5.33 下图）。从电动汽车夜间充电的曲线到 InBEV 的智能充电和电动汽车入网技术实现的增量效益很小。这些结果表明，电动汽车从风能中吸收过剩电力的能力与它们将大量电力在需要时还给电网的能力同样重要。然而，通过电动汽车入网技术实现的小幅额外降低也是基于模型此时的假设。“夜间充电”的实现比现有的插电式汽车更为智能，因为模型假设电动汽车只在夜间充电。并且，从使用智能充电转向电动汽车入网技术实现的增量收益很小，这在一定程度上也是因为该研究没有考虑电动汽车入网技术的电网调控协助能力。

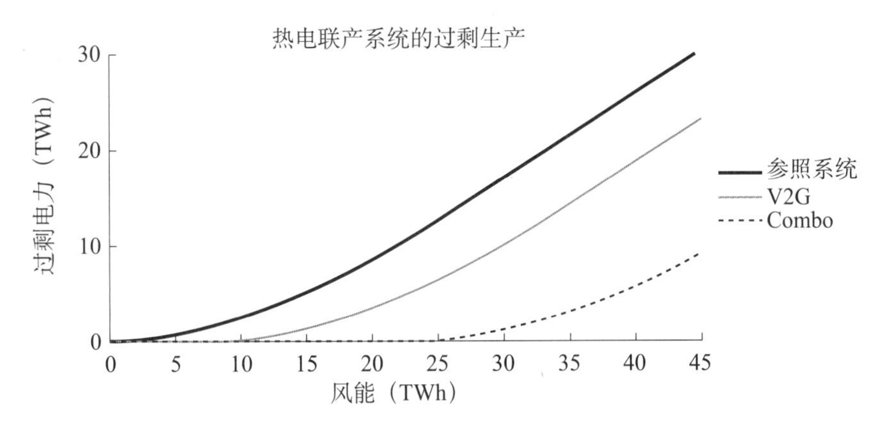

图 5.36　电动汽车入网技术与采用入网电动汽车和主动管理的热电联产电站综合系统（包括热泵和热存储）对热电联产系统的年度过剩电力生产的影响对比曲线图

图 5.33 下图显示了热电联产系统中的 CO_2 排放情况。实心粗线代表内燃机汽车的参照系统，它显示在没有电动汽车的情况下，增加风能生产会降低 CO_2 排放。然而，CO_2减排的斜率在风能生产达到 10 ~ 15TWh 时开始呈平稳状态，并且在风能生产达到 75%（33TWh）左右时几乎开始呈水平状态。同时，电动汽车夜间充电和其他的智能充电以及电动汽车入网技术会大幅削减 CO_2 排放。

图 5.33 下图的最左侧（风电产量为 0TWh 时）展示了用电动汽车替代汽油动力车给 CO_2 排放带来的影响。在风能产量为零的位置是汽油替代实现的 CO_2 减排量。当风能产量为零时，即便发电站使用的是化石燃料，CO_2 排放仍可实现大幅削减，这是因为电动汽车的效率要好得多（电动汽车用 3333kWh 的电能替代 13000kWh 的汽油）。随着风能的增加，在参照系统和电动汽车入网技术之间的这种关系越来越重要。随着风电产能的增多，电动汽车给 CO_2减排带来的效益也在增加。

图 5.33 的右侧展示了风电产能为 45TWh/年时，从参照系统转向电动汽车入网技术的价值。这个值几乎是左侧风能产量为零时的两倍，这意味着通过完全消除动力燃料带来的 CO_2 直接减排量要小于使用电动汽车和电动汽车入网技术降低的排放量。

图 5.34 为非热电联产系统的结果，它代表了一个典型的工业化国家的系统，由独立的设施供热（区域供热），而不是热电联产电站。热电联产效率更高，这意味着当风能为零时，热电联产系统的 CO_2 排放要小得多。所有风电产量都会存在这种效果。另一方面，过剩电力生产在热电联产系统中出现得更早，在风电产量达到 5TWh（交通系统为内燃机汽车）之前就会出现剩余电力；当风电产量达到很高水平时，过剩电力也会明显相应增高。这是因为热电联产的电力生产加剧了风能的过剩电力生产。

在非热电联产系统中，引入电动汽车会产生更大的效果。使用电动汽车入网技术时，如果风电占比很高，例如，占比达到3/4的电力生产（34TWh），热电联产系统中会有12TWh的过剩电力，而非热电联产系统中只有4TWh的过剩电力。任何类型电动汽车的引入在风能比例很高时，都会导致过剩电力和CO_2排放同时下降。然而，这种影响并不会完全消除过剩电力或CO_2排放。向右逐渐变缓的曲线表示电动汽车的有利影响随着风电比例的增加而减少。

一个重要的因素是电池存储能力的局限。图5.35对常规存储能力（即90kWh/车或171GWh总量）的入网电动汽车和具有三倍常规存储能力的入网电动汽车（本处称为V2G+）产生的影响进行了比较。一辆90kWh的汽车比较合理，其里程可达到540km，能够更彻底地替代一辆液态燃料或插电式混合动力汽车。（然而，由于电池的成本和重量，现在还无法实现，但技术发展非常迅速。）如图5.35所示，这种存储能力的增加明显降低了过剩电力生产（以及CO_2排放，本图未显示该内容）。

热电联产电站未包括在风电的管理范围中，并且小型热电联产电站不参与电网稳定性管理。为了研究纳入热电联产电站的效果，作者对替代情景进行了相同的分析，在替代情景中热电联产电站参与管理，并且将热泵和热存储能力纳入到了系统中。如前几节所示，热泵和热存储以及热电联产的结合被证明具有较高的风电融合能力。因此，此类投资降低了总体过剩电力生产和CO_2排放。图5.36展示了电动汽车入网技术和参与主动管理的热电联产电站以及热泵和热存储能力的结合（称为“综合方案”）如何大幅降低过剩电力生产（包括风电占比很高的情况）。

所有分析都显示，夜间充电的电动汽车和电动汽车入网技术可以提高国家能源系统的效率，降低CO_2排放并提高系统大规模融入风电的能力。此外，电动汽车入网技术可以与热泵以及热电联产电站的主动管理等措施结合起来，从而共同形成一个将风电大规模融入可再生能源系统的连贯解决方案。

对国家能源模型首次应用在电动汽车入网技术上的假设比较保守，它们可能低估了电动汽车入网技术的价值。首先，入网电动汽车与简单的电动汽车相比的最重要的优势是它完全替代电站的电网管理，并因此具有稳定电网（包括电压和频率）的潜力。但该分析并未包括该效益。但是，Pillai和Bak-Jensen（2011）在CEESA研究（见第七章）中明确展示了入网电动汽车对电网稳定性的作用。其次，我们的分析假定入网电动汽车控制器与驾驶员的行驶安排不相关，因此电池应在每天早上都充满电。在这种情况下，更多的发电站将会在夜间运行，过剩电力产量较低，而白天可以用来接收电力的电池容量很少。在未来的模型和分析中，很可能需要改进这些假设。

5.10　电力存储方案[①]

本节以 Lund 和 Salgi（2009）编写的《未来可持续能源系统中的压缩空气储能》为基础，将压缩空气储能技术作为在能源系统中引入电力存储技术的一个例子，提高可再生能源的大规模融入水平。此外，这篇文章还对相关电力存储方式进行了比较研究。

这项研究的主要目的是探讨使用载荷水平提高风能融入区域或全国能源系统的水平时，压缩空气储能电站的可行性。这项分析将压缩空气储能站与其他技术进行了比较。因此，该分析在本质上取决于研究的能源系统，尤其是风能以及其他对系统造成限制或约束的生产机组（如分布式热电联产机组）所占的比例。评估开始时效仿丹麦能源署将丹麦当前的能源系统向 2030 年的“正常商业情景”进行了延伸。通过 EnergyPLAN 模型对该系统进行了分析，代入了不同的风能比例，得出的过剩电力生产量差别较大。

首先，将一个无限大的压缩空气储能电站添加到系统中。分析显示，风能比例达到 59%（风能产量和电力需求的比值）时，无限大的压缩空气储能电站可以消除全部过剩电力生产，并使用所有存储的能源替代所有非热电联产电站的电力生产。风能比例超过 59% 时，非热电联产电站生产的电力无法被风电替代，即使无限大的压缩空气储能电站也不能用掉所有过剩电力。而当风能的比例低于 59% 时，无限大的压缩空气储能电站可以替代所有的非热电联产电站的电力生产。这时，过剩电力的缺乏将为储能设定上限。换句话说，在风能比例较低的系统中，过剩电力的不足将给储能造成限制；而在风能比例很高的系统中，非热电联产电站的电力生产的不足将给压缩空气储能电站的充分利用造成限制。在丹麦 2030 年预期系统中，风能比例达到 59% 时，可实现压缩空气储能的最优利用。

下列分析使用 360MW 电站替代了无限大的压缩空气储能电站，然后在风能比例为 59% 的最优情形中进行了分析。分析结果显示具体电站的有限容量大幅降低了压缩空气储能电站的影响。其原因见图 5. 37。

图 5. 37 显示，为了降低过剩电力和电站电力生产，用 EnergyPLAN 模型模拟过剩电力（右侧）和电站电力生产（左侧）的情况，并且将它们与相应的涡轮机及压缩机的年度电力消耗和生产进行了比较。如图所示，压缩空气储能的影响非常微弱。过剩电力生产性能比压缩机生产性能要高得多，因此，绝大部分的过剩电力无法被压缩机吸收。电力生产和涡轮机产能之间也存在类似问题。此外，存储容量也造成

---

① 摘自《能源转换和管理》，50/5，Henrik Lund & Georges Salgi，《未来可持续能源系统中的压缩空气储能》，pp. 1172 – 1179（2009），已经获得 Elsevier 的许可。

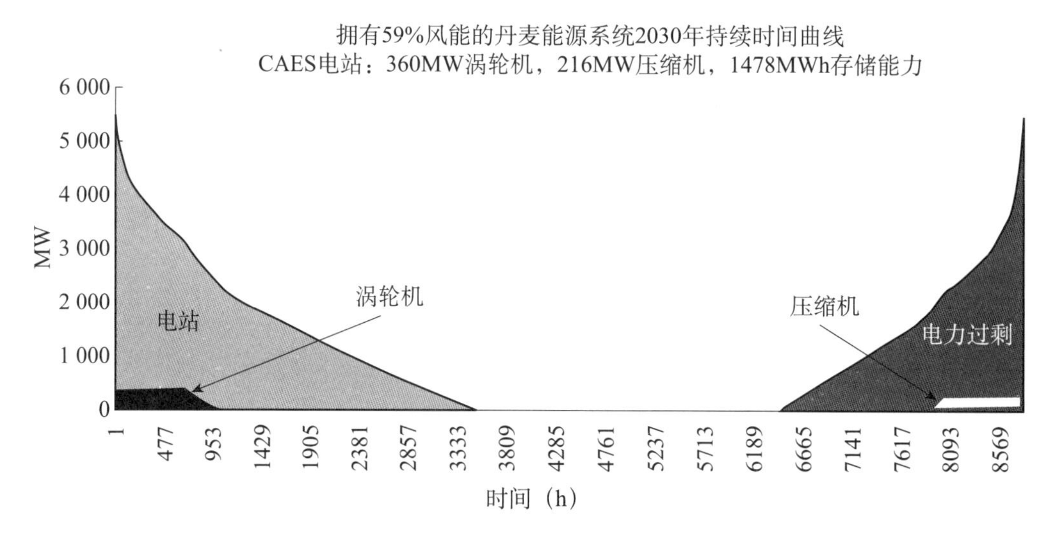

图 5.37　电站电力生产和过剩电力的持续时间曲线（与压缩空气储能涡轮机、压缩机的贡献对比）

了限制，可以通过对一个存储容量无限大的压缩空气储能电站进行同样分析而得出。然而，即便在这样的情况下，压缩空气储能的影响仍然非常微弱。

压缩空气储能以及其他电力存储技术只能产生微弱影响的原因主要是可再生能源系统的波动性本质，理解这一点很重要。如图 5.37 所示，这种特征决定了可再生能源系统在短短的几个小时中产生相对高的电力输出。因此需要较高的压缩机和涡轮机产能，需要的投资也相对很高，但却只能在几个小时内得到利用。此外，大量的能源与能源需要存储的时间区间相结合也需要一个巨大的存储容量，但使用机会也非常少。

然而，压缩空气储能对利用过剩电力的影响非常微弱，压缩空气储能电站本身具有经济可行性。这种可行性可以通过识别在系统中所节约燃料的价值进行评估。图 5.38 显示了以压缩空气储能电站的年度净运营收入形式呈现的评估结果。这种净收入以可变运营和过剩电力成本的价值与系统中节省的燃料和可变运营成本之间的差额反映出来。分析中使用了三个燃料价格，即图中所示的 40 美元/桶、68 美元/桶和 96 美元/桶的石油价格。

如果生产的过剩电力不用在压缩空气储能系统中，可以将它们在北欧电力市场出售，作为一个替代方案。我们分析了三套不同的销售价格：0 欧元/MWh、13 欧元/MWh 和 27 欧元/MWh（见图 5.38）。

图 5.38 将年度净运营收入与 1400 万欧元/年的投资和固定运营成本进行了比较。如图所示，燃料价格变化影响较小，由于压缩空气储能电站燃烧天然气，电站的燃料节约被压缩空气储能电站的燃料成本抵消了。过剩电力的价格是重要因素。然而，即使生产的过剩电力免费销售，年度净收入也远远低于年度投资和固定运营成本。

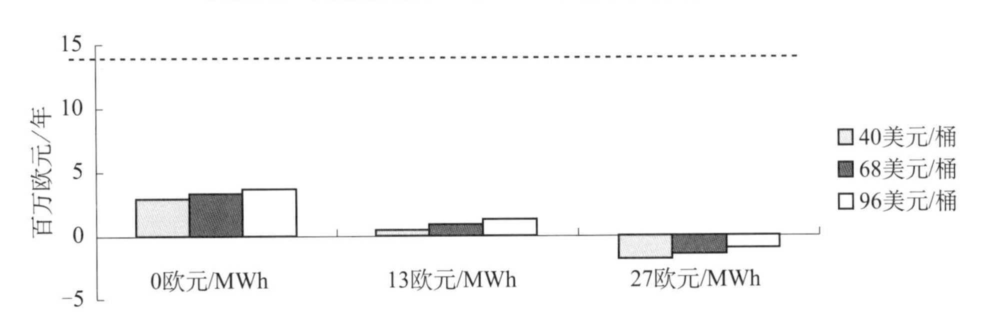

图 5.38　丹麦 2030 年能源系统中一个压缩空气储能电站的净运营收入与 1400 万欧元/年的年度投资和固定运营成本（图中以虚线表示）的比较

该分析将压缩空气储能电站的系统经济可行性与其他可能利用过剩电力并协助风电更好地融入系统的其他技术进行了比较。所有替代技术的设计均采用上文规定的年度投资和固定运营成本，即 1400 万欧元/年。成本因素以 Mathiesen 和 Lund（2009）的文章为基础，Lund 和 Salgi（2009）在其文章中进行了相应的解释，结果见图 5.39。图 5.39 显示的结果假设油价为 68 美元/桶，过剩电力价格为 13 欧元/MWh。采用其他价格时的影响较小，但是电热锅炉对过剩电力的价格非常敏感。

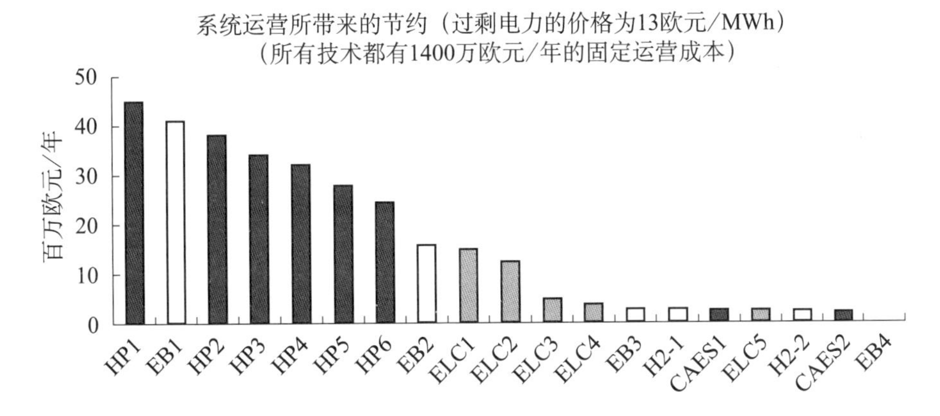

图 5.39　压缩空气储能与其他替代技术投资所产生节约的对比，所有技术均采用相同的年度投资和固定运营成本（1400 万欧元/年，图中以虚线表示）

通过图 5.39 可以看出，压缩空气储能电站不具有可行性，其他方案更具有吸引力。不过，该分析只关注更好的运营（包括融入风电）带来的收益。这些技术之间的可比性不强。压缩空气储能和氢/燃料电池技术增加了系统的生产能力，但其他技术无法做到这一点。

因此，压缩空气储能有可能降低对备用容量的需求，并因而节省系统的投资成本。对此开展的敏感性分析考虑了节省的投资成本，分析结果显示，在 30 年的生命周期中，汽轮机可实现每兆瓦节约 100 万欧元。在该分析中，压缩空气储能电站具有经济可行性，但仍然无法与其他技术相抗衡。

通过上述分析认为，压缩空气储能技术无法解决过剩电力产量的问题。然而，如果压缩空气储能电站可以节省系统的电站容量建设投资，该技术就具有经济可行性。

通过上述分析认为，电力存储技术对可再生能源的大规模融入产生的影响很小，总体经济可行性很低。与热泵等转换技术（可产生较大影响）相比，电力存储技术不具备明显优势。如果希望增加该技术的竞争力，必须在节省装机容量和/或保障电网稳定性等方面提供其他效益。

5.11 回顾

根据丹麦和其他国家的可再生能源系统的原则、方法和实际推广情况，得出了针对可再生能源大规模融入的分析结论。

5.11.1 原则和方法

如果对可再生能源大规模融入现有系统的方法进行分析，必须根据可再生能源的波动性特点，重新设计系统的挑战。系统设计必须能够适应可再生能源来源的波动性和间歇性特征。

从方法学的角度来看，提出了如何应对光伏、风能、潮汐能等可再生能源的装机容量每年都发生波动的问题。可以设计一个能够应对去年波动性的系统，但如何确保该系统满足当前和未来的波动性要求？在柔性能源系统中对两个替代性投资进行对比时，如何确定考虑了去年波动性的最优方案也可以很好地应对未来年份的波动性？

为了解决这些问题，过剩电力生产图是一个合理、可用的方法。该图将每一个能源系统用一条曲线表示，每条曲线都表示近几年来系统融入小时步波动性可再生能源的能力。该图对光伏、风能和潮汐能的适用性已经获得证实。

此外，分析显示，在设计适用于大规模融入可再生能源系统的过程中，需要将两个不同的议题区分开来。第一个议题是能源的年度总量，即以年为单位的电力、供暖和燃料的供应量必须满足相应的需求。第二个议题是时间，即同样数量的能源供应必须满足相应需求的期限。后者对电力供应尤其重要。

数量和时间的区分非常重要，因为如果生产量和需求不能匹配，我们就不能解决时间问题。如果以年为单位的电力生产大幅度超出需求，就无法高效率地使用存储容量。在这种情况下，可以进行存储，但却无法释放电力。因此，在设计适合大规模融入可再生能源的能源系统时，应首先使系统实现年度能源数量的平衡，然后再考虑时间问题，尤其是满足电力需求的每小时分布。

此外，如第一章的定义所述，区分转换技术和存储技术非常重要。本章的分析给出了一个总体概念。热泵和电动汽车等转换技术可以提高系统效率，也提供了经济高效的储能方法。另一方面，压缩空气储能和氢/燃料电池等“纯粹”电力存储技术对系统融入波动性可再生能源的作用非常有限，因此它们的可行性较低。

5.11.2　结论和建议

大规模融入可再生能源应该是实现可再生能源系统的一个途径。对可再生能源的融入必须与能源转换及效率提高相协调，包括使用热电联产和引进燃料电池。所有这些措施均可提高系统的燃料效率。然而，它们也带来了电力平衡问题，加剧了过剩电力的生产。

因此，在进行大规模融入分析时，不能将可再生能源作为唯一措施。长期相关的是这些措施与能源转换和系统效率提高相结合的系统。从这个角度来看，丹麦能源系统中的热电联产占比很高，属于这方面的先行者，非常适合进行可再生能源大规模融入分析。在热电联产占比较高的系统中（在本章以丹麦能源系统为代表），过剩电力生产问题最好通过以下技术解决：

（1）热电联产电站应以在可再生能源输入高时少发电，可再生能源输入低时多发电的方式运营。考虑热存储能力时，此类措施可以在不降低整个系统的燃料效率的情况下融入10%～20%的波动性可再生能源。超出该比例后，由于来自热电联产机组的热能生产被化石燃料锅炉或电热锅炉替代，系统将开始损失效率。

（2）将热泵以及可能的额外热存储容量添加到热电联产电站，将更多可再生能源高效地融入系统运营。该措施可允许系统在不损失总体效率的情况下，将40%的波动性可再生能源融入电力供应。在丹麦，热泵投资具有很高的经济可行性。此外，投资风电的可行性也因此大幅度提高。

（3）应进行交通领域电气化，尤其是电动汽车。可以提高波动性可再生能源的融入。

（4）在前面几步中包括电力存储容量并不会带来效益。这些存储容量不仅效率低，而且与实现的效益比也过于昂贵。此外，可再生能源的波动性需要很高的转换和存储能力。因此，电力存储技术需要很高的投资，但利用率很低。可通过提供节省装机容量和保障电网稳定性等其他效益提高其竞争力。

（5）电网管理无需包括柔性消费需求。该措施会带来与电力存储技术同样的问题。可再生能源的波动性特征需要较高的能源量和较长的时间跨度，现实的柔性消费需求无法满足这一需求。

（6）将热电联产、热泵和交通电气化（电池和电解槽）等新的柔性技术引入电网稳定（即维持电力供应的电压和频率）任务。随着可再生能源比例的提升，这种参与变得越来越重要。

（7）封闭系统中的技术经济分析和国际电力交易的经济效益分析间的关系研究表明，柔性技术可以高效地融入波动性可再生能源；此外，这些技术还可以通过在国际市场的交易中获得经济效益，证明其可行性。

本章着重关注了将波动性可再生能源融入电力供应面临的挑战。但是，可再生能源系统的实施还有一个重大挑战，即生物质能源的限制和运输需求的复杂化。后续两章重点讲解了该挑战的影响，以及如何对其影响进行分析。

第六章　智能能源系统和基础设施

本章主要作者为 Henrik Lund，Frede Hvelplund、Poul Φstergaard、Bernd Möller、Brian Vad Mathiesen、David Connolly 和 Anders N. Andersen 也对本章有所贡献。所有作者均任职于丹麦阿尔堡大学发展与规划系。

近年来，出现了大量的有关子能源系统和基础设施的新名词和新定义，用来定义和描述未来能源系统（如智能电网、第四代集中供热和电能转气）设计的新模式。所有这些新型基础设施都是必不可少的，代表了未来可再生能源战略设计模式的重大转变。然而，它们都属于子系统和次级基础设施，只有将其置于整个能源系统中才能被充分地理解或分析。另外，不同的机构对这些设施和系统的定义也不同。

本章介绍智能能源系统的概念。与其他概念相比，例如只专注于电力方面的智能电网概念，智能能源系统涵盖了整个可以确定合适的能源基础设施设计和运营策略的能源系统。典型的智能电网只专注于电力方面，这样做带来的结果通常是输电线路、弹性的电力需求和电力储备被定义为解决波动的可再生能源集成的主要手段。然而，正如第 5 章中强调的，风能和其他可再生能源因其本身的性质，既没效率也不经济。如果电力部门将供暖部门和/或电力输送部门等其他部门联合起来，就能找到最有效、最经济的解决方案。而且，正如本章后文将阐述的，电力设施和天然气基础设施相结合，可能会在未来可再生能源系统的设计中起到重要作用。

本章开头论述了面临的挑战及各种智能电网和能源系统的概念和定义，然后介绍了一系列的研究结果，以便大家理解不同能源基础设施带来的挑战及其应对方法。重要的一点是这些分析是在一定的环境下进行的，要想进行合理的分析，需要明确基础设施所在的整个能源系统。另一个重点是，不同的分部门之间会相互影响，若想找到最佳解决方案，需要将这些影响考虑在内。此外，本章还列举了在经济危机时期如何具体应用制度经济学，这与基础设施等使用寿命长、投资额较大的技术尤为相关。

6.1　定义[①]

本部分紧扣本书的主题，即未来可再生能源系统的设计与实施，对智能基础设

① 本章中热网和第四代集中供热的定义是基于以下人员的宝贵意见以及与他们的讨论结果：瑞典哈尔姆斯塔德大学 Sven Werner 教授、丹麦技术大学 Svend Svendsen 教授和英国沃特福德建筑研究所的 Robin Wiltshire。

施的定义进行了讨论。

6.1.1 智能电网

正如第五章中强调的一样，可再生能源生产具有波动性和间歇性，若想在现有能源系统中大规模使用可再生能源并实现百分之百可再生能源系统，如何将可再生能源生产与现有能源系统的其他环节协调好是当前面临的一大难题。对于电力生产来说尤其如此，由于电力系统始终依靠完美的供需平衡，因此解决这一难题是关键。为解决这一难题，当前的电网、电力设计和运行需要做出改变，这一点已得到认可并以不同形式被讨论了多年。

Rosager 和 Lund（1986）和 Lund（1990）早在 1986 年就已经在这方面发表了论文。当时引进了管理等级的理念，根据这一理念管理分布式发电不会引起系统反馈。随后，对这一话题的讨论在“分布式发电”（Lund 2003a；2003b）的标题下展开，该话题也是独特创新技术概念（例如，第 5 章描述的车辆至电网（V2G））讨论的一部分。与先前提到的有关大规模电网的讨论相并行，多年来，类似的讨论也是有关设计微电网、地方能源系统、地区能源系统和全国能源系统的辩论的一部分。

2005 年，Amin 和 Wollenberg 写了一篇题为《向智能电网迈进》的论文。论文中指出运行互联电力系统的要素和原则在 20 世纪 60 年代以前（即计算机和通信网络大规模出现以前）就已确立。如今，电力网络的各个层面都在使用计算。然而，网络间协调仍未充分发挥其潜能。正如 Amin 和 Wollenberg 强调的，通过实用方法、工具和技术，“电网和其他基础设施可局部实现自我调节，包括遇到故障、风险和干扰的情况下可自动重新配置”。论文中未对智能电网做出定义。但根据文意可将“智能电网”理解为使用现代计算机和通信技术建立的能够更好地处理潜在故障的电力网络。

后来，在大量的报告和论文中对未来电力基础设施需要做出改变这一话题的讨论都与“智能电网”概念联系到了一起。其中许多人（例如，Crossley、Beviz（2009）、Orecchini 和 Santian - geli（2011））认为需要通过智能电网使波动的可再生能源更好地并入现有系统。由此，智能电网的概念开始普及开来，即便如此，对于智能电网的定义仍未达成一致。随着智能电网在多个政治战略和研究项目中的推广，定义了智能电网的概念。然而，尽管不同的定义之间有许多相似之处，但也存在很大不同。以下列举四种不同的定义：

“智能电网是指利用信息和通信技术自动收集有关供应商和用户的信息以及其他信息并根据此类信息做出响应以提高电力生产和分配的效率、可靠性、经济性和可持续性的电网。”

——美国能源部，2012 年

“智能电网是能够将与其相连的所有用户（包括发电机、用户和即发电又耗电的设施）的活动以智能化的方式结合在一起，以实现高效、持续、经济和安全的供电目标的电力网络。”

——智能电网欧洲技术平台，2006 年

“智能电网是指能够将与其相连的所有用户（包括发电机、用户和既发电又耗电的设施）的活动以经济有效的方式结合在一起，以确保电力系统的经济效率、持续性、低损耗、高质量及供应的可靠性和安全性的电力网络。”

——欧洲委员会，2011a

“智能电网是指对来自所有发电场所的电力的输送过程进行监控和管理，以满足终端用户各种用电需求的网络……智能电网的广泛应用对未来建立更可靠、持续性更好的能源系统至关重要。”

——国际能源署，2013 年

可以看出，这些定义中有一个共有的实质性内容，就是在电网中使用信息技术。存在的些许不同在于是仅涉及供应商还是既涉及供应商又涉及用户，是强调电网的智能化集成功能还是集成过程中的成本效益，目的是提高网络的安全性还是确保未来能源的可持续性或两者兼而有之。然而，最明显的是所有的定义只关注电网。

在一些定义和讨论中出现的一个重要方面是双向电力流，即，用户也向电网输出电流。这与传统的电网不同，传统电网中，生产者和用户之间有一个明显的界限，从而产生的是单向电力流。因此，先前提到的诸如管理等级、分布式发电和 V2G 以及许多微电网等概念都成了智能电网或智能电网概念的一部分。

这些定义以及有关智能电网的论文和方法看似都主要关注电力方面。只有 Orecchini 和 Santiangeli（2011）强调过需要对包括电、热、氢和生物燃料在内的一整套能源形式进行智能化管理。

本章重点强调不能将智能电网与其他能源部门分开的原因以及在识别可再生能源整合问题解决方案的过程中与其他能源部门相结合意味着什么。强调两大点：第一，如果不与能源系统其他部分类似的转换协调好，那么将供电转换为可再生能源就没有多大意义。第二，与只关注相关部门识别出的方案相比，通过这种协调，可以为智能电网等系统识别出其他更好的解决方案。

本书的主题是未来可再生能源系统的设计和实施，由此挑选了以下定义：

“智能电网是指能够将与其相连的所有用户（包括发电机、用户和既发电又耗电的设施）的活动以智能化的方式结合在一起，以实现高效、持续、经济和安全的供电目标的电力基础设施。”

6.1.2 智能热网（集中供热和制冷）

正如第七章中将论述的，未来可再生能源系统的设计一般基于诸如风能和太阳能等波动的可再生能源和废物、生物量等剩余资源的组合。在废物和生物量方面，由于环境影响以及未来对食物和材料的交替需求，预计未来会出现资源压力。为缓解生物质资源压力，降低可再生能源投资，针对未来可再生能源系统的可行性解决方案中需包括节能和能效措施。

在使这些稀有资源满足需求的过程中集中供热发挥了重要作用。集中供热系统中包括一个管网，将附近、城镇中心或整座城市的建筑物连在一起，这样，这些建筑物就可以通过一个中央厂房或若干分布式产热设备得到热量。按照这一方法，任何可获得的热源都可以使用。与没有集中供热的方案相比，在未来可再生能源系统中加入集中供热后，可以采用热电联供（CHP），利用垃圾焚烧产生的热量和各种工业余热，还可将地热和太阳能热纳入进来。在未来，这些工业生产过程可能包括诸如将固体的生物质转换为生物气和/或不同类型的液体生物燃料（以便于燃料运输）等流程。

为在未来可再生能源系统中发挥其作用，集中供热需满足以下条件：

1. 向低能耗建筑物提供低温集中供热。
2. 在网络中分配热量过程中，热网损耗低。
3. 回收利用来自低温热源的热量，并将太阳能和地热等可再生热源整合进来。
4. 是智能能源系统（即电、气、热一体化智能网络）的一部分。

因此，目前的集中供热系统需进行彻底改变，变成能够与低能耗建筑物和智能电网相互作用的低温集中供热网。在欧洲委员会发表的题为《能源2020——具有竞争性的可持续安全能源策略》（2011b）的文章中强调了高效废热发电、集中供热和制冷的必要性（第8页）。该文发起项目，推广“智能电网”及“智能供热制冷网”（第16页）。在最近发表的最高水准的论文（Werner，2005；Persson和Werner，2011）和讨论（Wiltshire和Williams，2008；Wiltshire，2011）中，这些未来的集中供热技术被定义为第四代集中供热技术和系统（4GDH）。Werner对前三代集中供热系统的定义如下（2004）：

采用蒸汽作为载热体的第一代集中供热系统于19世纪80年代在美国出现。至1930年，几乎所有在建的集中供热系统均采用了该技术。如今，因其损耗大、安全性能差等原因，用蒸汽的集中供热技术已过时。目前在曼哈顿、哥本哈根部分地区和巴黎等地仍然使用该技术，但在汉堡和慕尼黑，新的供热技术已成功实施。

第二代集中供热系统采用高压热水作为载热体，温度一般高于100℃。这些系统出现在20世纪30年代，截至20世纪70年代，这些系统作为新系统占据了大部分市场。在现在一些老旧的用水的集中供热系统中仍然使用该技术。

第三代集中供热系统于20世纪70年代出现，20世纪80年代，该系统在所有扩建系统中占据主要份额。高压水仍然是载热体，但供热温度通常低于100℃。在中欧和东欧以及苏联，该技术取代了之前的旧技术。在中国、韩国、欧洲、美国和加拿大，所有的扩建系统和新系统均采用第三代技术。

这三代集中供热技术的发展方向是降低分配温度、减少组件的材料需求、生产预制组件，减少施工现场的人力需求。沿着这一方向，未来的第四代集中供热技术应该实现更低的分配温度、以组装为主的系统组件以及更加灵活的材料需求。

显而易见，与气候温暖的国家相比，集中供热在气候寒冷的国家的应用潜力更大。然而，在气候温暖的地区，可能会需要集中制冷。在一些国家，供热和制冷这两种网络和/或它们的组合会更理想。一般而言，集中制冷的实现方法有两种。一种是利用集中供热网分布热量，然后通过单独的吸收设备将热量转换为冷气，为个别建筑物制冷。这一方法非常适合根据季节不同对供热和制冷有交替需求的地区。此外，该网络还可以同时向建筑物提供冷气和热水。另一个方法是首先进行中央制冷，然后分配冷水。该方法的优点是能够利用天然资源（例如，来自河流和海港的冷水）来制冷。对于智能制冷，面临的挑战基本与供暖相同，即优化温度水平，减少网络和生产损耗。

在此基础上，得出了以下定义：

“智能热网是指将附近、城镇中心或整座城市的建筑物连在一起，以便这些建筑物能够通过一个中央厂房或若干分布式产热或制冷设备（包括相连建筑物自身的贡献）得到热量或冷气的管网。”

可将智能热网概念看作是与智能电网相平行的一个概念。这两个概念都重点关注未来可再生能源的整合和有效利用以及通过运行网状结构进行分布式供能（可能涉及与用户的互动）。另外，两个概念都涉及使用智能仪表等现代信息和通信技术。

然而，两个概念的区别在于，智能热网面临的主要挑战是低温热源的使用以及与低能耗建筑物的相互作用等，而智能电网面临的主要挑战是具有波动性和间歇性特点的可再生能源发电并入现有系统的问题以及如何确保电网的可靠性和安全性。

因此，此处将4GDH系统定义为相互关联的技术和体制概念，4GDH系统通过智能热网，使用低温热源与智能能源系统相结合的方式，向低能耗建筑物供热，热网损耗小，从而促进可持续能源系统的发展。按照此概念，需建立一个体制和组织框架，以促进形成合理的规划、成本和激励结构。

6.1.3 智能供气网

在未来运行可再生能源系统方面，现有的天然气供应网面临的挑战与其他能源网类似。为让大家理解供气网所面临的具体挑战，需强调百分之百可再生能源系统的两个实施特点。第一个特点是，由于对食物和材料的需求以及生物多样性等原因，可供转换为能源的生物质资源有限。而且，仅靠这些有限的生物质资源，根本无法满足当前运输部门的能源需求。另一个特点是，仅靠可再生能源支撑的运输系统（在本章后文中以及接下来的章节中将对此进行详细论述）需要一些生物质及气体和/或液体燃料来对电力进行补充。问题在于为了供运输系统使用，一些生物质需要转换成燃气或液体燃料。此外，转换成燃气的生物质有利于提高未来热电联供（CHP）系统和发电厂的灵活性和效率。

然而，不是只有生物质与燃气生产有关，“电能转气”系统中的电力也与支援和补充有限的生物质资源有密切的关系。如果能将此类技术与发酵、气化和氢化等生物质产气技术相结合，则能产生巨大的协同效应。这将在本章后面部分详细论述。

与现有的天然气供应网相比，智能供气网面临的两大挑战是：第一，与现有的单向流相比，智能供气网需应对双向流问题；第二，智能供气网需处理具有不同特点（包括不同的热值）的燃气。

在此基础上，得出了以下定义：

“智能供气网是指能够将与其相连的所有用户（包括供气商、用户和既供气又耗气的设施）的活动以智能化的方式结合在一起，以实现高效、持续、经济和安全的供气、储气目标的燃气基础设施。”

如前文所述，智能供气网的概念与其他智能网类似。所有概念都强调未来可再生能源的整合和有效利用，以及通过运行网络结构进行分布式供能（可能涉及与用户的互动）。此外，所有概念都涉及使用智能仪表等现代信息和通信技术。

然而，三个概念在面临的主要挑战方面存在不同。智能热网面临的主要挑战是温度水平以及与低能耗建筑物的相互作用。智能电网面临的主要挑战是具有波动性和间歇性特点的可再生能源发电并入现有系统的问题。智能供气网面临的主要挑战是如何将具有不同热值的气体混合在一起以及如何高效利用有限的生物质资源。应该强调的一点是，这三个概念相辅相成，互为补充，都是实施可再生能源系统所必需的。

6.1.4 智能能源系统

如前文所述，所有智能网络都是未来可再生能源系统的重要组成部分。

不应将每个单独的智能网络与其他网络或整个能源系统的其他部分分开来看。首先，如果没有与能源系统其他部分类似的转换协调好，那么诸如在供电系统中使用可再生能源等转变将没有多大意义。其次，如果各部门能够协调好，那么就能为智能能源系统的实施以及各部门智能系统的实施找到更好的解决方案。

换句话说，与只考虑一个部门相比，着眼于整个能源系统，采取一致的方法，将会产生多个协同效应。这不仅适用于为整个系统找到最佳解决方案，还适用于为每个单独的子部门找到最佳解决方案。正如第五章中强调的，与只着眼于电力部门相比，如果在分析过程中能将诸如供暖等部门考虑在内，则可以为解决电力平衡问题找到更好更经济的解决方案。产生的协同效应包括：

• 取暖用电可以使用蓄热，而不是蓄电，这样既能节省成本又能提高效率。此外，可使热电联供（CHP）更加灵活。

• 可通过取暖用电平衡调节电力市场等。

• 生物质转化成燃气和液体燃料时需要蒸汽，同时产生低温热，所需的蒸汽可由热电联供装置生产，而产生的低温热可供集中供暖和制冷网使用。

• 生产沼气需要低温热，与在厂内生产相比，这些低温热通过集中供暖来提供效率会更高。

• 制气用电，例如氢化，可使用储备的气体，而不是蓄电，这样既能节省成本又能提高效率。

• 楼房环流供暖可节省能源，这样可以使用低温集中供暖，而低温集中供暖又有助于更好地利用工业余热和 CHP 生产的低温热源。

• 电动汽车的出现可以实现用电代替燃油并有助于电力平衡。

基于这些考虑，得出了以下定义：

“智能能源系统是指将智能电、热和气网结合在一起，进行协调统一，识别出它们之间的协同效应，以便为单个能源部门及整个能源系统找出最佳解决方案的一种方法。”

对智能能源系统进行分析需要能够对电、热和气网进行类似和平行分析的工具和模型。如第四章中描述的，EnergyPLAN 就是这样的一种工具，该工具可对所有这些网络按小时进行分析，包括储量以及网络之间的相互作用。

以下部分介绍了一些研究成果，以便大家理解智能能源系统和基础设施，在这些系统和设施中使用了 EnergyPLAN 工具。

6.2 集中供暖的作用[①]

本部分信息经由 Guest Writers Brian Vad Mathiesen 和 Bernd Mõller 提供。

本部分内容基于 Lund 等人（2010）合著的论文《集中供暖在未来可再生能源系统中的作用》。本文以丹麦为例分析了集中供暖基础设施在未来可再生能源系统中的作用。文中定义了一个情景框架，按照这一框架，丹麦系统在2060年转换为百分之百可再生能源，包括环流供暖需求降低百分之七十五。使用 EnergyPLAN 工具对全国能源系统进行了详细分析，对集中供暖、单独热泵和微热电联供等各种供暖方案的燃料需求、CO_2排放量和成本进行了计算。

研究包括整个供暖部门，重点关注目前拥有单独燃气或燃油锅炉，距离现有集中供暖区较近的24%的丹麦建筑群。这些可以由集中供暖或更加有效的单独热源来取代。如下文所述，从整体的角度来看，最佳解决方案是将逐渐扩张的集中供暖与剩余房屋中单独的热泵结合起来。这一结论适用于主要依靠矿物燃料的当前系统以及百分之百依靠可再生能源的潜在系统。

在世界上许多国家，为房屋供暖并提供热水是必需的。如今，对如何在未来能源系统（未来能源系统中应减少或完全避免矿物燃料的燃烧）中以最佳方式实现这一点的讨论非常激烈。在当下的讨论中，至少存在两个不同的观点。一方观点认为未来的低能耗建筑物可以完全不需要供暖，甚至通过使用太阳热能等资源成为正能源屋，其自身生产的热能超出本身所需。另一方观点认为工业、废物焚化和发电站生产的余热也可以与地热能、大规模太阳热能和使用过剩风能的大型热泵一起共同用于房屋供暖。第一种情况下可能不需要集中供暖网络，而第二种情况下，集中供暖网络是必需的。

不管持什么观点，重要的一点是仅从房屋供暖的角度出发，无法确定一种集中供暖策略在实施未来可再生能源系统方面是否优于另一种。如何以最好的方式利用整个系统中的可用资源以及如何将节能、有效措施与可再生能源结合起来，尽可能以最低的社会成本用可再生能源完全取代矿物燃料，在对以上两点进行评估时需将能源系统的其他部分考虑在内。因此，Lund 等人的论文试图针对当前以及未来能源系统中不同的房屋供暖方案，对全国能源系统进行一次高级分析，以评估不同供暖方案对总燃料需求和CO_2排放量的影响。

使用地理信息系统工具创建了一个热图并识别出了推广集中供暖系统的潜在方

---

① 节选自《能源35》上 Henrik Lund、Bernd Mõller、Brian Vad Mathiesen 和 Anders Dyrelund 所著的《集中供暖在未来可再生能源系统中的作用》，第1381－1390页（2010），已获爱思唯尔出版社许可。

案和成本。相关方法和数据在 Möller（2008）和 Möller and Lund（2010）中有详细描述。将 2006 年选定为研究的起点。总房屋耗热量确定为 60.1 太瓦时/年，其中 27.9 太瓦时由集中供暖系统提供，32.2 太瓦时由单个锅炉和加热器提供。对照 2006 年的情况（以下称为参考情况），确定了以下集中供暖推广方案：

- 方案 1：将位于现有或计划集中供暖区域内的所有房屋与系统相连，将集中供暖需求从 27.9 太瓦时/年提高到 31.6 太瓦时/年。

- 方案 2：现有集中供暖区域附近所有靠燃气锅炉供暖的区域都转为集中供暖，从而将集中供暖需求从 31.6 太瓦时/年提高到 37.6 太瓦时/年。

- 方案 3：距现有网络 1 千米半径范围内的燃气供暖区和距大型中央集中供暖厂 5 千米半径范围内的燃气供暖区均转为集中供暖，从而将集中供暖需求从 37.6 太瓦时/年提高到 42.3 太瓦时/年。

以 2006 年为起点，对当前能源系统和未来能源系统中的集中供暖和其他单独供暖形式进行了对比分析，从而产生了实现百分之百可再生能源供能的愿景。利用 EnergyPLAN 模型对丹麦整个能源系统进行了分析。首先，对能源系统模型进行了校准，使其适应丹麦自 2006 年以来的能源统计数据，以及丹麦能源局按正常情况做出的推测（2008 年 1 月 17 日）。与 2006 年的情况相比，未来能源系统中的风能比例提高，节能效果更好，热电联供和发电厂效率更高。

需要强调的是参考方案并不完全是丹麦百分之百可再生能源系统的最佳解决方案。此处的方案仅提供了一个恰当的框架，根据这一框架分析与当前系统中集中供暖相关的结论是否也适用于未来百分之百可再生能源系统。重点关注与供热相关的框架条件。方案未涉及运输和工业部门。

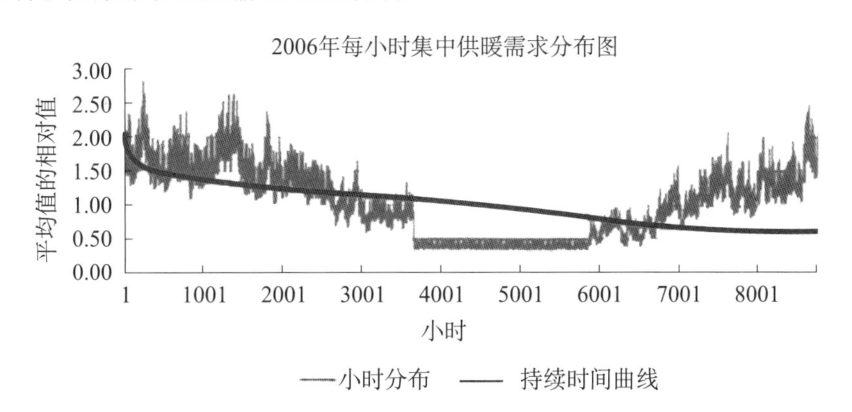

图 6.1　2006 年每小时集中供暖需求分布图

分析中，特别关注对每小时集中供暖需求进行建模，每小时集中供暖需求与环流供暖需求下降相关。将 2006 年的年集中供暖需求作为起点，2006 年的年集中供暖需求为 35.77 太瓦时，其中净需热量为 28.35 太瓦时，热网损失为 7.42 太瓦时。

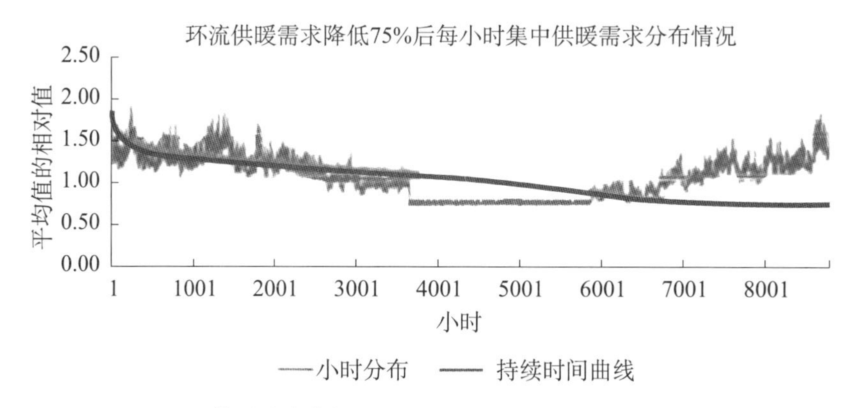

图 6.2　环流供暖需求降低 75% 的情况下每小时集中供暖需求分布图

将这一需求体现到每小时分布图中，如图 6.1 所示。在环流供暖需求降低的情况下，对持续时间曲线和每小时分布情况进行了调整，如图 6.2 所示。调整后的曲线代表了环流供暖需求降低 75% 的情况。在这种情况下，网络损失和热水需求的调整方式与环流供暖需求不同。

分析中定义并对比了以下 10 种供暖技术：

1. 参考：现有油、天然气和生物质锅炉。

2. HP-gr（地热热泵）：使用地热的单独热泵（包括峰值负荷时使用电热），平均性能系数（COP）为 3.2（在环流供暖减少的情况下，由于热水需求的增加，COP 在节能 25% 时降低至 3.1，节能 50% 时降至 3.0，节能 75% 时降至 2.8）。

3. HP-air（空气能热泵）：使用空气的单独热泵（包括峰值负荷时使用电热），平均 COP 为 2.6（在节能的情况下，该系数会分别降至 2.5、2.4 和 2.3）。

4. EH（电热供暖）：单独电热供暖，COP 为 1。

5. Mi-CHP（微热电联供）：单独燃料电池天然气微 CHP 装置，电力输出 30%，产热 60%。CHP 装置提供峰值需求量的 60%，其余部分由天然气锅炉提供。

6. H_2-CHP：使用氢气的微 CHP 装置，电力输出 45%，热量输出 45%。CHP 装置提供峰值需求量的 60%，其余部分由锅炉提供。氢气通过燃气管道系统提供，通过电解制氢，电解效率 80%。该系统使用的氢气量相当于一周的平均产量。

7. DH-Ex：集中供暖，不投资建设新生产装置，只增加峰值负荷锅炉的产能。

8. DH-chp：在现有 CHP 装置的基础上，对 CHP 装置进行扩能改造并结合集中供暖系统。

9. DH-HP：采用集中供暖系统，同时在 CHP 装置上增设大型热泵，COP 为 3.5。

10. DH-EH：采用集中供暖系统，同时在 CHP 装置上增设电热锅炉。

正如在第五章中描述的，2006 年风力发电和 CHP 带来的供电失衡情况越来越严重，因此需要通过热泵和电热锅炉等来提高系统的灵活性。这正是考虑多个不同的集中供暖备选方案的原因。这些备选方案仅用于2006年的系统。在未来的2020年、2040年和2060年，假定CHP装置、热泵和峰值负荷锅炉之间能够达到一个很好的平衡状态，因此，在集中供暖需求增加之后，对所有这三种装置的需求会有少量增加。

从社会经济角度进行了成本估算，不包括税务和补助，如第三章所述。估算基于对节省的燃料和维护费用的简单计算，该计算通过利用3%的实际利息，与额外的投资费用对比后得出结果。单个方案的成本基于对丹麦实际价格的估算，如表6.1所示。价格适用于所需热量为15兆瓦时/年的普通住宅。表中的价格代表的是2006年的热需求水平，在热需求减少的情况下，该价格也随之降低。制氢电解装置假设为社区装置，装置投资成本为每户2700欧元。对于地源热泵，热泵的预计寿命为15年，而地热源管道的使用寿命为40年。

对于电力供热和热泵，在以下估算的基础上增加了电网扩建成本：

低压电网投资费用为0.013欧元/千瓦时，峰值负荷时产量的增加作为额外的传送和产量需求考虑进来，使用寿命为30年时，相应成本为1000欧元/千瓦。

基于热图模型计算的集中供暖成本见表6.2。表中还列出了集中供暖需求增加的情况下需新增生产设备的假设成本。

按照国际市场价格对燃料成本以及将燃料运输至相关终端用户的成本进行了分析，确定了三个国际价格水平，分别是油价55美元/桶、85美元/桶和115美元/桶。对于生物质，假定其价格按煤价变动。分析将85美元/桶作为基价，其他两种价格作为敏感系数。然而，在未来不使用矿物燃料的100%可再生能源方案中的分析是基于高价格水平，并且假设生物质价格相当于类似的矿物燃料的价格。因此，假设用于个人住房的生物质的价格为木屑的价格，而沼气/合成气的价格相当于轻油的价格。

表6.1　针对热需求为15兆瓦时/年的典型住房的各供暖技术成本

热生产技术		装置	中央供暖	存储/电解器	运营和维护（固定）欧元/年	运营和维护（固定）占投资的百分比
燃油锅炉	欧元/装置寿命（年）	6000 15	5400 40	1300 40	320	2.5%
生物质锅炉	欧元/装置寿命（年）	6700 15	5400 40	1300 40	380	2.8%
天然气锅炉	欧元/装置寿命（年）	4000 15	5400 40		200	2.1%
以天然气为燃料的燃料电池微CHP	欧元/装置寿命（年）	6700 10	5400 40		330	2.8%
以氢气为燃料的燃料电池微CHP	欧元/装置寿命（年）	6000 10	5400 40	2700 15	270	2.4%

续表

热生产技术		装置	中央供暖	存储/电解器	运营和维护（固定）欧元/年	运营和维护（固定）占投资的百分比
集中供暖管道	欧元/装置寿命（年）	2000 20	5400 40		70	0.9%
包括热水的集中供暖	欧元/装置寿命（年）	1100 20	2700 40		30	0.9%
地源热泵	欧元/装置寿命（年）	13400 15/40	5400 40		110	0.6%
空气源热泵	欧元/装置寿命（年）	6700 15	5400 40		110	0.6%
在环流供暖需求降低的情况下，成本也随之降低						

表 6.2　集中供暖网络扩建成本和新增生产装置成本

装置	投资费用（百万欧元）	寿命（年）	运营和维护（固定）占投资的百分比	运营和维护（可变）欧元/单位
峰值负荷锅炉	0.15/兆瓦热能	20	3.0%	0.15 欧元/兆瓦时热能
小型 CHP 装置	0.95/兆瓦电力	20	1.5%	2.70 欧元/兆瓦时电力
大型 CHP 装置	1.35/兆瓦电力	30	2.0%	2.70 欧元/兆瓦时电力
热泵	2.70/兆瓦电力	20	0.2%	0.27 欧元/兆瓦时电力
电热锅炉	0.15/兆瓦电力	20	1.0%	1.35 欧元/兆瓦时电力
集中供暖方案 1	总计 1070	40	1.0%	0
集中供暖方案 2	总计 4430	40	1.0%	0
集中供暖方案 3	总计 10470	40	1.0%	0

需注意的是，在此类推测中，煤价远远低于油价和天然气价格。北欧电力市场已将丹麦系统中以煤为燃料的大型 CHP 装置和以天然气为燃料的中小型 CHP 装置结合起来运行，这意味着煤在某些情况下将代替天然气。

成本计算不包括与污染和健康等相关的外部成本，CO_2排放交易成本（23 欧元/吨）除外。对于北欧电力市场电力交易，分析的起点基于丹麦能源部门的预期，即，未来平均价格为 47 欧元/兆瓦时 +23 欧元/吨的 CO_2交易价格。在 EnergyPLAN 模型所做的能源系统分析中，使用 2005 年的每小时分布图，按照第 5.7 章描述的方法，对该平均价格按小时进行了分摊。

对当前系统以及 2020 年和 2060 年的未来能源系统进行了分析。首先，对比了 10 种不同的供暖技术分别用于方案 1 的情况。该方案涉及集中供暖区内目前尚未接至网络的房屋。每种供暖技术对应的燃料需求见图 6.3。

在图 6.3 中的参考情况（柱 1，参考）下，方案 1 中的房屋通过石油、天然气或生物质锅炉供暖。相应的燃料需求是 5.25 太瓦时/年。如果将所有房屋的供暖形式转为热泵供暖（柱2和柱3，HP），则系统燃料需求会分别降至2.55和2.23太瓦时/年。供暖形式转变后，单独锅炉的燃料需求将由电力需求取代。由于煤和天然气的价格关系，所需的电大部分将由燃煤发电厂提供。然而，这一电力需求也会提高现有CHP装置（以煤和天然气为燃料）的使用效率。如果所有建筑物均采用电力供暖方式（柱4，EH），情况会大体相同。然而，由于与热泵相比，电力供暖效率低下，相应的燃料需求会增至8.44太瓦时/年。由于CHP装置运行时间较长，且能为峰值负荷锅炉（其中一些锅炉以生物质为燃料）节省燃料，因此，可节省少量的生物质。

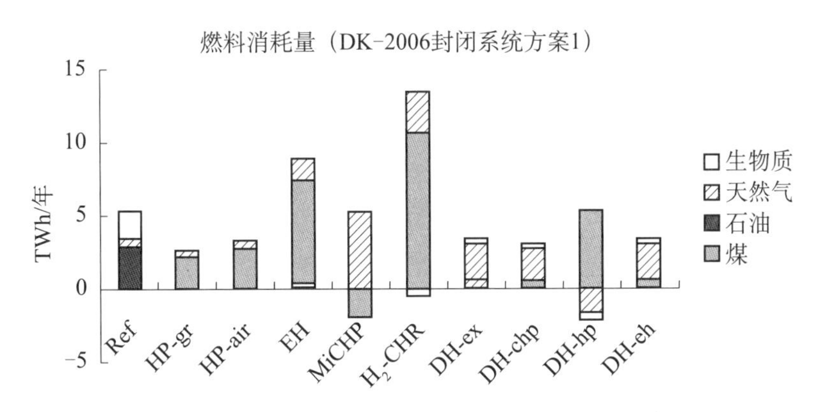

图6.3　针对方案1房屋的10种供暖技术的燃料需求图

如果将所有房屋的供暖形式转为以天然气为燃料的微CHP装置供暖（柱5，MiCHP），则由于微CHP装置生产的电力会减少燃煤电站的产量，因此天然气需求会增加，煤需求会减少。净燃料需求降至2.95太瓦时/年。如果微CHP装置使用氢气作为燃料（柱6，H_2-CHP），则由于电解器的电力需求，相应燃料需求会增至12.87太瓦时/年。此外，CHP装置发电可以节省煤炭，但是到目前为止，这一备选方案所需的电力超出了其产量。需指出的是，这两个微CHP技术均需要一个配气管网，而在大多数地区都不具备这种条件。

如果将所有的建筑物接至它们所在区域的集中供暖网（一些接至以天然气为燃料的小型CHP装置，另外一些接至以煤为燃料的大型CHP装置），则大致情况是燃料需求会减少。这是推广使用CHP的结果。如果除了增加峰值负荷锅炉的产能之外，不另外投资新建生产装置，则燃料需求为3.20太瓦时/年（柱7，DH-ex）。如果加上400MWe的CHP总产能（柱8，DH-chp），则燃料需求会进一步降至2.86太瓦时/年。如果加上的是热泵产能（柱9，DH-hp），则燃料消耗量为2.93太瓦时/年。然而，在这种情况下，由于煤和天然气的价格关系，系统会节省小型CHP装置的天然气消耗量，增加大型燃煤装置的发电量。在这种情况下，投资电热锅炉（柱10，DH-eh）后的燃料需求与投资峰值负荷锅炉相同。这是由当前系统的设计造成的，而这一设计使得增加发电量所需的成本较高。

对图6.4中所示的CO_2排放量进行了相同的分析。由图可见，燃料需求大致相同。以天然气为燃料的微CHP装置是个例外，该装置的CO_2排放量明显降低。这是增加CHP，同时用天然气取代煤炭带来的结果。

对图6.5所示的成本进行了相同的分析。同样，大体情况非常相似。集中供暖是最经济的供暖技术之一，集中供暖网络成本较高，但无法与所有供暖技术总成本相提并论。

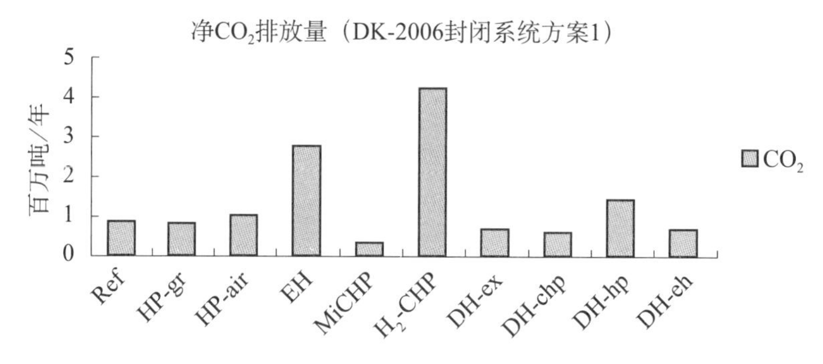

图6.4 用于方案1的10种供暖技术的CO_2排放量

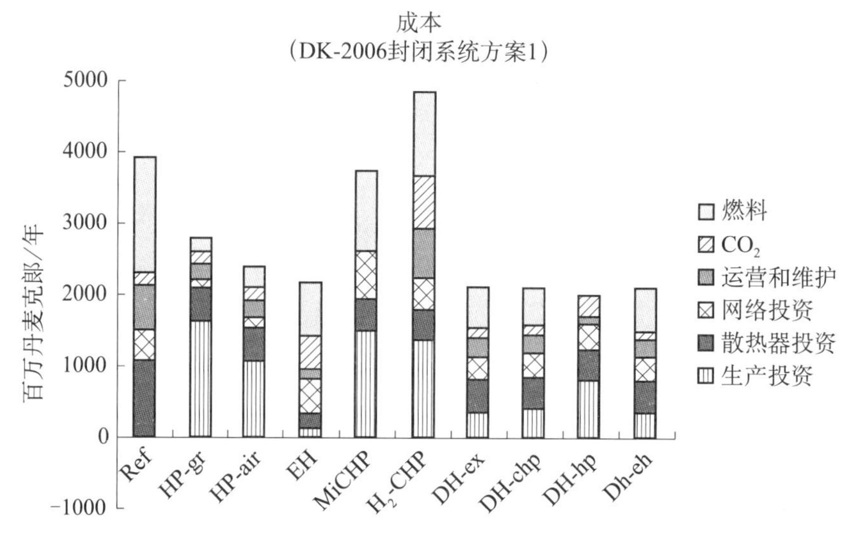

图6.5 用于方案1的10种供暖技术的总年成本

针对所有三种集中供暖方案进行了相同的计算。结果显示大体情况一致。然而，与方案1相比，方案2和方案3中集中供暖网络成本增加，相应的集中供暖成本效益随之降低。热泵技术逐渐成为与集中供暖相竞争的技术。

下一步是对2060年的100%可再生能源系统进行相同的计算。结果见图6.6。此处，将集中供暖技术作为唯一方案进行了计算，原因是预计在未来会将热泵、

CHP 装置和峰值负荷锅炉有效结合起来运行。因此，集中供暖技术涉及协调好所有三种生产装置的扩建投资。

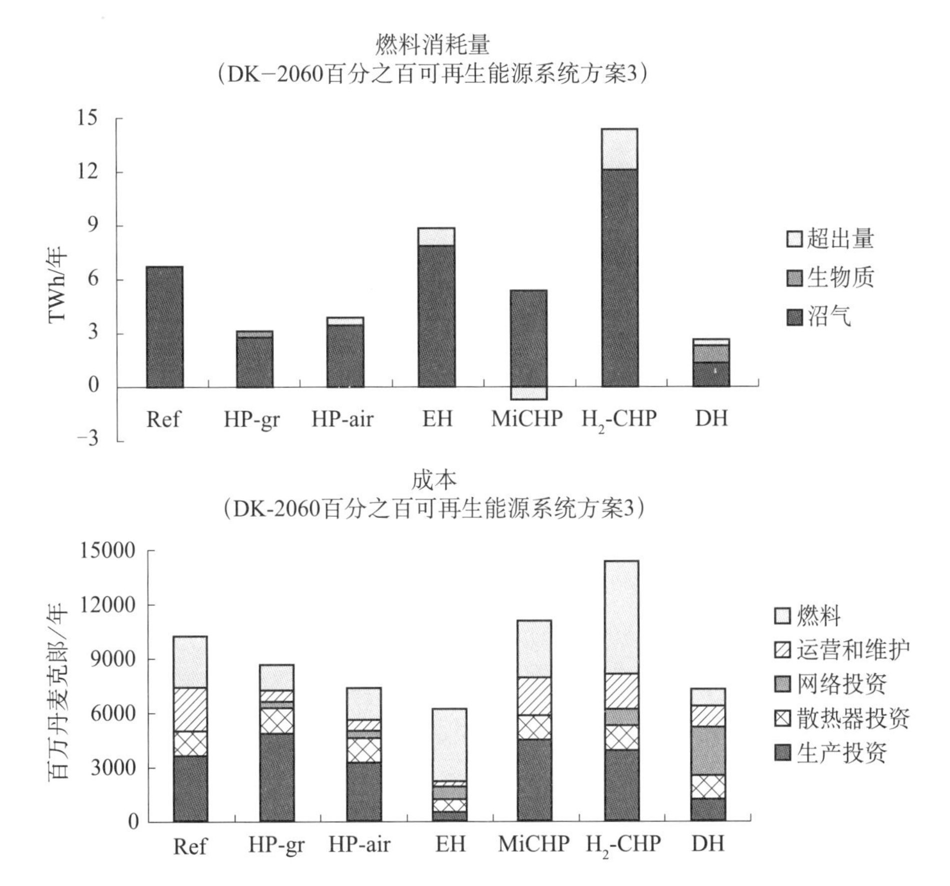

图 6.6　2060 年未来 100% 可再生能源系统中方案 3 的不同供暖技术的燃料需求和总成本

在 100% 可再生能源系统中，风力发电的推广使用会增加 3.2 太瓦时发电量。能源系统分析包括分析某些供暖技术能更好地使用此类额外电量这一因素。此外，应强调的是环流供暖需求降低了 75% 之多。

与当前 2006 年的系统相比，目前整体情况显示耗电技术（电热供暖和热泵）正在改进，而发电技术（CHP）正在退化。总体来说，这一变化是由风力涡轮机生产的额外电量引起的。应强调的是氢燃料电池技术的产能取决于氢气储量，在此将该储量确定为 3200 兆瓦的电解器产能加上 200 千兆瓦时的氢气储量，相当于大约 14 天的产量。电热供暖看似成本较低，但燃料需求高，因此，电热供暖对燃料价格变动极其敏感。此外，该方案会给生物质和其他可再生能源带来需求压力。

因此，看起来最佳解决方案仍然是单独热泵和集中供暖，而单独 CHP 无论是从燃料效率还是从经济的角度来看，都不理想。

总之，分析结果显示将供暖方式转为集中供暖后，燃料需求、CO_2 排量和成本会大幅下降。这一结论既适用于当前能源系统，也适用于2060年以100%可再生能源供能为目标的未来情况，即便是环流供暖需求降至当前需求的25%，也是如此。然而，还存在除锅炉之外的其他供暖技术，对这些技术的分析如下：

基于氢燃料电池的微CHP。该方案看似无法降低当前系统或未来100%可再生能源系统的燃料需求、CO_2排量或成本，效率太低，成本太高。此外，可以找到更好更具成本效益的解决方案，来解决风力发电和CHP生产的电力过剩问题。

以天然气为燃料的微CHP看似是短期降低燃料需求，尤其是CO_2排量的一个有效方法。通过扩建CHP并将整个系统的燃料由煤转为天然气，可降低CO_2排量。然而，由于需要在各个楼房中耗巨资建设微CHP装置，因此，相对于集中供暖，该方案成本昂贵。从长远角度来看，对于100%可再生能源系统，该方案在降低燃料需求、CO_2排量或成本方面与集中供暖相比不具竞争力，甚至无法与以生物质为燃料的单独锅炉相比拟。

由于2008年的油价和天然气价格较高，同时煤价和北欧电力市场电价较低，从社会经济角度来看，电热供暖是较为合理的选择，可节省中央供暖系统成本。短期来看，这不适用于已配备中央供暖的房屋。从长期角度来看，电热供暖不利于降低燃料需求和CO_2排量。此外，电热供暖对于未来的燃料需求和价格提高非常敏感。

单独热泵看似是可替代集中供暖的最佳选择。短期来看，热泵在燃料效率、降低CO_2排量和成本方面与集中供暖相当。在靠近集中供暖系统的区域，成本较高，但对于远离集中供暖系统的房屋，成本较低。从长远角度来看，在100%可再生能源系统中，燃料效率高，在成本方面，该方案基本相当于集中供暖。然而，该方案在很大程度上取决于距现有集中供暖网的距离。

对于所有备选技术来说，加入太阳热能都是有意义的。然而，此处的分析中未对这方面予以考虑。

从全局角度来看，得出的结论是：最佳解决方案是在逐渐扩建集中供暖系统的同时，在未被集中供暖覆盖的其他区域使用单独热泵。分析表明最佳解决方案是将集中供暖系统的占比从目前的46%扩大到63%～70%。

然而，需强调的是分析是在集中供暖技术按照智能热网概念逐渐改善的基础上进行的。这涉及温度的降低以及环流供暖需求的减少等，包括从用户处回流回来的热量温度的降低。因此，沿着这一方向继续发展当前技术至关重要。此外，推广使用集中供暖有利于利用垃圾焚烧产热和工业余热，这也是分析考虑的内容。集中供暖还有利于地热供暖、沼气生产（供热）和秸秆等固体生物质的集成。

6.3　经济危机以及基础设施投资[①]

该章节由特约撰稿人 Frede Hvelplund 提供。

该章节基于 Lund 以及 Hvelplund 于 2012 年撰写的文章《经济危机与可持续发展：使用具体制度经济学设计创造就业策略》。本文以具体制度经济学（参见第三章）作为经济学范式，以此理解在经济危机期间，可再生能源及其相关基础设施对刺激就业和经济增长的作用。在大多数国家，包括欧洲国家、美国和中国在内，实施可再生能源的解决方案涉及对节能以及可再生能源领域进行大量投资以替代进口化石燃料。在这种情况下，发展经济学思维以及经济学模型以分析市场所处的具体制度变得愈发重要。承接上一节所述内容，本节主要介绍相关工具以及方法，并将其用于丹麦集中供暖案例中集中供暖具体投资方案的分析。该案例显示了如何投资此类基础设施才能对创造就业、经济发展和公共开支产生积极的影响。

如第三章中所述，使用针对具体的制度经济学的选择意识方法包含以下三个步骤：

第一步：分析技术方案，找到最佳方案。

具体制度经济学认为产品以及诸如劳动力之类的生产要素的经济平衡是不可能自主达成的。失业率可能发展并持续数年甚至数十年。国家预算赤字增长并将国家带入债务陷阱，并且财政收支平衡不会自动恢复。因此，能源方案的可行性研究也应纳入考虑，并评估不同技术方案对就业率和公共财政的影响。此外，在寻找最好的替代方案时，对这些宏观指标的积极影响也应该属于项目评估过程的一部分。

第二步：分析当前制度和政治背景，找到对于最佳技术方案的阻碍因素。

这些阻碍因素有可能是支持增加能源消耗的关税和税收条件，所有权设计阻碍了当地群众对风电项目的接受，居民的经济情况不允许其改善房屋能源标准，以及有助于促进交通发展的税收减免规则等。总之，通过这些不同的制度，可能会识别出一些在当前制度条件下无法实施的项目，尽管从社会和经济学的角度，该方案在经济及环境上都具有可行性。

第三步：设计所需的制度方案，按第一步所述，选择最佳技术方案。

为了解释这些理论出发点和方法，所用案例基于前一章节中所述的集中供暖。如之前所述，该案例涉及丹麦现有 24% 的建筑的供暖，而这些建筑现在由私人锅炉通过石油、天然气或者生物燃料燃烧供暖，这些锅炉离现有集中供暖区域距离相对较近。基于前一章节的结果，该案例考虑在 10 年内通过在城镇采用集中供暖并在其

---

① 节选自 Henrik Lund 和 FredeHvelplund 发表在《能源》第 43 期的文章：《经济危机与可持续发展：使用具体制度经济学设计创造就业策略》，191 – 200 页（2012 年出版），已征得 Elsevier 出版社同意。

他地区采用个人热泵供暖相结合的方式来替代这些私人锅炉。替代过程如下：

- 将丹麦供暖市场中集中供暖的比例从46%提高到65%，相当于80%的建筑都采用集中供暖。
- 其他建筑使用热泵供暖，即20%的建筑都采用热泵供暖。
- 通过节能措施和降低分配系统的温度，逐步改进集中供暖技术以及引进的操作。
- 增加集中供暖设施投资，包括增加现有热电联供电厂的热泵以及太阳能热、地热、生物质锅炉。

经济学的计算是在与前一章节的投资成本相同的基础之上附加新的数据，并对收支平衡与创造就业进行计算的结果。假定所有投资的进口份额为40%，运营和维护的进口份额为20%，化石燃料的进口份额为80%；假定剩余成本按照平均2人年每百万丹麦克朗（约135000欧元）的比率为丹麦创造工作，其中薪资占80%，剩余为资产收益或资本节约。

在分析对政府开支的影响时，包括了节约的失业津贴以及所得税的增长，每人年净增300000丹麦克朗（40000欧元）支出，相当于丹麦财政部所用的总预期值。该数值包含由增值税等引发的任何附加效果。

针对不同生产单元的投资计划有不同的版本，这些版本经过EnergyPLAN模型的分析，并显示在Lund和Hvelplund 2012年的文章中。与前一节类似，结果显示，总体而言丹麦社会能够通过对集中供暖以及个人热泵投资削减供暖成本。燃料成本由投资替代，当在技术寿命期间，付款按照实际3%的利率时，年投资成本其实低于节约燃料的成本。

总附加净投资额约90亿欧元。实际必须投资130亿欧元，其中参考对照值可以节约40亿欧元投资。表6.3显示了年投资和操作成本，假定前提是替换过程的实施在2011至2020的10年间。如图所示，该计划实施需要大量净投资，从而逐渐节约大量燃料成本。净投资会在一开始对收支平衡产生副作用（正进口净值）。然而，由于减少了化石燃料的进口，该影响得到缓解，最后产生积极作用（负进口净值）。若从投资时间总长的角度来衡量，影响是积极、可观的。实施十年内的净投资也将在这十年期间每年创造约7000到8000个职位。

表6.3 成本与创造就业

百万丹麦克朗	全年	2011	2012	2013	2014	2015	2016	2017	2018	2019	2020	2021
集中供暖网	58000	5800	5800	5800	5800	5800	5800	5800	5800	5800	5800	0
DH房屋安装	9240	924	924	924	924	924	924	924	924	924	924	0
个人热泵	11550	1155	1155	1155	1155	1155	1155	1155	1155	1155	1155	0
大型热泵	6000	600	600	600	600	600	600	600	600	600	600	0

续表

百万丹麦克朗	全年	2011	2012	2013	2014	2015	2016	2017	2018	2019	2020	2021
峰值负载锅炉	4000	400	400	400	400	400	400	400	400	400	400	0
生物质锅炉	5000	500	500	500	500	500	500	500	500	500	500	0
太阳热能	5600	560	560	560	560	560	560	560	560	560	560	0
地热	1400	140	140	140	140	140	140	140	140	140	140	0
新投资总额	100790	10079	10079	10079	10079	10079	10079	10079	10079	10079	10079	0
节约燃油锅炉	11400	1140	1140	1140	1140	1140	1140	1140	1140	1140	1140	0
节约生物质锅炉	8400	840	840	840	840	840	840	840	840	840	840	0
节约天然气锅炉	10460	1046	1046	1046	1046	1046	1046	1046	1046	1046	1046	0
节约总投资额	30260	3026	3026	3026	3026	3026	3026	3026	3026	3026	3026	0
净投资额	70530	7053	7053	7053	7053	7053	7053	7053	7053	7053	7053	0
运行维护增加额	8438	70	211	352	492	633	774	914	1055	1195	1336	1406
运行维护节约额	-9609	-80	-240	-400	-561	-721	-881	-1041	-1201	-1361	-1521	-1602
运行维护净变化值	-1171	-10	-29	-49	-68	-88	-107	-127	-146	-166	-185	-195
燃料净变化值	-19722	-164	-493	-822	-1150	-1479	-1808	-2137	-2465	-2794	-3123	-3287
总成本	49637	6879	6531	6182	5834	5486	5138	4790	4441	4093	3745	-3482
进口成本	12200	2688	2421	2154	1887	1620	1353	1087	820	553	286	-2669
就业	74874	8382	8220	8057	7894	7731	7569	7406	7243	7081	6918	-1627

然而，替代方案的实施对政府开支的影响是多方面的。首先，替代方案实施时必须有积极的能源政策的支撑，因为在现行的税收和补贴下，一些投资对投资者而言并无可行性。其次，由于针对油和天然气的消费需要征税，在这些能源被替代后政府将缺少这一部分收入。最后，创造就业将产生额外的所得税。

在表 6.4 中对不同结果的影响程度进行预计。由于增值税以及倍增效应并未计入在内，因此这只是一个估计值。另外，由于丹麦的税收系统十分复杂，并没有详细计算所有的影响。然而，这个表很好地概括了不同措施产生影响的程度。

在表 6.4 中，表头列出了现行的税收条目，然后列出相关化石燃料消费的所有变化，将其分到相关的税收分类中。基于这两组数据，计算：①相较于参照值，个人锅炉所用油和天然气在税收上的减少；②其他税收的增长，比如，针对热泵用电的税收。由此可见，政府第一年将在油和天然气的税收上损失 140 百万丹麦克朗，然后，在十年后，即计划全面实施后，政府的损失将逐渐增至 240 百万丹麦克朗。该损失中大约 50% 将从热泵用电的税收中得到补偿。

然而，作为燃料税收损失的补偿，政府将在两方面从创造就业中获益。首先，政府可以节省失业津贴的补贴；其次，所得税的税收增加了。总之，这种方案在一

表 6.4　对政府开支的实际影响

				丹麦克朗/米^3	丹麦克朗/千瓦时	百万丹麦克朗/兆瓦时
输入数据	节约失业津贴	0.12 百万丹麦克朗/人年	个人用天然气	2.629	0.239	0.239
	收入增加值	0.18 百万丹麦克朗/人年	工业用天然气	2.629	0.239	0.239
			热泵供暖		0.208	0.208
			锅炉供暖		0.208	0.208
			热电联合供暖	2.620	0.238	0.238
			个人用油气	2.469	0.247	0.247
			工业用油	2.469	0.247	0.247
			个人用热泵(电)		0.545	0.545

表 6.4　对政府开支的实际影响(续)

百万丹麦克朗	所有年份	2011	2012	2013	2014	2015	2016	2017	2018	2019	2020	2021
补贴(太阳能和热泵)		20	20	15	15	10	10	5	5	0	0	0
就业	74874	8382	8220	8057	7894	7731	7569	7406	7243	7081	6918	-1627
兆瓦时/年												
百万丹麦克朗	所有年份	2011	2012	2013	2014	2015	2016	2017	2018	2019	2020	2021
天然气(个人用)	-24600	-205	-615	-1025	-1435	-1845	-2255	-2665	-3075	-3485	-3895	-4100
天然气(工业用)	-15240	-127	-381	-635	-889	-1143	-1397	-1651	-1905	-2159	-2413	-2540
总天然气热电联供	-3060	-26	-77	-128	-179	-230	-281	-332	-383	-434	-485	-510
免税部分(0.38/ 0.62)	-1875	-16	-47	-78	-109	-141	-172	-203	-234	-266	-297	-313
天然气热电联供征税	-1185	-10	-30	-49	-69	-89	-109	-128	-148	-168	-188	-197
天然气(锅炉)	-9360	-78	-234	-390	-546	-702	-858	-1014	-1170	-1326	-1482	-1560
油气(锅炉)	-12420	-104	-311	-518	-725	-932	-1139	-1346	-1553	-1760	-1967	-2070

续表

百万丹麦克朗	所有年份	2011	2012	2013	2014	2015	2016	2017	2018	2019	2020	2021
油（工业用）	-17160	-143	-429	-715	-1001	-1287	-1573	-1859	-2145	-2431	-2717	-2860
热泵供暖	38700	383	963	1613	2258	2903	3548	4193	4838	5483	6128	6450
个人热泵用电	4878	41	122	203	285	366	447	528	610	691	772	813
税收损失（百万丹麦克朗）		-140	-421	-701	-981	-1262	-1542	-1823	-2103	-2384	-2664	2804
附加税		71	212	353	495	636	777	919	1060	1201	1343	1413
税收净减值		-70	-209	-348	-487	-626	-765	-904	-1043	-1182	-1321	-1391
节约津贴		1006	986	967	947	928	908	889	869	850	830	-195
所得税增加值		1509	1480	1450	1421	1392	1362	1333	1304	1275	1245	-293
百万丹麦克朗	所有年份	2011	2012	2013	2014	2015	2016	2017	2018	2019	2020	2021
政策手段实施前实际影响		2445	2257	2069	1881	1693	1506	1318	1130	942	754	-1879
太阳能和热泵补贴		-232	-232	-174	-174	-116	-116	-58	-58	0	0	0
天然气公司补偿		-56	-56	-56	-56	-56	-56	-56	-56	-56	-56	-56
个人用热泵税收减免		-14	-41	-68	-96	-123	-151	-178	-205	-233	-260	-274
大型热泵税收减免		-23	-68	-114	-159	-204	-250	-295	-341	-386	-431	-454
政策手段总计		-325	-397	-412	-485	-499	-573	-587	-660	-675	-747	-784
对政府开支净影响		2120	1860	1657	1396	1194	933	731	470	267	7	-2663

开始每年将会为政府增加25亿丹麦克朗的收入，到2020年则会慢慢降至20亿丹麦克朗。

该方案实际（如果计划实施不需要任何补贴或类似政策）对政府开支有积极影响，在2011年为25亿丹麦克朗，到2020年则会降至7.5亿丹麦克朗。

我们进行了一项调查，调查阻碍投资在市场上可行性的因素，根据此项调查，我们提出下列公共整治措施：

• 在开始两年，需要对20%的热泵和太阳热能进行补贴，然后在整个实施期间逐渐降低到15%、10%、5%。

• 应补偿天然气公司在天然气网络中尚未偿还的贷款，这样剩余的消费者不会为已经离开这个体系的消费者支付该笔费用。

• 应减少现有的对小规模以及大规模热泵用电的征税。

总之，这些补贴以及税收减免政策将会在第一年增加约3亿丹麦克朗的政府开支，10年之后将会增至大约8亿丹麦克朗。

如表6.4所示，在采取所有的措施、计入所有的因素后，该方案对政府的实际影响是，政府在第一年大约盈利20亿丹麦克朗，然后在10年后逐渐减至为0。

因此，该案例解释了经济危机如何推动未来可再生能源解决方案关键因素的实施和基础设施的建设，它们在创造就业的同时对政府开支并没有负面影响。

具体制度经济学的核心是分析市场所在的具体制度背景，并考虑到不同的国家，以及在不同的时间存在不同的制度。因此，即使对具体制度经济学的需求适用于很多不同的案例，在现有的条件下，丹麦这一案例并不适用于另一国家及/或其他情况。我们需要对案例中的国家进行具体分析，我们可能发现其涉及诸如与国外公司的劳动力或外国人相关的问题，或者与可持续发展和反腐的问题相关。然而，在经济危机时，很多国家在制定策略时，由于考虑到政策是否会进一步促进经济增长与实施可持续性战略相结合，因此他们很有可能得出相似的结论。

6.4 零耗能建筑和智能网络[①]

本部分内容基于Lund、Marszal和Heiselberg（2011）撰写的论文《零耗能建筑和不匹配补偿系数》。论文从整个能源系统的角度出发，分析了零耗能和零排放建筑（ZEBs）并入电网的问题。能源产量和建筑物耗能量每小时都会出现差额，因此需要通过公共电网进行电力交换，尽管建筑物的年净交换量为零。综上原因，人们开始考虑将ZEBs并入电网的问题。

---

① 内容节选自《能源与建筑物》第43期第1646-1654页（2011）由Henrik Lund、Anna Marszal和Per-Heiselberg撰写的《零耗能建筑和不匹配补偿系数》一文，已获得爱思唯尔出版社许可。

ZEB 将高能效建筑设计、技术体系和设备结合起来，就地使用可再生能源发电，从而将供暖和电力需求降至最低。所用的可再生能源一般包括太阳能热水系统和屋顶光伏（PV）系统，有时也会考虑使用热泵和小型微 CHP 装置（最好是以生物质为燃料）。

ZEB 可以独立于网络也可以借助于网络运行。对于与网络相连的 ZEBs，其能源需求降低且可以就地生产热能，并且电力已达到零能耗目的，然而随之而来的问题是需求与产量之间每小时会出现差额，如何处理这一差额。一座可实现节能生产（如通过光伏系统）的建筑，其净年能源输入量为零，但同时又与公共电网进行大量的电力交换，面对这样的问题，该如何解决？建筑应通过本身补偿交换需求呢，还是应从整体上解决该问题？

针对单个建筑物的解决方法是要么使需求变得灵活，要么储备能源。然而，笔者认为，从优化整个能源系统的角度来看，应从整体上而不是在单个建筑物层面上来处理这些供需差额。与整体层面相比，在单个建筑物层面上解决问题在经济上不可行。此外，在单个建筑物层面上解决问题还有可能会使情况变得更糟。当然，“使需求变得灵活”这一方法应在单个建筑物层面上得以实施，但目标不应仅限于满足相关单个建筑物的电力交换需求，而是有助于补偿许多建筑物的整体交换。

为了对交换需求进行量化，定义了以下四种 ZEB：

1. PV ZEB：电力需求较小，安装了光伏装置的建筑。

2. 风力 ZEB：电力需求较小，就地安装了小型风力涡轮机的建筑。

3. PV-太阳热能-热泵 ZEB：热能和电力需求较小，安装了光伏装置、太阳能集热器和热泵并储备了热能的建筑。

4. 风力-太阳热能-热泵 ZEB：热能和电力需求较小，安装了风力涡轮机、太阳能集热器和热泵并储备了热能的建筑。

使用了一座现有建筑来量化热能和电力需求之间的关系，这座建筑是位于丹麦利斯楚普镇的一个独户住房，该住房的设计以零排放为目标。房屋建于 2009 年，是“主动式建筑”项目的示范房，由 VHR 控股公司建造。该房屋面积为 $190m^2$，其能源需求如下：

- 生活热水：每年 18.3 千瓦时/平方米（66 兆焦耳/平方米）。
- 环流供暖：每年 15 千瓦时/平方米（54 兆焦耳/平方米）。
- 房屋用电量：每年 6.7 千瓦时/平方米。
- 家庭用电：每年 13.2 千瓦时/平方米。
- PV 发电量：每年 29.1 千瓦时/平方米。
- 太阳热能：每年 11 千瓦时/平方米（40 兆焦耳/平方米）。

- 热泵热输出：每年 22.4 千瓦时/平方米（81 兆焦耳/平方米）。

基于利斯楚普 ZEB 数据，预计 PV-太阳热能-热泵 ZEB 的年度能源供需数据如下：

- 热需求：6.3 兆瓦时/年。
- 电力需求：3.8 兆瓦时/年。
- 太阳热能：2.1 兆瓦时/年。
- PV 产量：5.5 兆瓦时/年。
- 热泵：将 1.7 兆瓦时/年（5.5－3.8）转化为 4.2 兆瓦时，即 COP 为 2.5。
- 计算中，加上了 17 千瓦时的储热量（相当于一天的平均热需求量），用以平衡热水消耗量和太阳热能产量的波动。

对于风力-太阳热能-热泵 ZEB 使用了相同的数据，只是将 PV 产量换成了风力涡轮机。根据 ZEB 的定义，可以是一个就地安装的小型风力涡轮机，也可以是一个大型风力涡轮机的一部分。下面的计算同时代表了这两种情况。这两种 ZEB 的原理图见图 6.7 和 6.8。另外两种建筑，即 PV ZEB 和风力 ZEB，除热需求之外，基于相同的数据，即电力需求 3.8 兆瓦时/年以及类似的 PV 或风力产量。

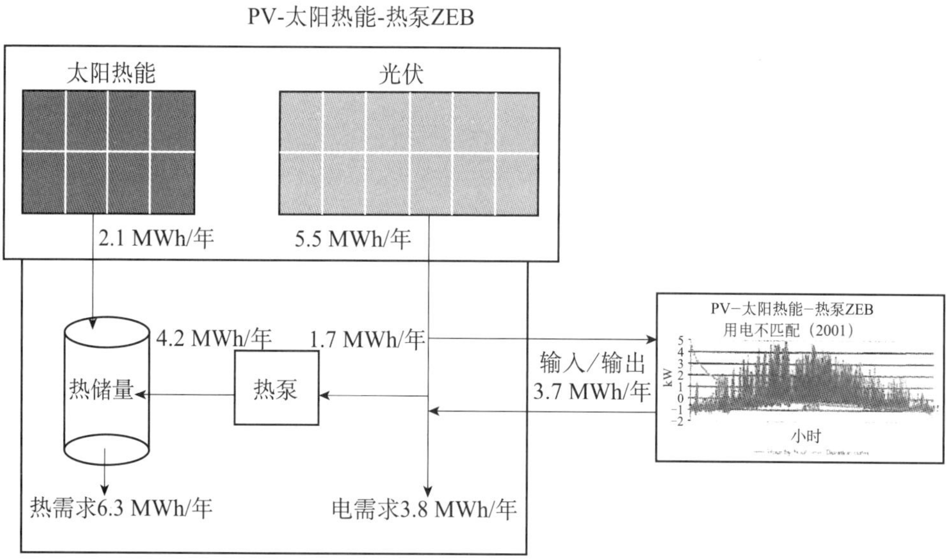

图 6.7 预计年净热需求和电需求为零但需要进行大量电力交换的 PV-太阳热能-热泵 ZEB 原理图。将电力交换量作为 ZEB 在整体层面的平均贡献量进行了计算

将 ZEB 接入公共电网以及交换和补偿需求等问题不应在单个建筑物层面上解决，应从整体上进行补偿，原因如下：

第一，投资和运行一个 10000 千瓦时的大型电池所需的成本比运行一千个 10 千瓦时的电池所需的成本低得多，因为大电池可以使用诸如钒氧化还原液流电池等新

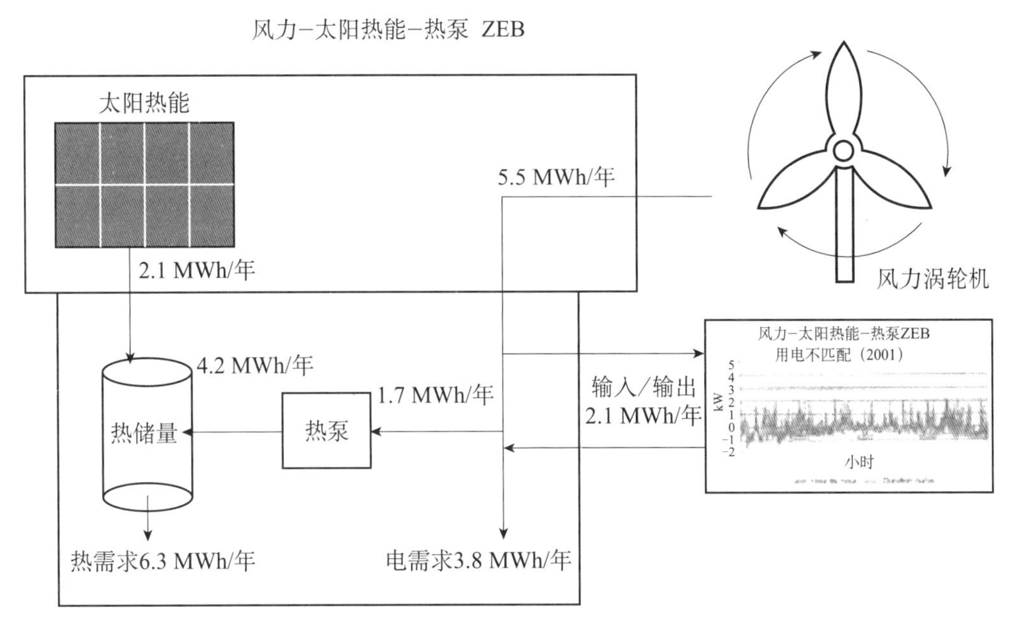

图 6.8　预计年净热需求和电需求为零但需要进行大量电力交换的风力-太阳热能-热泵 ZEB 原理图。将电力交换量作为 ZEB 在整体层面的平均贡献量进行了计算

技术。

第二，其他系统方案可以以更低的成本实现相同的调控效果。如第五章详细介绍的，这些方案包括改变现有小型 CHP 装置的调控方式，在现有 CHP 装置和集中供暖系统中引进大型热泵，在运输部门使用电力或引进电力储存系统，例如，压缩空气能源储存。因此，在整体层面上解决这些问题可以节省资金。

第三，从整体层面上可以平衡掉单个建筑物的影响。这类似于供电系统的设计。在设计上，发电厂能够满足的电力需求并不是用户的数量乘以每个用户的最大耗能量。如果是这样，则花费在输电线路和发电站上的投资会非常大。最大耗能量加在一起的这种情况永远不会发生，原因很简单，即所有用户的耗能量不会同时达到峰值。单个用户的耗能量在整体的层面上被平衡掉了。对于单个建筑物的电力需求和 PV 或风力发电量变化带来的供需差额，情况相同。一座建筑的电力交换通过其他建筑的电力交换部分得到了补偿。试图对每座建筑物的每个交换需求进行补偿的结果是一座建筑在为电池充电的同时另一座建筑在为电池放电，这样会带来不必要的损失。从供电系统的角度来看，重要的不是“一座建筑的交换”，而是所有建筑进行的总体交换。如果试图对每座建筑物的每个交换需求进行补偿，则与从整体层面进行补偿相比，系统投资会严重超支，系统运行效率低下。

第四，情况可能会变得更糟。原因是，从单座建筑物的角度来看，往往从消极的方面看待交换需求。一旦有交换需求，就会将其看作是需要解决的问题。然而，从供电系统的角度来看，交换未必是消极的，也有可能是积极的。

图 6.9 显示了 2001 年 2 月丹麦西部一周内的电力需求变化情况。用电量在白天较高，夜晚和周末较低。这一变化情况是所有国家普遍存在的情况，虽然不同国家的电力需求曲线的具体形状会有所不同。从供电的角度来看，所有降低夜晚需求、增加白天需求的电力交换都是消极的。这样的交换会增加对产能的需求，增加用电高峰时段昂贵设备的产量，只能在基本负荷时段，节省成本较低的装置的产量。然而，基于同样的原因，情况相反的电力交换（即减少峰值负荷时段的用电需求，增加基本负荷时段的需求）可以为系统带来积极的影响。因此，不应对这样的交换进行补偿。如果针对单个建筑物进行投资以满足灵活的需求或建设能源储存系统，以尽量减少这一交换需求，则只会使情况变得更糟。

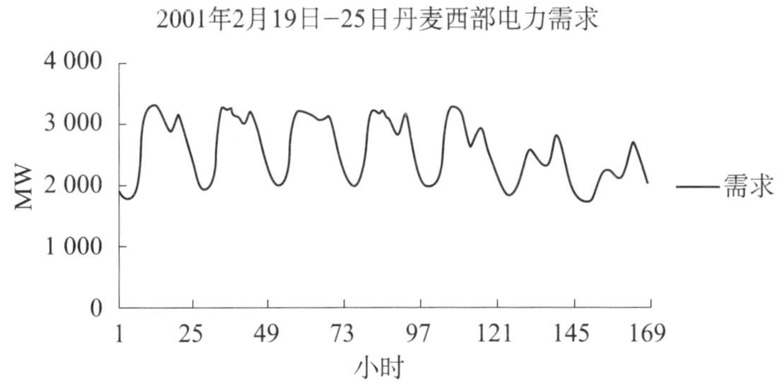

图 6.9　2001 年 2 月丹麦西部电力需求每小时变化情况。夜晚耗电、白天发电的 ZEB 产生的不匹配是积极的，不应对其进行补偿

图 6.10 和图 6.11 分别将相同的电力需求变化情况（年需电量为 3.8MWh）与 PV ZEB 和风力 ZEB 的电力交换情况进行了对比。交换需求计算基于丹麦西部在 2001 年 2 月同一周内 PV 集热器和风力涡轮机的实际发电量，使用的是第 5.2 节中描述的数据。波动情况是整体波动情况，代表了大约 100 万个 ZEBs。可以看出，建筑物电力需求和 PV 产量之间的差额一般会给系统带来积极的电力交换，而电力需求和风力发电之间的差额既能带来积极的电力交换也能带来消极的电力交换。应该注意的是 100 万个 ZEBs 在丹麦可预见的未来中是无法实现的数目，此处，仅用于对图表进行说明。此外，此处的讨论未考虑当地配电网可能存在的局限性（即压降）。

以上情况说明了要将能效组合和可再生能源措施以最高效最经济的方式并入系统，将 ZEBs 的设计和运行包含到整个能源系统的一致性中是多么重要。试图不考虑整个能源系统，单独解决这一并入问题，很可能会在单个建筑物层面乃至整个系统层面导致过度投资和低效运行。

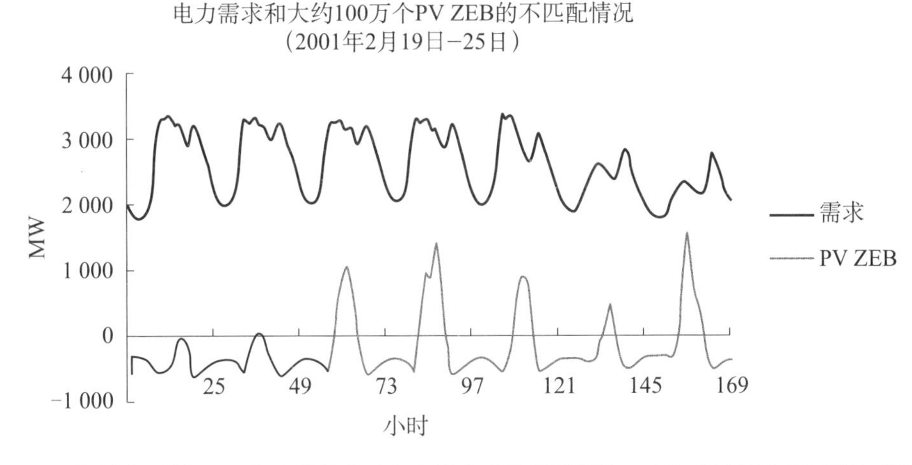

图 6.10　与丹麦西部 2001 年 2 月每小时电力需求变化情况相比，大约 100 万个 PV ZEBs 的不匹配情况。基于 2 月同一周内实际 PV 产量，考虑了大约 267 台 PV 装置之间的平衡问题

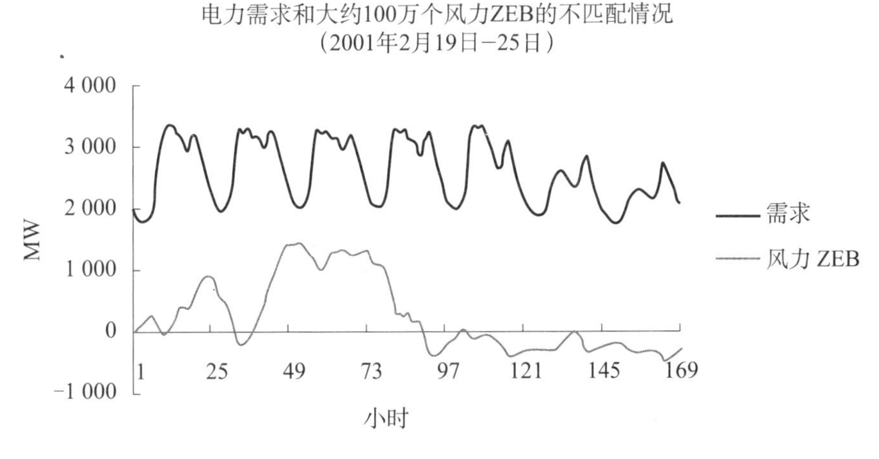

图 6.11　与丹麦西部 2001 年 2 月每小时电力需求变化情况相比，大约 100 万个风力 ZEBs 的不匹配情况。基于 2 月同一周内实际风力发电量，考虑了丹麦西部同一年若干台风力涡轮机之间的平衡问题

6.5　未来的发电厂和智能能源系统[①]

该部分由特约撰稿人 Anders N. Andersen、Poul Φstergaard、Brian Vad Mathiesen 和 David Connolly 提供。

该部分基于 Lund、Andersen、Φstergaard、Mathiesen 和 Connolly 的一篇文章，该

---

① 节选自《能源》42 期由 Henrik Lund、Anders N. Andersen、Poul Alberg Φstergaard、Brian Vad Mathiesen 和 David Connolly 合力完成的文章《从电力智能网到智能能源系统——基于市场运营的方法和见解》，96 - 102 页（2012 年出版），已征得爱思唯尔许可。

文章撰写于2012年，名为《从电力智能电网到智能能源系统——基于市场运作的方法和见解》。通过对丹麦北部斯卡恩热电联供厂设计及运营的描述，该文为我们例证了智能电网作为以再生能源为基础的未来智能能源系统的一部分，根据智能电网的方法，未来电厂将呈现怎样的景象。有趣的一点是该案例中一些智能电网和智能能源系统所需的主要条件已经得到实现，有一些甚至已经运行几年了。同时值得注意的一点是这些变化的实现都得益于斯卡恩热电联供厂积极利用北欧电力市场开放的契机。

要实现从目前大规模再生电力整合的能源体系到100%可再生能源体系的转变，能源系统必须向电网运营、热电联供及电厂提出挑战——它们必须在无风也无太阳的天气里发电。正如在第五章所描述的，要迎接这一挑战，电网的稳定性有待于进一步提高，同时，需要创造更多灵活的发电方式。这意味着未来电厂将与今天的面貌截然不同。主要的挑战描述如下：

首先，科技弹性的需求更大。与今天大多数的核能和燃煤蒸汽涡轮机相比，未来的发电厂能够以更快的速度改变产量。而且，它们应该能够在一小时内停止生产，并在之后迅速恢复生产。这也是今天蒸汽涡轮机做不到的事情。

其次，发电厂需要在年产量减少时在财务上依然能够撑过去。按照计划，RES在丹麦整个可再生能源系统中占有份额在2020年增长到50%，未来进一步增长到80%，同时，发电厂电量的年生产小时会随之减少。在Lund和Mathiesen 2012年发表的文章中，经计算，一家发电厂现在一般年均生产小时约为4000小时每年，未来将会降至1200小时每年。这对发电厂的财务状况是一种挑战。在产量如此低的情况下，它们如何才能存活并且盈利？

再次，维持输电线路系统网络稳定以及提供诸如调节电力等辅助服务比较困难。现在，在绝大多数国家，维持输电线路系统网络稳定（频率以及电压）由大型蒸汽涡轮机及/或水力发电厂负责。然而，在未来，即使在发电厂不工作的时候也应保持输电线路网络的稳定。

最后，发电厂绝大多数情况下应该是热电联供的。为了能够最有效地使用系统中的燃料，发电厂只产电的情况应该是极少的。所有的装置都应该能够向集中供暖和/或制冷设施供热，同时为生物质能转换供热，或提供出于工业目的供暖。因此，发电站必须是热电联供的，并且满足上述要求。

问题是，设计一个能够解决这些所有问题的发电厂的同时，还要确保该发电厂具有可行性，这可能么？斯卡恩的例子揭示了怎样才能完成这一目标。斯卡恩本身就是一个热电联供电厂，另配有废物焚烧锅炉一台，电锅炉一台，同时还有工业余热。最后，斯卡恩的案例揭示了其他产热装置是如何对一家热电联供的电厂进行补充的。并且，这个案例也揭示了在输电线路网络稳定维持的任务（比如确保电力供应的电压以及频率的稳定）在系统中纳入分散的热电联供和再生能源发电对于实现电网稳定的重要作用。

如图 6. 12 中所列，斯卡恩热电联供电厂有三个内燃机、蓄热器、一个燃气峰值负荷锅炉以及一个电锅炉。并且，斯卡恩热电联供电厂接受一家焚化厂供热以及工业余热，同时也在考虑投资一个大型热泵。

装置	大小
热电联供容量	13 兆瓦电力和 16 兆焦耳/秒（三个 4. 3 兆瓦电力天然气装置）
蓄热器	250 兆瓦时
峰值负荷锅炉	37 兆瓦
电锅炉	10 兆瓦
压缩式热泵	考虑中

图 6. 12　技术规格以及斯卡恩热电联供电厂说明

丹麦电力市场作为北欧联盟系统的一个部分，已在图 6. 13 中体现。如图所示，市场分为一个日前现货市场和许多调节电力市场。欧洲系统的具体组织各不相同，但是对绝大多数国家来说，图 6. 13 所示原则是很典型的。

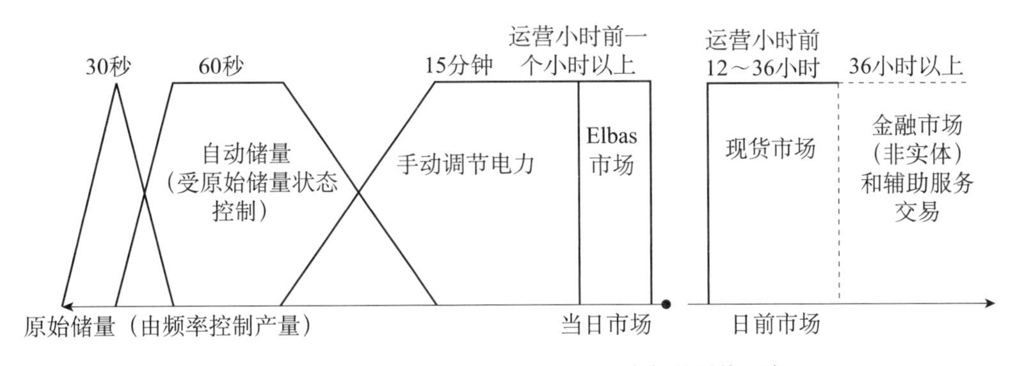

图 6. 13　主要电力市场（主要针对基于市场的系统而言）

斯卡恩的案例为潜在的灵活能源系统的提出技术设计，这些潜在的灵活能源系统能够在平衡生产和需求的同时，满足输电网络电压和频率稳定的需求。它也揭示了如何在丹麦小部分地区实施这种运营。

如斯卡恩热电联供电厂一样，小的热电联供电厂可以进入不同的市场，该厂时间路线如下所示：

- 2005 年 1 月，日前现货市场。
- 2006 年，调整电力市场。
- 2009 年 11 月，自动原始储量。

斯卡恩热电联供电厂已经在日前现货市场运营好多年，也是第一批进入调节电力市场的小热电联供电厂。自 2009 年 11 月起，斯卡恩开始在自动原始储量市场运营。

该厂按照如下顺序实现在所有这些市场的同步运营。提前一天在现货市场投标。来自热电联供设备的电投标价格基于来自内燃炉或电锅炉供暖的替换成本。在计算价格时，蓄热器的选择也需要慎重考虑。投标的计算在 Andersen 和 Lund 2007 年发表的文章中有过描述，优化蓄热器投资的考量在 Lund 和 Andersen 2005 年的文章中有过阐述。

热电联供装置在调整电力市场中的操作方式有以下两种：如果在现货市场中的运营比较成功，那么提供下行的调整；否则提供上行的调整。相反的情况适用于电锅炉。另外，电热联产装置可以在自动原始储量市场中使用。这可以通过将电热联产厂的全部产能去掉 10% 之后供给现货市场来实现。如果中标，相同的装置按照增减 10% 的运营提供给原始自动储量市场。相同原则适用于电锅炉。图 6. 14 显示了 2010 年 5 月的一天该厂的运营。

图 6. 14 显示日期是在 2010 年 5 月 13 日，星期四，三个热电联供设备在当天的中午和晚上高价时间在现货市场交易了自己所有的供电量。在 5 月 14 日，星期五，这三个热电联供设备在中午高价时段在现货市场进行交易，但是，它们并不是按照全部供电量进行交易，而是将剩余电力在原始储量市场进行交易。在 5 月 16 日，星期日，电锅炉产生一半电量，使它既处于正原始储量（减少消耗），也处于负原始储量（增加消耗）。在 5 月 18 号，星期二，所有三个热电联供设备由于上行调整，全部在调整电力市场启用。接下来的那天，10 兆瓦的电锅炉由于下行调整在调整电力市场启用。

另一个有关斯卡恩热电联供电厂调节潜力的有趣案例发生在 2011 年 3 月 25 日，如图 6. 15 所示。在当天的头四个小时，斯卡恩用 10 兆瓦的电锅炉赢得负原始储量。因此，它并没有全力运行。在不到凌晨 3 点的时候，斯卡恩在调整电力市场中赢得下行调整，所以电锅炉产出增长了大约 4 兆瓦。与此同时，斯卡恩在原始储量赢得并进行了频率调整。在凌晨 4 点以后，斯卡恩没有赢得任何附加原始储量，所以电锅炉为了调整电力市场的下行调节全力发电（即 10 兆瓦），持续整整一个小时，从下午 4 点到 8 点，只有部分热电联供设备在现货市场售卖，这样斯卡恩在这 4 个小时内既可以提供正原始储量也可以提供负原始储量。

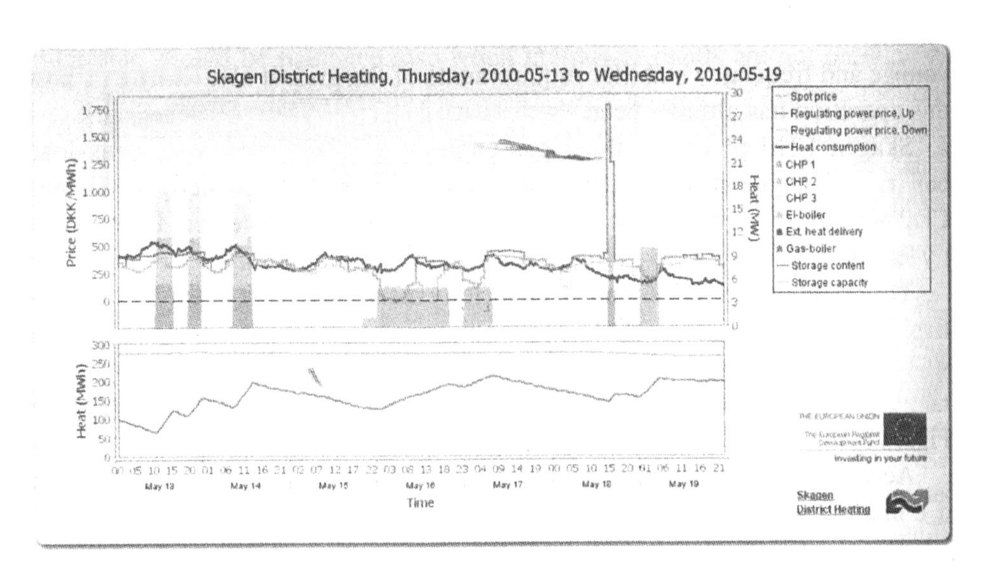

图 6.14　斯卡恩热电联供电厂于 2010 年 5 月 13 日—19 日在现货市场、调整电力市场以及原始储量市场的表现（见 www. emd. dk/desire/skagen）

斯卡恩热电联供电厂的线上操作可以通过 www. emd. dk/desire/Skagen 查询现货市场和平衡结算市场价格。

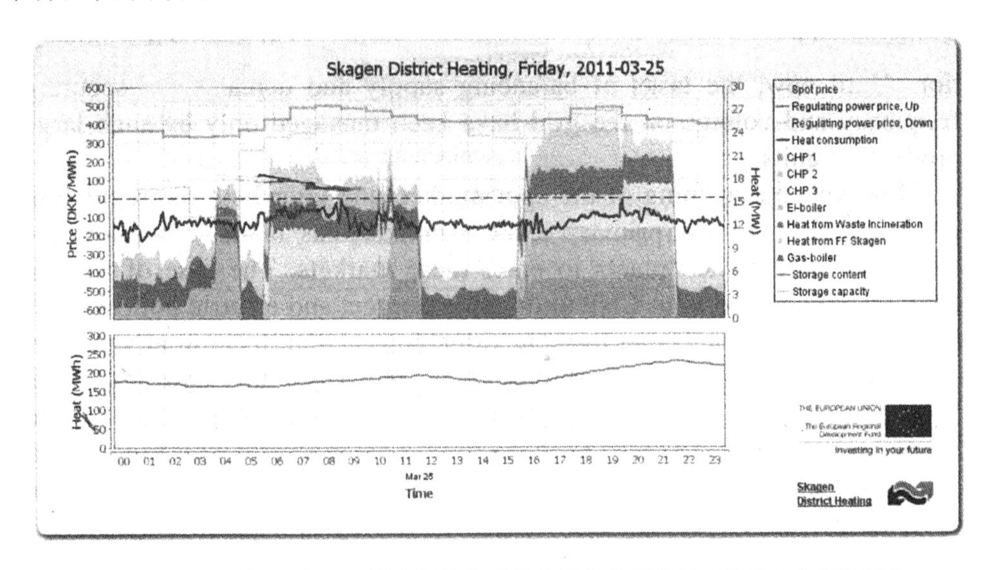

图 6.15　2011 年 3 月 25 日斯卡恩热电联供电厂在现货市场、调节电力市场以及原始储量市场的表现（见 www. emd. dk/desire/skagen）

斯卡恩热电联供电厂在原始储量市场的相关投资成本非常低。现有热电联供装置的控制设备的成本（即电厂提供 ±1. 4 兆瓦电力的设备成本）也仅仅只需 27000 欧，而 10 兆瓦电锅炉的成本是 70 万欧元。

如上文所述，斯卡恩热电联供电厂可以说是能够满足在这一章开头所提到的未来电站要求的范例。斯卡恩是一个热电联供电厂，它能够提供灵活的生产，在生产和消费电力之间时时变化。与此同时，该厂在维持输电线路网络稳定以及调节电力上起到积极作用。仅需使用热电联供设备较短时间即可实现目的，并且允许风能发电的大量参与。在热能供应中也可以利用废物焚烧和工业余热，与此同时，它还能保证财务上有盈利。如果斯卡恩在发动机需要更换时为电力储量市场保留现有发动机，那么它在短短几个小时内提供较高电力输入的能力在未来将被广泛推广。考虑在丹麦的系统中有大量的类似发电能力的小热电联供电厂，该解决方案可以复制，并且成为未来整个系统的一致方案。

对于智能输电网络和智能能源系统而言，斯卡恩热电联供厂的灵活操作揭示了分布式的热电联供和可再生能源生产对于维持输电线路网络稳定（比如确保电力供应的电压以及频率的稳定）的重要性。如今，绝大多数国家采用水力发电，或是由燃烧化石燃料的大型蒸汽涡轮机发电，或由核能发电。波动或间断的可再生能源发电只占总发电量很小的一部分。到目前为止，平衡供求以及确保输电线路网络的频率和电压稳定的任务只能由那种大型产电装置完成。

然而，现货市场的开放以及后续调整电力市场和原始储量市场的开放，使小型分散热电联供电厂可以进入这些市场。斯卡恩热电联供电厂装配有热电联供装置、蓄热器和电锅炉的案例显示了小厂如何以较低的附加投资和运营成本实现输电线路网络稳定性。同时，这个案例也揭示了，相较于把电气作为能源系统独立的一部分，把电气作为整个可再生能源系统一部分可以为智能输电线路网络应用提供更优更省的解决方案。因此，智能能源系统方案相较于单独的智能电力输送网络方案可能更有益处。

6.6 可再生能源转化为交通运输燃料的方法①

本章节由特约撰稿人 David Connolly 和 Brian Vad Mathiesen 提供。

本章节基于 Mathiesen 和 Connolly 等人撰写的报告（2014）《为实现 2050 年 CEESA 100% 可再生能源的运输方案》。本报告是由丹麦战略研究理事会提供部分资助的连贯能源与环境系统分析（Coherent Energy and Environmental System Analysis，简称 CEESA）项目的分析结果。此外，本报告是 CEESA100% 可再生能源方案的背景报告，在第七章中进行了介绍。正如第七章中所介绍的，在 CEESA 项目及同类研究中得出的基本结论是，可用于能源使用的生物质是非常有限的，虽然这种基于生物质的气体或液体燃料可以在运输业中补充直接用电。这对识别合适的可再生能源

① 内容节选自 Brian Vad Mathiesen、David Connolly 等人（2014）撰写的《为实现 2050 年 CEESA 100% 可再生能源的交通运输方案》。

运输燃料途径的总体设计造成了挑战。

鉴于现有的用于生产电能的可再生能源和与生物质有关的限制因素，如何在运输业中最大化地使用电能和最小化地使用生物能是主要的考量因素。总体而言，本文中对五个不同的途径进行了详细的分析（见表6.5）：电气化，发酵，生物能源氢化（包括生物质和生物气），CO_2加氢，共同电解。本文对所有这些途径都进行了详细的阐述和全面的对比。每一个途径都用独立的能流图对生产100PJ所需的电能和生物质进行概述。然而，由于实际的原因，下文中只有主要途径的能流图。

表6.5　CEESA考虑的交通运输燃料转化方法及其主要目标

考虑到的方法	主要目标
直接电气化	将电作为主要的交通运输燃料
发酵	使用发酵槽将秸秆转化为适用于交通运输的燃料（即乙醇）
生物能加氢	将生物质资源气化或使用厌氧消化池生产沼气，然后使用蒸汽电解产生的氢气增加其能源潜力，使其成为交通运输用燃料
CO_2加氢（CO_2 Hydro）	不直接消耗生物质，使用蒸汽电解产生的氢气和游离二氧化碳生产燃料
共同电解	不直接消耗生物质，通过蒸汽和游离二氧化碳共同电解生产燃料

当前阶段还无法确定未来的交通运输系统会在多大程度上使用液体或气体燃料（或两者的组合）来对交通用电进行补充。因此，针对气体和液体燃料设计了以下转化方法。然而，为了设计转化方法，需确定最终燃料，以确定转换损失。气体燃料选择了甲烷，其性能与天然气非常接近，天然气汽车已发展到了较为完善的阶段，全世界的天然气汽车已超1千万辆。

出于多种原因，甲醇被认为是100%可再生能源系统的首选液体燃料。甲醇是结构最为简单的醇类，在所有液体燃料中其碳含量最低，氢含量最高。此外，甲醇可代替汽油用作内燃机燃料，且需要做出的改动较少。这已在美国得到证实：20世纪90年代中期，美国在用的甲醇汽车约有20000辆，甲醇加油站100个（Bromberg和Cheng，2010）。目前，这一点也在中国得以证实：中国5年内将引进超过200000辆甲醇汽车（中国甲醇协会，2011）。然而，值得注意的是二甲醚（DME）也可以使用。二甲醚是甲醇的第一衍生物，非常适合代替传统的柴油（Pontzen等人，2011）。与甲醇相比，选择甲二醚可以减少效率损失，因为与汽油机相比，柴油机效率更高。因此，从油井到车轮的角度来看，流程图中显示的交通运输对甲醇和二甲醚的需求是类似的。

文中分别列出了针对所有燃料的客运交通需求（pkm）和货运交通需求（tkm），这些燃料有的可满足客运交通需求，有的可满足货运交通需求，有一种情况除外，即电池电气化。能量比耗见表6.6，这些数据是在丹麦能源署（2008）统计的车辆效率的基础上得出的。通过评估从生产到消耗过程中的能源损失可以对所需资源的转化方法以及所满足的交通运输需求进行对比。下面介绍了一些方法并对其进行了对比。

6.6.1 直接电气化

电可以通过两种方式直接用做交通运输燃料：输电至终端用户或使用电池作为存储介质。到目前为止，电轨和公交车（即无轨电车）是仅有的两种将电直接输送至终端用户的交通运输方式。主要限制是所需的基础设施，因为必须时刻有电缆连接至终端用户。这对初期投资的要求很高，而且还会限制交通线路。然而，基础设施一旦建成，由于电轨效率很高，100PJ 的电力就能满足 300Gpkm 或 325Gtkm 这一相对较高的交通运输需求（见图 6.16）。

表 6.6 能源消耗具体情况，用于评估生产的交通运输燃料可以满足的交通运输需求

	客运交通		货运交通	
燃料	负荷系数（p/车辆）	能量比耗（MJ/pkm）	负荷系数（t/车辆）	能量比耗（MJ/tkm）
电轨	84.00	0.34	278	0.31
电动汽车	1.50	0.32	n/a	无
甲醇/DME	1.50	1.15	12	1.90
甲烷	1.50	1.57	12	2.65
乙醇	1.50	1.50	12	3.30
基于丹麦能源署（2008）得出的 2010 年参考和车辆效率估算数据				

为了提高电动交通工具线路的灵活性，可以使用电池。如今，市场上已出现多个电动和混合电动汽车技术（Hansen、Mathiesen 和 Connolly，2011）。因此，从技术的角度来看，在不久的将来实施这些技术看似是现实的。从图 6.17 中可以看出，这也是非常有效的方法。然而，电池存在许多局限性，尤其是它们的能量密度。

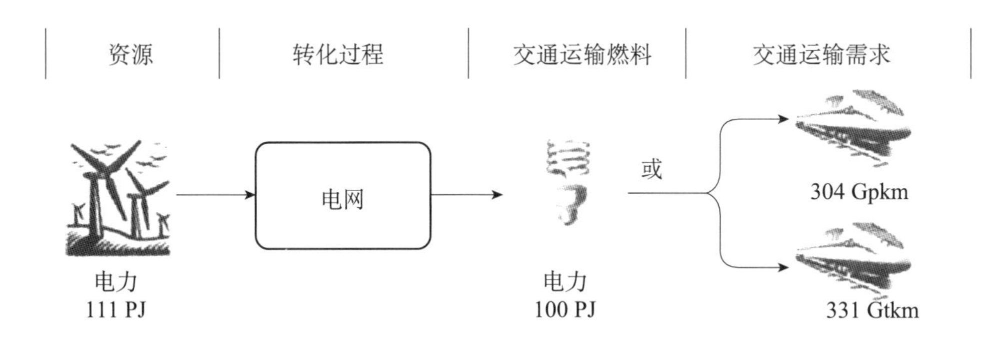

图 6.16 终端用户直接使用电力的交通运输（假设电网损失为 10%）

与液体燃料相比，电池相对于其重量来说储存的能量非常少。直接电气化并不适用于所有的交通运输方式，例如，卡车、航空和海运。在 100% 可再生能源系统

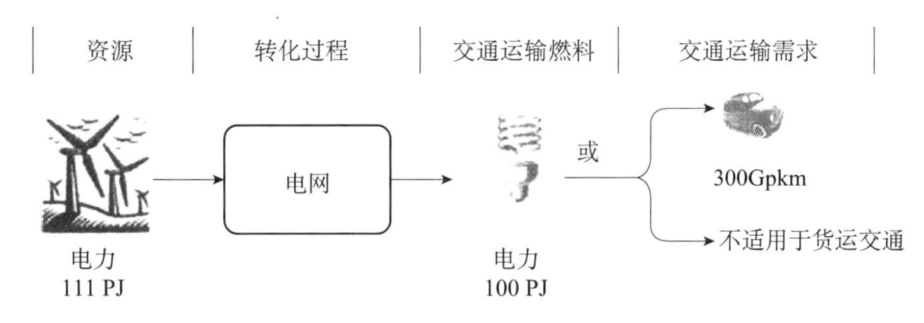

图 6.17　通过电池直接使用电力的交通运输（假设电网损失为 10%）

中，也需要一些高能量密度的燃料（例如甲醇/DME 或甲烷）来对直接电气化进行补充。

6.6.2　发酵

发酵的主要目的是使用发酵槽将秸秆转化为乙醇。虽然这一过程本身的效率有限，约为 25%，因为只有纤维素被发酵，半纤维素和木质素产生的多种副产品随后可用于制成其他燃料。发酵方法有多种，在此列举两种。

第一种发酵方法是燃料优化法。该方法旨在用最少的投入获得最大的有用燃料产量。例如，在该方法中，会对发酵槽内的木质素和剩余糖分进行加氢处理，制成一种油浆。这种油浆非常适合作为船用柴油机的燃料。此外，C5 糖可被转化为传统柴油，供卡车使用。加氢过程中也会产生副产品（焦炭和无机材料），焦炭和无机材料可通过多种方式（即气化和加氢）用于生产更多的燃料（如甲醇/DME）或直接在电厂内将其燃烧用于发电。目前还不清楚哪种方法最适合 100% 可再生能源系统。

第二种发酵方法是能量优化法。该方法旨在使制成的燃料中的能量最大化。在该方法中，发酵槽内的 CO_2 的加氢处理方式与燃料优化法中相同。但会对木质素和剩余糖分进行气化处理而不是加氢处理。由于所有农业残余物内的盐含量都很高，因此，同时需要低温气化炉和高温气化炉。同样，对低温和高温气化炉的木材气化损失做了乐观的假设。气化之后，对气体进行加氢处理，生成合成气，通过化学合成可将合成气转化为甲醇/DME。能量优化发酵法的最终能量流程图见图 6.18。

6.6.3　生物能氢化

生物能氢化途径的主要目标是由生物能生成运输燃料，通过蒸汽电解生氢提高产量。通过这种方法最大限度地开发生物能源中的能源潜力。本文中将考虑三种不同的生物能途径：

（1）甲醇有机物氢化；

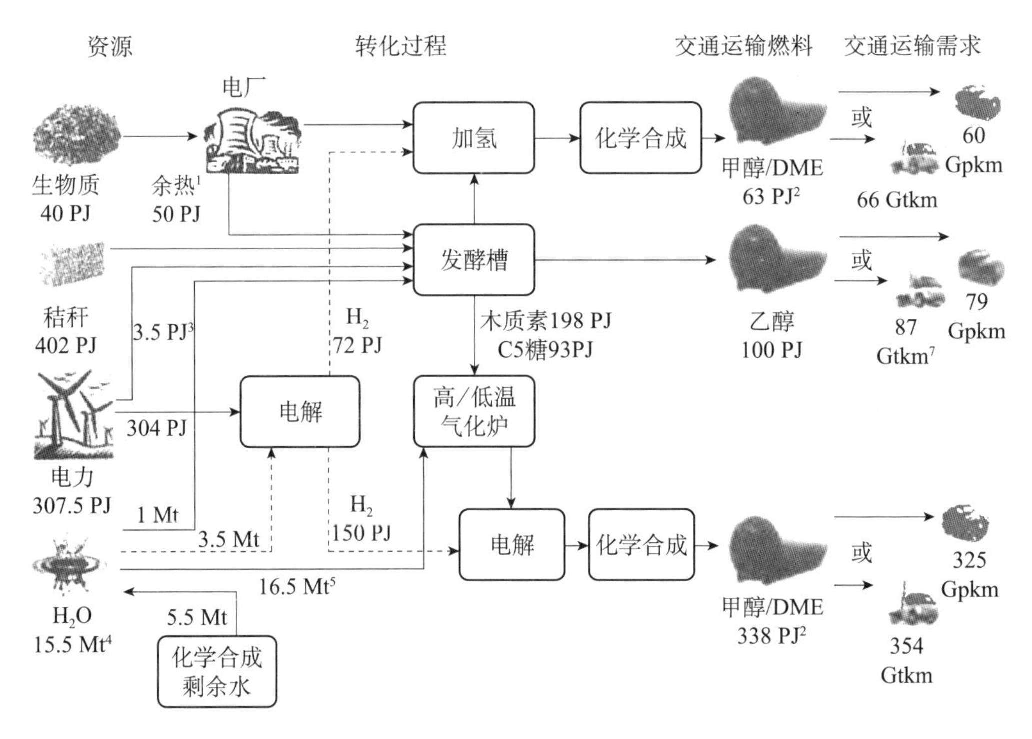

图 6. 18　能量优化发酵法

1：假设边际效率为 125%，相对于秸秆的蒸汽占比 12.5%。2：燃料损失 5%，系化学合成和燃料储存损失。3：假设相对于秸秆投入的电力需求为 0.8%。4：这是水的净需求，即减去了加氢循环水。5：假设蒸汽电解槽效率为 73%。6：假设转化过程和多细胞气化加氢制甲醇的过程相同，但对双程损失加倍，因为有两个气化炉（高低温）且木质素和 C5 糖的气化存在不确定性。7：基于乙醇汽车和柴油汽车的不同，假设乙醇卡车所需的燃料比柴油卡车多约 25%。

（2）甲烷有机物氢化；

（3）甲烷生物气氢化。

在工艺中可以使用很多有机原料。其中木材气化已经被大规模商业化应用，而对能源作物和稻草产生的生物质气化仍处于示范阶段。生物质经过气化后，由蒸汽电解产生的氢进行氢化。对有机物的氢化可以提高能源含量和原生物质的能量密度，从而降低生物质的需求量。采用化学合成法将生成的合成气转化为一种运输燃料，在矿物燃料行业中普遍采用这种技术将煤和天然气转化为液体燃料。

在本次研究中，针对生物质氢化所假定的能量和质量平衡是基于对甲醇和甲烷的多细胞氢化。图 6. 19 为甲烷的能源流向图。甲醇的能源流向图与此类似。在实际操作过程中，由于采用的技术不同，生物质气化也可能需要更多的转化流程。例如：可能需要使用氧气对生物质进行气化，这里我们假定在反应过程中碳已经完全耗尽。如果在实际操作过程中碳没有完全耗尽，则会产生更多的损失。但是，如果我们选择了这种途径，每单位甲醇产量所需的生物质和氢的总量可预示未来的需求量。

此处也包括了沼气加氢，沼气加氢是基于两种化学反应：首先，葡萄糖在厌氧消化池内气化产生 CO_2，然后对 CO_2进行加氢处理。葡萄糖气化过程中会产生一种混合气体，气体中约含 50% 的甲烷和 50% 的 CO_2。事实上，由于原料不是纯葡萄糖，混合气体通常含 55% ~70% 的甲烷，30% ~45% 的 CO_2，1% ~2% 的其他成分。此处假设的 CO_2产量略高于通常从厌氧消化池得到的量。由于甲烷通常是厌氧消化池内沼气的主要成分，因此对沼气中的 CO_2进行加氢处理以生成甲烷。沼气加氢流程图见图 6. 20。

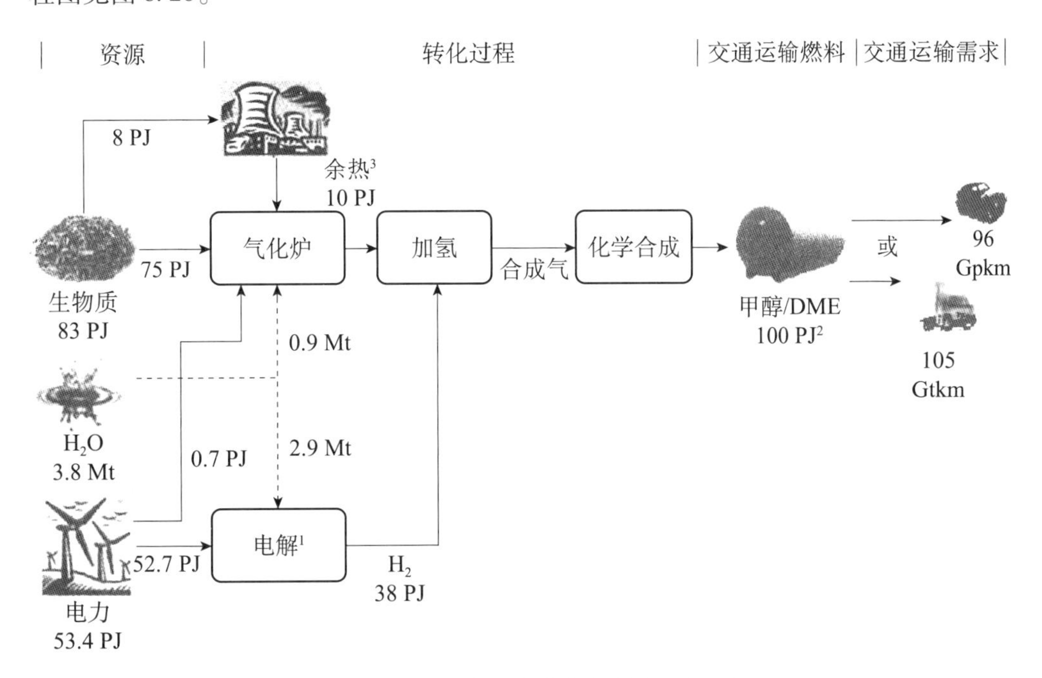

图 6. 19　生物质蒸汽气化加氢制甲醇流程图

1：假设蒸汽电解槽效率为 73%。2：化学合成和燃料储存过程中的燃料损失为 5%。3：假设边际效率为 125%，相对于生物质的蒸汽占比为 13%。

通过甲烷重整制合成气，合成气高压下合成甲醇，可以将甲烷转化为甲醇。重整过程能源消耗量很大，因为这是一个强吸热反应。该过程需要外部提供大量能源，而合成气转化为甲醇的第二阶段所需的能源很少，仅需适当的催化剂即可。在甲烷转化为甲醇的过程中总计会损失约 20% ~30% 的燃料。

CO_2加氢（CO_2Hydro）是将二氧化碳和氢气混合在一起进行化学合成，生成交通运输燃料。这些方法的主要目的是通过使用蒸汽电解和游离二氧化碳，在无需直接投入生物质的情况下制成燃料。包括制甲醇/DME 过程和制甲烷过程，这些过程均基于质能平衡理论。可通过蒸汽电解制氢气，蒸汽电解需要电和水。为了收集二氧化碳，可捕集和回收来自生物质发电厂的二氧化碳。此外，还可考虑碳树（Lackner，2009）。因此，总共有四种方法：其中两种使用碳捕集和回收（CCR），另外两

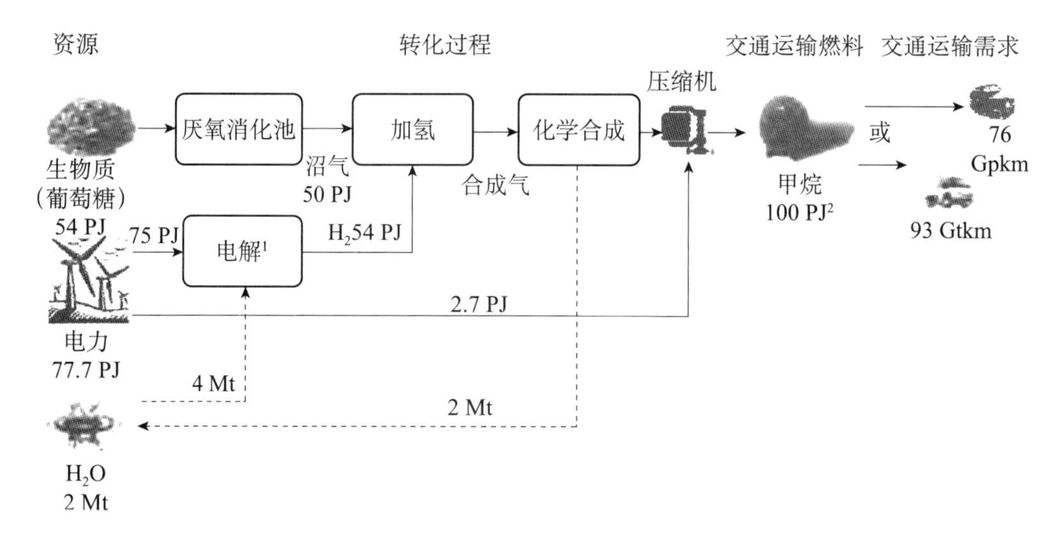

图 6.20　生物质制沼气，再加氢制甲烷流程图

1：假设蒸汽电解槽效率为 73%。2：化学合成和燃料储存过程中的燃料损失为 5%。

种使用碳树来生成甲烷或制甲醇/DME。使用碳捕集和回收的 CO_2 加氢制甲醇/DME 的过程见图 6.21。

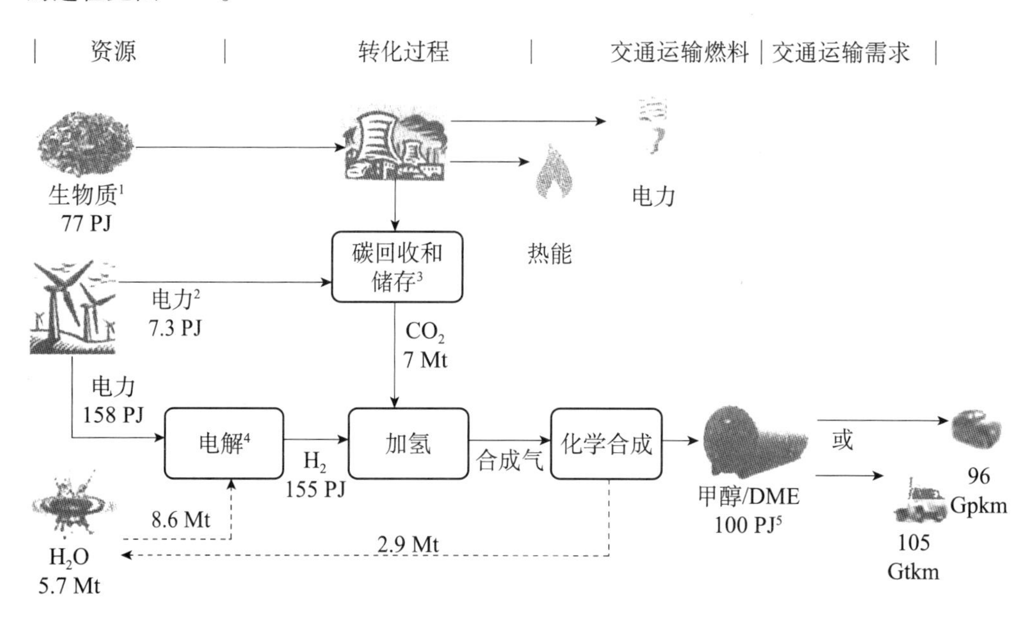

图 6.21　对通过 CCR 回收的二氧化碳进行加氢处理制甲醇/DME 的流程图

1：基于柳树生物质。2：基于从燃煤发电厂捕集二氧化碳需额外用电 0.29MWh/tCO_2。3：CEESA 中使用 CCR，因为目前该方法比碳树更便宜。如果使用碳树，所需电量会增加 5%。4：假设蒸汽电解槽效率为 73%。5：化学合成和燃料储存过程中的燃料损失为 5%。

根据最新研究（丹麦能源署，2008；Lackner，2009）显示，这两种二氧化碳回收方法所需的电量仅有 5% 的差别。主要区别是碳树不需要能源系统中的燃料。然而，如果电厂已经使用了生物质，则这两种方法在能源消耗方面几乎相同。两种碳回收方法的主要区别是成本：目前，CCR 的估计成本约为 30 欧元/tCO_2（丹麦能源署，2008），而碳树约为 200 美元/tCO_2（Lackner，2009）。

6.6.4 共同电解

共同电解法与 CO_2加氢法类似。它们的主要目的是在无需直接投入生物质的情况下制成燃料。然而，共同电解法使用的不是二氧化碳，而是将氢气与一氧化碳混合进行化学合成，制成甲醇/DME 或甲烷。为了达到目的，蒸汽和二氧化碳在同一个电解槽内同时分解，因此称为“共同电解”。与 CO_2加氢法类似，二氧化碳可通过 CCR 或碳树获得，同样有四种方法。共同电解制甲醇/DME 的流程图见图 6.22。

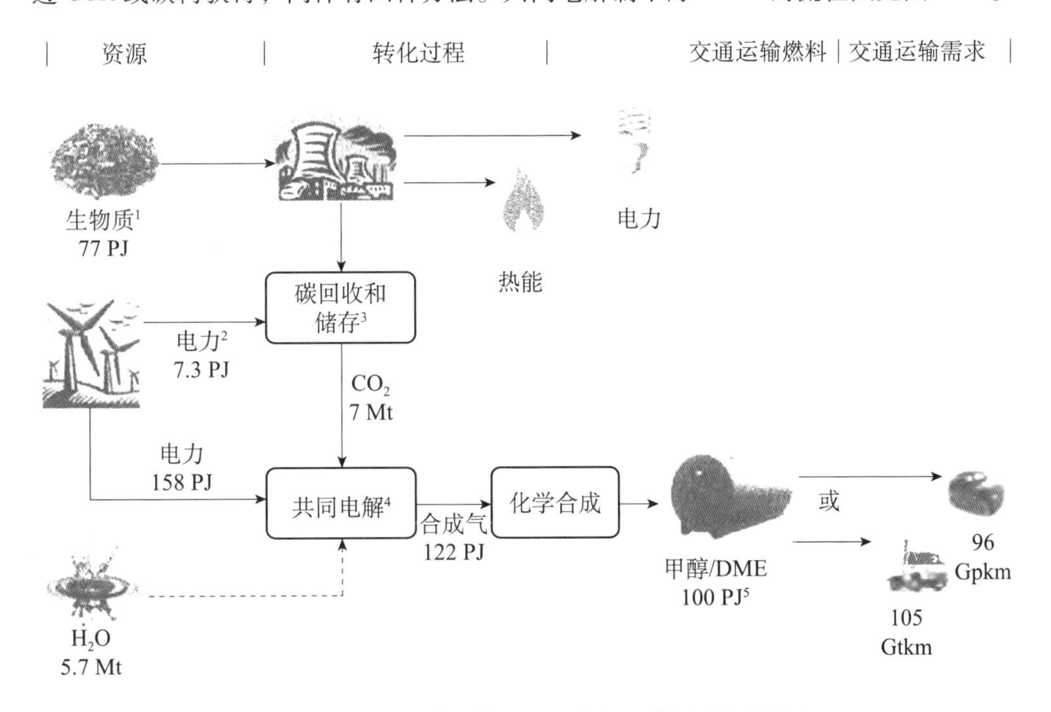

图 6.22 蒸汽和二氧化碳（使用 CCR 获得）共同电解制甲醇/DME

1：基于柳树生物质。2：基于从燃煤发电厂捕集二氧化碳需额外用电 0.29MWh/tCO_2。3：CEESA 中使用 CCR，因为目前该方法比碳树更便宜。如果使用碳树，所需电量增加约 5%。4：假设共同电解槽效率为 78%，其中蒸汽电解效率为 73%，二氧化碳电解效率为 86%。5：化学合成和燃料储存过程中的燃料损失为 5%。

同样，如果电力和供热部门使用的是生物质，则两种碳回收方法的主要区别是成本。与 CO_2加氢法相比，共同电解所需的水更少，但反应不产生多余水分。因此，两种方法的净水需求相同。

6.6.5 对比

使用图6.18—6.22的能源流向图，识别100Gpkm客运交通和100Gtkm货运交通所需的电力和生物能，可对每种能源转化方法进行对比。

对比表明，从能源消耗角度来看直接电气化是最长久的交通运输能源消耗方式。与其他方法相比，直接电气化所需的电量最少，不需要直接消耗生物能。电池电化也是一个非常有效的方法，但如前所述，在100%可再生能源系统中，还需要一些高能量密度的燃料对其进行补充。

图6.18的能量优化发酵法可与图6.19的生物质加氢法直接进行比较，因为这两种方法都使用电和生物质。定量比较清楚地显示生物质加氢法所需的电和生物质略少。然而，对这两种方法的不同之处进行分析还不足以得出结论，确定未来该使用哪一方法，这与先前在瑞典的研究结论相似（Grahn，2004）。然而，从定性的角度来看，这两种方法有较大的区别。燃料优化发酵法和能量优化发酵法都非常复杂，包括很多转化过程，这些转化过程都存在很大的不确定性，尤其是焦炭和木质素的气化过程。由于目前还没有关于焦炭和木质素气化过程中的转化损失数据，因此，此处多细胞气化过程中的转化损失是假设的，而且是乐观的假设。此外，发酵过程中会产生不同副产品，副产品之间会相互作用（加氢和气化）。相比之下，生物质加氢过程中仅包括一个主要的相互作用（生物质气化）。另外，生物质加氢的最后阶段是化学合成，这意味着可灵活选择所要制成的燃料。而对于发酵法，所制成的燃料部分只限于乙醇，尤其是对于燃料优化法，仅限于船用柴油。有鉴于此，生物质加氢法目前拥有以下优点：

- 效率更高；
- 所需的生物能和土地更少；
- 使能源系统更加灵活；
- 不确定性较少。

因此，在CEESA100%可再生能源方案（将在第七章中介绍）中，使用生物质加氢来模拟直接使用生物质作为液体燃料的情况，产出的甲醇/DME被称为生物甲醇/DME。需要注意，用电辅助生物质资源制燃料的原理与在发酵法和生物质加氢法中使用的原理相同，因此，CEESA中的能量流模型也代表了发酵法中的能量流。然而，基于现有知识，生物质加氢看似更有可能达到其技术发展目标。

其他方法，即CO_2加氢和共同电解法不需要直接投入生物质，这两种方法需要的电量相同。然而，CO_2加氢法使用蒸汽电解，蒸汽电解技术已比较成熟，而共同电解槽尚处于开发阶段。因此，在CEESA中使用CO_2加氢制成的燃料来模拟液体燃料，该方法不需要直接投入生物质，因此产出的甲醇/DME被称为合成甲醇/DME。CO_2加氢法和共同电解法的原理相同，都是使用电和捕获的CO_2制液体燃料。因此，尽管在CEESA中使用的是CO_2加氢法，其结果也代表了共同电解法。

值得注意的是，生物质加氢和CO_2加氢在未来的交通运输部门代表了两种独具特色的方法：一种充分利用了生物质资源，一种使用捕获到的CO_2。这并不意味着将使用生物质加氢法代替生物乙醇或使用CO_2加氢法代替共同电解。未来的最终决定将取决于技术发展和这些设施的大范围应用。显然，将需要使用这两种原理以实现100%可再生能源系统，具体取决于剩余的生物能资源。

从智能电网和智能能源系统的角度来看，显然，本部分介绍的所有用于补充直接用电的燃料转化方法都涉及加氢和/或制气体或液体燃料的生物质转化技术。不同的方法在以下一个或多个方面与能源系统其他部门相结合后，可从中获益：

- 转化过程需要热能和/或产热，因此，可与CHP和/或集中供暖系统相结合。
- 转化过程需要电力输入，因此，可用气体或液体燃料储备代替电力储备，这样既能提高效率又能节省资金。此外，可通过管控甚至通过加大电解槽产能投资的方式整合波动性更大的可再生能源供电。
- 生产的气体需要储存和/或分配，因此，可以使用智能气网。由于生产单位可从分配中获益（即避免运输肥料和/或将其与高效的供热方案更好地整合在一起），因此可以处理双向流的智能网络非常有用。
- 由于燃料转化过程有可能会与多个智能网络及其相关部门产生交集，因此，找到最佳解决方案也意味着为智能能源系统找到最佳方案。

6.7　思考

本章基于对智能能源系统和基础设施的分析，对其中的原理和方法以及可再生能源系统在丹麦和其他国家的实施情况进行思考并得出结论。

6.7.1　原理和方法

正如本章开头部分提到的，当前系统转化为可再生能源系统面临的挑战是需要对能源基础设施（即电网、气网、集中供暖和制冷网）进行大幅改造。所有这些网络面临的一个共同难题是如何高效利用可再生能源以及运行一个可实现分布式供能和双向流并且能够与用户互动的网架结构。为应对这一挑战，所有网络将使用现代信息和通信技术，现代信息和通信技术将成为各级网络的一部分。

在此基础上，本章定义了智能电网、智能热网和智能气网这些未来概念。这三个概念有许多相似之处，但它们面临的主要挑战不同：智能热网面临的主要挑战是温度水平以及与低能耗建筑物的相互作用；智能电网面临的主要挑战是可靠性以及如何将具有波动性和间歇性特点的可再生能源发电并入现有系统；智能气网面临的主要挑战是如何将具有不同热值的气体混合在一起以及如何高效利用有限的生物质资源。

三种智能网络都对未来可再生能源系统有重要贡献。然而，不应将每个智能网络与其他网络或整个能源系统的其他部分分开来看：首先，如果不与能源系统其他部分类似的转换协调起来，而只一个单独部门实现可再生能源转化没有多大意义；其次，与只关注相关部门得出的解决方案相比，与其他部门协调好，可以为智能网络在单独部门的实施找到其他更好的解决方案。

因此，本章提倡的智能能源系统概念是将智能电网、智能热网和智能气网结合起来，协调统一，产生协同效应，以便为单独部门乃至整个能源系统找到最佳解决方案的一种方法。

对智能能源系统进行分析需要能够对电网、供暖和制冷网以及气网进行类似和平行分析的工具和模型。如第四章中介绍的，EnergyPLAN 就是这样一个模型，可对所有这四种网络（包括储存和网络之间的相互作用）按小时进行分析。

6.7.2 结论和建议

正如第五章中总结的，应将大规模使用可再生能源看成是实现可再生能源系统的一个方法。对于智能能源系统和基础设施可得出相同结论。长远来看，有效的系统是指那些以节能高效的方式利用可再生能源的系统，因此，落实未来能源基础设施变得至关重要。

从这个角度出发，第五章就如何大规模使用可再生能源提出了 7 条建议。重点是只有将电力、供暖和交通运输等部门结合在一起考虑而不是只关注一个部门，才能找到最高效最经济的解决方案。此外，还强调了在稳定网络的过程中将灵活的分布式 CHP 装置以及电动运输系统考虑进来的重要性。第六章在第五章的基础上另外提出了以下建议：

（1）集中供暖面临的挑战是如何向未来的低能耗建筑物供暖，同时利用来自诸如 CHP 和工业生产过程的低温热源。通过开发低温集中供暖网络（在此将其定义为 4GDHs）可解决这一难题。

（2）如果解决了未来集中供暖网络面临的难题，那么从整个能源系统的角度来看，最佳供暖方案是将市区的集中供暖与系统其他部分的单独热泵结合起来。在当前系统中，该方案可大大降低燃料需求和 CO_2 排放量，在未来 100% 可再生能源系统中，该方案可减少可再生能源需求，包括生物质需求。即便是在环流供暖需求降低75%的情况下，该方案也适用。

（3）对于那些与网络相连的配备了光伏、风力发电和太阳热能等就地生产装置的低能耗房屋，例如零耗能建筑，不应试图在单个建筑物层面平衡供需。最好从整体上解决此类问题。在单个建筑物层面得出的方案，成本可能较高，损失较大，同时可能会使情况变得更糟，而不是有助于将波动的可再生能源并入现有供电系统。

（4）可再生能源系统的性质决定了未来的发电站应为灵活的CHP装置，在其发电和耗电的同时能使电网稳定供电，且在CHP装置利用小时数较少的情况下也不会因为耗资大而停产。现有的核电站和燃煤蒸汽涡轮机技术无法满足这些智能能源系统和智能电网要求。

（5）近年来电力市场出现了电力调峰和一次性自动储能技术，这为实施未来电厂提供了例证。这些例子显示了可提供弹性生产的CHP装置规模可以有多小，其发电量和耗电量可一小时一变，同时还可促进电网的稳定和电力调峰。这些CHP装置在生产时的装置利用小时数较少，可利用大量的风力进行发电，也可利用垃圾焚烧和工业余热进行供热，同时经济上仍然可行。然而，应注意的是CHP装置可能还需要一些产能投资。

（6）现有装置的能力仅能提供数小时的大功率输入，如果现有的小型CHP装置在被替换为新的装置之后用于电力储备市场，那么在未来这一能力会大大提高。考虑到丹麦系统中有大量的小型CHP装置，将这些装置结合起来可能会为未来的系统找到一致的解决方案。

（7）由于生物质资源有限且交通运输部门需要气体或液体燃料来对直接用电进行补充，因此需要用电解制得的氢气来促进生物质的转化。从能源系统整合的角度来看，此类转化方法需要一个新的智能气网，对本地生产的不同气体进行储存和分配（双向流），处理具有不同热值的气体。

（8）交通运输部门需要电转气（或电转液体燃料），这样可用气体（或液体燃料）储存代替长期的电力储存需求，即节省了成本又提高了效率。因此，将可再生能源并入供电系统的过程中不应只考虑交通运输直接用电措施，还应考虑电转气或液体燃料需求。

（9）在失业和经济危机时期，对可再生能源系统进行投资可创造就业机会，促进经济增长，同时公共支出不仅不会受到消极影响，甚至还会得到改善。对于诸如基础设施这样的使用寿命长、投资大的项目来说尤其如此。为了确定和实施这些方案，可使用制度经济学方法。

第七章　100%可再生能源系统[①]

100%可再生能源系统的推广带来了将可再生能源大规模地融入现有能源系统的挑战。波动性和间歇性的可再生能源生产必须与能源系统的其他部分相协调，能源需求的规模必须与潜在的可再生能源来源的实际产量相适应。此外，这种调整还必须考虑不同可再生能源来源（如生物质燃料、风电等）的特征差异问题。

合理的能源系统设计必须考虑转换和存储技术。可再生能源未来不仅需与核能或化石燃料进行比较，还需要与其他诸如转换、效率提高，以及存储和转换等可再生能源系统技术进行比较，例如风电机组和生物质资源需求间的比较。技术的选择过程非常复杂，不仅需要考虑这些技术的小时分布差异，而且需要识别转换和存储技术的合理组合。

可再生能源系统的设计涉及三个主要技术变革：需求侧的能源节约、能源生产中的效率提高，用各种可再生能源替代化石燃料。因此，对这些系统的分析必须包括将可再生能源来源融入复杂的能源系统的战略，这些系统也受到能源节约和效率措施的影响。100%可再生能源系统的设计既可以在项目层面也可以在国家层面开展。在项目层面，本章介绍了洛杉矶社区学院校区在它的九个学院园区推广100%可再生能源系统的情况。在国家层面，本章介绍了三个丹麦的研究案例。如第五章提到的，丹麦是这方面的先行者，是可再生能源大规模整合以及发展100%可再生能源系统的一个典型案例。同时，讨论了上述方法和方案在中国的可行性。

在丹麦，自从1973年的第一次石油危机以来，节约和效率提高措施一直是能源政策中的重要组成部分。因此，通过能源节约和推广热电联产以及区域供热等方法，丹麦在过去40多年间成功保证了一次能源供应的稳定性，而同期的GDP增加了约100%（从1972年至2012年）。可再生能源替代了大约25%的化石能源，而交通和电力消费以及供暖面积大幅增加。

因此，丹麦是推广能源节约、效率提高和可再生能源相结合的可再生能源发展战略的成功案例。第五章和第六章介绍了丹麦当前面临的两个问题：如何提升可再生能源的间歇性电力的占比，以及如何将交通领域纳入到未来战略。纵观这些战略

① 本章主要作者为Henrik Lund，同时感谢Brian Vad Mathiesen、Wen Liu、张希良和Woodrow W. Clark II对本章作出的贡献。

的发展可以发现，可再生能源系统的推广不仅是推广能源节约、效率提高和可再生能源的问题，而是关系到如何引入和增加柔性能源转换和存储技术，设计综合性能源系统解决方案的问题。上述策略的分析还应采用智能能源系统方法。

根据丹麦能源署1996年的估计，生物质用作能源目的的实际潜力约为当前一次能源总供应量的20%～25%。与此同时，丹麦在其他类型的可再生能源，尤其是风能方面具有巨大的潜力。丹麦在许多方面为其他国家提供了参考案例：交通领域完全由石油供能；而尽管生物质的潜力不足以替代化石燃料，但间歇性可再生能源却有巨大潜力。

根据美国、丹麦和中国的案例，本章提出了一系列的研究，分析了目前能源系统存在的问题，并就如何转变成100%的可再生能源系统提出观点。下面我们将要介绍三个丹麦案例。第一项研究是大学阶段的个人研究课题，依据第五章提出的内容，就其应用作一个连贯可再生能源系统分析。第二项研究是基于对丹麦工程师协会技术数据的分析。这个项目的研究成果是该组织在2006年所得的结果。在此期间，1600名与会者经过40多个研讨会讨论后，设计了一个丹麦未来的能源系统模型。第三项研究是由五所丹麦大学研究人员合作取得的成果，其中部分研究资金来源于丹麦议会的战略研究，做一个连贯能源和环境系统分析（CEESA）项目，并向100%可再生能源系统转变。这项研究可以视为第一个丹麦工程师协会计划的补充，其中重要的一步将在第六章介绍，将对运输燃料路线整合到智能能源系统进行分析。此外，分析了每小时的电力生产和地区加热情况，并对燃烧气体进行逐时计算。

三个丹麦案例研究分析了相关复杂的可再生能源系统的设计，其中包括适当的能量转换和存储技术整合。此外，所有研究都是以详细的数据为基础进行逐时模拟，并做出了EnergyPLAN模型。

根据美国和丹麦的项目发展情况，对中国的情况进行了相关应用分析。由于巨大的经济增长和现代发展需要，中国的能源需求迅速上升，达到了前所未有的水平。自1978以来，中国每年的国内生产总值以10%的速度增长，平均能源消费增长了5.2%。在2001—2011年间，一次能源消费需求激增，达到年均增长9%的速度。在同一时期，GDP增加了11%。毫无疑问，在高度的能源密集型经济和强劲的国内生产总值增长带动下，中国的能源需求将继续增长。

7.1 洛杉矶社区学院校区案例

本节由Woodrow W. Clark II供稿。

本节描述了洛杉矶社区学院校区（LACCD）在各个学院校园推广100%可再生能源系统的情况。洛杉矶社区学院校区是美国最大的学院系统，有九个校园，为超过 180000 名学生服务，还有两个新的卫星校园。图 7.1 中显示了九个学院校园的位置。所有校园均依赖一个中央输电线供电。然而，它们未来都将“离网”。这项战略是在满足学院校区的绝大部分能源需求的同时，从化石燃料转向可再生能源和储能。

在 2001 年和 2002 年，洛杉矶社区学院校区董事会决定根据美国绿色建筑委员会的“能源环境设计先锋”标准重建 45 栋建筑。每个校园都有 30～40 栋建筑。20 世纪 80 年代建设了九个校区，但未进行升级和现代化改造。随着“绿色建筑”的推广，洛杉矶社区学院校区管理层希望将每个校区的建筑均改造为可以储能、储水，管理废弃物，同时提升校园建筑的能效。但是如何筹集改造资金呢？1999 年，加利福尼亚州议会通过了一项议案，允许当地居民进行表决，并对校园建筑纳税（不包括教职工人员的聘用成本）。三分之二的表决人需要通过债券形式为幼儿园至社区学院的建筑进行筹资（K-14）。

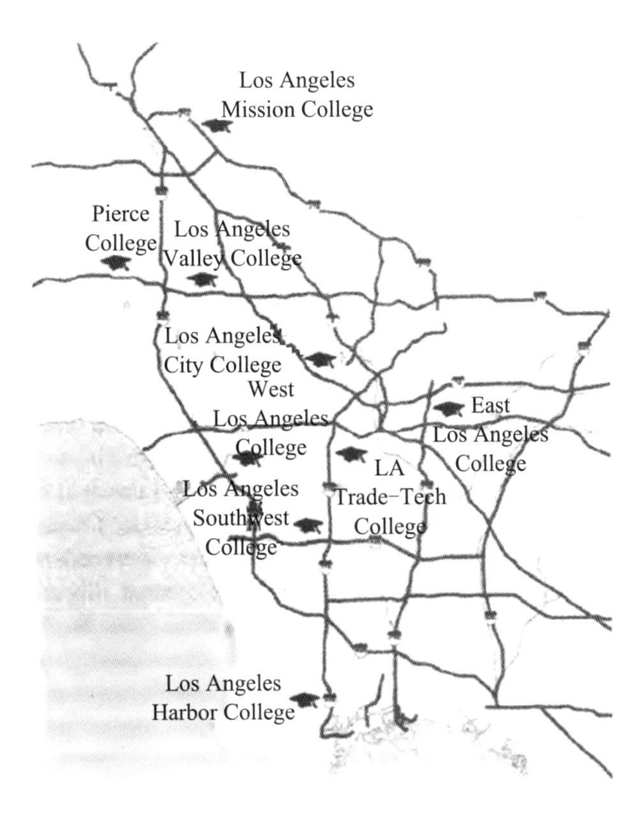

图 7.1　洛杉矶社区学院的九个校区

在 2002 年和 2003 年，当地社区以债券基金的形式提供了超过 30 亿美元用于建筑项目。2007 年中期，洛杉矶社区学院校区决定在每个学院使用太阳能、地热和风能生产以及存储设施和分布式太阳能热能源系统等可再生能源，实现“能源独立和碳中和”。在各个校园，这些设施和系统都将给多个建筑供暖和制冷。该项目取得了成功，并且在2008年11月，当地社区又提供了超过43亿美元的债券基金，实现所有校园的能源独立和碳中和（Clark 和 Eisenberg，2008）。

大部分校园的能源需求为4～6MW，可以通过可再生能源和存储系统得以满足。洛杉矶社区学院校区是一个灵活的能源系统案例，学院自行生产可再生能源，社区中其他的建筑、私营企业和住宅则仍然接入距离社区较远的中央电网。图7.2展示了这些社区如何通过智能和可持续供应为家庭和企业提供能源独立。

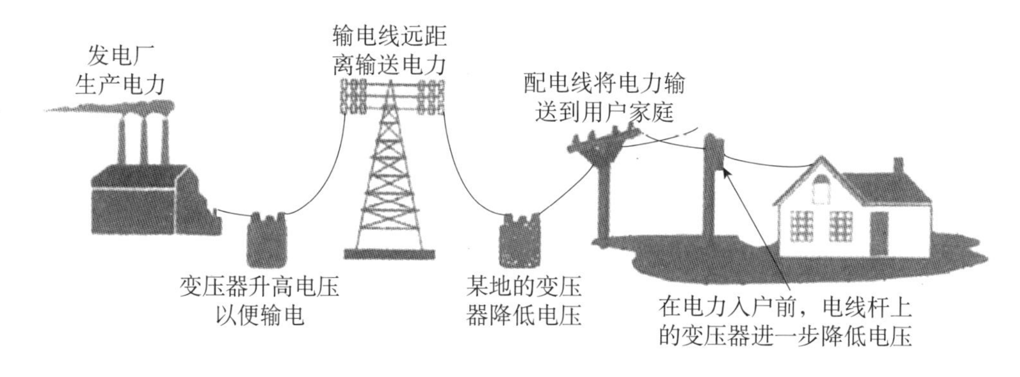

图7.2　九个校区连接到公共电网的原理图

可再生能源是洛杉矶社区学院校区的可持续建筑项目的一个关键部分，这个项目的目标是实现九个学院的能源独立。通过降低总体的能源消费、提高能源效率和通过各种替代能源途径相结合的能源生产方式实现这一目标，即太阳能、风能、生物质能、地热、氢能和储能技术。同时，通过继续扩展课程表，使学生满足“绿领（green collar）”工作要求，实现这一目标。该区的新能源计划并不是因为政治或经济原因实施的。在东洛杉矶学院仅实施了几个项目，例如，在2008年完成了1.2MW的太阳能发电站，年度发电量约为2000000kWh，可满足45%的校园用电需求，同时节约了27万美元的设施成本。

在政府机构、学院和大学中使用太阳能技术的本地可再生能源项目由州建筑部门审批。私营领域和企业不需要此类审批。柔性能源生产系统或中央电网与本地电力的结合称作“敏捷能源系统”（Clark 和 Bradshaw，2004）。见图7.3。

洛杉矶社区学院校区的基本概念是每个学院都可以通过可再生能源技术满足自身需求。洛杉矶社区学院校区的可再生能源项目已经在当地（市和郡）、州和全国层面产生了明显的长期经济影响。首先，校区通过能源独立，每年可节省约1200万美元（每个校园超过100万美元）的能源成本。如表7.1所示，实现这个目标的主要可再生能源技术是太阳能发电。图7.4是使命学院的谷歌地图，从中可以发现，其他可再生能源技术也在规划和推广之中。

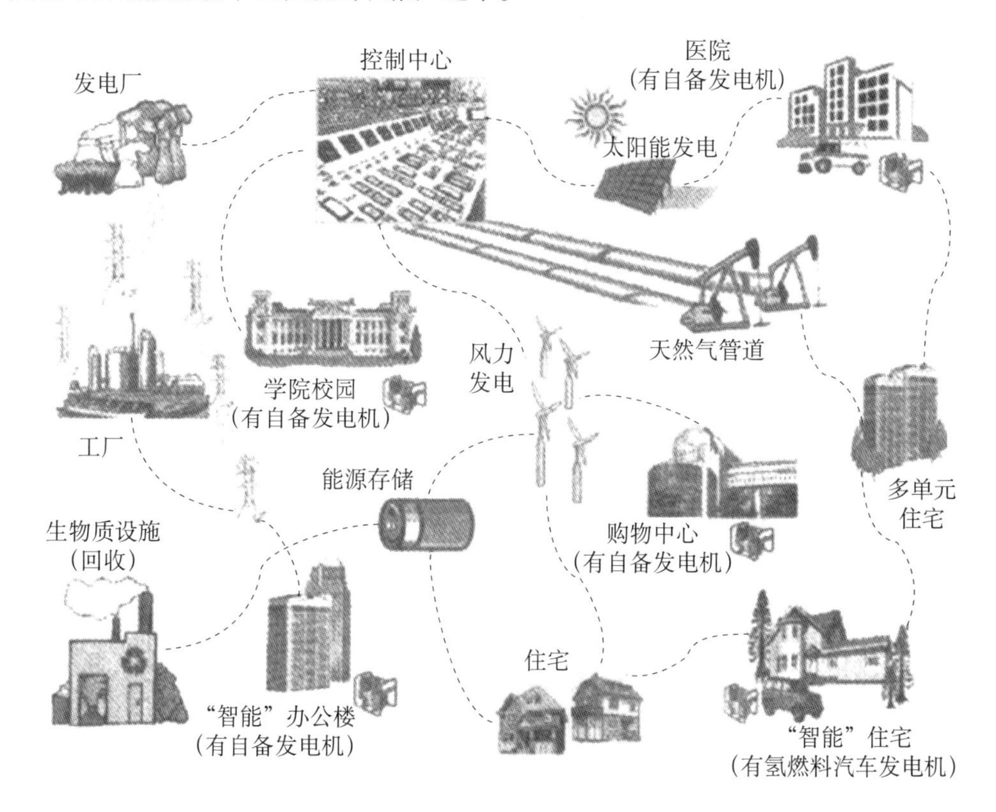

图 7.3　敏捷能源系统原理图

校区可以通过教职员工和学生重新配置其资源，并因此设计一个针对可持续发展的课程表。推广可再生能源和能源效率项目，使洛杉矶社区学院校区可以满足甚至超过其自身电力需求（尤其是在峰值阶段），为其他院校、城市和州提供了可复制的模板。虽然很难用具体经济影响，产生的高收入职位，以及节省的宝贵自然资源等因素对实施该可再生能源项目进行评估，但该项目已经产生了重要影响。

洛杉矶社区学院校区的可持续建筑项目要求，选民批准基金投资占比超过50%的新建筑必须满足或超过美国绿色建筑委员会的能源环境设计先锋认证标准。该项目后因超支和资金配置不合理问题而被叫停。附近的比弗利山联合学校的管理人员挪用了资金（Clark 和 Fast，2008）。因此需要展开尽职调查，同时，根据加利福尼亚州法律，需由市民监督委员会对公共募集资金进行监管。比弗利山联合学校以及加利福尼亚附近的其他公共学区对此采取了法律措施。此外，证券融资也因其高利率（尤其是在当前美国和全球经济危机形式下）和对社区的长期责任而广受诟病。

可再生能源

表 7.1　可再生能源项目：太阳能项目总结

校园	技术	能源生产能力（MW）	项目成本（百万美元）
东洛杉矶学院	太阳能：停车场，屋顶，薄膜	3.4	34.6
洛杉矶城市学院	太阳能：停车场，屋顶，薄膜	2.8	28.2
洛杉矶海港学院	太阳能：停车场，屋顶，薄膜	3.1	30.3
洛杉矶使命学院	太阳能：停车场，屋顶，薄膜	4.6	47.0
东北学院（卫星校区）	太阳能：停车场，屋顶，薄膜	0.5	4.9
皮尔斯学院	太阳能：停车场，屋顶，薄膜	4.1	44.2
西南学院	太阳能：停车场，屋顶，薄膜	3.9	32.7
洛杉矶贸易技术学院	太阳能：停车场，屋顶，薄膜	1.3	17.9
洛杉矶峡谷学院	太阳能：停车场，屋顶，薄膜	3.6	38.3
西部学院	太阳能：停车场，屋顶，薄膜	3.0	30.0
总计		30.3	308.10

像学院这样的“敏捷可持续社区”具有多种结构，并且可以用（像专为建筑设计的屋顶太阳能或风能）本地发电设施和中央电网系统相结合的方式进行电力供应。例如，使用太阳能和风能资源的本地化电力生产方式可以使市政厅、消防和警察部门、公共学校和大学等公共部门和政府机构建筑在与中央电网相连的同时，自行发电。现在，越来越多的私营企业开始追随公共部门的能源步伐。图 7.4 显示了各类纳入校园规划的可再生能源和存储技术。

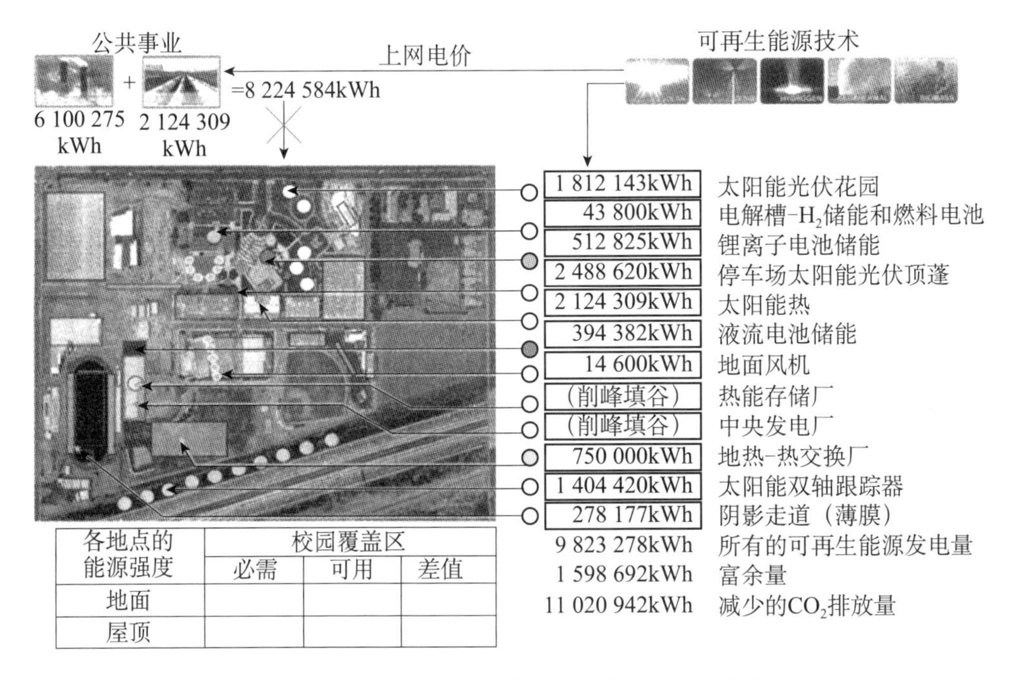

图 7.4　系统技术多样性谷歌地图（洛杉矶西南学院）

总之，可再生能源系统和社区可以将本地可再生能源和中央电网两套发电系统进行整合，属于柔性（敏捷）基础设施系统。敏捷系统非常鼓励创新，其资源丰富，可以通过解构社会经济障碍，发现避免或解决冲突的方法。

该可再生能源系统在进行动态发展的同时促进和提倡多元化。这种发展可以推动技术变革，充分应用知识、智力资本、融资机制，促进包括风能、地热、太阳能热、光伏、热电联产、燃料电池、氢能以及节约能源和载荷管理等技术的发展。

没有一个标准或一系列统一模式或技术可以适用所有的社区和地区。地热、阳光和风能资源并不是随处都有，但这些可再生能源技术与燃料电池和飞轮等储能新技术的结合为充足的基础载荷和可靠电力供应提供了混合技术支持。该系统可以替代或补充传统的化石燃料系统，也可以在向100%可再生本地化分布式能源系统过渡过程中使用。

7.2　实现连贯的可再生能源系统的第一种方法[①]

本部分以Lund（2007a）发表的《持续发展的可再生能源策略》为依据。本章以第五章介绍的多项研究和丹麦的案例为依据，讨论了从当前能源系统向100%可再生能源系统转换存在的问题和观点。讨论的结论认为能源系统的转换是可以实现的。当前已经开始使用可再生能源，通过一系列的能源系统技术改进，可以实现100%的可再生能源系统。其中最重要的是运输领域的技术转换，以及引入柔性能源系统技术。

本文参考了丹麦能源署在1996年对丹麦RES（可再生能源来源）潜力的预测数据，该预测是丹麦政府能源规划“能源21（Energy 21）”（丹麦环境与能源部，1996）的一部分。该预测（见表7.2）是在十几年前完成的，从当前的情况看，许多潜力估计趋于保守，甚至被低估了。尤其表现在海上风能的潜力预测方面，因为它很大程度上依靠技术的发展。当今对海上风能潜力的关注度较高，预期会随着风机尺寸的增加而不断增长。此外，在1996年的调查中，假定所有农业土地都用来种植粮食作物，生物质的理论潜力可高达530PJ/年；如果假定丹麦粮食生产满足自给之后，将剩余土地用来生产能源作物，生物质的理论潜力预计为310PJ/年。然而这个预测是在十年前进行的，生物质资源最近受到了广泛关注和讨论，表明如果协调粮食生产和能源供应间的种植作物选择，其资源潜力会更高。因此，将一小部分能源作物纳入研究范围后，粮食生产在“正常商业情景”下的总潜力约为180PJ/年。总之，可再生能源潜力非常充分，而当今利用的只是其中很小一部分。图7.5显示了最低和最高潜力与丹麦2003年一次能源供应的对比情况。

---

① 摘自《能源》，32/6，Henrik Lund，《可持续发展的可再生能源策略》，912－919（2007），已获得爱思唯尔的许可。

可再生能源

表 7.2　丹麦潜在 RES（可再生能源来源）

RES	潜力
风电（陆上）	5～24TWh/年
风电（海上）	15～100TWh/年
光伏（10%～25%的房屋，100～200kWh/m^2）	3～16TWh/年
潮汐能	17TWh/年
水电	约 0TW 年
总发电量	40～160TWh/年
太阳能热（单个家庭）	6～10PJ/年
太阳能热（区域供暖）	10～80PJ/年
地热	>100PJ/年
总热能	100～200PJ/年
秸秆	39PJ/年
木材	23PJ/年
废弃物（可燃烧的）	24PJ/年
沼气	31PJ/年
能源作物	65PJ/年
总生物质燃料	182PJ/年

注：来源于丹麦能源署，1996。

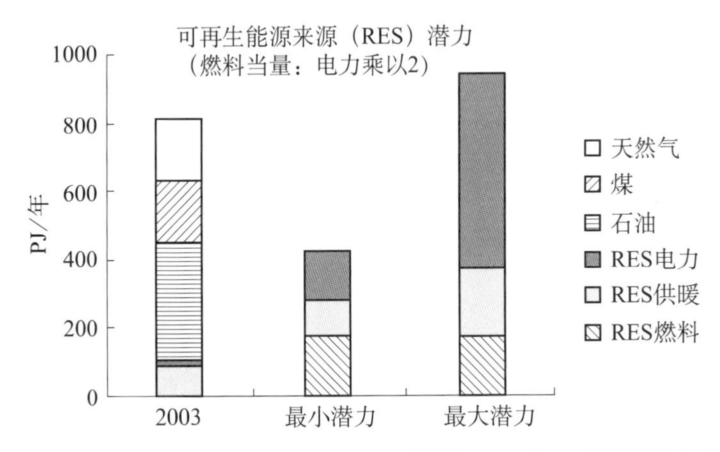

图 7.5　1996 年预测的丹麦可再生能源来源潜力与 2003 年一次能源供应对比图

丹麦能源供应传统上以化石能源为基础。丹麦水电资源潜力非常有限。在二十世纪六十和七十年代，电力供应由坐落在大城市附近的大型燃油和燃煤的蒸汽发电机提供。然而，在 1973 年发生第一次石油危机后，丹麦成为热电联产、能源节约和可再生能源使用和推广的主导国家。因此，在本研究的开展过程中，石油在丹麦能源系统中的占比已经从 1972 年时（833PJ 能源总供应量）的 92% 降低至了 2005 年的（850PJ 的能源总供应量）41%。在此期间，丹麦的交通和电力消费以及供暖面积大幅增加。如今，热电联产供电比例高达 50%，大约 30% 的电力需求由风电供应。图 7.6 展示了从 1972 年到 2005 年的发展情况，以及根据第五章参照情景（丹麦能源署在2001年提出的2020年预测）做出的未来发展预期。图7.7展示了当前情况下的系统能量流。

分析持续发展可再生能源并逐步替代化石燃料的可能性时，遇到了两个问题。一个是交通领域，该领域几乎完全靠石油能源供能，消耗持续增长，1972年为140PJ，预计2020年将增加到至少180PJ。因此，交通领域占预期石油消费的绝大部分。另一个问题是热电联产的电能和风力发电的融合问题。最近，热电联产电站的运行不需要平衡风电的波动。因此，在强风和热电联产电站的运营时间重合的时段，丹麦会面临电力生产过剩问题。

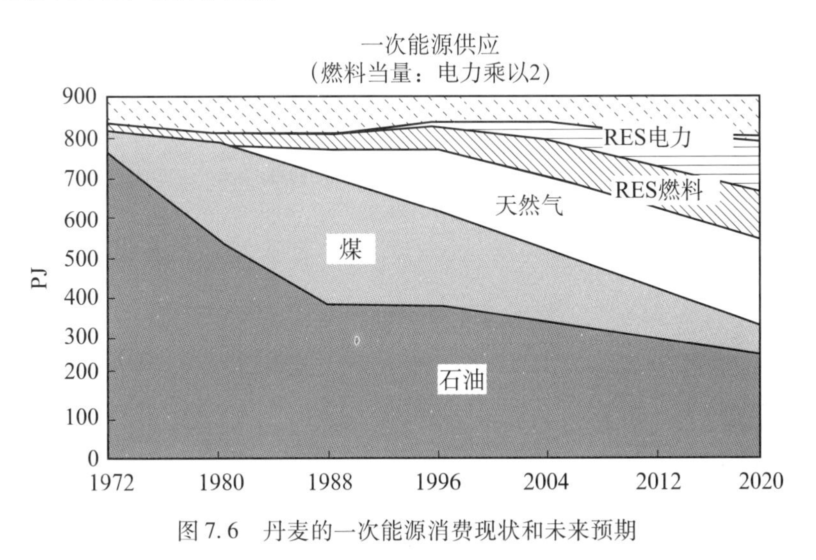

图7.6　丹麦的一次能源消费现状和未来预期

该分析的目的是评估一个100%可再生能源系统在丹麦存在的可能性，并且识别关键技术变革和合适的推广战略。该分析假设可再生能源系统的设计涉及三个主要技术变革：需求侧的能源节约、能源生产过程中的效率提高和用各种可再生能源替代化石燃料。因此，对参照系统（Ref 2020）进行如下技术变革，是丹麦能源系统向可再生能源系统转变的第一步：

- 节约：电力需求、区域供暖以及家庭和工业的供暖降低10%。
- 效率：更高效和更多热电联产相结合。“更高效”的含义为由热电联产电站提供50%的电力和40%的供暖，可以通过部分推广燃料电池技术或通过改进现有的汽轮机/发动机技术实现；“更多热电联产”的含义为将家庭和工业所用燃料的50%转换为热电联产模式，可以通过区域供暖实现。
- 可再生能源来源：将生物质燃料从34TWh/年增加到50TWh/年（125～180PJ/年），并在区域供暖中增加2.1TWh的太阳能热，在电力生产方面增加5000MW的光伏。
- 所有：上述三项措施的结合。

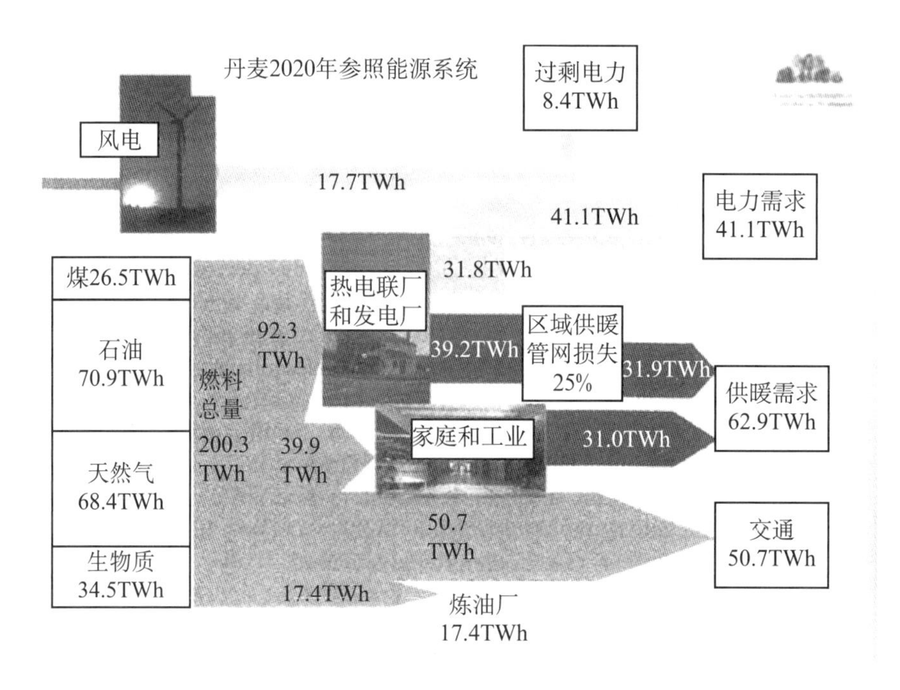

图 7.7　丹麦 2020 年参照能源系统能量流的原理图

这些技术变革与其最大潜力相比，只是温和式变革。因此，实现超过 10% 的节约并用热电联产替代超过 50% 的家庭和工业燃料等目标都是实际可行的。

第一步，研究分析了三个技术变革以及将它们三者相结合的结果，图 7.8 以一次能源消费的形式展示了这些结果，从中可发现燃料消耗的主要趋势是增加而不是减少。这是因为第一步中的这些技术变革导致了过剩电力生产的大幅增加。除非采取措施防止这个问题，否则，更多的热电联产、更高的效率、节约产生的需求减少以及更多的间歇性资源都会产生更高的过剩生产量。上述变革引起的过剩生产量见表 7.3。

表 7.3　相比参照情景 Ref 2020，第一步的三个技术变革导致的一次能源供应和过剩电力生产量

（单位：TWh/年）

TWh/年	参照情景	节约	效率	可再生能源来源	所有
总燃料消耗	218	205	248	220	238
过剩电力生产	8.4	9.6	45.5	11.7	48.2

从总趋势来看，降低化石燃料的意愿通常会导致过剩电力生产增加。避免过剩电力生产的一个方式是将其用于国内用途。第二步，在过剩生产的情况下，按照下列优先顺序进行了分析：（1）热电联产机组由锅炉替代；（2）普通锅炉由电热锅炉替代；（3）降低风机和/或光伏的电力生产。这是避免过剩生产的一个非常简单、低价的途径。结果见图 7.9。

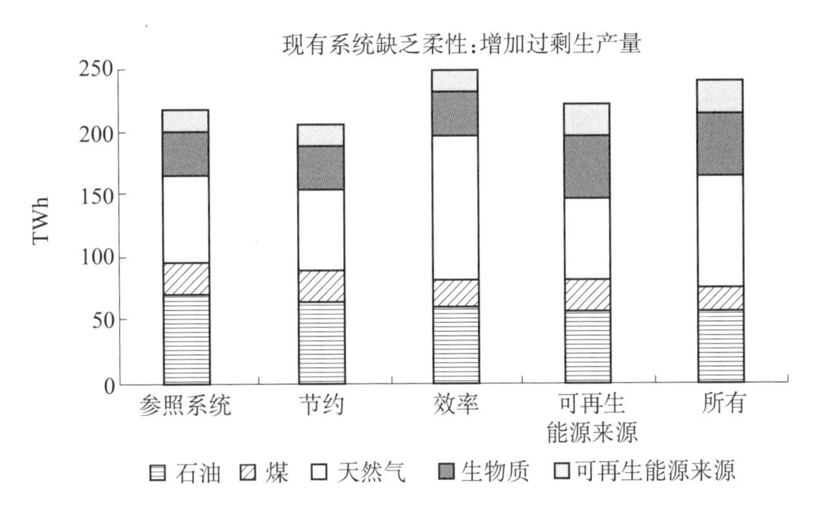

图 7.8　第一步：在参照情景 Ref 2020（2020）中的一次能源供应与第一步三个技术变革（考虑了过剩电力生产）的对比情况

现在，所有的技术改进都会降低燃料消耗。然而，这种下降非常有限，因为来自技术改进的绝大部分收益都会因过剩电力生产而损耗掉。另一个问题是交通领域高比例的石油消费。说明在推广节约、效率措施和可再生能源来源的过程中，系统的融合和交通领域的变革非常重要。因此，第三步对下面的变革措施进行了分析：

• 交通：根据里索国家实验室描述的情景和第五章的讨论，使用电力逐步取代石油在交通领域的能源作用（Nielsen 和 Jϕrgensen，2000）。重量小于 2t 的汽车替代为电动汽车和氢燃料电池汽车。在这一背景下，7.3TWh 的电可以替代 20.8TWh 的石油。根据同样的比率，参照系统 Ref 2020 中 50.7TWh 的石油消费可以用 17.8TWh 的电力消费来代替。假设电力需求在一周的时间周期内是柔性需求，其最大容量为 3500MW。分析结果见图 7.10。在这种情况下，参照情景 Ref 2020 和第一步中所有的三个替代方案都可以降低燃料消耗。

第四步将热泵、电解槽和热电联产纳入电网管理，进一步增加了能源系统的柔性：

• 柔性热电联产和热泵：将小型热电联产电站和热泵纳入系统管理。研究中分析了一个具有性能系数为 3.5 的 1500MWe 热泵。

• 电解槽和风电管理：将电解槽添加到系统中，并将风机纳入电力供应的电压和频率管理。

在第四步，通过这些柔性措施将风电添加到系统中，直至燃料消耗与可供利用的生物质资源量 180PJ（50TWh/年）相等。其结果见图 7.11。在这种情况下，主要问题是需要多少风电实现这个目标。分析得出的风电装机容量见表 7.4。

如果将 180PJ/年的生物质资源和 5000MW 的光伏以及 15 ~ 27GW 的风电相结合

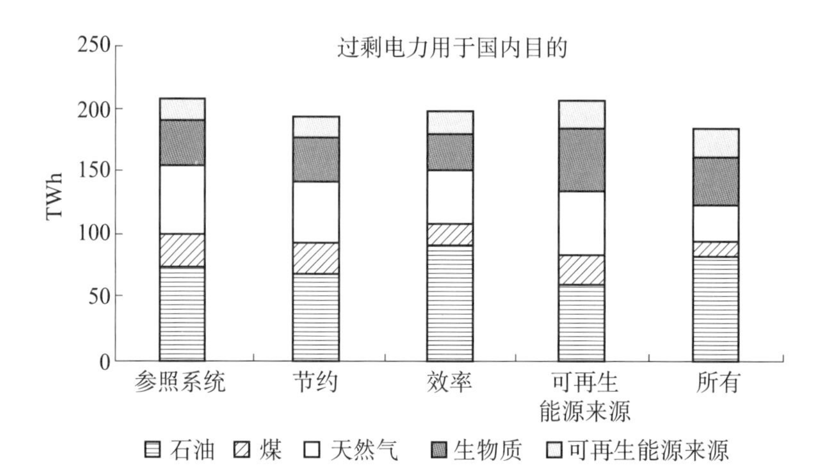

图7.9　第二步：与图7.8相同，但不包括过剩电力生产（过剩电力生产通过简单便宜的途径替代燃料）

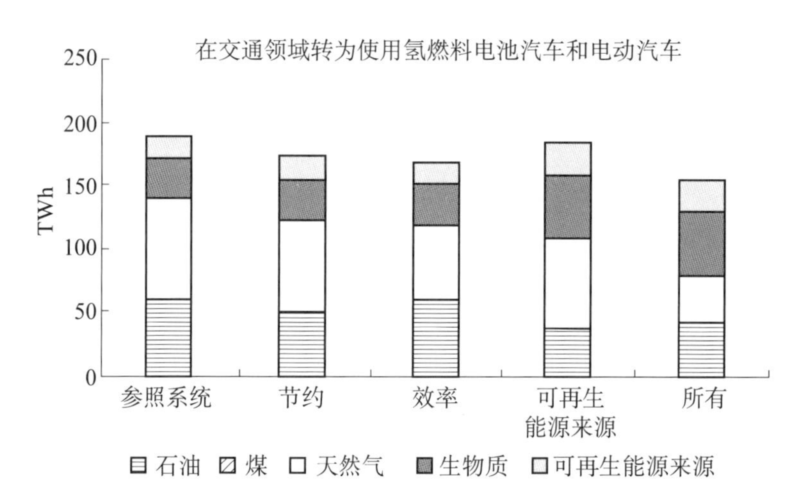

图7.10　第三步：交通领域消耗的石油被电动汽车和氢燃料电池汽车使用的电力替代后的一次能源消费（与图7.9相同）

后，丹麦的能源系统就可以转化为100%可再生能源系统。在参照系统中，风电容量的需求是27GW，但考虑到能源节约和能效提高因素，所需的容量可降低到15GW。海上风机的预期平均使用年限为30年，因此15GW的总装机容量可以通过每年安装500MW实现。此后，可以通过每年更换500MW对15GW的风机进行维护。由于丹麦已经安装了3GW，总装机容量可以在未来的25年中实现。

表7.4　所得到的燃料消耗和所需的风电容量

TWh/年	参照情景	节约	效率	所有
总燃料消耗（TWh/年）	134	125	121	112
风电（GW）	27.1	22.1	18.6	15.6
年度风电投资（MW/年）	900	740	620	520
寿命=30年				

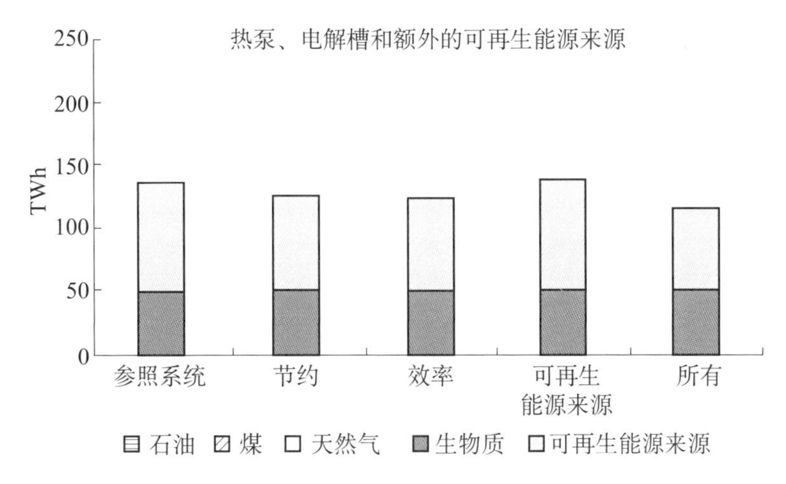

图 7.11　第四步：增加柔性能源系统并 100% 转换为可再生能源后的一次能源消费（与图 7.10 相同）

图 7.12 和图 7.13（上图）展示了这样一个系统的一次能源供应和能量流。这两个图可以与图 7.6 及图 7.7 进行比较。总之，该研究显示，在丹麦，一个基于国内资源的 100% 可再生能源系统具备资源和技术可行性。然而，上文讨论的建议以将整个交通系统转化为电动汽车和氢燃料电池汽车的结合为基础。一个技术替代方案是像第五章讨论的改为转换成生物质燃料。图 7.13（下图）展示了第五章描述的这种转换的解决方案。

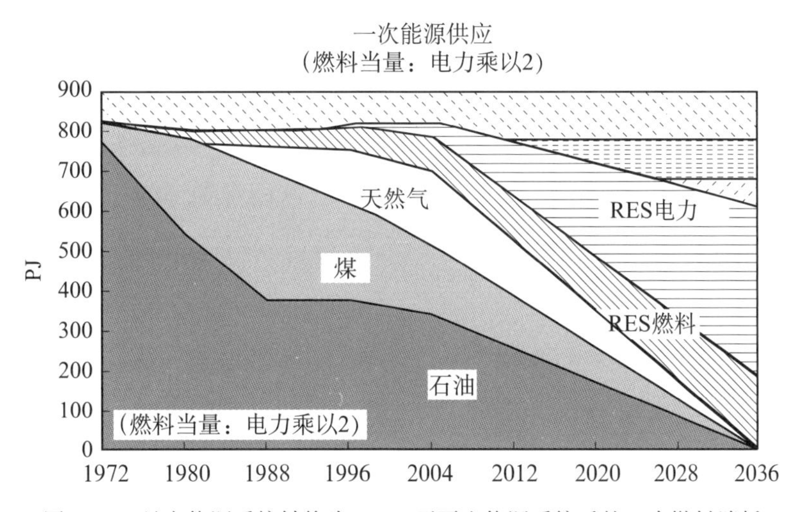

图 7.12　丹麦能源系统转换为 100% 可再生能源系统后的一次燃料消耗

如图 7.13 所示，以电/氢为基础的或以生物质燃料为基础的交通技术对系统的一次能源供应的规模有很大影响。其中，生物质资源的数量尤其会受到影响。这样的结果强调了更进一步开发电动汽车技术的重要性，这也意味着当电/氢解决方案被证明不足以完全解决问题时，交通领域应保留生物质燃料交通技术。下文的两个案例对这一情况进行了调查。

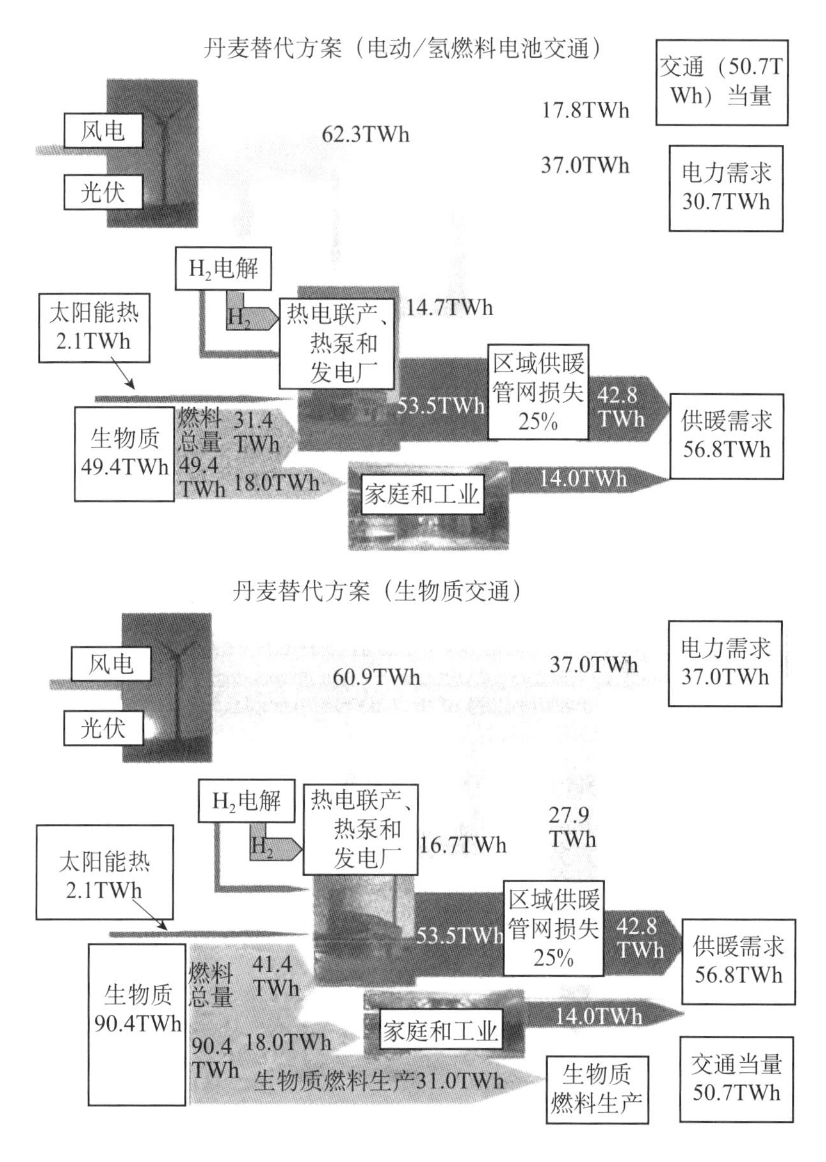

图 7.13　丹麦 100% 可再生能源系统中的能源流。上图是基于图 7.12 中的电动汽车和氢燃料电池汽车，下图是基于生物质燃料的替代情景

7.3　丹麦工程师协会的能源计划[①]

本节以 Lund 和 Mathiesen（2009）的文章《100% 可再生能源系统的能源系统分

① 摘自《能源》，34/5，Henrik Lund 和 Brian Vad Mathiesen，《100% 可再生能源系统的能源系统分析》，pp. 524－531（2009），已获得 Elsevier 许可。

析》为依据，该文章陈述了对一个100%可再生能源系统进行总体的能源系统分析的方法和结果。系统的来源是丹麦工程师协会的“能源2006（Energy Year 2006）”项目，项目期间讨论和设计了丹麦未来能源系统的一个模型。

与上一章一样，能源系统的分析也使用了EnergyPLAN模型（包括小时模拟），从而设计出有能力平衡电力供给和需求的柔性可再生能源系统。其结果是针对两个能源目标年度的详细系统设计和能源均衡：2030年，可再生能源达到45%，展示通向100%可再生能源系统非常重要的第一步（IDA 2030）；2050年，通过生物质能和风能、潮汐能、太阳能的结合实现100%可再生能源系统（IDA 2050）。

该分析的结论是，基于国内资源的100%可再生能源供应具有实际可行性，并且它通向2030年的第一步对丹麦社会具有经济可行性。然而，丹麦必须考虑对生物质资源或风能资源的依赖程度。生物质资源的利用涉及对现在使用的农业土地进行重新组织，而风电资源的大量利用则需要很大比例的氢能或其他相似的能量载体，这会导致系统设计在一定程度上降低效率。

在丹麦工程师协会的项目中，丹麦未来能源系统设计采用了两个阶段相结合的方法：一个是涉及大量专家参与的创造性阶段，一个是涉及总体系统的技术和经济分析以及建议反馈的详细分析阶段。在反复讨论的过程中，每个建议都结合了最为详细的专家意见，这些专家的知识要求符合整个系统在技术创造、高效能源供应以及社会经济可行性方面的要求。

首先，丹麦工程师协会指定2006年为“能源年”。在这一年中，协会制定具体建议，推进丹麦的积极能源政策，最终为2030年的丹麦能源系统（IDA 2030）确定了下列目标：（1）确保能源供应的安全；（2）到2030年，在1990年的基础上削减50%的CO_2排放；（3）在能源行业创造就业，增加四倍的能源出口。保障供应安全的目标涉及丹麦通过北海的石油和天然气生产成为能源净出口国家。然而，北海的油气储量预期只能再维持几十年。因此，丹麦很快将开始进口能源，或开发国内的可再生能源。

基于上述目标，丹麦工程师协会将工作划分成七个主题，并在这些主题下召开了三种类型的研讨会——现状和知识研讨会，未来情景研讨会和路线图研讨会，为各个主题如何更好地为全国目标服务提出了大量的意见和建议。

这些建议包括一系列在家庭、工业和交通领域等能源需求端的管理和效率措施，此外还有以能源效率、CO_2减排和工业发展为重点的大量能源转换改进技术和可再生能源来源。所有这些建议都以与丹麦2030年“正常商业情景”的参照情形（Ref 2030）相关的方式描述出来。这些描述涉及技术发展以及投资、运营和维持成本。

在另一个并行的过程中，所有的建议在一个总体的能源系统分析中采用Energy-

PLAN 计算机模型进行技术分析。能源系统分析根据下列步骤进行：

首先，用 EnergyPLAN 模型重新计算丹麦能源署的 2030 年官方“正常商业情景”（Ref2030）。在同样输入值的基础上，可能得出有关年度能源平衡、燃料消耗和 CO_2 排放的同样结论。因此，建立针对 Ref2030 的共识。

其次，2030 年的建议可以定义为针对参照系统的一个改变。同时，计算出了第一个粗略的替代系统。该系统的创建可以引起一系列的技术和经济不平衡。因此，重新考虑了负反馈建议，并将对柔性的合适投资添加到了系统中。

EnergyPLAN 模型分析以各个生产装置的商业经济优化的系统运行为基础。该优化包括税收和涉及的国际电力市场电价。丹麦社会的社会经济后果计算中未包括税收。计算采用了下列假设：

• 世界市场的燃料成本等于油价 68 美元/桶（敏感值 40 美元/桶和 98 美元/桶）。

• 如果数据可得，则投资和运营成本基于丹麦官方技术数据；如果无法获得相关数据，则应“能源年”专家的建议为基础。

• 使用3% 的真实利率（敏感值 6%）。

• 除了 20 欧元/t 的 CO_2 排放交易价格（敏感值 40 欧元/t），环境成本不包括在计算中。

丹麦工程师协会还对每一份建议开展了技术分析和可行性研究。由于许多建议在本质上并不是相互独立的，因此对每份建议都在参照的“正常商业情景”系统（Ref 2030）和替代系统（IDA 2030）中进行了分析。一项建议，比如为房屋加装保温层，在参照情景中可行，但在替代系统中不可行，例如，如果太阳能热应用于同一栋房子，或如果增加热电联产在总体战略中的占比。因此，需要重新考虑其中几份建议，并与其他建议进行协调。

丹麦工程师协会建议的替代方案（IDA 2030 和 IDA 2050）与当前情形（2004）以及一个 2030 年的“正常商业”参照情景进行了比较，该参照情景假定能源总消费（一次能源供应）从 2004 年的 850PJ 增加到 2030 年的 970PJ。IDA 2030 和 IDA 2050 方案是通过对 2030 年“正常商业”参照情景进行一系列变化得出的。IDA 2030 是 2030 年的一个替代方案，而 IDA 2050 是在 2050 年实现 100% 可再生能源系统的一个替代方案。各个能源系统都纳入了包括北海钻井平台上的天然气消费和国际航空燃油的所有方面。

在完成专家之间比较和讨论以及总体系统分析的反复过程之后，IDA 2030 的建议书最终包括以下主要内容：

• 削减建筑物室内供暖需求 50%；

- 降低工业燃料消耗40%；
- 降低私人家庭电力需求50%和工业用电需求30%；
- 通过太阳能热系统满足15%的家庭和区域供暖需求；
- 通过工业热电联产提高20%的电力生产量；
- 通过节约、热电联产和效率措施减少北海45%的燃料消耗；
- 通过税收改革降低交通需求的增长；
- 用轮船和火车替代20%的道路交通；
- 用生物质和电力各替代20%的道路交通燃料消耗；
- 用微燃料电池热电联产替代天然气锅炉，总量相当于10%的家庭供暖；
- 用燃料电池热电联产电站替代2015年之后将要建设的电站，总量相当于2030年电站数量的35%～40%；
- 将生物质资源（包括废弃物）的总量从现在的90PJ增加到2030年的180PJ；
- 将风电从现在3000MW增加到2030年的6000MW；
- 新增500MW的潮汐能和700MW的光伏；
- 新增450MWe的热泵与现有热电联产系统及柔性电力需求相结合，以便将风电和热电联产更好地融入系统。

增加热泵和柔性需求的建议是对总体能源系统的分析结果，这个分析过程指出应尽最大可能发掘柔性生产的潜力以克服电力供应和区域供暖中的平衡问题。特别是基于固体氧化物燃料电池（Solid Oxide Fuel Cell，SOFC）技术的热电联产电站，这些电站应在不损失效率的情况下在整个载荷范围中充分发掘快速改变生产的潜力。

社会经济可行性研究和出口潜力的结果见图7.14和图7.15。图7.14展示了在Ref 2030和IDA 2030中与丹麦的能源消费和生产相关的经济成本。图7.15以2030年预期出口量的方式展示了IDA 2030的商业潜力，并将其与2004的数据进行了比较。

社会经济可行性以年度成本的形式进行计算，其中包括燃料和运营以及基于一个固定生命周期和利率的年度投资成本。可行性研究考虑了三个不同的石油价格水平（与前文所提及的相同，假定平均油价水平占40%的时间，而低油价和高油价分别占30%的时间），并且将IDA 2030替代方案与Ref 2030进行了比较。

与Ref 2030相比，IDA 2030替代方案将燃料成本转化为投资成本，而且具有更低的年度总成本。这种成本结构的转换对两个因素非常敏感：一个是利率，一个是对总投资成本规模的估计。因此，我们需要进行敏感性分析。在第一个分析中，将利率从3%提高到6%；在另一个分析中，所有投资成本提高了50%。在两种情况下，IDA 2030替代方案都在参考情景下非常有竞争力。

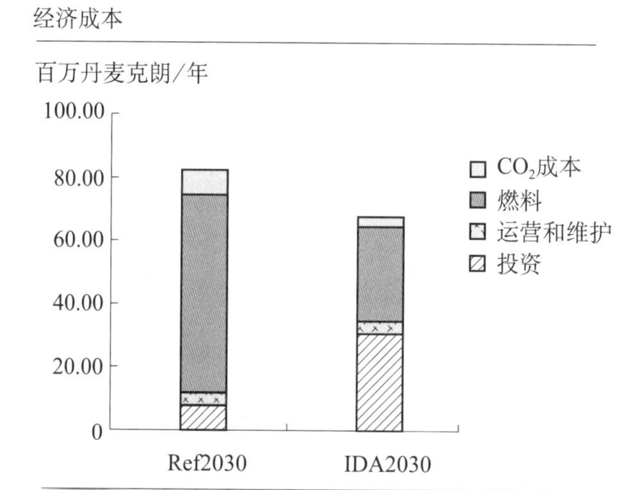

图 7.14　IDA 2030 的经济成本（丹麦工程师协会的 2030 年能源规划）

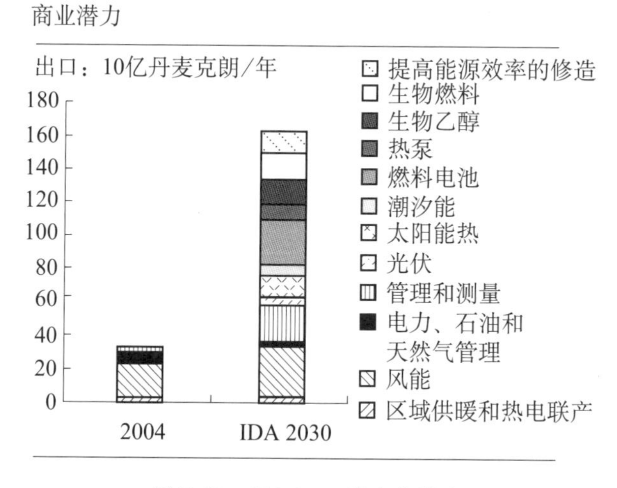

图 7.15　IDA 2030 的商业潜力

图 7.15 给出了 IDA 2030 的出口潜力。这样的潜力是在丹麦发展风机制造的基础上估计出来的，只是一个非常粗略的估计。然而，这个估计在不同的相关技术和总潜力的规模方面提供了很有价值的信息。图 7.16 展示了 Ref 2030 和 IDA 2030 两个能源系统的社会经济可行性和 CO_2 排放情况。所有的措施在 Ref 2030 和 IDA 2030 背景条件下进行了评估。这种反复的过程有助于识别出可行措施。然而，有些具有负反馈结果的建议由于其他原因也被包括在总体规划中。有些具有很好的出口潜力，而有些在下一步实现 100% 可再生能源目标方面具有重要作用，而还有一些可以带来重要的环境收益。

图 7.14 和图 7.16 中的社会经济可行性是在一个没有任何国际市场电力交易的闭合系统中计算的。根据这些计算，我们进行了另一个的针对电力交易的潜在收益

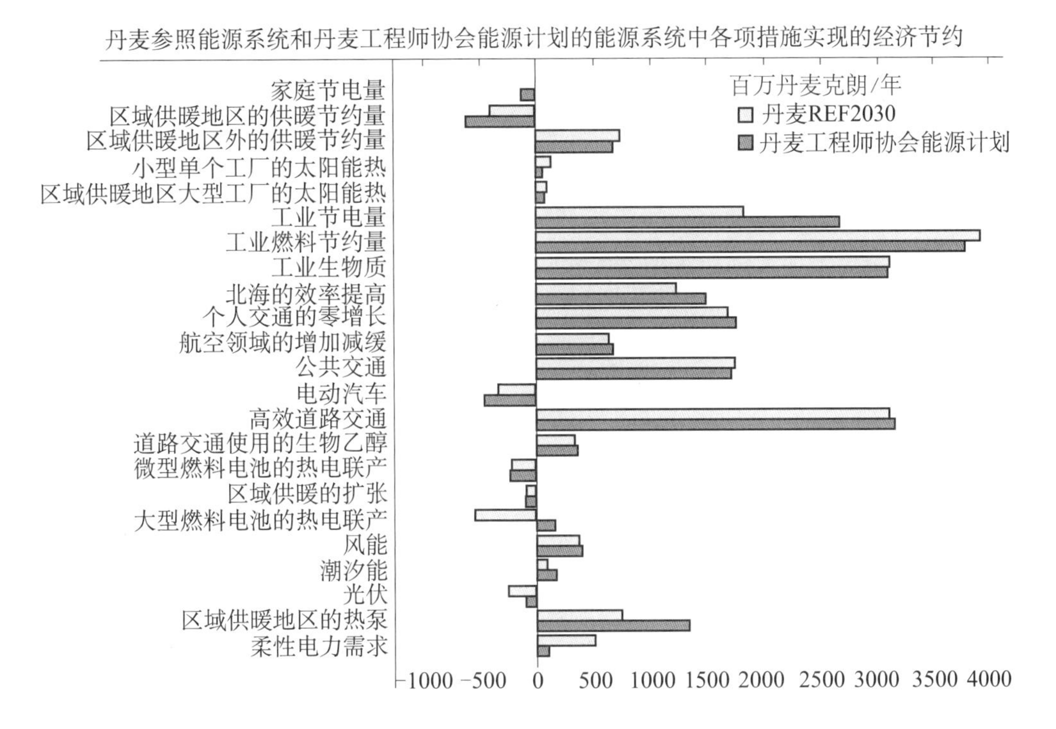

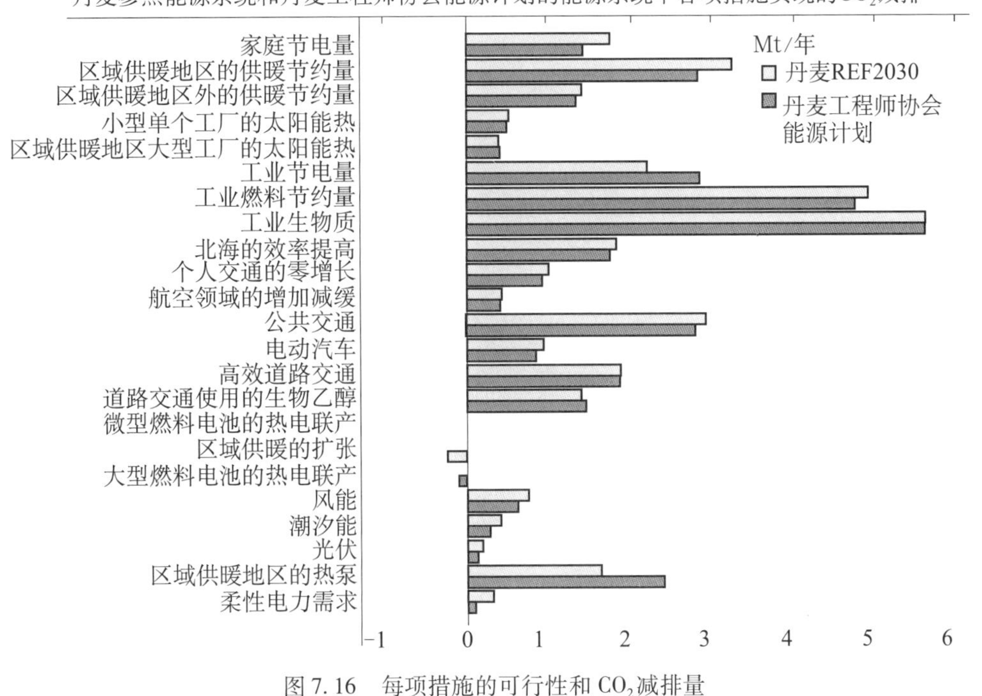

图 7.16　每项措施的可行性和 CO_2 减排量

研究，以评估 IDA 2030 能源系统在这方面是否与参照系统 Ref 2030 有所不同。评估是在三个不同的燃料价格水平、两个 CO_2 排放交易成本水平和三个北欧水电情景（涝、正常和干旱年份）下进行的。评估结果以丹麦社会的社会经济净收入的形式在图7.17中进行了展示。此外，图表还展示了Ref 2030和IDA 2030各自的进口和出口情况。

EnergyPLAN模型对交易净收入的计算通过对封闭系统的参照计算结果和开放系统的结果进行比较得出。封闭系统没有交易，而开放系统通过在价格超过丹麦能源系统的边际生产成本时售电而在价格低于边际成本时买电的方式，从交易中获益。模拟的过程也考虑了各国的瓶颈。计算的整个过程均以每个电力生产机组最大化其商业经济收入这个假设为基础。

如图7.17所示，丹麦将可能在所有情形下都从北欧电力市场的电力交易中获益。净收益的数量级通常在5亿~10亿丹麦克朗/年。在燃料价格低而电力市场价格高的年份，收益主要来自于出口，而在燃料价格高且电力价格低的年份，收益主要来自于电力进口。并不是所有组合都可行。电力市场的价格在一定程度上是随着燃料价格变动。

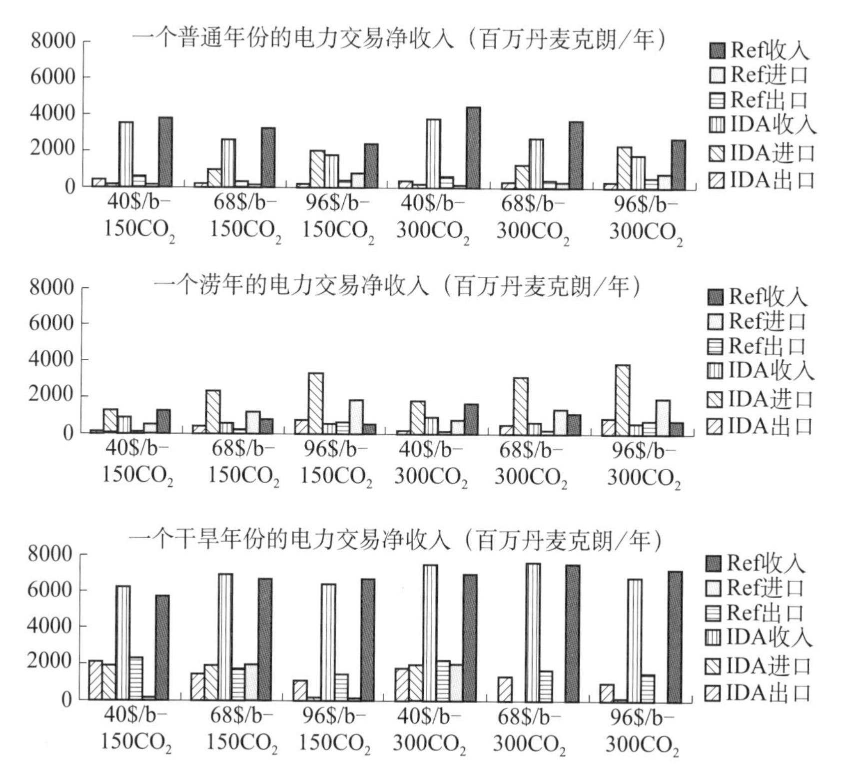

图7.17 在不同的燃料价格、CO_2指标交易价格以及涝、普通与干旱年份水电背景（由北欧电力供应系统中的水电站水库决定）条件下的Ref 2030和IDA 2030电力交易产生的净收入

根据以下条件，通过计算几年内的平均净收益对Ref 2030和IDA 2030进行了比较：

- 涝、正常和干旱年份出现的比率是3∶3∶1；
- 低、中和高燃料价格出现的比率是3∶4∶3；
- 低和高的CO_2排放交易价格出现的比率是1∶1。

根据这些比率，IDA 2030 系统的平均净收益是 5.85 亿丹麦克朗/年，而 Ref 2030 系统是 5.42 丹麦克朗/年。根据这个分析，我们只能说这两个系统可以从北欧电力市场的电力交易中同等获益。然而，与 600 亿～800 亿的年度总成本相比，电力交易所得的净收入是微不足道的。主要的经济收益来自于通过将系统从 Ref 2030 转换到 IDA 2030 实现的燃料节约。

为了实现 100% 可再生能源供应，督导委员会提出了以下建议，扩展 IDA 2030 能源系统同时创造 IDA 2050 系统：

- 在 2030 年的基础上进一步削减建筑和区域供暖系统中的供暖需求 20%；
- 进一步削减工业燃料需求 20%；
- 进一步削减电力需求 10%；
- 在 2030 年水平的基础上稳定交通需求；
- 区域供暖扩大 10%；
- 将微热电联产系统从天然气转换为氢；
- 在家庭中用热泵和生物质锅炉替代石油和天然气锅炉；
- 用火车替代 50% 的道路货物运输；
- 用电力、生物质燃料和氢平均地替代剩余的交通燃料需求；
- 用热泵供应 3TWh 的工业供暖生产量；
- 用燃料电池、沼气或生物质气化发电替代所有的热电联产和火电站；
- 用太阳能热供应 40% 的家庭供暖需求；
- 将潮汐能从 500MW 增加到 1000MW；
- 将光伏从 700MW 增加到 1500MW。

所需的风能和/或生物质资源以残余资源的形式进行计算。

对 2050 年 100% 可再生能源系统的计算产生了多个版本。首先，如果直接执行上文提到的所有建议，可以得出一个 19PJ 太阳能热、23PJ 可再生能源电力（来自风能、潮汐能和光伏）以及 333PJ 生物质燃料的一次能源供应系统。在这个情景中，风电和 2030 年的数字一样：6000MW 的装机容量。然而，333PJ 生物质燃料这个数字太高了。根据最近的官方估计，丹麦拥有约 165PJ 的残余生物质资源，这包括了废弃物资源。残余资源包括牲畜不需要的干草、牲畜排泄物、有机废弃物和林业产生的废弃物。然而，来自更换作物产生的生物质燃料资源潜力非常巨大。例如，丹麦种植大量的小麦，它们可以用像玉米这样的作物来替代，这种替代可以在维持食物产出的同时得到更高的生物质产量。农业土地的重新组织与其他一些措施相结合可以使生物质燃料的总潜力达到 400PJ（Mathiesen、Lund 和 Nφrgaard，2008）。

因此，通过上述分析推荐采用 10000MW 风电和 270PJ 生物质燃料的折中方案。

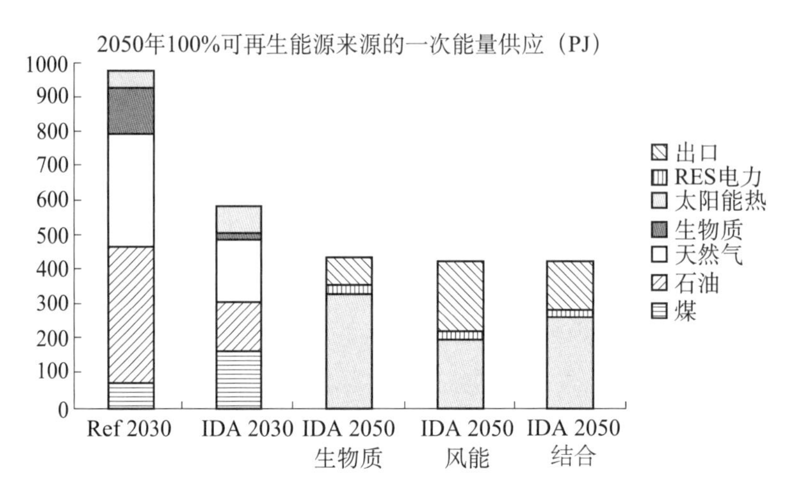

图 7.18　100% 可再生能源系统三个版本的一次能源供应

（IDA 2050 和参照情景 Ref 2030 以及建议情景 IDA 2030 的比较）

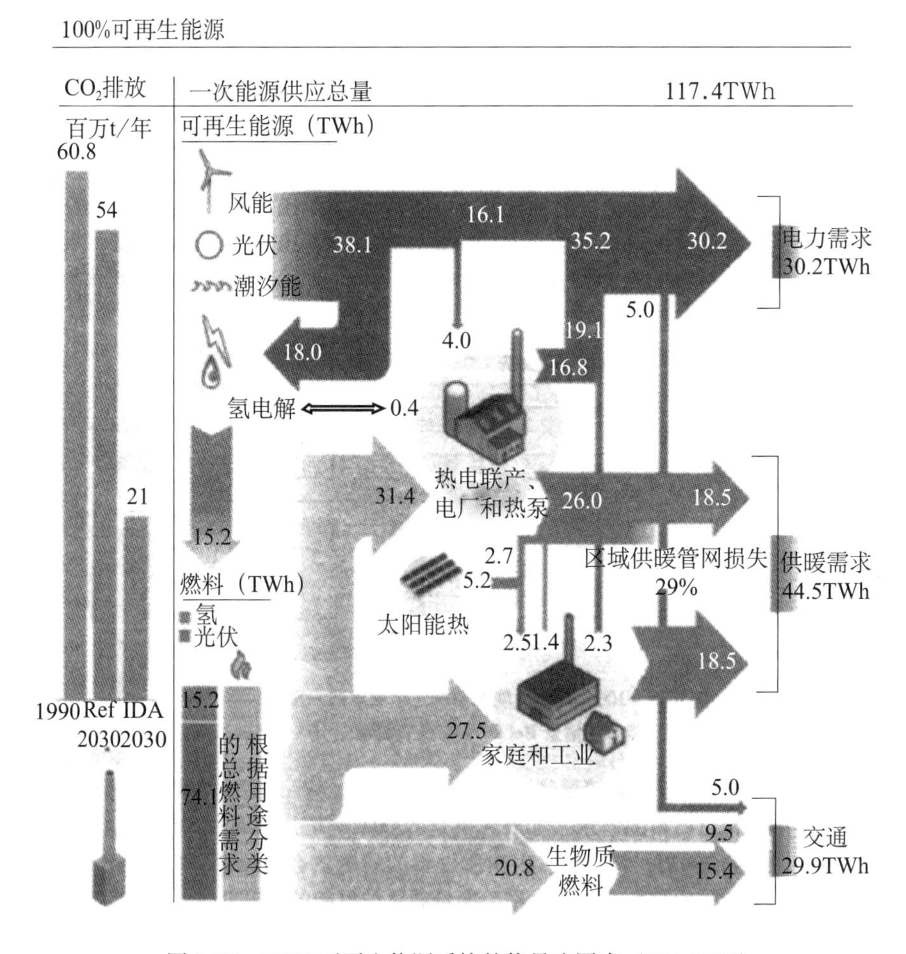

图 7.19　100% 可再生能源系统的能量流图表（IDA 2050）

图7.18展示了所有三个版本的情况。系统的能量流如图7.19所示，一次能源供应和由此产生的CO_2排放见图7.20。

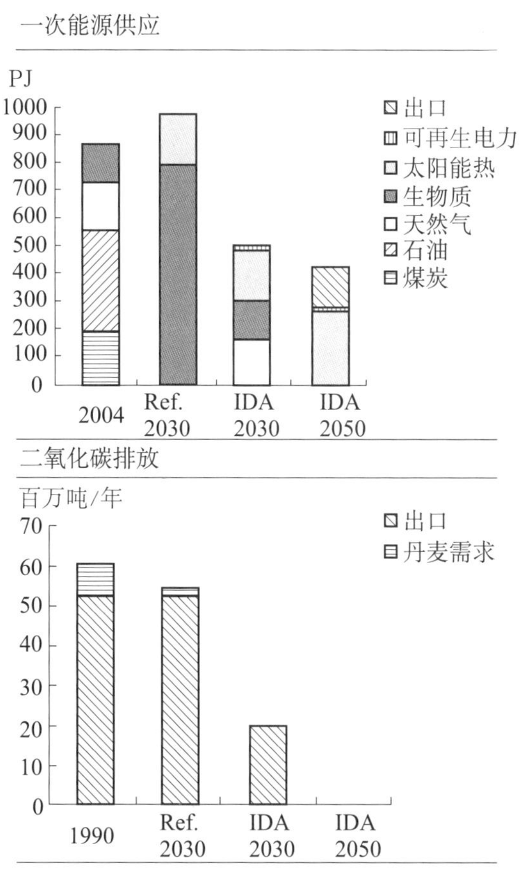

图7.20　一次能源供应和二氧化碳排放。二氧化碳排放可分为国内用电需求和净出口电力

根据100%可再生能源情景的第一个版本，我们分析了在增加风电的情况下可以降低的生物质燃料需求量。如果风电从10000MW增加到15000MW，会将风力发电量增加到200PJ；生物质燃料的消费就会相应地降低到200PJ。然而，需要强调的是，这样的替换会导致对氢能（作为能量载体）需求的剧增，从而损失相当一部分的效率。

一次能源供应预计会从2004年的约800PJ增加到“正常商业”参照情景中的近1000PJ（Ref 2030）。如果执行建议的IDA 2030计划，一次能源供应将下降到600PJ以下，而CO_2排放量和1990年相比将下降60%。

如果执行上文建议的2050年100%可再生能源系统（IDA 2050），一次能源供应将下降到约400PJ，而CO_2排放原则上将等于零。然而，一些废弃物被包括在生物质资源中，其中有一部分会产生少量的CO_2排放。此外，丹麦还会继续排放CO_2之外的其他温室气体。尽管如此，丹麦的温室气体排放总量将减少约 80%。

7.3.1 丹麦工程师协会气候计划

本部分由 Brian Vad Mathiesen 撰稿。

创建丹麦工程师协会的能源计划之后的三年里，从 2009 年起，丹麦工程师协会对丹麦工程师协会气候计划的延伸问题开展了后续研究。后续研究是各个国家工程学会于 2009 年在哥本哈根 COP15 会议上共同努力的成果。从 Mathiesen、Lund 和 Karlsson 的描述中可以发现，丹麦工程师协会气候计划不仅包括各个能源部门，还包含所有排放温室气体的行业。此外，这项研究涉及运输和生物质问题，以及对相关经济学制度的成本和就业创造的影响进行评价。

该研究结论认为，可以创造一个 100% 的可再生能源系统，但如何实现生物质消耗和电力直接使用或合成燃料生产之间的平衡是一个挑战。综合考虑农业部门的变化，包括航空业的额外贡献，到 2050 年后，温室气体排放将比 2000 年减少 10%。

从传统的能源系统到可再生能源系统的变化中，给社会经济提供了一个能源节约机会，每年节约的燃料成本都高于年度额外投资成本。除此之外，这将有利于社会的健康持续发展，增加社会经济的储蓄。此外，如果在早期实施发电系统改革，将会带来潜在的出口，同时提供更多相关的工作职位。在这些情况下，变革将增加就业人数，增加前所未见的出口的商业潜力。这些结果表明，这会给经济带来持续性增长，同时也是实施减缓气候变化的战略举措。

7.4 CEESA 100%可再生能源方案[①]

本部分由 Brian Vad Mathiesen 编写。

本部分以 Lund、Hvelplund 等人在 2011 年所写的《连贯能源与环境系统分析》（Coherent Energy and Environmental System analysis，简称 CEESA）为基础。该报告是丹麦委员会为进行战略研究而资助的 CEESA 项目的一个成果。CEESA 项目进行了应用实践，不但超越了丹麦工程师协会的能源与气候计划，还实现了几个智能能源系统，例如第六章分析的小型 100% 可再生能源系统方案。此外，第六章强调和重点分析了燃料的来源途径和每小时的天然气网络。

在丹麦工程师协会计划中，CEESA 方案旨在设计一个 2050 年 100% 可再生能源系统。需要关注的一点是，这种高度依赖于可再生能源的技术可能在特定的时间范

---

① 摘自 Lund、Hvelplund 等人的文章（2011），《连贯能源与环境系统分析》，奥尔堡大学发展与规划系，奥尔堡 2011。

围内对生物质的消耗量产生不同的影响。为了突出这一点，CEESA 项目已经确定了三种不同假设的可行技术方案。这种方法可以更好地对能源系统进行优化和理解。为了对完全可再生能源系统的不同要素进行深入分析，我们设计了两个不一样的 100%可再生能源方案和一个可实行的方案：

- CEESA 2050 Conservative（保守方案）：保守的方案是使用当今最著名和最实用的技术。这种假设的实现，需要在目前的市场开发和改进现有技术。在这种情况中，不成熟的可再生能源技术成本很高。在丹麦甚至国际市场，推动新的可再生能源技术发展的动力不足。然而，这种情况需要对现有技术的能源效率进行改善和提高，如提高发电厂的发电效率，开发更高效的汽车、卡车和飞机，以及更好的风电机。此外，该情景假设需要进一步发展电动汽车、混合动力汽车和生物二甲醚/甲醇生产技术（包括生物质气化技术）。
- CEESA 2050 Ideal（理想方案）：在理想情况下，较大规模的应用技术仍处于发展阶段。发展可再生能源技术的成本很高，需要不断进行开发和理论论证，并且为新的技术创造市场价值。例如，在理想情况下，燃料电池可用于火力发电厂，并可用于大多数的生物质，在不同类型和尺度上进行技术转换（如气化）。此外，还开发了共同电解，相比保守的方案，交通设施方面采用了进一步的电气化研究发展。
- CEESA 2050（推荐方案）：该方案的目标是对现实可行的技术进行改进和评估，并建立一个“现实的和值得推荐的”的评估方案。通过使用较少的共同电解，在交通运输行业实现生物二甲醚/甲醇和合成二甲醚/甲醇之间的平衡。这是主要的 CEESA 方案。

在所有方案中，优先选择节约能源和直接的电力消耗，各种情况均依靠一个整体的智能能源系统的方法（具体见第六章）。这包括使用热存储、热电联供厂供热、大型热泵、运输燃料的途径来源以及储气库的整合运用。这些智能能源系统能够高效灵活地集成由风电机和光伏发电系统产生的大波动电力。相对于电动汽车和热泵允许短期灵活地存储，天然气网络和液体燃料则可实现长期存储。

7.4.1　交通运输行业的燃料来源途径

运输部门就向可再生能源燃料的过渡提出了两个主要问题：第一，如何更方便地获得燃料，因为生物质的量是有限的。第二，运输需求量的增长幅度前所未有。该方案包括针对新运输系统提出的方案，涉及需求增长和轨道交通增加。采用以下应用策略，可以用生物质替换机油，并使消耗量保持在一个较低的水平，同时最大限度地提高电力在交通运输领域的应用，在一些轿车、面包车、卡车和航空中使用液体燃料，优先使用二甲醚/甲醇。

可再生能源

对于二甲醚/甲醇燃料（以3%的比例进行混合），传统汽车可以在短期内使用。在车辆中会产生细微变化，占有份额会继续增加。在CEESA方案中，生物二甲醚/甲醇是由生物质气化生成，氢气从电解槽生成但不产生废物。从长期来看，如第六章谈到的燃料途径，由合成二甲醚/甲醇替代生物二甲醚/甲醇可以进一步降低对土地利用带来的影响，因此需要利用电解槽和碳封存技术。这一战略举措是为了降低生物质的使用，将更多的风电和光伏发电纳入能源系统，即让交通运输领域成为智能能源系统的重要组成部分。

我们很早就发现液体燃料二甲醚/甲醇溶液是最好的选择（见第六章），如气体甲烷溶液，或者合成液体。然而，在气体溶液与液体溶液间可以大致实现能量平衡。在具体计算方案中，二甲醚/甲醇用于说明使用生物质资源与电解槽相结合的原理，短时间内在交通运输领域中取代化石燃料。从长远来看，其他来源的碳材料可以取代大量的化石燃料，不会造成生物质资源短缺。在未来，其他类型的燃料可以满足这一原则。但事实表明，这一原则可以降低生物质消耗。

上述三个技术方案的设计均将风力发电和光伏发电等可再生能源系统作为优先考虑项目，并考虑了技术发展情况和系统总成本。此外，它们都是以减少电力和热的需求以及运输需求的增长为基础进行的分析。因此，如果没有一个积极的能源和运输政策，相关方案无法得以实现。然而，应对高能量需求以及节能措施失败后的情况分别进行敏感性分析，这些分析指出了更高成本、更高生物质消费，以及对风电机需求增加的方向。表7.5突出显示了应用场景之间的重大差异。

在保守的技术方案中，不包括潮汐能、光伏发电和燃料电池发电厂，该方案关注的重点是交通领域的生物二甲醚/甲醇和直接电力消耗问题。在这种情况下，电解槽以已知技术为基础。电力系统、供热领域，以及运输系统和天然气网络的需要通过智能能源系统和跨部门系统集成实现对接。然而，在保守方案中，运输系统和天然气网络一体化并不像在理想方案中使用得那么广泛。在理想的情况下，潮汐能、光伏发电、燃料电池和其他一些技术可以充分发挥其潜力；在推荐方案中，假设技术发展到一定程度时，可以做出重大贡献。

表7.5 CEESA中100%可再生能源方案间的主要差异

	CEESA 2050 保守方案	CEESA 2050 理想方案	CEESA 2050 推荐方案
可再生能源和转换技术			
风力发电	12100MW	16340MW	14150MW
太阳能光伏发电	—	7500MW	5000MW
潮汐能		1000MW	300MW

续表

	CEESA 2050 保守方案	CEESA 2050 理想方案	CEESA 2050 推荐方案
可再生能源和转换技术			
小型热电联产系统	发动机	小型燃料电池热电联产	引擎/燃料电池燃气轮机
大型热电联产和发电厂	燃气轮机联合循环/燃烧	大型燃料电池联合热电联产	联合循环/大型燃料电池联合热电联产
气化发电和电力生产	部分是	是	是
交通			
直接电源	13%	23%	22%
生物柴油/甲醇	87%	0%	44%
合成二甲醚/甲醇	—	77%	34%
生物柴油/甲醇制造厂	是	否	是
生物柴油/甲醇制造厂的电解槽	是	否	是
合成二甲醚/甲醇制造厂的电解槽	否	是	是

7.4.2　一级能源和生物质能源

对2050计划中三种情况下的一次能源消费水平和参考能源系统的能源消耗水平进行了比较，具体见图7.21。相对于参考能源系统，所有的方案都能够减少约500PJ的一次能源消耗。然而，如图7.22所示，使用的生物质的量上还存在很大的差异。在保守技术方案中，100%的可再生能源系统可能总共消耗331PJ生物质。理想技术方案可以减少206PJ生物质消费。在CEESA 2050推荐方案中，生物质消耗量为237PJ，比理想方案多消耗30PJ，而较保守方案少消耗96PJ。

CEESA项目包括对统一能源和环境系统分析项目生物质资源的来源途径进行检查。首先对稻草、木材和粪便中的沼气等剩余资源数量进行概述，从中可以利用的能量约为180PJ/年。由于森林管理做法和谷物品种的改变，在2050年可能会进一步增加对潜在能源的利用，增至约240PJ/年。随着膳食的变化，能量从180PJ/年可增加到200PJ/年。该潜力只代表了剩余资源的使用，意味着CEESA 2050推荐方案保持在剩余资源界限内；而CEESA 2050保守方案证明，积极能源政策和运输政策应保持在限制范围内。应该指出的是，2050年的目标是240PJ/年，由于需求不相同和生态系统服务的期望不一，这也意味着其中存在一些潜在冲突。它需要农业土地进行其他种植，否则需要把粮食用来进行能源作物生产转换，有可能造成食品和饲料生产的减少。必须将所有作物残渣进行回收，从而减少潜在土壤中的碳库。减少对生物质能源的需求，是减少这些潜在矛盾的一种方法，或者进一步发展农业和林业，

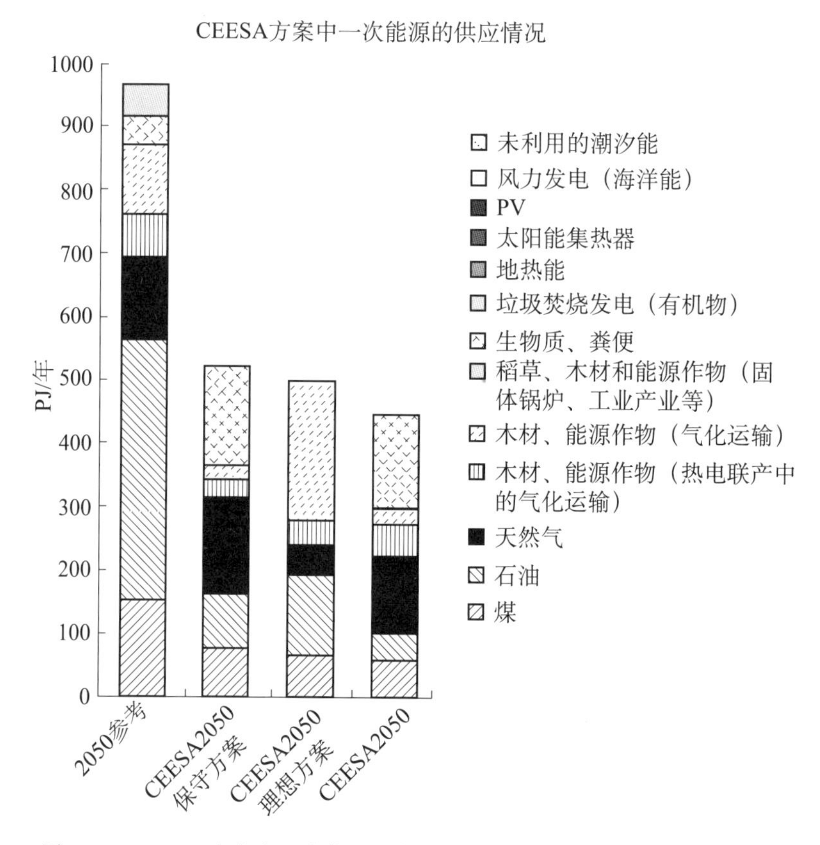

图 7.21　CEESA 方案中一次能源的供应情况以及三种 CEESA 方案的比较

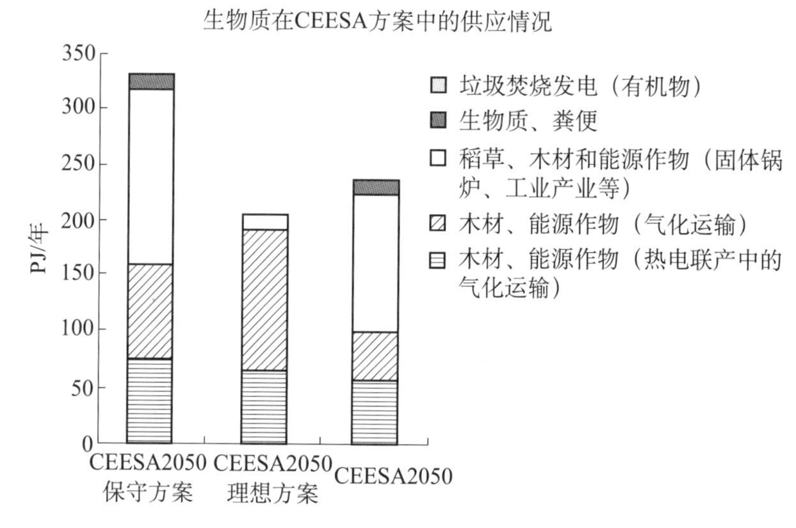

图 7.22　在三种 CEESA100% 可再生能源方案中的供应情况

以增加每单位面积土地的生物质生产。

如果未来的非化石社会的生物质必须覆盖目前石化产品材料的生产，那么生物质领域将面临更大的压力。为了实现这些需求，计划为该领域分配 40 ~ 50PJ 能源。

需要注意的是，除了残余生物质资源的240PJ，垃圾资源也可记为33～45PJ，或共约280PJ。基于对石化产品的考虑，CEESA 2050推荐的理想方案将对生物质资源进行配置。

基于“现实和推荐”方案，面向2050年的路线图一直在设计并与照常营业的参考发展方案进行比较。应注意的是，这一参考方案是在丹麦议会决定致力于到2050年实现100%可再生能源系统之前设计出来的。目前在丹麦主要的能源供应大约为850PJ，其中包括家庭、运输、工业用电和用热的燃料消耗以及可再生能源生产用电。考虑到在这项研究中的运输边界条件，考虑了所有的运输情况，即包括国家/国际客运和货运的需求。如果不采取新的措施，到2020年能源消费量预计将略微减少，但是到2050年将逐渐增加到970PJ。丹麦能源机构对能源参照系统进行了2010—2030年预测，并用相同的方法进行了应用并创建一个2050年能量参照系统。这个方法涉及能源节约、运输、可再生能源，以及电力、热、运输和天然气行业等各个方面的整合，可在CESSA 2050中减少473PJ一次能源的消耗。一次能源供应见图7.23。CEESA 2050中100%可再生能源系统的能量流动情况见图7.24。

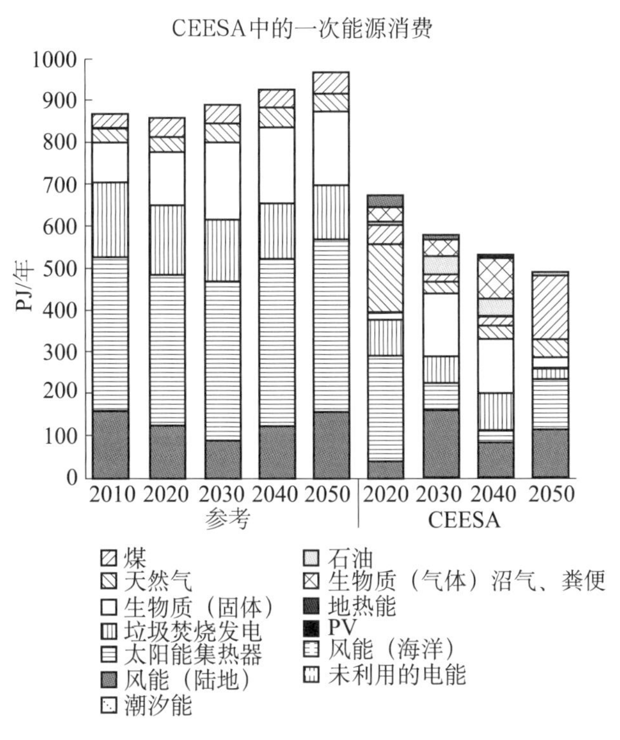

图7.23　CEESA的一次能源供应

在CEESA中，化石燃料排放的温室气体量在显著降低。图7.25对CEESA方案中能源系统的温室气体排放量以及相关的参考能源系统进行了说明，其中包括飞机的高空排放。到2050年，由于航空事业的发展，温室气体排放量不为零。但相比

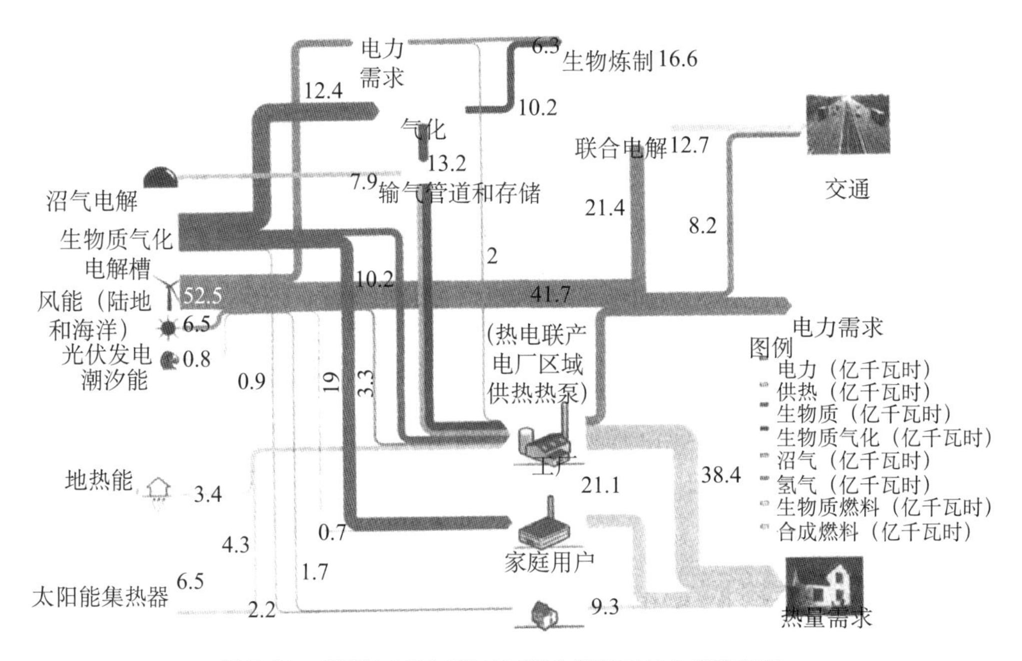

图 7.24　CEESA 2050 100% 可再生能源系统方案流程图

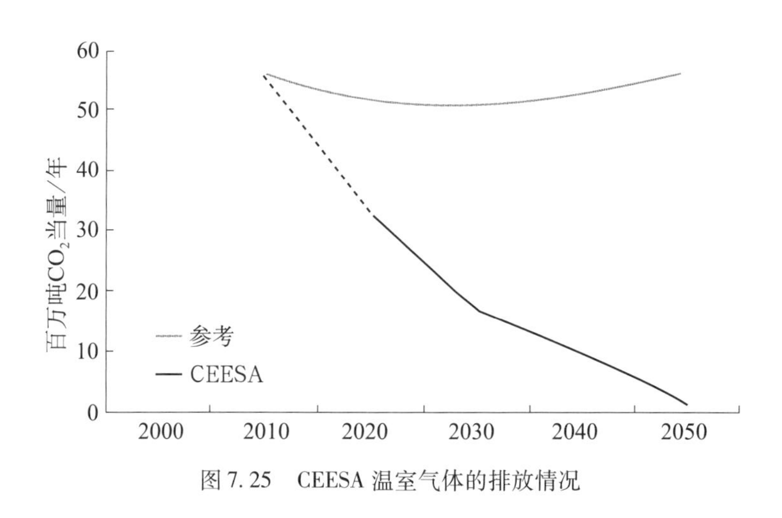

图 7.25　CEESA 温室气体的排放情况

2000 年，排放量已减少到原来的 2%。这个数字不包括工业过程和农业或土地使用的温室气体排放量的变化。

从 CEESA 方案文件中，我们可以找到实现 100% 可再生能源系统的技术方案。然而，在未来几年中，我们需要对相关技术进行研究发展。特别是在交通领域中更好更有效地直接利用电力，并发展混合动力、插电式混合动力电动汽车以及各种规模的生物质气化技术。研究结果还表明，如果这些技术没有充分发展，消费的量可能会大于 CEESA 2050 保守方案中的估算量。

在 CEESA 中设计了一个 100% 可再生能源系统，其能源可以由国内剩余生物质资源潜在地供应。但是必须要强调的一点是，CEESA 项目对生物质项目在国际贸易中的表现没有设定目标。然而，CEESA推荐方案使丹麦成为依赖进口生物质的国家，取代其对进口石油、天然气和煤炭的依赖，在参考方案中，这些资源主要依靠进口（过去丹麦没有在北海开采资源）。它也确保了丹麦残留生物质资源的生物质消费范围。通过全球剩余资源观察发现，人均剩余生物质资源最高的国家是丹麦，但是这也意味着丹麦的国内残余可用生物质资源会越来越少。

7.4.3　智能能源系统与跨领域整合

在这三种情况中，实时能量分析系统用于增加风电机的装机容量，确保未使用的电量低于0.5TWh（1.8PJ）。这些分析还应确保供热和供气的平衡。通过智能能源系统可以实现这种平衡，具体实现方法如下。

这些部门的整合对100%可再生能源系统具有非常重要的意义，因为它可以提高燃料效率和降低成本。第一步是加强供热和电力部门之间的融合。丹麦已经在很大程度上实现了这一点，大约50%的电力需求是由热电联供厂生产。这种整合需要热库容量，平均约8个小时的生产，包括锅炉和供热网络的工作，从而使热电联供厂灵活操作。这在丹麦的能源系统中已经实现了。这不但可以减少燃料消耗，并有助于有效地整合带有波动性的风力发电。根据第五章得出的结论，大约20%～25%风电可以集成到系统中，不会引起能量系统显著的变化。整合超过20%～25%的风力发电，需要安装大型热泵。根据CEESA方案，2020年前将安装大量的陆上和海上风电机组。届时，它们将提供约40%的电力需求。

这会导致在一些电力电网间出现欠平衡的情况，单凭热泵不能保证电网间的平衡。交通运输部门需要综合考虑如何通过能源系统处理超过40%至45%的风力发电。因此，实施了电动汽车政策和灵活的市场需求。但是，这些政策是远远不够的。因此，借助已知的碱性电解槽技术，实施风电并网，联合生物质气化进行生物二甲醚/甲醇生产。这也使更多的可再生能源整合到运输部门中。

据推测，到2030年，将存在较大比例的电动汽车，同时假设上述车辆根据价格机制能够充电行驶。为了确保电动汽车可以实现这一功能，需要在一些地区实施低电压电网。到2030年，约60%的电力由陆上和海上风力联合光伏发电共同生产提供。

在CEESA 2050中，需要更多的新技术确保可再生能源有效地整合到系统中，进而完全取代化石燃料。因此，在2030年后，生物二甲醚/甲醇制氢电解槽的份额将逐渐增加，需要更高效的电解槽为运输部门提供大量的液体燃料。另外，利用碳捕获技术，而无需使用生物质生产合成二甲醚/甲醇。

在CEESA 2050能源系统中，利用气化生物质和天然气网络存储技术与电动汽车相结合，并进行运输部门的燃料生产和分区域系统供热。这将创建一个智能能源系统集成和存储选项使用组合的能源系统，以使最后方案有效。

CEESA 项目对天然气的供求平衡情况进行了仔细分析。所有天然气的每小时单位活动消耗量已通过计算和分析进行了导入/导出，如锅炉、热电联产、发电厂，以及相关的生产，如沼气和气化（合成气）的单位消耗（包括加氢反应），储气库在天然气生产中具有灵活性和额外性的能力。下文对 CEESA 2050 情景进行了分析。

首先，如果生产单元设备没有储气能力和超额功能，应对每年的进出口需求进行计算。然后，随着存储容量从 0 逐步增加到 4000GWh，再进行类似分析。在所有情况下，年度进口需要等于年度出口需求，因为系统设计的每年净进口量为 0。然而，进口/出口的需求量随着国内存储容量的增加而降低。结果如图 7.26 所示。在图中的存储容量约 3000GWh，能够完全抵消进出口的需要。

目前，丹麦的两个天然气储存设施分别是，在日德兰半岛的 Stenlille（17000GWh）和新西兰的 Lille Torup（7600GWh）。存储器的工作量较小，分别约为 6500GWh 和 4800GWh。这意味着天然气总的电流容量为 11350GWh。假设在整个电网中，将天然气质量降低至沼气标准，这将减少约 6800GWh 储存量和 40% 的容量。从图 7.26 中可以发现，假定气化装置没有额外能力，即设备不能弹性地进行合成气生产，目前的存储容量已经为 CEESA 2050 方案中的两倍。

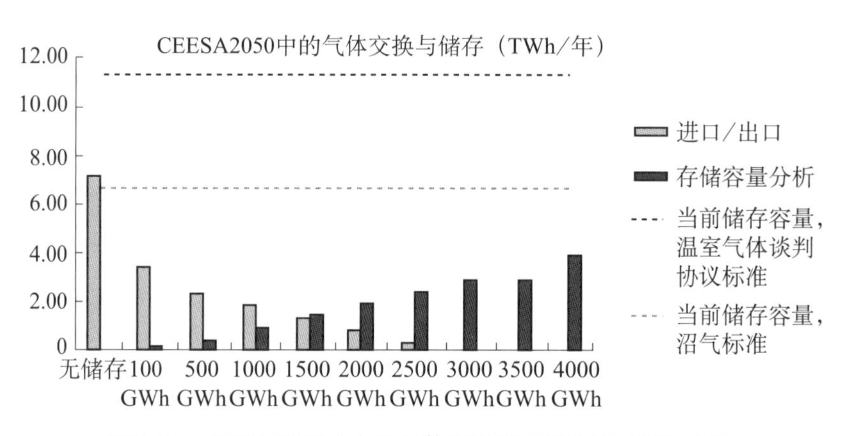

图 7.26　CEESA 2050 中每年气体交换和存储分析（TWh/年）

其次，在图 7.27 中增加了对系统灵活性和单位气体生产装置超额容量的影响分析。随着产能的不断增加，会不断开展气体储存分析。从图中可以发现，生产的灵活性和容量的增加可降低对存储容量的需求。在 CEESA 2050 方案中，3000GWh 的存储容量中包括有 25% 的过剩产能。

从电气平衡的完整系统的小时分析中可以得出一个重要的学习成果：可以使用相对廉价的天然气存储能力（丹麦已经拥有）将风力发电整合到电网中。因此，在 CEESA 2050 方案中，可以将多余电力生产下降到几乎为零，同时通过采用热和天然

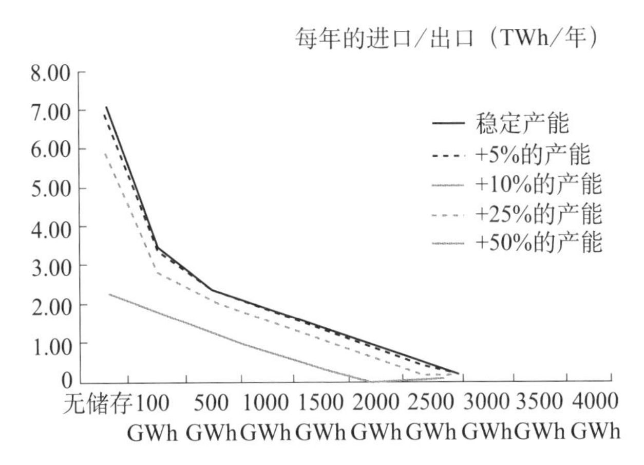

图 7.27　CEESA 2050 中年度气体交换和存储分析及不同程度的产能过剩

气储量相结合的方式，提升对燃油的使用效率。由于可利用时间非常有限，电力储存的投资难以盈利（见第五章）。此外，这种方式并不是最有效的。由于运输部门对热量和燃料的需求，电能必须转换成热能和气体，因此热储存和气体储存比电能更有效。

7.4.4　根据具体制度经济学进行成本估计和工作量估计

从现在开始直至 2050 年，会执行 CEESA 项目，对到期的技术、建筑物和车辆进行定期更换。所以，尽管 CEESA 中的方案没有实施，目前社会中能源系统和运输系统的许多元素也需要更换。在研究的一开始，将研究所需费用计算为额外成本。该额外成本通过投资比参考能源系统更好的设备获得。当然，也可能出现例外情况。

社会经济成本计算为 2020 年、2030 年和 2050 年每一年的年度费用，包括 2040 年的内插近似值。将 CEESA 的能源系统年度成本与每一个使用年份中参考系统的成本进行比较。成本分为燃料费、使用和维护成本、投资成本。利用 3% 的实质利率将投资成本转化为年成本。此外，投资成本还可以细分为能源领域的投资成本和运输系统的额外投资成本。包含的运输投资成本不计入当前（2010）系统中已进行的年投资（公路和铁路的投资约为 280 亿丹麦克朗）。经济分析以燃料价格和 CO_2 额定成本的最新假设为基础，由丹麦能源署（2011）确定。采用三种燃料价格水平：中间价格水平以当前对 2030 年燃料价格的预测为基础，根据丹麦能源署（2010）的数据，相当于石油价格每桶 113 美元；高燃料价格基于 2008 年春/夏的价格，相当于石油价格每桶 159 美元（2010 年的价格）；低价格水平以丹麦能源署 2008 年 7 月的预测中采用的假设价格为基础，相当于石油价格每桶 70 美元（2010 年价格）。分别计算了 2030 年和 2050 年的长期 CO_2 额定成本每吨 35 欧元和每吨 70 欧元。根据高于假设值的生物质成本对能源系统进行了分析，但是并未改变总体结果。CO_2 额定成本不包含所有潜在成本，如洪水，但是也仅是预测额定成本。如果计算结果中包含这些类型的效果，则与参考能源系统相比，CEESA 中的能源系统将具有经济优势。

如图 7.28 所示，CEESA 的第一个成果是能够将能源系统和运输系统的年总成本量化为约每年 1700 亿丹麦克朗。如图所示，参考系统的成本逐渐增加，这主要是由于能源系统的成本增加，也由于公路基础设施和新车辆的投资增加。公路基础设施和新车辆都是为了满足快速增加的运输需求而必须进行的投资。在连贯能源和环境系统分析项目中，投资成本大幅增加，但是对于能源系统和运输系统，这些基础设施投资也是提高技术效率、减少需求，继而降低燃料需求而必须采取的措施。由于与这些投资相关的储蓄超过初期投资，因此连贯能源和环境系统分析项目方案中的成本总体下降。总之，CEESA 中的 2020 年能源系统和运输系统成本超过 200 亿丹麦克朗，低于参考能源系统的成本。这意味着，利用广为人知的技术能够使社会经济成本低于当前能源系统和运输系统的成本。从长期看，CEESA 方案的成本相当稳定；但是，需要进行重大投资，满足 100% 可再生能源系统的要求。CEESA 中的 2020 年能源与运输系统的成本设置低于当前系统的成本（约为 70 亿丹麦克朗）。继续实行正常的方法将通过改变与节能相结合的可再生能源系统，仅能增加社会经济节约。

CEESA 方案也提出了能源系统，该系统在燃料价格波动方面表现更加稳定。需要注意的是，丹麦目前每年的成本为 500 亿 ~ 1000 亿丹麦克朗（合每年 70 亿 ~ 150 亿欧元），根据燃料成本的高低而不同（高成本表示 2008 年遭遇的真实成本）。未来，必须预料到世界将会继续遭遇燃料价格波动，即价格不是持续升高也不是持续下降。因此，对燃料依赖性较小的能源系统和运输系统不易受到影响，如 CEESA 中提议的系统。除了前文所述的可再生能源系统方案中存在的经济节约之外，社会也能从健康成本、商业潜能和额外就业效应相关的节约中获益。

作为就业效应估计的出发点，参考能源系统和 CEESA 方案中的年成本分为投资和经营两个部分。CEESA 方案的执行包括增加投资成本和生物质成本，但是降低了化石燃料的成本。这些变化将提高丹麦的就业水平，改善收支平衡的情况。如果商业潜能以出口增加的形式表现出来，则可进一步增加对能源领域岗位数量和收支平衡的影响。

在 CEESA 方案中，燃料费用减少，而使用和维护费则增加。CEESA 也牵涉从燃料进口到燃料投资的重大变化，包括在现在到 2050 年之间的时间段内增加超过 2500 亿的投资。对于每一种成本，根据之前的外汇情况以及能源设备、基础设施、建筑物方面的投资就业数据估计了进口份额。关于之前的数据，已对进口份额进行

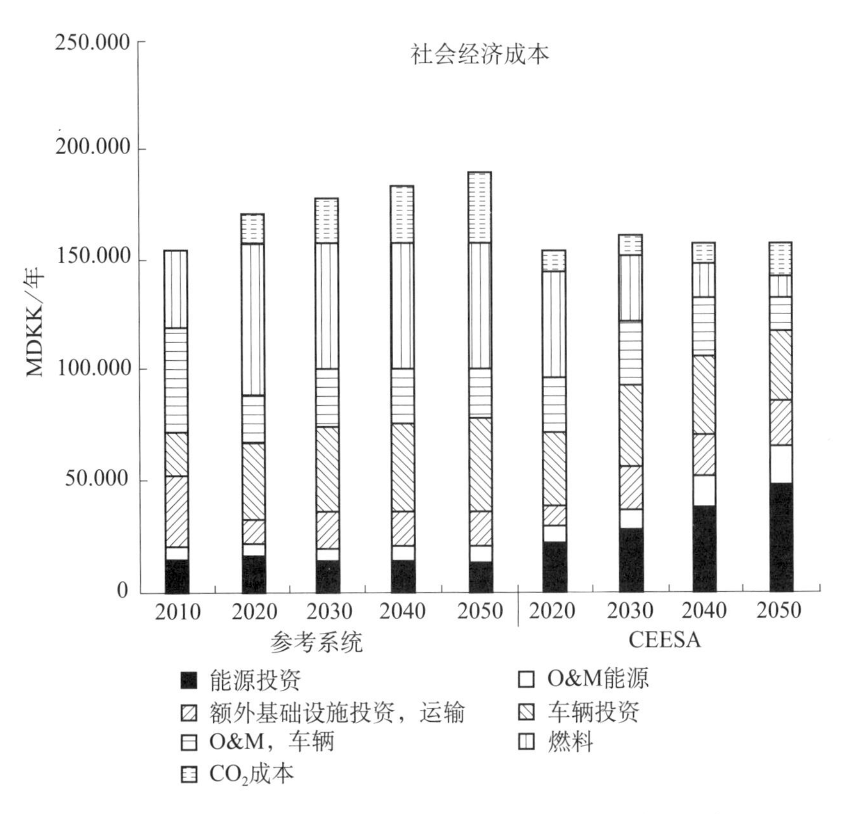

图 7.28　2010 年至 2050 年参考能源系统及 CEESA 中的社会经济成本。额外基础设施成本涉及 2010 年总成本

了总体向上调整，而根据经验，这会增加成本。经济危机和基础设施投资方面的数据来源和方法论与 6.3 节所述相同。

根据每 100 万丹麦克朗能够创造两个工作岗位的计算依据（以去除进口份额后留下的份额为基础），对就业效应进行了估计，包括金融领域和服务领域内的衍生工作岗位。这些估计存在很大的不确定性。同时需要强调的是，这些估计以根据之前收集的数据而调整的数字为基础。利用这些方法估计了丹麦在执行 CEESA 方案之后创造的额外就业岗位（与参考系统相比），且假设相当于 20000 个工作岗位。处理化石燃料的过程中会浪费一些工作岗位，但是通过在能源技术方面进行较大投资（超过对参考系统的投资）以及在节能方面进行较大投资而创造工作岗位。在参考能源系统中，公路的投资很大，而在 CEESA 方案中，在公路方面的投资由铁路基础设施中工作岗位和投资所取代。

在这个时期应尽早增强就业措施。第一个原因是劳动力将在 2040 年减少，因此，改变能源系统的初期，劳动生产力最多。第二个原因是丹麦北海资源在未来 20 年将会枯竭。因此，尽快在这个时期开发出能源系统并做出相应改变非常重要。

上述就业效应并不包含因能源技术出口增加而带来的工作机会，即商业潜能。

这些优势将成为实施 CEESA 方案带来的额外益处。假设进口份额为50%，则2000亿丹麦克朗的年出口额会提供17万个工作机会，取决于实施方案的出口地点、失业程度和其他出口贸易中这些劳动力的潜在就业情况。在其他条件都相同的情况下，随着北海的油气资源开采结束，丹麦劳动份额会逐步可用。此外，能源系统更加有效，且不易受到能源价格波动的影响，因此这能够增加丹麦社会和丹麦商业的竞争力。

7.5 中国可再生能源系统的潜能①

本小节内容由特约撰稿人 Wen Liu 和张希良编写。

本小节内容以 Liu、Lund、Mathiesen 和张（2011a）撰写的文章《中国可再生能源系统的潜能》为基础，讨论了中国可再生能源系统的前景，分析了本章前几部分内容中所述的方法或类似方法是否适用于中国的可再生能源系统。

当今，由于中国已成为世界上最大的能源消耗国和最大的二氧化碳排放国，因此中国的能源消耗已极大地影响了全球的能源需求。这种急剧增加的能源消耗意味着国内能源生产无法满足需求。截至1993年，中国成为一个纯原油进口国，而仅仅在19年以后，也就是在2012年，中国的净石油进口达到了285Mtoe。因此，中国成为仅次于美国的世界第二大石油进口国，石油需求量达到全球石油总需求量的59%。中国在1997年成为一次能源的纯进口国，从此以后，能源安全和能源生产与消耗的平衡维持成为中国的重要问题。中国长期以化石燃料为主导的能源结构（主要以煤炭为主）为确保实现环境保护和减少温室气体排放的目标带来了严峻挑战。

考虑到化石资料的数量是有限的，同时考虑到专注于实现弥补国内能源生产与能源消耗之间的差距这一目标，以及实现保持高速经济增长的目标，对于中国来说，将可再生能源融入未来可持续能源开发战略中至关重要，且意义重大。中国具有丰富的可再生能源资源储备，这些可再生能源资源目前尚未开发，且能够为可再生能源系统开发提供重大潜能。

通过对过去三十年内中国能源供应与消耗情况的回顾可以得出结论：可再生能源的份额稳步增加，并开始在能源结构中发挥作用。但是，以化石燃料为主，尤其是煤炭为主的能源供应与消耗结构基本上保持不变。虽然中国在降低能源强度方面取得了一些成就，但是在国家高度能源密集型经济和 GDP 强劲增长的驱动下，中国的能源需求预期会继续增加。同时，对于中国来说，节约能源绝对是一个必要的策

① 摘自 Liu、Lund、Mathiesen 和张撰写的《应用能源88》中的文章《中国可再生能源系统的潜能》，页码：518－525（2011a），已获得 Elsevier 的许可。

略，目的是稳定本国的能源需求。

Liu、Lund、Mathiesen 和张（2011a）在其撰写文章中回顾了中国具有的潜在可再生能源资源。随后，Liu、Lund 和 Mathiesen（2011b）突出强调了将风能大规模集成到现有中国能源系统中存在的障碍以及具有的可能性。与表 7.2 中所示的丹麦的情况类似，潜在的中国可再生能源资源分类为电、热和生物质燃料（详见表 7.6）。应该注意的是，此处所列的潜能表现为一个范围。随着预期未来技术、经济和社会的发展，由于（例如）不考虑地热能和生物质燃料，潜能可能增加。

图 7.29 将可再生能源资源的潜能与当前总能源消耗及 2015 年和 2030 年预期的中国能源需求进行了比较。图 7.30 将可再生能源提供的电能潜能与 2011 年和 2030 年的电能消耗进行了比较。中国可再生能源资源的最小潜能小于中国的当前能源消耗，而可再生能源资源的最大潜能则大于 2030 年的估计能源需求。潜在可再生发电能源资源和未来电力需求之间的对比呈现出了更加乐观的趋势。可再生能源资源提供电力的最小潜能和最大潜能均分别超过了当前的电力需求和 2030 年的电力需求。这表明可再生能源资源能够满足中国的未来能源消耗。

表 7.6　中国的潜在可再生能源资源

可再生能源资源	单位	潜能
风	TWh/年	7644 ~ 24700
光伏	TWh/年	1296 ~ 6480
潮汐能	TWh/年	>620
波浪	TWh/年	>1500
水力发电	TWh/年	2474 ~ 6083
总电能	TWh/年	13434 ~ 39383
太阳热能	PJ/年	6000 ~ 30000
地热能	PJ/年	1000
总热量	PJ/年	7000 ~ 31000
秸秆能源	PJ/年	5561 ~ 6440
木质能源	PJ/年	4332 ~ 5210
垃圾（易燃）能源	PJ/年	1170 ~ 3454
沼气能源	PJ/年	1258 ~ 2517
能源作物	PJ/年	3660 ~ 10500
总生物质燃料	PJ/年	15981 ~ 28121

丹麦和中国的人均潜在可再生能源资源总量分别为 137GJ 和 103GJ。对比情况见图 7.31。如图所示，虽然两个国家在领土面积、人口数量和可再生能源资源方面存在明显差距，但是中国的人均潜在可再生能源资源总量不到丹麦的两倍。中国的气候条件更适合农业发展，但是丹麦拥有更多的人均潜在生物质燃料。丹麦的人均耕地面积约为 4900 平方米，相当于中国人均耕地面积的四倍。

可再生能源

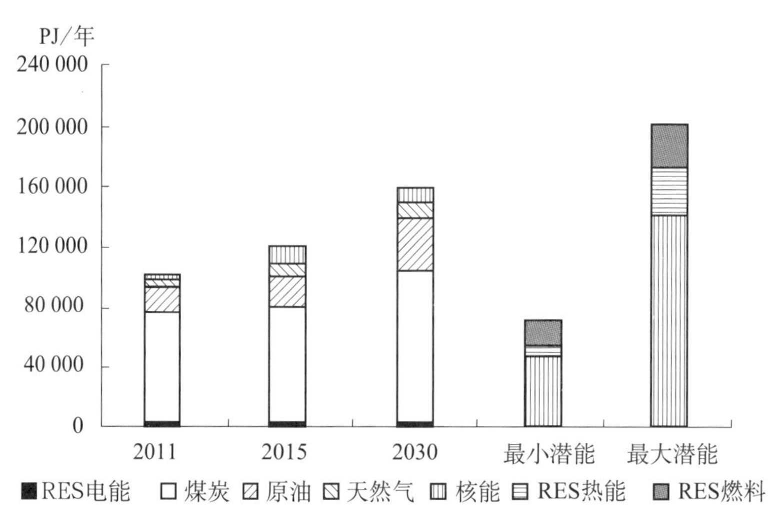

图 7.29　与一次能源消耗相比，中国可再生能源资源的潜能

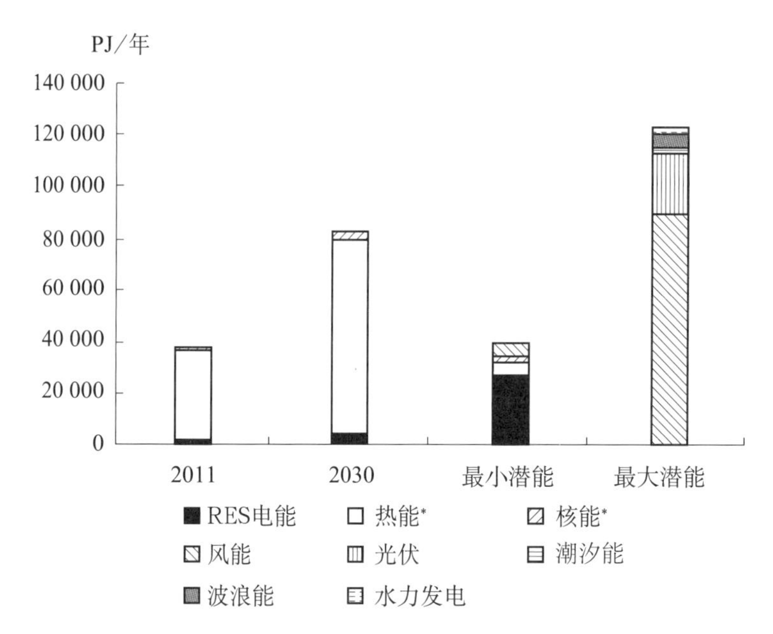

图 7.30　与电力消耗相比，中国可再生能源电力潜能（*表示燃料当量为电力乘以 3）

表 7.7 对中国和丹麦之间的三种指数进行了比较。如图所示，在 2011 年，中国的人均能源需求明显低于丹麦的人均能源需求。中国的人均电力需求约为丹麦的一半，而中国的人均热能需求约为丹麦的八分之一。但是，在能源强度方面，中国的一个 GDP 单位所需的能源消耗多于丹麦。中国的单位 GDP 总能源消耗超过丹麦的五倍。在可再生能源资源取代化石燃料方面，中国能源消耗中的可再生能源份额和国内能源供应中的可再生能源均低于丹麦。

较大可再生能源供应潜能、低人均能源需求、能源效率和可再生能源部署方面的明显差别为中国提供了设计和研究未来可再生能源系统的机遇。

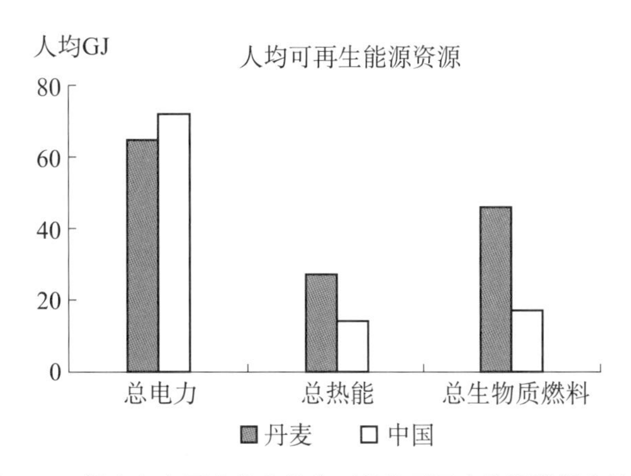

图 7.31　丹麦与中国人均和单位面积的可再生能源资源比较图

总之，中国正面临着两大严峻挑战，即维持能源平衡和处理环境污染，二者的根源在于过去三十年中几乎保持不变的不当经济结构与能源结构。受到中国高度能源密集型经济和强劲 GDP 增长的驱动，中国的能源需求将继续增加。为了弥合国内能源生产与能源消耗之间与日俱增的差距，也为了改变不当的能源结构，将可再生能源与中国未来的能源系统融为一体至关重要，意义深远。

表 7.7　中国和丹麦的能源需求与能源强度对比

类型	指数（2011）	单位	中国	丹麦
能源需求	人均一次能源供应	人均 GJ	65.39	159.40
	人均总能源消耗	人均 GJ	75.16	144
	人均电力需求	人均 GJ	10.23	20.30
	人均热量需求	人均 GJ	2.35	18.82
能源强度	每 GDP[a] 的一次能源供应	TJ/百万美元	12.75	2.65
	每 GDP[a] 的总能源消耗	TJ/百万美元	14.55	3.03
可再生能源	占总能源消耗份额	%	8.4	17.0
	占国内总电力供应份额	%	19.3	29.3

a 表示采用 2011 年汇率。

如今，可再生能源正在迅速发展；但是，与潜能相比，可再生能源的开发目前在中国还不足。其存在巨大空间并有望在未来能源系统中开发出大规模的可再生资源，尤其是随着技术与经济的发展，更有可能在未来能源系统中开发出大规模的可再生资源。

中国和丹麦的人均可再生能源没有明显区别。但是与丹麦相比，中国的人均能源需求明显低于丹麦的人均能源需求，而两国之间的能源效率存在明显差距。用于设计丹麦 100% 可再生能源系统并分析节约能源、能源效率和可再生能源整合方面典型技术进步的方法也同样适用于中国。在此基础上，提出问题进行讨论并对中国的 100% 可再生能源系统进行深入分析具有重要意义。

7.6 回顾

对本章100%可再生能源系统分析的回顾主要是针对丹麦和世界其他国家的可再生能源系统的原则、方法和推广。

7.6.1 原则和方法

从方法的角度看，设计未来的100%可再生能源系统是一个非常复杂的过程。一方面，需要结合一系列范围广泛的措施实现目标；另一方面，每一项措施都必须进行评估，并且与新的总体系统进行协调。通过将一个包括大量专家观点的创造性阶段与一个对整个系统进行技术和经济分析并为每项建议提供反馈的详细分析阶段相结合，对该过程进行推广。在一个反复的过程中，每项建议都按照下列方式提出：将详细的专家观点中最重要的部分和该项建议与整个系统在技术创新、高效能源供应以及社会经济可行性方面的适应程度相结合。在CEESA案例中，有来自丹麦5所大学和公司的25位研究人员参与了这一过程，所有参与人员的背景和专业领域相差较大。该项目的一个核心是丹麦的生物质能源，同时结合交通能源的识别，通过智能能源系统方案将交通能源纳入了100%可再生能源系统的设计中。即努力识别和利用每个系统的协同性，实现整个能源系统以及单个领域的最佳方案。

7.6.2 结论和建议

根据洛杉矶社区学院校区和丹麦的案例，本章展示了将现有的能源系统转化为100%可再生能源系统面临的挑战和前景的三项相关研究。同时还讨论了该方法对中国的适用性。针对丹麦的两项研究都包括2~3个基于生物质或风能的替代方案。八个替代方案的主要数据见表7.8。

表7.8 八个替代的100%可再生能源系统的主要数据

	第一项研究		IDA能源计划（IDA2050）			CEESA 100%可再生能源方案		
	EV/H_2FC	生物燃料	生物质	主要	风能	保守方案	理想方案	CEESA
需求（TWh/年）								
电力	37.0	37.0	30.2	30.2	30.2	26.9	26.9	26.9
供暖（包括过程供暖）	56.8	56.8	44.5	44.5	44.5	68.8	68.8	68.8
交通（电力）	17.8	—	5.0	5.0	5.0	27.7	57.6	39.9
交通（生物燃料）	—	50.7	24.9	24.9	24.9	31.1	0	14.3
一次能源供应								
生物质（PJ/年）	180	325	333	270	200	331	206	237

续表

	第一项研究		IDA 能源计划（IDA2050）			CEESA 100%可再生能源方案		
	EV/ H_2FC	生物燃料	生物质	主要	风能	保守方案	理想方案	CEESA
太阳能热（PJ/年）	8	8	19	19	19	23.3	23.3	23.3
地热能（PJ/年）	—	—	—	—	—	9.8	12.5	12.4
光伏（GW 装机）	5	5	1.5	1.5	1.5	—	7.5	5
潮汐能（GW 装机）	—	—	1	1	1	—	1	0.3

丹麦案例的研究表明，依据国内能源实施100%可再生能源供应具有实际可行性，迈向2030年目标的第一步对丹麦社会而言也是可行的。

三项研究均表明，间歇性资源占比较高，且与热电联产及节能相结合时，可再生能源战略的发展关键在于引进和增加柔性能源转换与存储技术，以及设计综合能源系统方案。第一项研究识别了将能源系统转换为100%可再生能源系统的关键性步骤：系统柔性改进。第一，必须用其他资源替代交通消耗的石油。考虑到丹麦有限的生物质资源，以电力为基础的解决方案成为关键的技术。此外，这些技术增加了将风电引入维持电力供应的电压和频率的辅助服务潜力。

另一项改进是将小型热电联产电站纳入到电网管理中，并将热泵引入系统。这些技术尤其重要，因为它们提供了在维持热电联产的高燃料效率的同时，改变电力和供暖需求比率的可能性。第三点是在系统中增加了电解槽，同时为将更多风电纳入到电力供应的电压和频率管理中创造了基础。

以这三个关键技术变革的推广为基础，第一项研究分析展示了丹麦能源系统可以通过将180TJ/年的生物质与5000MW的光伏及15～27GW的风能相结合，转变为100%可再生能源系统。在参照系统中，27GW的风能是必需的；但在综合节能和效率提高措施后，必需的风能装机应降低到大约15GW。因此，第一项研究强调了在供应领域执行能源节约以及效率提高的重要性。

在第一项研究中，将电动汽车或氢燃料电池汽车引进到了整个交通领域。如果使用生物质燃料为基础的交通技术替代该解决方案，生物质资源的需求几乎会增加一倍。因此，第一项研究也强调了进一步开发电动汽车技术的重要性。如果证实电动/氢能解决方案无法满足需要，交通领域应保留生物质燃料交通技术。

第二项研究更深入了一步，尤其深入研究了能源节约和统一交通解决方案的设计事宜。这项研究建议在一个更高的层面上执行能源节约措施，从而降低了能源需求，使能源需求低于第一项研究。另一方面，应用于第二项研究的交通技术更加多样化，并综合了电动汽车和生物质燃料技术，从而增加了需求（高于第一项研究的能源需求）。然而，从交通解决方案设计的合理性来说，两项研究离统一式或最优化还相差甚远。上述研究主要是充分介绍了一些可能方案。

第二项研究表明，丹麦的能源系统可以转换为100%可再生能源系统，主要由280PJ/年的生物质、19PJ的太阳能热、2500MW的潮汐能和光伏以及10000MW的风能组成。同时，该研究认为生物质资源可以由更多的风电替代，当然，风电也可以由生物质资源替代。此外，研究还指出，丹麦需要考虑对生物质资源或风电资源的依赖程度。以生物质为基础的解决方案涉及对现有农业土地的使用；而风电解决方案则涉及大比例的氢能或相似的能量载体，这将在一定程度上降低系统的效率。

随着第三项研究（CEESA）对于几个重要问题的讨论和分析更加详细，因此增加了前两项研究的内容。首先，进一步讨论和确定了适合的燃料运输路径，对某些潜在路径进行了量化，并将其与2050年100%可再生能源系统路线图的总体确定整合。利用DME/甲醇基路径对方案进行具体计算，介绍与电解器相结合使用生物质资源的原则，短期取代运输领域所用的化石燃料。从长远来看，利用来自其他资源（而非来自生物质资源）的碳取代较大数量的化石燃料，但不会造成生物质资源的进一步紧张。目前还不知道液体燃料DME/甲醇溶液是否好于甲烷气体燃料或混合燃料。但是，利用气体能够实现大约相同的能源平衡。

其次，研究深入讨论了技术发展的影响。比较了三种不同的方案，每一种方案代表了对技术有效性的不同假设。分析指出，在电动汽车、混合动力汽车、DM/甲醇动力或沼气动力汽车方面的技术发展尤为重要。此外，在中短期，生物DM/甲醇或甲烷生产技术（包括生物质气化和电解器）很重要，而从长期看，必须由碳捕获技术进行补充。

最后，研究强调并介绍了采用智能能源系统方法确定适当的100%可再生能源系统设计的重要性。尤其是研究结合了对气化生物质和供气网储存装置的分析，并结合了运输领域的电动汽车和燃料生产以及区域供热系统。这创造出了一种整合了智能能源系统的能源系统，利用储存选项使最终方案生效。分析确保在气体供应和气体需求之间存在小时平衡，而结果显示当前丹麦盐穴储存设备的容量能够绰绰有余地促进平衡。

三种研究均采用EnergyPLAN能源系统分析工具，介绍了如何使用该工具设计100%可再生能源方案，并根据具体的制度经济学形成了系统评估的基础。

第四部分

案例分析篇

第八章　案例研究

本章主要作者为 Henrik Lund，同时感谢 Paul Quinlan 对本章的贡献。

本章通过对 1982 年以来的一系列能源投资案例的介绍，对理论框架进行讨论。选择认知策略应用到了这些案例的具体决策过程。通常，这些案例涉及设计和引进具体技术替代方案和/或其他选择认知策略。这些案例参考了前文各节提到的大量出版物和文献。本章的总体目标是从这些案例中归纳出有关选择认知理论和第二、三章阐述的策略。

这些案例使用了第三章陈述过的研究方法。大多数案例是我个人或者奥尔堡大学的同事们亲身参与的。通常，我们的参与有两个目的。第一，我们希望提升在特定情况下对选择的认识，从而帮助社会做出更好的决定。第二，我们希望学习和观察不同的参与者如何对替代方案的存在做出反应。在这种情况下，我们在具体的决策过程中，对具体技术替代方案以及制度替代方案的描述和提倡可以看作是将一份“问卷”发送给复杂系统的决策参考者。通过他们的反应，我们可以观察和学习。除了其他方面的收获之外，我们还能够识别出推广新的能源技术的制度障碍，为具体的公共管理措施和制度替代方案的设计构建一个平台。

这些案例以时间顺序陈述，主要由前两个选择认知策略的应用组成：对具体的技术替代方案的描述和提倡以及基于具体的制度经济学使用可行性研究。然而，这些案例也构成了应用另外两个选择认知策略的基础：设计包括制度变革的具体公共管理措施和提升民主决策基础的建议（见下列几节）。

在本章的案例中，对技术替代方案和社会经济评估的描述是关注的核心。我在公共讨论中做出了应有的贡献，而我同事 Frede Hvelplund 对制度替代方案设计也有所贡献。然而，技术替代方案和制度替代方案创造了一个重要的合力，应予以公平看待。在大多数案例中，对技术替代方案的描述通常导向了针对某种形式的公共管理措施的建议。

在一些案例中，制度建议与案例的议题直接相关，例如奥尔堡供暖规划案例，在案例中提出了有关能源税的具体修改建议；或沼气案例，其中为了推广一项大型沼气站机制，设计出了一系列全面的公共管理措施。在其他情形中，来自几个案例的信息构成了设计全面制度替代方案的出发点。Hvelplund 和同事（1995）的《民主与变革》[1] 一书中描述了其中一个制度替代方案。

8.1 案例 I：NORDKRAFT 电站（1982—1983）

Nordkraft 电站案例本质上是一个在开始时仅有一个项目建议书的决策过程。有关这个案例的故事也展示了如何通过引进一个在技术上完全不同具体替代方案，揭示主要提案与现有机构联系的紧密程度。在这个案例中，这个完全不同的替代方案遇到了严重的制度障碍，虽然替代方案可以用同样的成本提供一个在环境上更好的解决方案。案例描述参考了《当 ELSAM 制定计划时，奥尔堡、布伦讷斯莱乌……困扰的片段》这本书（Lund 和 Bundgaard，1983）[2] 以及文章《ELSAM 何时教会奥尔堡规划》（Lund，1984）[3]。

Nordkraft（北电）是 ·所 2000 年前坐落在奥尔堡市中心的发电站，也是一家电力公司的名字。Nordkraft 是为丹麦西部日德兰和菲英供电的七家类似的电站和公司之一，七家公司组成了一个联合体，叫做 ELSAM。该联合体管理电力公司的联合融资，决定哪一家公司建设下一个新机组。

1967 年，ELSAM 决定在 Nordkraft 建一个新机组。这个机组最终经历了不幸的历程。计划建设机组是一个 250MW 装机容量的燃油蒸汽发电机组，在 1973 年 8 月开始运营。然而，仅仅几个月之后，第一次石油危机就爆发了。该机组在两次石油危机之间仍然继续生产。但由于当时的油价较高，它在 ELSAM 联合体内部的优先级很低。在 20 世纪 80 年代早期，决策者决定将这台机组改装成燃煤发电，这意味着相当大的一笔额外投资，因为锅炉需要重建并扩大到当时体积的两倍。还需要对煤厂和港口设施进行调整。改装成燃煤机组的工程于 20 世纪 80 年代中期完工，这刚好是石油价格开始再次降低的起点。这台机组在 20 世纪末的这段低油价时期内一直以燃煤发电运营。然而，这台机组在油价还有几年就开始回升的时候被拆除了，其整个运营历程清楚地展示了与波动的油价保持同步是多么的艰难。

下列案例是 20 世纪 80 年代早期，针对是否将该机组从燃油转换成燃煤发电展开的讨论。

8.1.1 “没有替代方案”的情形

第一批燃煤机组方案由 ELSAM 于 1980 年推介给公众，这个议题成为 1981 年奥尔堡市议会选举中辩论的一个议题。除了煤之外，另一个可以考虑到的替代方案是

---

① 译自丹麦语：Demokrati og forandring.

② 译自丹麦语：Når ELSAM Planlægger. Aalborg，Brφnderslev…brikker i spillet.

③ 译自丹麦语：Da ELSAM lærte Aalborg om planlægning.

来自丹麦北海的天然气，并且几个市议会候选人表示他们更倾向于使用天然气。全国的天然气管道还没有完工，但在 1982 年 6 月，丹麦政府和议会决定加速建设。因此，当奥尔堡市在 1982 年底和 1983 年初讨论这项工程时，天然气成为一个现实的替代方案。

Nordkraft 不仅供电，而且电站还通过热电联产为奥尔堡市的区域供暖管道供热，区域供暖由奥尔堡市政府管理。Nordkraft 通过燃油发电是由 ELSAM 联合决定的，而 ELSAM 地区的其他大部分电站都是燃煤发电。因此，Nordkraft 的电力和供暖用户并没有比其他电站的用户为燃料支付更高的价格。在 ELSAM 内部，各电站确定煤和石油的公共均价，这个价格随后被所有的电站采用。因此，Nordkraft 的用户并没有因为在第一次石油危机前几个月开动一台燃油机组而受损。额外成本由 ELSAM 地区的所有电力消费者共同分担。

在 1982 年的决策过程中，ELSAM 建议修改电站和市政府的合同。修改的目的是在市政府不批准煤电项目的情况下增加供暖用户的收费。奥尔堡技术委员会的政治事务主席（他同时也是 Nordkraft 代表委员会的成员）对代表委员会表示，如果能源部不以一种令人满意的方式审核项目建议书——想必是令 ELSAM 满意的方式，供暖价格很可能会上涨。①

图 8.1　描绘 1983 年情况的漫画，如果市议会不批准将燃油机组转换成燃煤机组，则 ELSAM 威胁提高奥尔堡的供暖价格

面对供暖价格上涨的威胁，市议会批准了 ELSAM 煤电项目（见图 8.1）。这个批准过程是在没有分析或描述天然气替代方案的情况下完成的。然而，根据丹麦的规划法，实际规划程序包括一个公共参与阶段。在这个阶段，市议会收到了来自当地居民的 700 份书面反对意见，大多数是对燃煤的环境问题以及缺乏对替代方案的合理分析和建议提出质疑。

当地的广播电台问 Nordkraft 的执行主管 P. E. Nielsen：

"你能想象这个项目由于现在面临许多阻力而最终不被批准而不能实施吗？"②

---

① 译自丹麦语：…Nordkrafts formand antydede overfor repræsentantskabet, at en forhϕjelse af varmeprisen var sandsynlig, hvis ikke behandlingen af forslaget（i dets nuværende form）hos plan – og miljϕmyndigheder ikke forlϕb tilfredsstillende — formentlig underforstået for el – sammenslutningen（ELSAM）. Aalborg Stiftstidende, December 16, 1982.

② 译自丹麦语：Har du fantasi til at forestille dig, at det projekt, som nu altsaå har mϕdt en del modstand, at det ikke kommer igennem—at det ikke bliver gennemfϕrt? Nordjyllands radio, April 27, 1983.

Nielsen 回答：

“我不能想象其他人还能提出什么样的替代方案。”①

执行主管无法做到的事情（提出替代方案），最终由当地居民做到了，如图 8.2。

8.1.2 具体替代方案建议书

作为当地 NGO② 的一员，我参与一个代表根本性技术变革的具体替代方案的设计和宣传。我们的动机是基于我们坚定的信念即煤电项目会加重污染，使奥尔堡接下来的供暖规划陷入被动，并降低发展可再生能源的可能性（Lund 和 Bundgaard, 1983）。

图 8.2 描绘 1983 年情况的漫画，Nordkraft 电力公司的执行主管需要当地市民的帮助才能想到任何替代煤电的方案

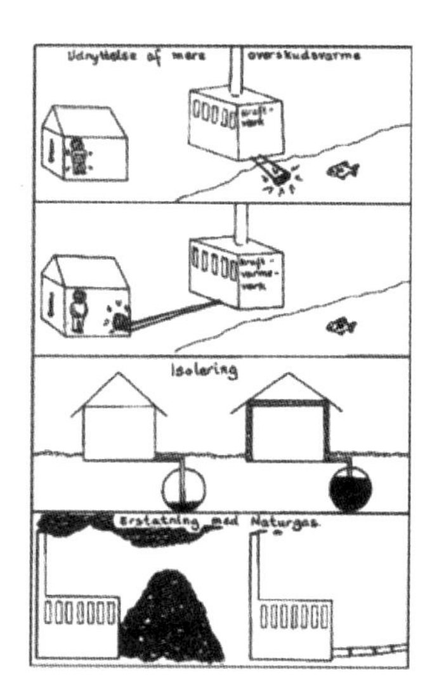

图 8.3 1983 年的漫画，描绘了 Nordkraft 燃煤发电项目投资的替代方案

这个替代方案见图 8.3。它是一幅 1983 年的素描。这个方案包括三个方面。第一个方面是将 Nordkraft 转换成一个天然气电站。这样的转换只需要两千万丹麦克朗，相比之下转换成燃煤电站预计成本需要 6.4 亿。煤电项目需要一个比原始体积大一倍的全新锅炉，而天然气方案则可以使用现有的锅炉。下一步是为大约 8000 个家庭房屋加装隔热层，从而为集中供暖区域以外的家庭节约 1600TJ 昂贵的取暖柴油。最后，这个方案建议在北日德兰的小镇和村庄的现有区域供暖网络中投资小型热电联产电站。该笔投资可以扩大热电联产的规模。Nordkraft 的电力生产并不完全

① 译自丹麦语：Jeg har ikke fantasi til at forestille mig, hvad man så vil stille i stedet for. Nonijyl – lands radio, April 27, 1983.

② NGO 被称为奥尔堡能源办公室，它是包括三大国家能源组织和运动（合作能源办公室、丹麦反核运动（OOA）和丹麦可再生能源组织）的区域集团。

对热电联产有利，因为与 Nordkraft 的产能相比，区域供暖的需求不足。因此，通过用小型热电联产机组替代部分生产，我们可以期待增加由热电联产提供的热能，并因此降低燃料消耗。

替代方案的投资总额仅需要 3.2 亿丹麦克朗，相比之下，把 Nordkraft 转换为燃煤发电需要 6.4 亿。不仅如此，替代方案可以通过能量转换和增加热电联产每年降低 3300TJ 的一次能源消费，而燃煤项目每年可替代约 6000TJ。3300TJ 的节省量和用煤替代石油实现 6000TJ/年的替代量哪一个更有经济可行性取决于燃料价格。在宣传替代方案的过程中，我们计算得出，将过去 12 年（1970—1982）的实际燃料价格作为未来一个时期的燃料价格时，即便不包括环境效益，替代方案的结果在经济可行性方面也明显优于燃煤方案。

后来，我根据 1985—2000 年（包括这两年，见图 8.4）的实际石油和煤炭价格进行了一个简短的计算。Nordkraft 转换成燃煤电站的成本为 6.4 亿丹麦克朗，与每年用煤替代 6000TJ 石油的经济收益进行了比较。

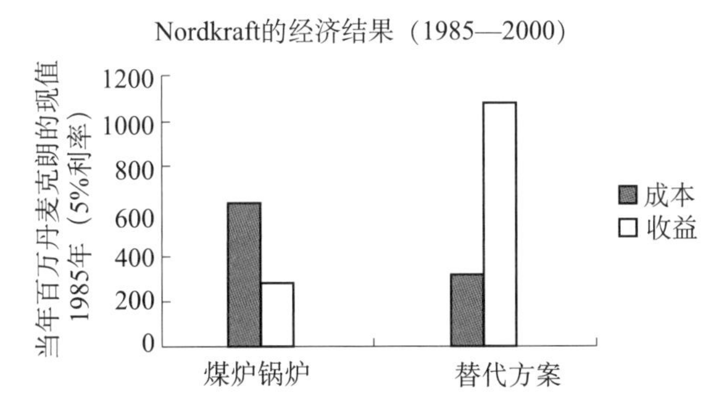

图 8.4　将 Nordkraft 转换成燃煤电站的方案的可行性与热电联产和能源节约的替代方案的可行性的比较。投资成本与 1985—2000 年基于实际煤炭和石油价格的年度节省量的现值进行比较

这种收益可以通过计算运送到一家丹麦电站的煤和燃料油的实际价格差异得出。为了比较投资成本和节约量，年度节约量的计算是将 1985 年的值以 5% 的年利率转换成现值。由此，我们确定了替代方案中每年节省 1700TJ 的燃料油和 1600TJ 的柴油的收益。

这个计算不是基于 Nordkraft 的实际生产数据，并且它没有包括煤和燃料油之间的运营成本差异。在替代方案中，天然气的价格确定为与柴油价格相同的水平。因此，这个计算是一个估计结果。尽管如此，这个结果清楚地显示出将 Nordkraft 转换为燃煤发电的项目不仅对社会而且对电力公司和电力消费者都没有多少好处。如果替代方案有可能得到执行的话，它节省的燃料可以使这个项目具有经济可行性。

8.1.3 结论和回顾

最后，Nordkraft 被转换成燃煤电站。从这个案例中我们看到如下现象：电力公司最初提出的建议书是有且只有一个选择的建议。它建议的技术很适合电力公司现有的组织结构。这个建议书获批后，没有将其他根本性变革的替代方案展示给公众。

市议会成员表达了对基于天然气的替代方案的倾向，但这个替代方案没有进入决策过程。当地居民似乎是唯一能够自由地描述和宣传一份具体技术替代方案的人。这样的替代方案由市民自己进行分析，这意味着它与煤电转换项目相比可能更具有经济有效性。后来，基于 Nordkraft 燃煤电站整个生命周期的实际燃料价格的计算证明了当地居民对他们的替代方案有竞争力的声称是正确的。事实上，它在经济和环境方面都具有更强的竞争力。

从上述现象中推导出的主要论点是，在这个案例中，机构设置的现状使它们自身无法识别和执行最优的替代方案。替代方案包括一个根本性技术变革，而根本性技术变革需要对现有组织制度进行变革方可执行。

电力公司的视角专注于在现有技术和制度设置的范围内优化燃料使用。代表根本性技术变革的替代方案的识别不属于其认知和兴趣范围，即使属于其认知范围，他们也没有能力实施这些替代方案，因为这涉及对私人房屋的隔热层以及由他人拥有的区域供暖公司的热电联产机组的投资。

市议会专注于维持区域供暖的低价。议会需要在实际规划过程中应对针对城市和环境的担心。同样，加装隔热层和投资热电联产也超出了其能力范围。另一方面，天然气是市议会的能力和视角内的一个选择。然而，市议会没有权力或资源来保证对这样的一个有可能大幅提高区域供暖价格的替代方案进行恰当的分析和描述。

包括完全不同的技术替代方案的建议书需要由民众提出。替代方案的存在会提升公众意识，使民众认识到，从一个技术经济的角度来看，选择确实存在。结果，700 名市民要求对替代方案进行讨论，并将它们包括在公共参与过程的辩论中。然而，鉴于当时的制度设置，这种完全不同的技术替代方案无法得到执行。制度变革需要在更高的层面上进行。

8.2 案例Ⅱ：奥尔堡供暖规划（1984—1987）

奥尔堡供暖规划案例是一个市政府在法律要求下被迫考虑一个不方便的解决方案，以及市政府如何想办法将这样的选择排除在决策过程之外的故事。不方便的解决方案代表了朝小型热电联产和可再生能源而非燃煤方向发展的一个根本性技术变革。这个解决方案是“不方便”的，因为它意味着更高的取暖价格。然而，它也意味着更好的环境，而且在一个总体的社会经济评估（按能源部定义的方式）中证明，该方案在丹麦社会比其他替代方案都更具有成本可行性。法律要求市政府必须选择具有最好的社会经济可行性的方案。对这个案例的描述参考了《煤炭税过低有损供暖规划——来自奥尔堡供暖规划过程的文件集及评论》[①]（Hvelplund 和 Lund，1988）和《能源税与小型热电联产》[②]（Lund，1988）这两本书。

这个案例也展示了将技术替代方案排除在公共讨论之外的一些基本机制。然而，它也显示了对具体的技术替代方案的描述和宣传将如何引导对制度障碍的识别，并促进设计制度替代方案。

1979 年，丹麦议会通过了供暖方面的法律。根据法律，所有的市政府必须启动一个供暖规划程序，在这个过程中，应对不同的供暖选择进行描述、分析和比较。法律的总体目标是：

“促进对家庭供暖和热水供应能源实现最好的社会经济利用，降低能源供应对石油的依赖。”[③]

当被问到如何将环境方面的外部性包括到社会经济可行性研究中时，丹麦能源部回答道：“社会经济分析必须描述和比较所有的成本和收益。”[④] 在实际操作中，这通常是将一个经济计算和对相关外部性——通常是环境、能源安全、收支平衡和创造就业——的描述相结合来实现。然而，对最优方案的评估和识别应该包括所有相关的考虑因素。

8.2.1 考虑的替代方案

供暖规划过程包括一个公共讨论阶段，因此，在 1984 年夏天快结束的时候，市政府给每个家庭寄送了一个书面邀请来参加这个讨论。这个邀请列出了三个替代方案，如图 8.5 所示（左侧）。在所有的替代方案中，奥尔堡主市区都是由 Nordkraft 的热电联产电站通过区域供暖实现热能供应，而如前文所提到的，Nordkraft 电站是燃煤的。现在，关键的问题是如何给奥尔堡附近小面积的郊区、镇和村供应热能。

---

① 译自丹麦语：De lave kulafgifter ϕdelægger varmeplanlægningen-en kommenteret aktsamling fra varmeplanlægningen i Aalborg.

② 译自丹麦语：Energiafgifterne og de decentrale kraft/ varme-værker.

③ 译自丹麦语：A fremme den mest samfundsϕkonomiske anvendelse af energi til bygningers opvannning og forsyning med varmt vand og at formindske energiforsyningens afhængighed af olie. Law on heat supply included in Hvelplund and Lund（1988）.

④ 译自丹麦语：Den samfundsϕkonomiske analyse skal beskrive og sammenholde de samlede fordele og ulemper. Letter from the Danish Ministry of Energy，February 29，1984. In Hvelplund and Lund 1988.

市政府提出了三个替代方案。第一个是将奥尔堡的区域供暖系统扩展到大部分的农村区域。这样的一个方案意味着所有的供暖都是采用燃煤，煤的利用过程很有效率，因为它是用于热电联产。另外两个方案建议在小型区域供暖系统中用锅炉只进行供暖生产和/或在家庭中使用天然气供暖。其燃料可以是煤、麦秆或天然气。这两个替代方案都涉及对煤的替代，但它们的生产过程不是那么高效，因为它们不能通过热电联产获益。

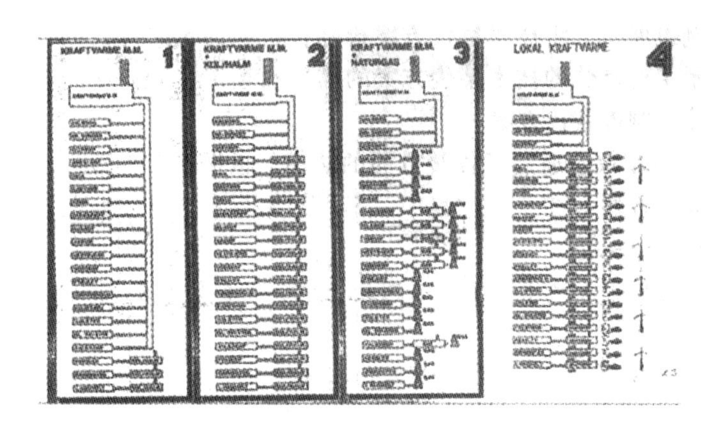

图 8.5　1984 年的图解。在左侧，市政府建议的三个官方替代方案由高效率的热电联产燃煤方案和低效率的锅炉方案组成；在右侧，市民的替代方案 4，建议用天然气进行热电联产，以便为以后发展可再生能源铺平道路

作为公共讨论阶段的一部分，我和来自奥尔堡大学的另外 6 名学生以及老师建议了第 4 个方案，包括在所有地区都用天然气的小型热电联产电站。我们用图 8.5 右侧的方式展示了这个替代方案。我们的目的是为风能和沼气等可再生能源的发展铺平道路。其主要的想法是既利用热电联产进行高效率的生产又避免使用煤。我们展示了方案 4 与其他方案相比的三个优势。在能源效率方面，方案 4 明显优于方案 2 和 3。而且它比方案 1 也略有胜出，这有两个原因：第一，相比方案 1 需要将热能从奥尔堡市中心用巨型供暖管道送到 10 ~ 15km 外的小型城镇居民区，方案 4 可以节省输送过程中的热能损失；第二，小型天然气机组的效率要略微高于 Nordkraft 燃煤机组的效率。

在环境方面，方案 4 是最优方案，因为它相比方案 1 是用天然气替代煤，相比方案 2 和 3 可以节省大量的燃料。方案 4 还可以为可再生能源的发展铺平道路，因为一个由小型天然气发电机组构成的系统易于转换为使用沼气，与此同时，它比燃煤蒸汽发电机组能更好地融入风电。

通常，这样一个环境方面更优的方案也会比其他替代方案成本更加高昂。然而，如果把燃煤机组中去除 SO_2 排放的成本考虑在内的话，方案 1 和 4 从经济角度看具有同样的可行性。并且因为天然气/热电联产方案在能源安全、平衡收支和 CO_2 排放方面具有更大的优势，而且根据能源部的解释这些外部性应该被包括到总体的评估中，因此我们的结论是，方案 4 是最好的解决方案。

尽管根据法律规定，方案 4 从能源部所定义的社会经济可行性的角度来看更有优势，但它的执行仍然意味着消费者需要支付比燃煤更高的价格。出现这种情况可以在丹麦能源税收系统的制度安排上找到原因。煤炭的能源税仅为 27 丹麦克朗/GJ，相比之下天然气的能源税为 51 丹麦克朗/GJ。不仅如此，只有用来供暖的燃料需要交这项税，而用来发电的燃料不需要交这项税。而一个已经形成的行政做法是燃煤蒸汽机组只按它所用燃料的一小部分（通常约 40%）征税，而天然气机组的征税比例更高（通常约 60%）。对行政做法及其后果的详细描述和分析参见 Lund 的文章（1988）。

总之，根据法律，应选择使用天然气和热电联产的替代方案，因为它具有最好的社会经济可行性。然而，市政府希望执行燃煤热电联产方案，因为它具有最低的消费者供暖价格。

8.2.2　选择消除策略

如上文提及的，来自奥尔堡大学的团队描述和宣传了方案 4：基于天然气的小型热电联产电站方案可以为未来的可再生能源系统铺平道路。这个建议在报纸上进行了讨论，并且我们将它寄给了市政府，作为 1984 年的公共讨论的一部分。市政府回复说还没有做出任何决定，并且他们将密切关注基于天然气的热电联产电站的发展情况。

在接下来几年中，两个事件的发生帮助宣传了基于天然气的热电联产方案：第一，政府和主要的反对党之间达成了一个协议，将基于国内资源的小型热电联产电站扩大了 450MW；第二，能源部发布了一份报告，其结论是基于天然气的热电联产电站被证明从社会经济角度来看是具有经济可行性的，即便在小型城镇地区也是如此。

1987 年 2 月，报纸宣称奥尔堡市政府即将在这个问题上做出决定。报道引用的计算结果显示可以通过执行方案 1 实现最优的供暖价格，也就是说，将由 Nordkraft 的燃煤热电联产机组为周围 10 个城镇地区提供区域供暖。我们索取了这份报告，发现报告根本没有对方案 4 进行分析。

我们在当地报纸上进行了抗议。市议会的决定推迟了两周，并邀请我的同事 Frede Hvelplund 和我与市政府一起对这些方案进行分析。我们第一时间对邀请给出了响应，同意参加共同分析，并选择了其中的一个小镇——Frejlev 作为案例。双方都进行了一些计算，并定于1987年4月6日见面对相关结果进行比较。

我们的计算显示，从社会经济角度来看，基于天然气的热电联产是最优方案；然而，在供暖价格方面，其结果一定程度上取决于对未来燃料价格的预期。市政府的计算结果证实从社会经济角度来看基于天然气的热电联产是最优方案。然而，他们的计算得出的结果是燃煤的集中热电联产会提供最低的消费者取暖价格。

从社会经济可行性角度，两个计算得到同样的结果这一事实给市议会带来了很大的困扰。根据法律，他们应该选择天然气热电联产方案，但他们希望选择燃煤发电方案。市议会在4月13日进行了另一次会议，而供暖委员会需要在4月19日的一个会议上讨论这个问题。

接下来，在市议会开会之前发布的文件中没有包括4月6日的两个计算结果。市政府在4月9日重新进行了一个计算，并将这个新的计算结果在会议上提供给了供暖委员会。这个计算得到的结论是，从社会经济角度来看，煤比小型天然气热电联产略微占优势。然而，这个计算没有包括天然气方案所有的环境和能源安全方面的优势。因此，即便是基于新的计算结果，根据法律给出的定义，天然气在总体的社会经济评估中依然是最优的。但这个问题没有被提到。

在4月13日的市议会集会之前，我们将4月6日的计算结果直接寄给了市议会议员。在会议上，一些议员对大学雇员用印有大学信头的信纸写信是否恰当进行了一场讨论（见图8.6）。第二天，这个问题上了当地报纸的头版："市议会批评使用奥尔堡大学信头写信。"[①] 但对信的内容却没有提及。进而，市议会决定执行燃煤方案1。

此后不久，丹麦教育部长Bertel Haarder（他和市议会中发起信件用纸讨论的议员属于同一政党）对奥尔堡大学进行了官方质询，于是我们成了被调查对象。然而，奥尔堡大学的校长Sven Caspersen的结论是，我们在使用具有大学信头的信纸方面的做法是正确的。

根据供暖规划的程序，奥尔堡的供暖规划需要首先由郡里批准，然后由丹麦能源部批准。这个过程在Hvelplund和Lund（1988）的书中有详细的描述。总而言之，丹麦能源部希望让市政府进行更进一步的分析，但最终他们不得不放弃，批准了燃煤方案。

8.2.3 结论和回顾

在某种程度上，奥尔堡供暖规划案例延续了Nordkraft案例的故事。从Nordkraft案例中，我们认识到，根据现有的制度设置，无法执行根本性技术变革。制度变革

---

① 译自丹麦语：Byrådskritik af AUC's brevpapir. Aalborg Stiftidende, April 14, 1987. In Hvelplund and Lund 1988.

需要在更高的层面上进行。在奥尔堡供暖规划案例中，需要引入更高层面的变革，根据法律的目的支持社会经济成本最低的方案。

Byrådskritik af AUC's brevpapir

14/4-87

Repræsenterer de, som bruger det, AUC?

Af
EIGIL MORTENSEN

AALBORG: AUC-forskerne, som i 11. time såede tvivl om de beregningsmæssige grundlag for Aalborgs varmeplan, blev udsat for en voldsom kritik i Aalborg Byråd i går. Repræsenterer de universitetet eller er de privatpersoner?

- Er det AUC eller blot et par mennesker, som er ansat på universitetet og bruger AUC's brevpapir? spurgte tidligere forsyningsrådmand Henning Larsen (V). Det er altid de samme to underskrifter. Det kan fremstå, som om det er et officiel forskningsprojekt.

- Det er ikke første gang, supplerede Hans Bruggaard (K). Vi har utallige gange fået brev fra to, som tilfældigvis er ansat på AUC. Enten skrives der på universitets vegne med rektors underskrift eller også privat. Med eget brevpapir og egne frimærker. Det er urimeligt med denne metode. Jeg agter fremover at arkivere den slags lodret, såfremt det ikke klart fremgår, hvem der skriver. I magistratens 2. afdeling ligger der en dynge breve, der er skrevet på AUC brevpapir. Jeg kan da heller ikke skrive privat på kommunens brevpapir og give indtryk af, at det er byrådet. Jeg er glad for AUC og centrets samarbejdet med byens erhvervsliv og kommunen, men dette går ikke.

Også Arne Kristensen (Å) vendte sig skarpt mod brug af AUC's officielle brevpapir - og porto - til private breve, hvorimod både Niels Aage Helenius (S) og forsyningsrådmand Kirsten Hein (SF) gav udtryk for, at det måtte være en intern sag for AUC.

Forsyningsrådmanden lagde dog ikke skjul på, at hun har opfattet brevene som officielle tilkendegivelser fra universitetet.

- Bestemt ikke, fastslog Henning Larsen. Det er et problem for os, at vi ikke ved, hvem der skriver.

Det blev aldrig opklaret, om AUC-forskerne har blandet sig i varmeplanen på universitetets eller egne vegne.

Bortset fra SF-gruppen - minus Kirsten Hein - afviste samtlige byrådsmedlemmer forskernes kritik af embedsmændenes beregninger.

Henning Larsen (V): Er det AUC eller...?

图 8.6　在收到两名大学雇员和市政府共同分析供暖规划的替代方案的结果之后，市议会批评大学雇员在提出一个替代方案时使用有大学信头的信纸，但却无视信中所写的内容

从这个案例中，我们也学到了一些重要的经验。市政府提出了三个方案，但没有一个能代表热电联产和煤之外的燃料的结合。能实现这种结合的方案不能很好地符合市议会和市政府拥有的区域供暖公司的利益。因此，在确定公众参与阶段讨论方案时，这个方案被忽视了。代表根本性技术变革的替代方案只能由大学和当地民众提出。这个案例揭示了一些有趣的选择消除机制和策略：

- 在公共讨论阶段，市政府直接遗漏了某些方案。
- 民众提出这些方案时，市政府在比较分析中忽视提出的替代方案。
- 比较分析发现棘手问题时，政府会组织开展新的分析。
- 仅将政府认为最恰当的结果分析呈现给市议会。
- 市民将棘手分析结果寄给市议会时，分析内容会被忽视。而且还针对信纸信头展开了讨论，并对寄信者提出了控告。

该案例证明现有制度设置自身不能识别和执行最优的替代方案，也证明了我们从 Nordkraft 案例中学到的经验。从这个案例中推导出的主要观点是，如果市场的制度设置会使相关组织采取其他措施并从中获益，仅通过法律告知公众应该做什么并不是有效的途径。如果能源税系统的制度设计使决策倾向于煤而非天然气等其他能源，那么地方政府就面临着是否选择更昂贵的方案。而在这种情况下，市政府将会试图忽略除最低供暖价格方案外的其他所有方案。在奥尔堡的案例中，市议会和丹

麦能源部未能使市政府达到法律的规定和目的。

然而，这个案例也展示了如何通过引入和讨论具体的技术替代方案识别制度障碍。作为这个案例的延续，我们对改革丹麦的能源税体系提出了具体的建议，使社会经济最优的方案也能够带来最低的消费者供暖价格。

8.3 案例Ⅲ：沼气评估（1990—1992）

1991 年，丹麦大型沼气电站的可行性评估案例是一个关于传统成本-效益研究如何提供不相关信息，并因此得出错误结论的故事。基于新古典经济学的传统成本-效益评估不考虑现实生活的经济情况，因此它并不考虑政府通过政治方式决定的总体经济目标。在这种情况下，针对如何最好地实现确定的经济目标，为丹麦议会提出建议信息是不够的。这个案例展示了如何在可行性研究中纳入相关因素，如何为决策过程提供相关信息。案例描述参考了《社会-经济评估和方案——以沼气案例为基础》[①]（Lund，1992a）和《市场经济中的可行性研究与公共管理》（Hvelplund 和 Lund，1998a）这两本书。

1990 年，丹麦能源部对大型沼气电站的状态进行评估，确定一个新的沼气发展战略。能源部对这个议题发表了 15 份报告，其中一份评估了沼气电站的社会经济影响（Risϕ，1991），另一份讨论了推广大型沼气电站所需的合适公共管理措施的设计（Lund，1992a）。

对沼气电站社会经济影响的分析得出的结论是，对丹麦社会而言，沼气电站在经济上并不可行（Risϕ 的报告）。这个结论为设计公共管理措施的报告带来了一个问题：如果沼气对丹麦社会并不经济可行，那么再支持在丹麦大规模推广沼气电站是自相矛盾的，为什么还要写一个有关公共管理的报告呢?

因此，奥尔堡大学进行了另一个有关沼气的社会经济可行性的分析，并提出了一套合适的公共管理战略（AAU 报告）。这份报告的结论是，里索（Risϕ）基于应用新古典成本-效益分析的评估方法没有考虑到丹麦社会的政治和经济目标。报告显示，与丹麦议会的目标联系起来，推广一个沼气战略事实上会给丹麦社会带来社会经济效益。

8.3.1 应用新古典成本-效益分析

根据里索的报告，里索对沼气的经济评估应用了一个基于新古典福利经济学理论和方法的成本-效益分析，旨在比较推广大型沼气电站的社会经济成本与收益。这

---

① 译自丹麦语：Samfundsϕkonomisk Projektvurdering og Virkemidler Med biogasfællesanlæg som eksempel.

个分析通过对三个现有的不同沼气电站 Fangel、Davinde 和 Lintrup 计算其在 20 年的时间周期里的现值的形式进行，然后与相关的参照电站进行比较。前两个沼气电站 Fangel 和 Davinde 用燃油区域供暖电站作为它们的参照替代情景，而 Lintrup 沼气电站用一个天然气区域供暖系统作为参照替代情景。计算中使用的价格不包括增值税和能源税的市场价。化石燃料的价格预测基于丹麦能源部的官方预测。三个计算的结果见表 8.1，结果中不包括环境效益。

如表 8.1 所示，评估的结论是这些项目在社会经济方面不可行。里索的报告也基于以下排放和社会经济成本计算：$SO_2$14 丹麦克朗/kg、NO_x 8 丹麦克朗/kg、CO_2 100 丹麦克朗/t。包括这些环境成本的社会经济结论见表 8.2。

表 8.1　里索报告，1991 年宏观经济结果，不包括环境效益

百万丹麦克朗	Fangel	Davinde	Lintrup
投资	26.7	4.3	45.2
现值	-15.2	-5.1	-26.8
年度盈余	-1.4	-0.5	-2.5

表 8.2　里索报告，1991 年宏观经济结果，包括环境效益

百万丹麦克朗	Fangel	Davinde	Lintrup
年度盈余	-0.9	-0.4	-2.2

根据表 8.1 和表 8.2 的结果，里索的报告结论认为：

“由大型沼气电站生产能源的成本大约是参照电站生产能源的成本的两倍，即便将某些农业和环境因素纳入评估中也是如此。”①

因此，报告的结论是，现有的大规模沼气设施在社会经济方面是不可行的。

8.3.2　基于具体制度经济学的可行性研究

上述成本-效益分析的主要问题是没有为具体的决策过程提供足够的相关信息。政府组建委员会后，委员会需为丹麦是否通过推广大型沼气电站扩大能源系统这个决策提供基础信息②。

然而，上述研究并未系统地针对具体情形进行分析。具体过程可以通过系统地回答应该分析什么项目，为谁分析，以及为什么需要完成这个分析等问题的方式开展。

---

①　译自丹麦语：Beregningerne viser，at energi produceret pået biogasfaellesanlæg er cirka dobbelt såbekosteligt som energi produceret pået reference-energianlæg，selv når visse landbrugs-og miljϕmaessige forhold er inddraget i beregningerne（Risϕ 1991）.

②　译自丹麦语：…at frembringe et grundlag for en stillingtagen til，om der er basis for en bredere udbygning med biogasfællesanlæg i Danmark（Danish Energy Agency 1991）.

可再生能源

AAU 报告（Lund，1992a）中的可行性研究包括对这些议题的详尽分析，并得出以下结论：

问题：应该分析什么？

回答：沼气情景的社会经济可行性。这意味着这个分析应有一个能融合技术变革研究的长期视角。

问题：为谁进行分析，为什么？

回答：这个研究本质上是为丹麦议会做的，需要这些信息用于决定未来的沼气战略。

用于衡量沼气在经济上是好还是不好的参数应与丹麦议会的官方能源政策目标以及总体的经济目标相关。因此，对这些目标的详细描述应包括在可行性研究之中。针对议会的能源政策产生的结果是，分析显示当时的官方能源规划“能源规划 81”（丹麦能源部，1981）和丹麦在供暖方面的法律都宣称它们的主要目的是确保使用并倡导社会经济最优的方案。在定义社会经济时，官方能源规划强调收支平衡和创造就业是考虑的重要方面。

针对议会的总体经济目标，分析显示政府的财政报告（丹麦财政部，1991）强调了失业问题。在过去几年中，其他的经济指标都实现了较好的结果，但失业率上升了。政府瞄准失业问题作为未来一段时间的重点领域。

总之，分析显示能够增加就业、改进收支平衡、降低污染和增加 GDP 的能源方案是满足议会目标的重要措施。分析还显示，劳动力是一个相当充分的资源，因为 1990 年的失业人数达到 350000，相当于 10% 的劳动人口。

应用新古典成本-效益分析时，这个研究假定 100% 就业，并且不把国际债务作为一个考虑项目。尽管丹麦议会的目标对技术发展、收支平衡、国家财政和就业的积极效果都给予很好的优先级，但在所有的计算中，这些效果都没有被赋予价值。

因此，AAU 研究将上述因素包括在社会经济分析中。计算过程是基于一个沼气情景，假定丹麦所有的牛、猪和家禽产生的排泄物的 50% 用来生产沼气。这个分析的结果见表 8.3。

表 8.3　AAU 研究：沼气情景的三个例子的分析结果

	例 1：（0 丹麦克朗/年的额外税收）	例 2：（15 亿丹麦克朗/年的额外税收）	例 3：（7.5 亿丹麦克朗/年的额外税收）
GDP（百万丹麦克朗/年）	+1000	0	+500
就业效应（人）	+5000	0	+2500
政府开支（百万丹麦克朗/年）	+200	+1200	+700
收支平衡（百万丹麦克朗/年）	+300	+900	+600

分析显示，如果消费者愿意为供暖和电力支付与参照情景中相同的价格，政府还需要每年提供3亿丹麦克朗的补贴。然而，丹麦可以降低它的净进口（燃料进口的下降减去为建设沼气电站所增加的产品进口）4.5亿丹麦克朗/年，同时增加GDP 7.5亿丹麦克朗/年。这样的情况象征着一个积极的变化。研究报告强调了丹麦政府可以选择通过降低国际债务或者增加就业的方式，从积极情景中获益。

表8.3展示了三个例子。这些例子通过不同程度地增加收入税（或其他税）补充了沼气投资项目。这三个例子各不相同。例2包括15亿丹麦克朗/年的额外税收，以使总的购买力和产量维持在一个恒定的水平。例3有相同的沼气情景，但只有7.5亿丹麦克朗/年的额外税收。例1完全没有额外税收。这三个例子展示了沼气情景的不同可能性。

积极的社会经济效果主要是由降低石油和煤的进口、增加就业、提高收入，从而增加税收并改善公共财政实现的。其中就业增加是因为建设、维护和运营沼气电站提高了就业率。而且，政府预算收入的增加已经超出了为了鼓励建设沼气电站而必须支付的补贴数额。

表8.4　AAU研究：沼气情景和参照情景的资源和环境效益比较

	沼气情景（50%）	参照情景：燃料油取暖，煤发电	沼气的环境优势
一次能源供应总量（TJ/年）	16196	18720	—
化石燃料消耗（TJ/年）	468	18720	18252
CO_2排放（1000t/年）	34	1494	1460
SO_2排放（t/年）	470	5840	5370
NO_x 排放（t/年）	2780	2783	—

资源和环境效益见表8.4，它显示了把沼气的社会经济可行性与议会的目标联系起来时，沼气情景在所有重要的领域都显现出了更高的经济和环境效益。因此，当把就业效应、收支平衡效应和国家财政效应都考虑在内时，这个情景从社会经济角度来看确实具有经济有效性。

8.3.3　结论和回顾

议会希望得到“沼气是否适合丹麦社会”这个问题的答案时，在没有其他选项的情况下选中了一份基于应用新古典经济学的成本-效益分析方法。这样的分析并不是错误，但它与具体的政治环境和目标不相关。如果将分析与丹麦社会在20世纪90年代具体的现实经济情形分隔开来，该方法的计算是正确的。对于沼气电站在现有制度框架和燃料市场价格情况下不具有经济可行性这个结论，他们是正确的。但从政府的角度来看，刚才描述的沼气情景在社会经济上是可行的，因为它比参照情景更好地执行和满足了政府的关键目标。

本处用来建立背景环境并衡量一个具体替代方案的相关性的方法展示了使用选择认知策略的优势。涉及根本性技术变革的政治目标和项目受到质疑时，我们建议进行基于具体制度经济学的可行性研究。这个案例的主要观点是，在进行一项社会经济可行性研究时，我们应适当关注识别政治和经济目标。

8.4 案例Ⅳ：Nordjyllandsværket（1991—1994）

Nordjyllandsværket 案例讲述的是 1992 年丹麦西部的电力公司 ELSAM 获批建设 400MW 燃煤电站的事例，而这时候丹麦议会已经决定不再新建任何燃煤电站。这个案例展示了创造一个“没有替代方案”的情况在决策过程中扮演的重要角色。此外，它还揭示了可以用来消除选择的一些机制。然而，这个案例也影响了丹麦议会随后决定改变针对小型热电联产电站市场情况的制度设计的决策。从此，丹麦议会为 20 世纪 90 年代中期和后期投资超过 1000MW 总装机容量的小型热电联产电站打开了大门。案例的描述参考了《丹麦能源政策》和《ELSAM 的扩张计划》（Hvelplund、Illum、Lund 和 Mæng，1991）[①] 报告，以及《ELSAM 规划的两个电站的替代方案》（Lund，1992b）[②]、《公共管制和技术变革》、《Nordjyllandsværket 案例》（Lund 和 Hvelplund，1994）[③]、《Nordjyllandsværket 案例文献集（第Ⅰ卷和第Ⅱ卷）》（Lund 和 Hvelplund，1993）和《环境影响评价真的支持技术变革?》（Lund 和 Hvelplund，1997）这几本书。

1990 年，丹麦政府针对能源规划“能源 2000（Energy 2000）”（丹麦能源部，1990）达成一致。这个规划是对根本性技术变革赋予政治期望的一个例子。在当时，丹麦超过 90% 的电力供应是基于大型燃煤电站。电力公司的机构设置正好适合于运行这项技术。然而，根据“能源 2000”，燃煤电站将逐渐被淘汰，由基于天然气和可再生能源的许多小型生产机组替代，比如热电联产和风电。而且，电力需求的年增长速度将会降低。

1991 年，在丹麦议会通过“能源 2000”的 CO_2 减排目标之后不久，ELSAM 申请批准建设一个新的发电机组。这个 400MW 的燃煤发电站称作 Nordjyllandsværket（北日德兰电站），它坐落在北日德兰主要城市奥尔堡的郊区。和这个申请一起递交

---

① 译自丹麦语：Dansk energipolitik og ELSAMs udvidelsesplaner-et oplæg til en offentlig debat（Hvelplund，Ilium，Lund，and Mæng 1991）.

② 译自丹麦语：Et Miljф-og Beskæftigelses Alternativ til ELSAMs planer om 2 kraftværker-en viderebearbejdelse af det tidligere fremsatte. Altenativ til et kraftværk i Nordjylland（Lund 1992）.

③ 译自丹麦语：Offentlig Regulering og Teknologisk Kursændring. Sagen om Nordjyllandsværket（Lund and Hvelplund 1994）.

的还有另一个由 Fredericia 提出的 400MW 天然气电站 Skærbækværket 的申请，后者坐落在日德兰的东南部。这两个电站都构成了 ELSAM 的总方案的内容，日德兰和菲英（Funen）将占到丹麦电力供应的一半左右。

根据丹麦的电力供应法，这两份申请被递交给了丹麦能源部。在给予批准之前，丹麦能源部必须审查丹麦是否有增加电力生产容量的需求。在这种情况下，主要的问题是，议会的能源规划“能源 2000”中有三个情景来识别如何实现 2005 年的 CO_2减排目标，但没有一个情景包括新建的燃煤电站。

然而，丹麦政府面临的情况很复杂。联合政府发生了变化，支持“能源 2000”的能源部长及其政党被一个支持新建燃煤电站的新部长所代替（这种复杂情形的细节在这个案例开头的参照情景中进行了描述）。一方面，少数派政府希望批准新的电站。另一方面，议会仍然支持“能源 2000”的规划。因此，政府和电力公司需要向公众解释他们如何在支持“能源 2000”规划的同时批准一个完全相反的解决方案。

8.4.1　没有替代方案

在 Nordjyllandsværket 的案例中，决策者们要求选择一个方案，而且仅有一个方案可以选择。地方电力公司 Nordkraft（ELSAM 的成员）的董事会被要求通过选择“是”或“否”来投票批准新建燃煤电站的计划。选择“是”的后果很清晰，但选择“否”的后果无法描述。此前一年，有一些代表曾要求对基于天然气的替代方案进行研究。这样的替代方案涉及用基于天然气的联合循环热电联产电站对奥尔堡市中心的现有电站 Nordkraft 的旧设备进行更换。此外，这个热电联产电站还需要根据奥尔堡的区域供暖需求进行调整，因此它比规划中的燃煤机组的规模要小一些。尽管对这样一个替代方案进行了研究，并且一些代表通过了这个方案，但在电力公司做出决定和丹麦能源部审查申请时，该方案没有进入决策过程。所有与会人员都被要求选择建设一个燃煤电站，或者什么也不选。

在当时情况下，我和我的一些同事共同描述和推出了一个针对两个申请电站的一个具体替代方案（Hvelplund、Illum、Lund 和 Mæng，1991；Lund，1992）。该替代方案使得在一个相关背景环境中评估争议问题成为可能。原则上，选择很简单，并且每个人都有权参与讨论。但 ELSAM 和政府存在一个问题：提议建设一个燃煤电站与“能源 2000”政策是矛盾的，而且这个矛盾在公共讨论阶段还没有显现出来。这一情况引发了一系列的争议。下面列出了争议中的一些观点：

- 因为 Nordjyllandsværket 是一个热电联产电站，符合“能源 2000”战略要求；
- Nordjyllandsværket 将要替代一个 30 年的老电站，因此，它对环境是有好处的；

- 建设新的大型电站不会对建设小型热电联产电站造成任何障碍；
- 即使政府的节电项目很成功，新电站仍具有良好的可行性；
- ELSAM 和丹麦能源部对未来电力需求的预期是一致的；
- 应投票支持两个电站，从而支持丹麦的技术出口。

所有上述说法看似是事实，而且每个说法都有获得支持的理由。但如果放在相关的背景中，这些观点都是错误的。例如，Nordjyllandsværket 是热电联产抽气式电站（既可以热电联产也可以只发电）这一点确实是事实。然而，由于电站的规模和位置，这个项目不允许其供应范围内的家庭数量出现增长。因此，它并不符合“能源 2000”中扩展丹麦热电联产规模的战略。

8.4.2 替代性建议

我们设计了针对官方建议书的两个版本的替代方案。第一个版本是在 1991 年丹麦能源部即将批准这两个项目之前作为一个讨论文件的一部分发表（Hvelplund、Illum、Lund 和 Mæng，1991）。替代方案包括节电和小型热电联产，以及上述坐落于奥尔堡市中心的联合循环热电联产机组，三者相结合组成。与建议中的 400MW 燃煤电站相比，替代方案的设计能够节约或生产同样数量的能源，并供应或节约同样数量的装机容量。具体来讲，替代方案包括 100MW 的节省量、100MW 的小型热电联产和一个位于奥尔堡的 200MW 天然气热电联产电站。

替代方案的建设成本正好与规划中的燃煤电站相同，均为 28 亿丹麦克朗，并且两者的年度直接运营成本也相同。但在环境影响、丹麦的收支平衡和就业创造方面，替代方案的效果要远远好于燃煤电站。我们的结论是，针对 Nordjyllandsværket 的投资会增加丹麦社会和环境、经济以及失业等相关问题，并且与执行丹麦议会的能源政策相抵触。更好的替代方案确实存在，它可以提供或节省同等数量的电力，并且有助于解决环境问题、改善经济和创造就业。我们建议，在决定兴建新的燃煤电站之前，应充分考虑这些替代方案。

ELSAM 通过批评某些具体的因素对第一份替代方案做出了回应，提出：该替代方案没有计算现值，没有明确热电联产电站的潜在位置，没有考虑区域供暖管道的投资，并且就业率数据不正确。总之，ELSAM 同意替代方案在环境方面要好得多，但它认为这个替代方案低估了成本。根据 ELSAM 的观点，它对创造就业的估计也是错误的。但 ELSAM 没有对替代方案在收支平衡上的大幅度改善作用做出评价。不仅如此，ELSAM 还为在同时建设北日德兰的燃煤电站和南部的天然气电站带来的成本折扣做出了辩护。

因此，我们做了一个新的、更详细的替代方案，并将两个新电站都纳入其中。我们计算了现值并包括了区域供暖管道的投资等。表 8.5 和表 8.6 将这个新版的替代方案与 ELSAM 的建议书进行了比较，并且把两个方案的现值都列了出来。

如表 8.6 所示，替代方案的构成方式使它能够生产或节省和 ELSAM 建议书同等数量的能源。替代方案比参照情景提供或节省更多的装机容量。替代方案在以下这些方面与 ELSAM 的建议书是相同的：

- 在 30 年的时间段内，用 7% 的实际利率折现，现值都是 150 亿丹麦克朗。
- 年度发电量和生产或节省的容量一样。
- 外汇的成本在建设阶段相同。
- 天然气年消耗量基本相同。在 ELSAM 的建议书中，消耗量是 14,200TJ/年；而在替代方案中，消耗量或者是 9200TJ/年，或者是 17,200TJ/年与家庭锅炉节省的柴油量 8000TJ/年相结合。

表 8.5　ELSAM 项目建议书

容量（MW）	发电量（GWh/年）	成本现值，30 年，7%（10 亿丹麦克朗）		总额（10 亿丹麦克朗）
340	1700	Nordjyllandsværket		
		电站	3.1	
		区域供暖管道	0.1	
		新的输电线	0.3	
		运营与维护	1.5	
		煤（13600TJ/年）	2.9	7.9
340	1700	Skærbæk		
		电站	2.1	
		运营与维护	0.5	
		天然气发电（13000TJ/年）	4.4	
		天然气供暖（1200TJ/年）	0.4	
		节省煤供暖（1200TJ/年）	-0.3	7.1
6400	3400	总和		15.0

替代方案在以下方面与 ELSAM 建议书有差异：

- 替代方案通过同时替代两个电站以及大约 60000 个家庭燃油和燃气锅炉或具有同等效果的区域供暖锅炉而具有更好的环境效益。硫化物和氮化物排放分别减少 84% 和 22%，CO_2 排放量减少 62%。
- 在运营阶段对外汇的需求减少了一半。
- 在建筑阶段和运营阶段所创造的就业机会都增加了。不仅如此，替代方案在创造就业机会的时间和地方两方面提供了更多的灵活性。
- 加装了隔热层的房屋将提供更高的居住质量，这样的益处并没有包括在计算中。

● 对高压输电线的需求降低了（参见本章的下一节）。

● 建设大型 ELSAM 电站需要 6 年时间，并且它们需要同时建设，而替代方案的小型机组可以在 1 ~ 3 年内建设，并且可以很容易在一段时间内分批建设。因此，丹麦社会可以利用这种灵活性来等待以判断如果节电项目成功的话，社会是否还需要新的装机容量。

表 8.6　替代方案建议书

容量（MW）	发电量（GWh/年）	成本现值，30 年，7%（10 亿丹麦克朗）		总额（10 亿丹麦克朗）
200	1000	电力节约		
		投资	1.3	
		15 年后的再投资	0.5	1.8
100	500	天然气热电联产		
		热电联产电站	0.6	
		区域供暖系统	0.6	
		运营与维护	0.4	
		天然气（净 2000TJ/年）	0.7	2.3
100	500	生物质秸秆热电联产		
		热电联产电站	2.3	
		运营与维护	1.4	
		秸秆（6000TJ/年）	1.5	
		节约天然气（4000TJ/年）	-1.3	3.9
280	1400	奥尔堡天然气联合循环发电		
		热电联产电站	1.6	
		运营和维护	0.4	
		天然气发电量（10700TJ/年）	3.6	
		天然气供暖（500TJ/年）	0.2	
		节省的煤供暖（1700TJ/年）	-0.4	5.4
0 ~ 60		房屋加装保温层（在 30 年内完成）		
		投资	1.7	
		节省的煤（0 ~ 1700TJ/年）	-0.1	1.6
680 ~ 740	3400	总和		15.0

8.4.3　对替代方案的讨论

Nordjyllandsværket 案例有趣的一个方面是替代方案面临着在 ELSAM 和我及我的同事之间的一场详细的技术讨论。ELSAM 认为节省电力不能看作是替代方案的一部分，因为如果电力节省项目可行的话，它的执行与电站项目将是相互独立的。但 ELSAM 项目是以议会的电力节省项目没有执行为假设进行的电力需求预测，我们根据这一点拒绝了 ELSAM 的观点。没有这样的预测，能源部就不会批准这个申请，因为额外的装机容量就没有必要了。

ELSAM 争论道，新电站的运营时间比我们计算中的假设更长。相比我们假设的4360h/年，ELSAM 宣称将达到6000h/年。我们的回复是，在电站运营的前几年可能确实如此，因为电站仍然是新的，并且比旧电站的效率更高。然而，基于同样的原因，电站的运营时间将会在 30 年的周期中逐渐降低，因为新电站也会慢慢变旧。如果以电站的平均寿命作参照，那么系统的平均运行时间大约是 4000h。

ELSAM 声称推广小型热电联产电站是不可能的，因为它们超出了技术潜力。在递交给能源部的申请中，ELSAM 认为潜力不超过 600MW。ELSAM 声称不可能建更多的小型热电联产电站。因此，替代方案不可能成为现实。我们认为这个潜力实际上高得多，并且引用了一份认定潜力至少为 890MW 的官方报告。此后，在 20 世纪 90 年代中后期，兴建了总装机超过 2000MW 的小型热电联产机组。

ELSAM 认为与建设 Nordjyllandsværket 相连的一条新输电线的成本不应包括到计算中，因为无论 Nordjyllandsværket 是否兴建，这条输电线都会建起来。这一声明后来给 ELSAM 在解释输电线和 Nordjyllandsværket 不相关方面带来了一些问题（见下节）。

替代方案随后在有关电站建设的公共辩论中进行了讨论。这场辩论持续了好几年，并且牵扯到 ELSAM 给当地政治家、各种电台和新闻采访的信以及当地政府和能源部的批准程序，最后甚至在议会引起了一场讨论。Lund 和 Hvelplund（1994）及 Hvelplund（2005）展示了对这个过程的许多侧面的详细描述，本章后面的内容还包括对其中的一个因素（环境评估）进行更深入的探讨。

8.4.4　结论和回顾

这个案例是议会决定推行一个根本性技术变革时的情况。根据官方能源规划“能源 2000”，丹麦将用基于国内资源的小型热电联产电站、能源转换措施以及其他发电方式替代大型蒸汽式燃煤电站。这样的政策代表了一个根本性技术变革，因为与大型电站相关的组织可能会在一定程度上被其他组织替代。

如果议会的政策得到执行，额外的集中发电装机容量便没有必要了。即便在这种情况下，电力公司仍建议建一个新的蒸汽式燃煤电站。ELSAM 的电力公司和更倾向于这些技术的政治家仍希望在公共辩论中声称燃煤电站和能源规划“能源 2000”之间不存在矛盾，而后者不包括任何新建燃煤电站的项目。一个以“能源 2000”为基础的具体技术替代方案的描述和宣传驱使 ELSAM 做出回应，并且揭示出替代方案确实存在。替代方案的存在促使 ELSAM 运用了一系列选择消除机制和策略。

丹麦社会并不具有完全避免中央大型电站的实力，这些电站与现有电力公司的组织结构配合得很好。然而，议会有足够的权力在批准大型中央电站的同时推广小型热电联产电站。因此，整个事件最后以既选择两个大型电站也启动针对小型热电联产电站的项目而告终，虽然并不需要如此数量的额外电力。当地郡里的一位政治家曾做出下列评论：

“很庆幸住在这样一个国家里，它是如此的富裕，即使我们只需要一个电站，我们仍然能够负担建两个的费用。”①

建两个电站会造成一种装机容量严重过剩的情况。ELSAM 在政治家面前辩解说这不会造成任何问题。但我们（Lund 和 Hvelplund，1994）认为这确实是一个问题。在这些问题中，其中一个是这种过剩会降低风电和小型热电联产的电力上网销售价格。容量过剩的这种结果在 2002 年得到了证实，当时丹麦经济委员会对扩展小型热电联产和风电是否对社会有利进行了一项经济评估。这个评估是基于以下假设：由于这两个大型电站造成的容量过剩，小型热电联产电站的容量在计算中没有任何价值。

从对上面几个案例的观察中归纳出的结论也支持并补充了 Nordjyllandsværket 案例。现有的制度设置自身无法识别和执行最优的替代方案。在这种情况下，一个核心要素是议会的规划包括根本性技术变革这个事实。

电力公司的陈述专注于选择一个能够满足 EISAM 七家成员公司内部电力平衡的解决方案。对小型热电联产、风电、节能的识别和推广不属于它们的兴趣内容，即便这是它们兴趣的一部分，执行过程也超出了它们的能力范围。

即使在议会已经对一个消除新的燃煤电站的规划达成一致的情况下，现有组织的利益依然选择倡导这样一个方案。与 Nordkraft 案例一样，代表根本性技术变革的建议需要由现有燃煤电站技术相关联组织外的其他方提出。对一个具体的技术替代方案的倡导需要面对来自市、郡甚至全国层面（包括议会）的公共辩论。替代方案对公共认知做出了贡献，它使公众认识到能够比另一个燃煤电站更好地满足议会目标的替代方案确实存在。

这个案例也揭示了执行根本性技术变革时在几个层面上存在的制度障碍，包括第三章强调的对民主决策基础的认知。这种认知后来用于提出针对公共管理和提高民主决策基础的改革建议，这一点在 Hvelplund、Lund、Serup 和 Mæng（1995）的《民主和变革》一书中进行了描述。

具体技术替代方案的设计受益于 ELSAM 倡导的所有技术和经济数据完全公开这个政策。因此，在很大程度上，我们有可能使参照情景和替代方案以同样的数据和

---

① 在 Nordjyllandsværket 项目的讨论中议会成员 Karl Bornhϕft 的意见。

假设为基础。这个开放性政策提升了辩论的层次。然而，在电力领域引进自由化之后，许多此类数据不再公开，为公共辩论设置了障碍（见下文）。

8.5　案例V：输电线案例（1992—1996）

输电线案例是ELSAM如何在一个连接奥尔堡和奥胡斯（Aarhus）的新建400kV空中输电线路项目中为避免替代方案的存在极尽所能的故事。ELSAM甚至最终以“国家安全”为理由扣留技术数据，因此它们可以声称当地居民设计和倡导的具体替代方案是基于“不准确的”数据。案例的描述参考了《对奥尔堡和奥胡斯之间的高压输电线需求的评估》（Anderse、Lund和Pedersen，1995）①、《公共管理和技术变革：Nordjyllandsværket案例》（Lund和Hvelplund，1994）②和《环境影响评价真的支持技术变革吗?》（Lund和Hvelplund，1997）。

ELSAM建议投资一条新的输电线，它是与ELSAM组织高度配合的一个集中式系统的一部分。然而，一个集中式系统的想法与大多数政治家的期望以及本章前文所描述的议会能源规划“能源2000”中所表达的分散化的想法相违背。

1991年11月，ELSAM申请批准在奥尔堡和奥胡斯之间建一条高压输电线，并且丹麦能源部在1992年1月批准了这个申请。根据电力供应方面的法律，丹麦能源部本来应该评估所提议的新输电线与总体的能源规划和政策是否一致。然而，能源部从未恰当地检查过这个问题。能源部从来未问过ELSAM的计算结果背后依据的假设是否与议会能源政策“能源2000”一致，并且从未评估过是否有必要建设这条输电线来保障供应。

在申请获得批准之后，北日德兰的地方郡政府需要参加实地规划过程，并对项目进行环境影响评价，其中涉及一个公共参与过程。原则上，政治家和公众需要在环境损坏的成本和保障供应的收益之间进行衡量。当地郡政府仔细描述了项目对自然的预期影响，但ELSAM不能，也不愿意为输电线如何提升供应安全提供一个详细描述。

这个项目需要在三个处于原始自然状态的河谷中建50m高的高压线塔。输电线按计划穿过美丽的玛丽艾厄峡湾（Mariager Fiord）以及罗尔森林（Rold Forest）与有名的Lille Vildmose沼泽地之间的一片巨大的草甸，有可能危及自然保护的重大利益。但是丹麦社会究竟能够从这样的代价中得到什么呢？这条输电线路将如何提升供应安全？这个问题被当地居民一次又一次地问道，但ELSAM拒绝回答。

---

① 译自丹麦语：Vurdering af behovet for en hϕjspændingsledning mellem Aalborg and Århus.

② 译自丹麦语：Offentlig Regulering og Teknologisk Kursændring. Sagen om Nordjyllandsværket（Lund and Hvelplund 1994）.

8.5.1 根据需要转移话题

ELSAM 建一条高压输电线的理由随着时间发生了很大的变化。原因之一是由于 Nordjyllandsværket 的修建。在 ELSAM 从 1991 年开始的扩张计划（ELSAM，1991）中，Nordjyllandsværket 被命名为“NEV B3”（在新机组所在地 NEFO Vensysselsværket 的 3 号机组），而受到质疑的输电线被命名为“400kV NEV-TRI”。ELSAM 对输电线的必要性给出了如下理由：

“当 NEV B3 投入运营时，同时运营 NEV B3 和连接瑞典的输电线有时可能会出现相互制约。因此，我们建议增加电网容量，充分利用 NEVB3 和连接瑞典的输电线……”①

这个引用声称对新的输电线的需求是以 Nordjyllandsværket 的建设为基础。因此，在分析 Nordjyllandsværket 时，如表 8.5 所示，我们把 3 亿丹麦克朗的输电线成本包括到计算中。然而，ELSAM 现在改变了它们的看法并表示：

“无论 Nordjyllandsværket 是否修建，400kV 的 NEV-TRI 输电线都会兴建。因此，亨里克・隆德（即本书作者——译者注）不能像他所计算的那样在替代方案中节省 3 亿丹麦克朗。”②

但如果不是因为 Nordjyllandsværket 的话，为什么丹麦还需要输电线呢？ELSAM 给出了几条理由：供应安全，为其他输电线的翻新保留容量，电力传输以及执行自 20 世纪 60 年代以来的旧集中化方案。当地政治家认为，转运不是补偿这样的高压输电线坐落在自然景观中所造成环境后果的正当理由。1992 年，ELSAM 在一篇文章中声称，“日德兰—菲英的输电线一直是为保障供应安全而建”③，并且“不为转运业务建立输电线一直是 ELSAM 的严格政策”④。

ELSAM 在给公众展示具体计算结果时的疑虑证实，对新输电线的需求必须与以下这些事实结合起来看待。ELSAM 不希望显示出对输电线的需求是建设 Nordjyllandsværket 的直接结果，也不希望显示出这种需求与电力转运有关。不仅如

---

① 译自丹麦语：Når NEV B3 er idriftsat, vil der i en række driftssituationer være begrænsninger på samtidig udnyttelse af NEV B3 og Konti-Skan 2. I NUP87 blev det derfor indstillet, at nettet af hensyn til udnyttelsen af NEV B3 og Konti-skan 2 udbygges med…ELSAM Netudvidelsesplan 1991, p. 29.

② 译自丹麦语：Hφjspændingsledningen “400kV NEV-TRI” skal bygges uanset om Nordjyllandsværket etableres. Henrik Lund kan derfor ikke spare de 300 mio. kr., han regner med i den alternative plan. ELSAM, February 27, 1992. In Aktsamlingen, aktstykke 1i.

③ 译自丹麦语：Ledningerne bygges altid af hensyn til forsyningssikkerheden i Jylland-Fyn. ELSAM-posten. August 1992. In Aktsamlingen, aktstykke 3i.

④ 译自丹麦语：Det er ELSAMs helt klare politik, at ledningerne aldrig bygges af hensyn til transit. ELSAMposten, August 1992. In Aktsamlingen, aktstykke 3i.

此，ELSAM 不希望向公众展示这个新的输电线计划是在 20 世纪 60 年代以来的电力供应集中化道路上迈出的更远一步，因为这与“能源 2000”中的政治愿景相冲突。

当地居民几次给 ELSAM 直接提出了请求，要求公布有关提升供应安全的分析，但 ELSAM 不愿意给出任何计算结果。一家全国性的报纸也试图获得这个信息，但 ELSAM 回复道：“我们没有义务让任意一家公民组织来评估我们的计算。”[①] 接下来，当地郡政府对丹麦能源部提出了获取有关进一步信息的正式请求。能源部用 ELSAM 的一个计算结果做了回复，这个计算仍然声称对新输电线的需求是出于供应安全。然而，该计算没有对供应安全的任何改进做出说明。

8.5.2　供应安全

ELSAM 的计算理应支持需要用新的输电线来保障供应安全这个观点，但从公布出来的计算过程来看，这种支持是基于以下两个条件：

- 未来如果必须将 1000MW 从北日德兰输送到丹麦南部的话，现有的 150kV 输电线将会超负荷。如果以下假设同时满足的话，就会发生这种超负荷：北日德兰的三个电站（包括 Nordkraft 和 Nordjyllandsværket）以满负荷发电；连接瑞典的两条输电线都满负荷进口电力；北日德兰的电力用户只需要满负荷的 60%；现有的连接南部的 400kV 输电线出现故障。

- 只有在所有假设同时发生时，输电线才会出现超负荷。超负荷只有在需要转运 1000MW 时才会发生，而转运 700MW 并不会发生任何超负荷的情况。这意味着，如果有一个电站不在发电，如果连接瑞典的输电线中有一条不在进口，如果北日德兰正处于消费的最大值或如果现有的 400kV 输电线没有出现故障，那么现有的输电线都不会发生超负荷。

有关供应安全的一个决定性问题是，在上述情景中，在 ELSAM 地区的其他地方是否存在 1000MW 的需求？丹麦能源部从未问过这个问题，因此它在不知道答案的情况下就批准了申请。

作为当地居民，我们需要自己评估这个问题。事实上我们确实这么做了，结果见表 8.7。结果很清楚：从供应安全的角度来看，新的输电线不是必需的。我们无法识别出这样的电力消费者，他们在新的输电线没有得到兴建的情况下会缺少用电的机会，而在输电线修建之后获得电力供应。事实上，无论输电线是否兴建，消费者都不会缺少用电的机会。整个事件都与供应安全无关，它只与北日德兰许多电站——有人也许会说太多了——的使用有关。

---

① 译自丹麦语：Vi har ikke pligt til at lade en vilkårlig borgerforening vurdere vore beregninger. Det fri Aktuelt, July 23, 1992.

表 8.7　输电线负荷需求概览

北日德兰的容量	
瑞典Ⅰ	300MW
瑞典Ⅱ	300MW
Nordkraft 电站	240MW
Vendsysselsværket	295MW
Nordjyllandsværket	350MW
总计	1485MW
北日德兰的消费（60%载荷）	-443MW
可能向 ELSAM 其他地区输送	1042MW
ELSAM 地区的容量	
截至 1998 年的装机容量	5619MW
其中完全可用的电力	4852MW
其中在北日德兰的容量	-1185MW
在 ELSAM 其他地区的剩余容量	3667MW
在 ELSAM 其他地区的消费（60%载荷）	-2247MW
ELSAM 地区完全可用的闲置容量	1420MW

如表 8.7 所示，确实存在北日德兰需要出口 1042MW 电力的情形。然而，在这种情况下，ELSAM 地区的其他地方却没有考虑对 1042MW 电力的需求。相反，即便北日德兰完全不出口电力，当地还有 1420MW 的闲置容量可供使用。因此，ELSAM 地区没有消费者会缺少电力供应。

在这个证据面前，ELSAM 提供了一系列新的计算结果，但当地居民要求看到计算过程。然而，这一次 ELSAM 以国家安全为理由拒绝公布计算过程。ELSAM 辩解说，如果恐怖分子知道输电线系统所有的技术数据，他们就很容易知道炸掉哪个高压线塔。而这种观点受到丹麦国防部的支持。

8.5.3　具体的技术替代方案

当地居民也针对 400kV 输电线提出了具体的技术替代方案，并且要求将这样的替代方案恰当地设计和包括在公共讨论中。北日德兰的当地郡政府不能进行这样的研究，它们也无法要求 ELSAM 来做。作为当地居民，我们开发一系列的替代方案并几次将它们展示给公众。最终，这些替代方案在本节开头提到的 1995 年的报告中进行了详细描述和评估。

这个报告根据表 8.7 定义的情形对输电线系统进行了详细的评估，并证实了前面的结论。从供应安全的角度来看，新的输电线不是必需的。接下来，我们确定以下这些技术替代方案：

1. 一个 DCHV（直流高压）电缆；
2. 一个 150kV ACHV（交流高压）电缆，而非一个 400kV 的空中输电线；

3. 当新电站 Nordjyllandsværket 开始运营时，关闭两个旧电站 Nordkraft 和 Vendsysselsværket；

4. 增强现有的 150kV 输电线系统。

所有的这些替代方案被证明都能够消除超载——这是 ELSAM 声称需要 400kV 空中输电线的原因。

替代方案 4 在希望建立集中化系统的 ELSAM 和规划了分布式系统的议会“能源 2000”的冲突中受到特别的关注。在一个集中化的系统中，系统将会从坐落在大城市附近的大型电站之间稳固的 400kV 连接中受益。然而，在一个具有大量广泛分布的小型热电联产电站和风电的分布式系统中，系统将会从一个强大的本地电网中更多地受益。这可以通过强化现有的 150kV 电网来实现。

这个报告包括了对 Nordjyllandsværket 不投入运营的后果的计算。在这种情况下，系统完全不存在超载。因此，这证实了 ELSAM 的第一个声明，即建设新的输电线的原因与 Nordjyllandsværket 直接相关。

后来，ELSAM 声称当地居民的计算使用了不正确的数据。这些计算是基于 1991 年和 1992 年出版的最新电网技术数据。然而，ELSAM 声称已经轻微地改动了这些数据，但由于国家安全的原因，这些数据已经无法公开获取了。

8.5.4　结论和回顾

输电线的案例展示了电力公司 ELSAM 如何提出与它们现有的组织结构紧密结合的方案，以及丹麦能源部如何在分析这样的一个技术方案和议会的能源规划“能源 2000”的矛盾方面无所作为。能源部在进行与执行议会的能源政策相关替代方案的分析方面同样无能。这个案例还揭示了如下选择消除机制：

- ELSAM 展示了唯一一个技术替代方案；
- ELSAM 不停地改变它的说法，并且最终强调其需求仅基于保障安全供应的目的；
- 即便在当地政治家和公众需要在供应安全的收益和对自然的损害之间做出权衡的情况下，ELSAM 仍拒绝将它们计算背后的假设公布出来；
- 当 ELSAM 被迫公开它们的计算时，从供应安全的角度来看，新的输电线并没有必要兴建，这一点变得很明显；
- ELSAM 以国家安全为借口不再进一步公开计算过程和数据；
- ELSAM 声称由当地居民提出的替代方案是基于错误的数据，ELSAM 以国家安全原因为借口不公开对数据的细微改动。

从这个案例中可以学到的要点是，现有的制度设置不能识别或倡导代表根本性技术变革的替代方案。我们不能期望这样的替代方案来自与现有技术紧密相连的组织。在这种情况下，电力公司的视角专注于维持和扩展对基于中央电站的能源供应有帮助的输电线基础设施，现有系统就是这样的例子。通过扩展地方电网改变战略，从而帮助融入小型热电联产和分布式风电不在它们的利益或对现实的认识之中。然而，在这个案例中，与 Nordkraft 以及 Nordjyllandsværket 案例不同的是，它们本来有可能执行这样一个替代方案。当地绝大多数的 150kV 输电线由与提出修建 400kV 输电线系统建议的相同组织拥有和管理。

与前几个例子相同，代表根本性技术变革的建议需要来自与现有燃煤电站技术紧密相连的组织之外的人。需要再次强调的是，倡导这样一个具体的技术替代方案需要面对公共讨论的要求。它有助于提升公众意识，使民众意识到能满足环境保护的政治愿望并同时保障能源安全的替代方案确实存在。

这个案例也揭示了执行根本性技术变革时在几个层面上存在的制度障碍，包括第三章强调的对民主决策基础的认知。这种认知后来用于提出针对公共管理和提高民主决策基础的改革建议，这一点在 Hvelplund、Lund、Serup 和 Mæng（1995）的《民主和变革》一书中进行了描述。

在技术数据的开放性方面，这个案例与前一个案例 Nordjyllandsværket 有所不同。在 Nordjyllandsværket 案例中，具体的替代方案设计受益于 ELSAM 倡导的对所有技术和经济数据完全公开的政策。在这个案例中，这些数据不公开，并且还因此来挑剔当地居民设计和倡导的替代方案的技术可靠性。

8.6 案例Ⅵ：欧盟环境影响评价程序（1993—1997）[①]

欧盟环境影响评价（Environmental Impact Assessment，EIA）指令表明规划程序是如何旨在提倡比燃煤电站等更为清洁的技术替代方案，而事实上却甚至不能对这些替代方案进行描述的。如前面几个案例所展示的，代表根本性技术变革的替代方案不会来自与现有技术紧密相连的组织。因此为了执行技术变革，我们有必要考虑其他建议。原则上，EIA 程序建议对替代方案——包括代表根本性技术变革的方案——进行评估。这个案例的描述是基于《环境影响评价真的支持技术变革吗?》（Lund 和 Hvelplund，1997）这本书。

这项研究是基于本章前几节描述的 Nordjyllandsværket 案例和连接奥尔堡与奥胡斯的输电线的案例。不仅如此，这项研究也包括了一个规划位于哥本哈根的名叫 Avedφreværket 的电站的相似案例。

---

① 摘自《环境影响评价评论》，17/5，Henrik Lund 和 Frede Hvelpund，《环境影响评价真的支持技术变革吗？对丹麦的燃煤电站替代方案的分析》，pp. 357 – 370（1997），并经 Elsevier 允许。

1985年，欧盟（EU）在一项有关EIA的指令（欧洲委员会，1985）上达成一致。这项指令是基于预防性原则：为了消除污染源，而不是事后才试图消除它的影响。根据丹麦对指令的执行，一个EIA必须审查正在考虑中的项目的主要替代方案，并评估每个替代方案的环境后果。如果这得到恰当执行的话，EIA可以通过对更清洁的技术进行恰当的评估，同时把替代方案包括在公共讨论中来提升选择认知并帮助当地的居民和未来的新技术行业。

8.6.1 丹麦对EIA原则的执行

根据1985年的欧洲EIA指令，所有的欧盟成员国在批准建设特定类型的项目（其中包括电站）之前都必须完成一项针对环境影响的评估。欧盟的EIA指令是根据最好的环境政策应该预防污染或伤害而非事后消除它们的影响这个假设制定的。

在丹麦，欧盟EIA程序是在规划的过程中得到执行的，并且欧盟指令在1989年被转化为丹麦法律。与欧盟EIA指令相比，丹麦法律在两个方面更为严格：丹麦法律用现有的规划程序作为公共参与的基础，并且丹麦法律清楚地规定需要对替代方案需要进行描述和评估。欧盟EIA指令或丹麦EIA立法的目的不是为了强制使用某一个具体的方案。相反，其目的是在批准一个有重大环境影响的项目之前，通过提供一个解决方案在环境影响方面的信息来倡导更清洁的技术。欧盟的立法仅要求把环境情况考虑在内，而没有要求选择环境方面最优的解决方案。而丹麦的法律包括明确的要求：评估过程必须包括对主要替代方案的概括，并且在两个阶段确保公众的参与。

尽管如此，丹麦对指令的执行是分散的，因此其效力被削弱。当时，丹麦被划分为14个郡（见图8.7），每个郡都有一个选举产生的地区议会和一个专业管理机构。在地区层面上，环境法和规划法分别由不同的部门来管理。在新建一个发电站时，EIA是项目所在地政府的责任。根据规划法，EIA的执行需要公共参与，这涉及在公众听证会之后制作和分发一份建议书。但有关更清洁技术的替代方案超出了规划法的正常程序。

8.6.2 例1：Nordjyllandsværket

如前文提到的，我的同事和我设计并倡导了一个预计与Nordjyllandsværket生产同样数量的电力和热能，但消耗更少燃料并产生更少污染的替代方案。相比Nordjyllandsværket更清洁的技术替代方案应该覆盖与现有供电区域相同的地理范围：日德兰和菲英。地理上，两个方案的位置有所不同。Nordjyllandsværket位于北日德兰，而分布式热电联产机组和节能措施可以位于更小的城镇上，更接近消费者。

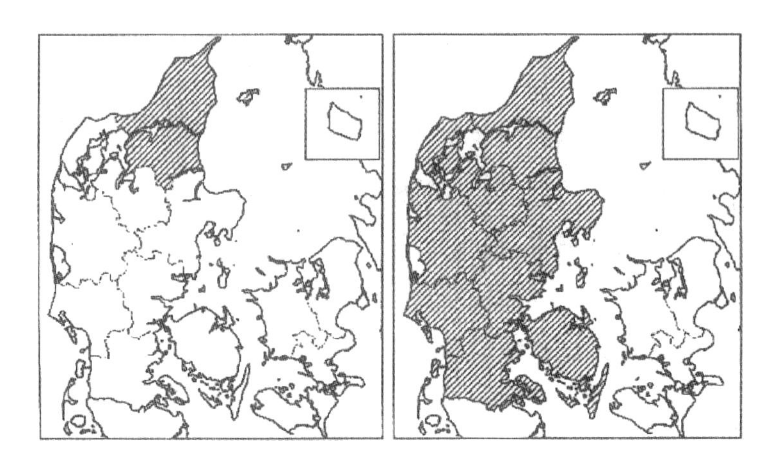

图 8.7 地理边界的问题。左侧的丹麦地图展示了各地区政府的边界。北日德兰地区用斜线表示。右侧的丹麦地图显示的是 ELSAM 的电力供应区域。一个新的燃煤电站被纳入对整个地区的供应系统中，但它必须位于其中的一个区域。由降低电力消费、分布式热电联产和可再生能源组成的替代方案必须分散于整个供应区域，因此这会涉及多个地区

表 8.8 所示为我们针对 Nordjyllandsværket 提出的最主要的替代方案。下文将介绍为什么存在两个 EIAs。我们在根据规划法提交给自然保护上诉委员会（Nature-Protection Appeal Board）的投诉中对两份 EIAs 都表示反对。表 8.8 中的所有替代方案都包括在我们第一次和第二次给上诉委员会提交的有关 EIAs 的不足的投诉意见中。

1993 年夏天和秋天，北日德兰地区政府准备了一份有关 Nordjyllandsværket 的 EIA。在准备它之前，我的同事和我参考欧盟 EIA 指令呼吁地区政府关注表 8.8 所示的其中两个替代方案。然而，地区政府声称对这些替代方案进行环境评估不是它们的责任所在。

表 8.8 Nordjyllandsværket 的替代方案，包括供应区域和地理位置

替代方案	供应区域	地理位置
ELSAM 的建议书 Nordjyllandsværket（400MW 燃煤电站）	日德兰/菲英	奥尔堡
替代方案		
1. 奥尔堡天然气联合循环电站	日德兰/菲英	奥尔堡
2. 在 Nordjyllandsvaerket 的天然气联合循环电站	日德兰/菲英	奥尔堡
3. 环境替代方案（组合）	日德兰/菲英	日德兰/菲英
4. “只有一个电站”，例如 Fredericia	日德兰/菲英	Fredericia
5. Trige 南部的地点（避免高压线的需求）	日德兰/菲英	例如奥胡斯
6. Brundtland 计划（组合）	日德兰/菲英	日德兰/菲英

随后，在一份书面回复（北日德兰地区政府，1993）中，地区政府强调了“对替代方案的描述”这个说法应该被理解为替代地址和设计这一观点。根据这个定义，地区政府认为 EIA 与考虑替代生产模式——如更清洁的技术或将 Nordjyllandsværket 拆分成更小的机组——不相关。

因此，不少居民向自然保护上诉委员会（规划法指定的上诉机构）投诉了 EIA 报告。自然保护上诉委员会的第一份裁决（自然保护上诉委员会，1993）非常严谨明确：

1. 一份 EIA 不仅应该包括替代地址，而且也应该包括其他重要的替代方案。

2. 一份 EIA 必须对每一个考虑中的替代方案及其地址的环境优势和劣势或多或少地进行彻底的评估。地区规划部门或多或少有责任披露在公共参与阶段产生的替代方案的环境影响。

3. 一份 EIA 必须包括对所选中的地址在环境影响方面的背景信息。

4. 一份针对发电站的 EIA 必须考虑到高压线是与电站相连这一事实。这种情形必须包括在影响评估中。

5. 更清洁的技术如果对评估一个项目是否可以避免、降低并且有可能的话抵消对环境的威胁这些方面很重要，那么这些技术必须被纳入评估。

自然保护上诉委员会没有声明它们的决定只在各区域的地理边界内有效。它们最后总结认为这些列出的条件没有被满足，并且对区域规划的改变是无效的。

北日德兰地区政府在 1993 年 12 月重新发布了一份 EIA。但这个评估报告仍然没有满足欧盟的 EIA 条件或自然保护上诉委员会在第一次裁定中的条件。因此，这份影响评估不能作为公共讨论的基础。它列出一系列不能进行比较的替代方案，并且对其中的两个替代方案的环境影响没有进行评估。报告也没有提供所选中的地址在环境影响方面的背景信息，没有包括以 Nordjyllandsværket 为起点的高压线所经过的任何地方的环境影响评估，并且这个分析没有考虑更清洁的技术问题。

我们再一次给自然保护上诉委员会提交了有关这些不足之处的投诉。委员会的第二份裁决（自然保护上诉委员会，1994）没有对投诉中任何具体的观点做出评价。针对替代方案，委员会认为由地区政府进行的 EIA 是令人满意的。委员会同意地区议会的声明，即地区议会不可能对 Nordjyllandsværket 的能源政策替代方案执行 EIA，因此它们没有义务这样做。

尽管如此，自然保护上诉委员会指出了影响评估报告中的一个问题：报告中应该包括一个在北日德兰地区发展分布式热电联产的替代方案。然而，委员会通过 9:2 的投票认为这个缺陷不足以认定这项评估不合格。实际上，其结果是：地区议会没有被要求在项目层次上对相比大型燃煤电站在环境上更为清洁的技术替代方案进行评估。这些大型电站一直是供应整个日德兰/菲英地区的规划的一部分，但事实上它们位于其中某个地区。而为实现议会的 CO_2 减排目标所必需的更清洁的技术替代方案可以与大型燃煤电站一样供应相同的区域，但它们由可以分布在几个区域的技术组成。自然保护上诉委员会的决定声称地区政府没有义务把位于本地区之外的替代方案包括在 EIA 之中。根据这个决定，典型的清洁技术替代方案就被排除了。

8.6.3 例 2：高压输电线

如前文提到的，除了 Nordjyllandsværket，ELSAM 还希望建一条连接这个位于奥尔堡市的新发电站和南部奥胡斯市的高压输电线，这两个城市间的距离大约为 100km。如上文所述，所有支持建这条输电线的文件都是以兴建 Nordjyllandsværket 为基础，因此输电线的建设被看作是它的一种后果。

根据欧盟指令，一项 EIA 必须包括所建议的项目的所有直接和间接环境影响。在对其中一个投诉者的问题的书面回复中，欧盟环境署表示，根据欧盟指令的第 3 条，高压线应该被看作是需要被评估的项目所产生的一项影响。但北日德兰地区政府没有把高压输电线包括在 Nordjyllandsværket 的 EIA 中。因此，这个问题被写入提交给自然保护上诉委员会的投诉中。上诉委员会的第一次裁决基本上很严谨，但针对输电线问题的回答却很模糊。根据委员会的意见，EIA 本应该包括输电线线路的前一部分并披露它的环境影响。这个说法的意思并不清晰，因为一个连接两点的输电线只有在考虑整个线路时才具有重要意义，这就像半截的桥是没有意义的一样。在第二份 EIA 的初步设计阶段，投诉者强调地区政府应该获得必要的计算过程以判断输电线（包括在 Nordjyllandsværket 没有被建设的情况下）是否有必要。政府没有这么做，而是对电站和高压线的连接点进行了环境评估。然而，这个连接点距电站几百米外的地方，并且从未成为上述连接新电站和奥胡斯的高压线连接点的一部分。

投诉者收到丹麦能源部的一封信，证实有关这条高压线的所有提交文档都以 Nordjyllandsværket 的建设为基础。尽管地区政府还没有得到必要的信息，尽管 ELSAM 还没有提交任何文件详细陈述在不建电站的情况下兴建高压线的必要性，但自然保护上诉委员会仅有的评论是“没有信息显示出有必要对这个问题进行重新考虑”。此后，委员会要求针对高压线项目做一份单独的 EIA。但所有 EIA 中都没有提到 Nordjyllandsværket 和输电线的关系。

8.6.4 例 3：Avedφreværket

1995 年，一家位于新西兰的电力公司（SK 能源）申请修建一座 460MW 多燃料电站 Avedφreværket II，电站将位于哥本哈根附近。它是多燃料电站，因为它的设计允许使用煤、天然气和生物质。但事实上，主要的燃料应该仍然是煤。Avedφre II 电站预计将在 2003 年投产。

从 EIA 的角度来看，Avedφre 电站的修建和 Nordjyllandsværket 案例有着同样的问题：更清洁的技术替代方案没有被评估。在这个案例中，替代技术是哥本哈根地区的热能节约与电力节约以及哥本哈根郡之外的热电联产。

在哥本哈根郡的 EIA 报告的前言中这样声明："因此，该评估只在哥本哈根郡的地理边界之内进行。"（哥本哈根郡，1996）这一点引起了一个专注于能源和环境领域的公共利益组织 OOA 的注意，它随后给环境与能源部长提交了一份投诉意见，提出了将哥本哈根郡以外的替代方案纳入 EIA 程序的必要性（OOA，1996）。部长没有通过改变 EIA 程序来回应这封信。在接下来的几个月中，针对丹麦的官方 CO_2 减排目标与修建一个新的、以燃煤为主的电站之间缺少兼容性这个问题引起了一场公共辩论。公众对燃煤电站的抗拒（由于非常明显地缺少对替代方案的描述造成的）导致部长在 1996 年秋天拒绝了建设电站的申请。电力公司没有放弃它们的计划，并且迅速地将申请的项目变成了一个天然气电站。这个新的申请在 1997 年 3 月 31 日获得了部长的批准。

这个申请获得批准的主要原因是所用燃料的改变。同样，它并没有展示对更清洁的技术替代方案的分析。这个案例也揭示了丹麦的 EIA 程序并不能保证来自本地区之外的更清洁的替代方案会被纳入在评估之中。

8.6.5　结论和回顾

在被转化成丹麦法律的过程中，欧盟的 EIA 指令确实保留了评估燃煤电站的替代方案的要求。EIA 程序涉及一个公共参与阶段，在这个阶段，替代性建议会被提出来，并且这个程序是基于预防而不是事后消除污染这个原则。因此，原则上，整个项目通过保证对更清洁的替代方案进行恰当的描述而提供了提升选择认知的机会。然而，在实践中，上述案例揭示了一个完全不同的现实。

Nordjyllandsværket 的例子揭示出，在丹麦，分布式能源并没有理所当然地作为大型燃煤电站的分布式替代方案从而得到认真的分析。主要的问题是地区政府负责准备 EIA。法律并不要求对超越一个地区政府边界的替代方案进行评估。在 Nordjyllandsværket 案例中，在没有对更清洁的技术替代方案进行恰当评估的情况下就给出了批准函。

连接 Nordjyllandsværket 和奥胡斯市的高压输电线案例揭示出，我们不能直接假定在新电站和新的高压输电线之间的关系一定会得到认真的分析。即便提交给政府的文件以新电站的存在为修建输电线的理由，这种分析依然没有出现。

Avedϕre II 电站案例与 Nordjyllandsværket 案例相似。它展示了丹麦的 EIA 程序不能将一个区域边界以外的替代方案纳入评估。在这个案例中，在没有对更清洁的分布式技术替代方案进行恰当评估的情况下就批准了新的天然气电站。

总之，这些案例揭示了因为 EIA 是在一个有限的区域内执行的，它通常并不支持由更清洁的技术替代方案代表的根本性技术变革。根据规划法，准备 EIA 的责任落在了地方政府身上，但这项法律并不要求对延伸到一个地区政府地理边界之外的替代方案进行评估。因此，我们不能确定大型燃煤电站的清洁技术替代方案是否会得到认真的分析。

从这些案例中归纳出的主要观点是，如果替代方案代表激进的制度变革的话，现有的机构设置会阻碍相关联的、更好的替代方案的识别和倡导。电力公司的视角旨在识别和倡导与它们的组织利益及对现实的认知相关的项目。郡议会和政府的视角专注于创造就业以及它们在郡地理边界之内对恰当的解决方案的识别。评估和分析它们管辖范围之外的替代方案超出了它们的兴趣和对现实的认知范围。

没有成为电力公司和郡议会认知的一部分的清洁技术替代方案被议会所拒绝，这是一个很大的问题。为了避免这种情况，替代方案在事前就被消除了。尽管对清洁技术替代方案的恰当描述和评估是 EIA 法律程序的基本思想，但司法机构没有能力保障这样的替代方案得到展示和评估。

8.7 案例 VII：德国劳西茨（Lausitz）案例（1993—1994）[①]

德国劳西茨案例是有关东西德在合并之后大量的投资进入前东德重建电力和供暖的故事。不过，这次重建的过程并没有引进或扩大对热电联产的使用，因此并没有从节约燃料中获益。1992 年底，我的两名奥尔堡大学的同事和我被邀请设计一个替代方案，该方案将被引入公共讨论中。对这项替代方案的讨论揭示出了节能和热电联产不能适应现有组织的原因。因此，来自德国褐煤工业的代表们强烈地批评了这个替代方案。对这个案例的描述是基于《在不需要重组东德能源系统的情况下进行重建》（Hvelplund 和 Lund，1998b）、《在新的联邦政府中重建能源系统——但如何来建呢?》（Hvelplund、Knudsen 和 Lund，1993）、《对劳西茨褐煤行业批评奥尔堡大学的研究的评论》（Hvelplund、Knucfeen 和 Lund，1994）这几本书以及《中东欧的组织变革与工业发展》（Hvelplund 和 Lund，1999）中的章节“能源规划与改革能力——东德的案例”。

---

① 摘自《能源政策》，26/7，Frede Hvelplund & Henrik Lund，《在不需要重组东德能源系统的情况下进行重建》，pp. 535 - 546（1998），经 Elsevier 准许。

在 1992 年底，两家位于劳西茨的环境组织①邀请我们设计一项与东德电力供应中增加对褐煤的使用有关的替代方案。这项研究由联盟 90（Bündnis90，德国的一个绿党——译者注）提供资金支持，这个联盟当时在勃兰登堡的州议会中占主要席位。

图 8. 8　本研究中的劳西茨地区

这项研究包括从北部的柏林到南部的捷克边界的一大片区域，具体如图 8. 8 所示。然而，柏林只是部分包括在研究中。这片区域容纳了前东德人口的约 40%。这个地区大量出产褐煤，并且有几家燃烧褐煤的大型电站就坐落在这一地区。从 20 世纪 60 年代到 80 年代，政府搬迁了 70 个村庄的 30000 居民以便于采煤。不仅如此，煤的挖掘对这个地区的地下水资源造成了严重的负面影响。

① Netzwerk Dezentrale Energienutzung e. V. and Grüne Liga e. V.，Cottbus.

当时已经规划并且部分执行的东部能源系统重建计划是很特殊的。在10年的时间中，计划在这项重建中花费600亿德国马克。这样一个在如此短的时间内改变一个国家的能源系统的大范围投资是具有历史性意义的。这种特别的情况为实现能源系统的现代化提供了机会——在任何地方都投资最适合而且最先进的技术。但最重要的一点是对能源机构的制度结构进行必要的现代化。在德国的案例中，创造了这样一种情形，即前东德的改革成为需要发展同一领域的其他东欧国家模仿的榜样。这样的地位也为德国创造了一些出口的机会。

不幸的是，当时所发生的情况与上述情景完全相反：一个全新的系统被创造出来，但它没有实现现代化。因此，最坏的情形产生了。前东德有了一个新的、但过时的能源系统，它不能满足未来的环境需求。许多能源设施具有20~40年的运行寿命。在这种情况下，前东德在能源供应和环境影响方面将比其他大多数国家处于更劣势的地位。

重建计划的主要问题是它没有抓住使用热电联产的明显机会。一方面，该计划对新建褐煤电站和旧电站的环保改造投入巨资；另一方面，以褐煤砖为基础的家庭供暖被燃烧天然气的户用锅炉替代了。

这种情形主要是由希望在前东德将现有褐煤生产维持一段时间的政策造成的。有两个理由支持这项政策：第一，有充足的理由在褐煤生产地区保留现有的17000份工作。这些地区失业率已经高企。第二，褐煤作为一种国内资源被认为是能源安全方面一项很好的解决方案。联邦政府和勃兰登堡地方政府都倾向于这项政策。

根据参照情景，电力容量将通过建新的褐煤电站和对旧电站中较好的部分进行翻新而得到提升。在劳西茨地区，这项政策计划投资150亿德国马克用于新建或翻新7200MW的装机容量。所有的电站都被建在远离主要城市但临近褐煤矿井的两个地方：耶斯瓦尔德（Jänschwalde）和博克斯贝格/黑泵市（Boxberg/Schwarze Purnpe）。事实上，这使充分利用热电联产的潜力变得不可能了。规划中的热电联产用途仅包括一个小范围的区域供暖和为一个塑料板生产线供热。在耶斯瓦尔德只有5%的潜能会得到利用，在博克斯贝格/黑泵市约有11%会得到利用。

系统热电联产的缺失使得家庭必须使用大量的油和天然气来取暖。我们对预期发展情况进行了分析，并在本节开头所列的参照情景中进行了描述。这项分析显示了参照战略的两个特点：第一，在家庭供暖领域，前东德将会依赖对国外燃料天然气和石油的大量进口。因此，出于能源安全的考虑使用褐煤发电的理由并不能涵盖整个能源领域。第二，由于前东德大部分的家庭供暖锅炉都很旧，并且需要被替换为天然气或燃油锅炉，因此参照战略将需要大量的投资——不仅在大型电站方面，而且在中央供暖系统以及独立房屋、公寓楼和区域供暖站的天然气和石油锅炉方面。

对于整个前东德地区而言，这些投资预计将达到350亿德国马克。

8.7.1　替代方案

我们针对参照系统设计了一个替代方案来提升前东德对在重建过程中实现整个能源系统现代化的可能性的认知。这个替代方案包括来自节能、热电联产和可再生能源的效益。在需求系统的节能方面，替代战略建议相比参照系统降低了20%的供暖需求和15%的电力需求。实现这些目标所需的投资已纳入成本分析中。20%的供暖需求削减可以通过对供暖系统管理的一系列技术改进措施实现，例如恒温控制阀和把散热片从串联式改为并联式。

在供应系统的效率改进方面，替代方案建议使用相当比例的热电联产与热泵的结合以替代电热供暖等。电热供暖的边际燃料消耗是天然气和燃油锅炉的两倍，是热电联产的5~10倍。因此，替代方案的设计目标是避免电热锅炉，提倡基于热电联产的区域供暖。所有的电热锅炉都将被中央供暖系统替代。方案还建议在绝大部分城市地区使用区域供暖系统和热电联产。

根据我们的计算，劳西茨地区的家庭供暖净消费为190PJ/年，这包括私人家庭和办公楼的热水、空间供暖，以及可以由区域供暖供应的部分工业（约10%）。根据所有城市、城镇和农村地区的人口数据，总能源消耗可以根据城镇规模进行分类。研究显示，通过将所有城市地区80%~90%的潜在家庭连接到一个区域供暖系统中，在总需求160PJ/年中，热电联产可以生产131PJ/年。这大约占整个市场的80%。这里，通过假定区域供暖的热损失为20%，我们得出，热电联产供暖系统需要每年生产157PJ以提供131PJ。

为了满足供暖需求，热电联产系统需要具有5000MW的总供热容量。这个容量被划分为来自天然气的2000MW供热/1600MW电力和来自硬煤的3000MW供热/1900MW电力。同时，热电联产机组还需为风电提供一些备用容量。因此，替代方案建议以基于天然气的2000MW电力和基于硬煤的2500MW电力形成一个能够融入风电的合理技术框架。

针对可再生能源，替代方案建议广泛地使用风能和生物质资源。在估计了这个地区的资源情况之后，替代战略建议到2010年使用潜在资源的50%，用风机为电网供应电力，用秸秆替代热电联产机组中的煤，用木材替代家庭锅炉中的石油，用沼气替代热电联产机组中的天然气。不仅如此，太阳能热也被纳入战略中为没有与区域供暖相连的独立房屋供应热水。这项措施可以为这些家庭减少20%的燃料消耗。图8.9所示为能量流图表。

图8.9展示了与参照情景相比，替代方案中的节能措施、热电联产和可再生能

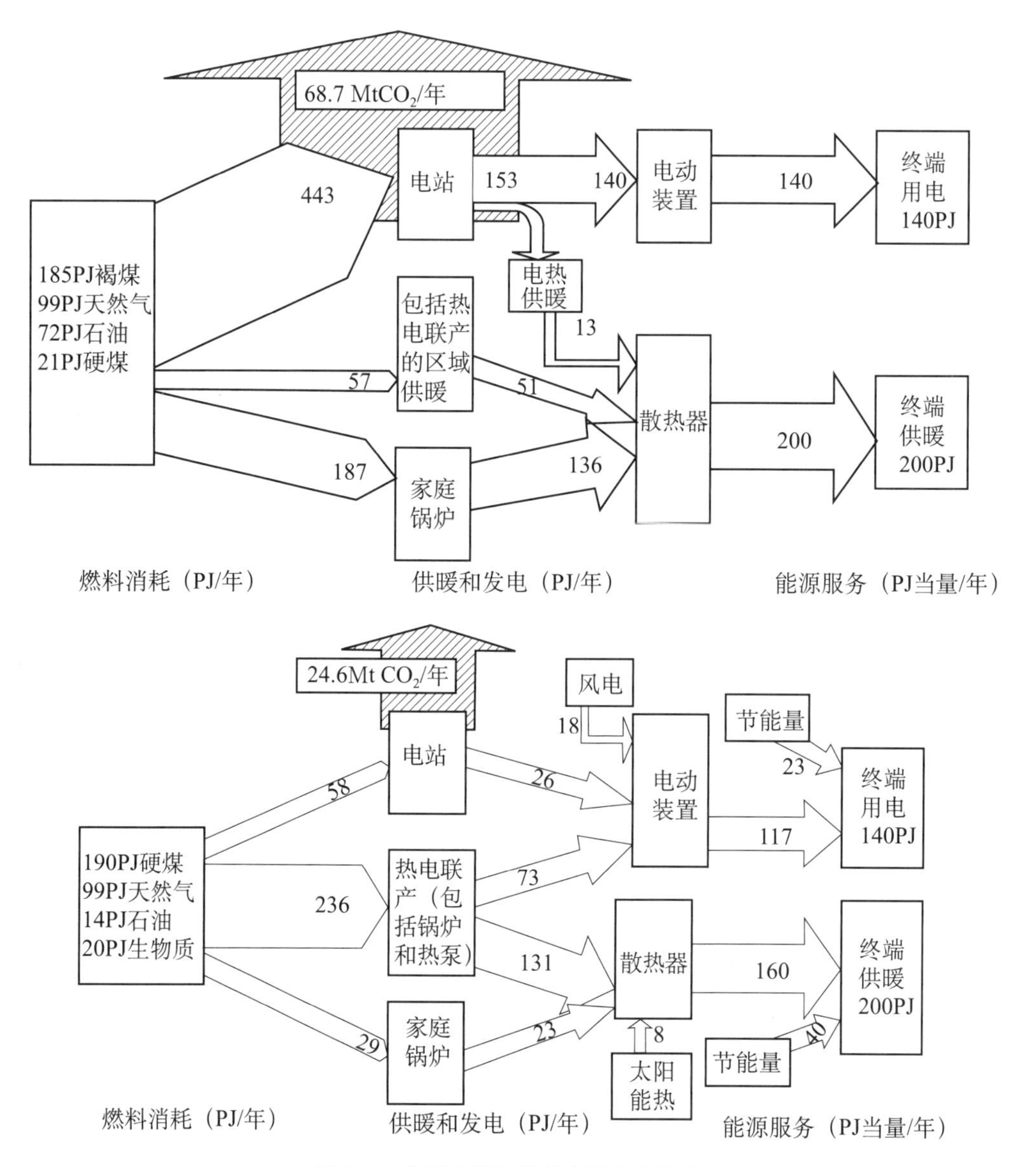

图 8.9　参照方案和替代方案的能量流

源是如何大幅度地减少化石燃料的使用并降低 CO_2 的排放。我们通过比较 20 年中每个方案的总成本对参照情景和替代方案进行了经济可行性分析。这个分析是基于 20 世纪 90 年代初的燃料价格，其中包括劳西茨的矿业公司 LAUBAG 的褐煤零售价。生物质资源的价格是基于丹麦的现价。建设和维护成本是耶斯瓦尔德和博克斯贝格/施瓦茨蓬普结合丹麦小型热电联产电站及相似技术的建设价格后的准确价格。

根据以上这些假设间的比较显示出替代方案的成本略低于参照方案。然而，在第一版的草稿中，替代战略有两个政治上的劣势：相比参照方案，它意味着更少的工作机会和更大量的燃料进口。这两个劣势是大量使用进口硬煤的一个直接后果。与此同时，替代方案也可以通过使用其他燃料来实现更高的效率。因此，我们也对两个其他的可能性进行了分析：一个可能性是用褐煤替代硬煤，但将褐煤处理成含水量较低的“褐煤灰”；另一个可能性是用天然气和广泛使用的生物质资源替代硬煤。

与参照情景相比，对替代方案的三个变化模式的分析产生了如下结果：

• 在电力和供暖消费方面，参照情景和替代方案的三个变化模式都生产或节省同样数量的电力和热能。

• 在一次能源供应方面，替代方案的三个变化模式与参照情景相比减少了50%的能源消耗。这是需求侧效率提高、使用热电联产和替换电热锅炉共同作用的结果。

• 在环境方面，替代方案相比参照系统降低了约20%～40%的CO_2排放，部分是因为更低的燃料消耗量，部分是因为可再生能源的使用。

• 在根据20世纪90年代初的燃料价格得出的经济可行性方面，替代方案和参照情景的总成本基本上是相同的。基于硬煤的变形模式便宜8%，基于天然气和生物质的变形模式贵12%。我们可能会惊讶地发现，在替代方案的所有变形模式中对区域供暖和热电联产的巨大投资并没有使它们比参照情景的经济性更差。但这是因为参照系统在更换家庭供暖系统——天然气锅炉、中央供暖和天然气管道系统——时也涉及巨额的投资。

• 在就业方面，使用硬煤的变形模式创造的就业机会低于参照系统。平均而言，在20年的时间周期里，参照情景的创造就业效应可以带来55000个工作岗位。替代方案中使用褐煤和生物质的变形模式创造的就业机会与参照情景基本上是相同的，但使用硬煤的变形模式预计只能创造46000个工作岗位。

• 在能源安全方面，参照战略需要每年进口72PJ的石油，而替代战略每年只需要14PJ。不仅如此，参照系统以每年485PJ的速度消耗国内的褐煤资源，相比之下替代方案每年只消耗0～209PJ。使用硬煤的变形模式每年需要进口硬煤190PJ。但未来在进口出现问题的情况下，硬煤也可以用被处理成含水量较低的“褐煤灰”的褐煤来代替。因此，相比参照情景，使用褐煤的变形模式和使用硬煤的变形模式在能源安全方面都提供了更好的解决方案。使用天然气和生物质的变形模式需要每年进口天然气209PJ，相比之下，其他变形模式和参照情景每年都只需要99PJ。

8.7.2　结论和回顾

前东德的能源系统最终得到了重建，但不幸的是，它没有实现现代化。这个系统从完全依赖褐煤的系统转变为电力生产仍然依赖褐煤但家庭供暖使用石油和天然气。只有很小比例的家庭供暖是基于热电联产。这次重建将把每个居民的CO_2排放量从1989年的20t降低到2010年的13t，但这仍然远远高于欧盟的平均值8t/人。

通过设计和倡导一个具体的技术替代方案，我们的研究展示出替代方案确实存在，它不仅能够重建，而且可以实现整个能源系统的现代化。执行这样一个完全不同的技术替代方案可以将前东德的 CO_2 排放降低到7t/人。替代战略是以热电联产、节能和可再生能源为基础。它的总成本和参照情景基本相同，并且两个战略的就业效果也基本相同。

然而，替代方案没有得到执行。相反，它受到了煤炭开采业的强烈批评（Hvelplund、Knudsen 和 Lund，1994）。我的同事和我利用针对具体技术替代方案的讨论，检查和分析了在重建前东德能源系统时不对它进行现代化的制度性原因。这个分析在本节开头所列的参考文献中有详细的描述。

分析显示前东德的电力公司的经济来源依赖于以褐煤为基础的集中化电力生产和基于石油、天然气的单独供暖生产。而且，这些企业的成本结构中有高额的“固定成本”以及因此很低的短期边际成本。在容量过剩时期，这样的成本结构使它们在市场上的行为非常激进。它们的母公司赋予了电力公司“股价火车头”的重大责任，从而使这种倾向进一步强化。

如 Hvelplund（2005）的详细描述，德国 VEBA 公司同时拥有电力公司和石油公司，对母公司作为一个整体而言，经济上最优的方案是既用褐煤发电，并且同时也向私人家庭出售石油和天然气。因此，尽管热电联产的推广有可能会增加电力生产机组的销售额，但与石油和天然气的销售相比，它可能仍然意味着是一种损失。因此最优方案是避免使用热电联产。

同样，这个案例所提供的主要经验是：在现有的制度设置情况下，社会不能识别和执行最优的替代方案。使用褐煤的电力公司和煤矿开采公司的视角是维持和更新现有的技术。包括了分布式热电联产电站、节能和可再生能源的替代方案不是它们的利益或认知的一部分。这种代表根本性技术变革的替代方案不能从与褐煤技术相关联的组织中产生。

VEBA 公司的视角专注于最大化公司作为一个整体的收益，并且由于它包括电力、采矿公司以及石油公司，因此基于热电联产、节能和可再生能源的替代方案不在它的兴趣范围之内。

基于根本性技术变革的替代方案的描述需要来自现有的组织之外。它们被当地居民和 NGO 组织宣传推广时，受到了褐煤工业的强烈批评。根据这个案例，我们识别了推广新技术的几个制度障碍。此外，我们呼吁为公共电网的并网条件制定清晰的、非官僚化的规范。我们建议以长期的、“被避免的边际成本”原则（包括外部成本）为基础建立定价模式。同样，我们认为还需要给希望投资新技术的组织提供融资的可能性。这些方面的制度和组织条件不会在市场上自动产生。

8.8　案例Ⅷ：绿色能源规划（1996）[①]

绿色能源规划的案例是关于对具体技术替代方案的描述如何在国家能源政策的公共辩论中提升选择认知的故事。绿色能源计划是由丹麦总工会（Danish General Workers'Union）发布，并在1996年春季作为一种观点引入针对丹麦未来能源系统的公共辩论中。丹麦的官方能源规划"能源21（Energy 21）"（丹麦环境与能源部，1996）在这次公共辩论之后不久就正式推出了。案例描述是基于《一个能够创造就业的绿色能源规划所包括的因素》（Lund，1996）、《市场经济中的可行性研究与公共管理》（Hvelplund和Lund，1998a）和《丹麦的绿色能源规划——把创造就业作为一项推动经济增长和CO_2减排的战略》（Lund，1999b）这几本书。

绿色能源规划是基于这样的观察结果，即通常执行CO_2减排政策的成本被认为是对经济增长和就业的威胁。这个规划展示出，某种程度上，CO_2的减排目标能够以创造就业的方式得到执行，并且这些战略可以帮助经济增长。

绿色能源规划涉及许多措施，丹麦可以选择其中的一些措施作为官方能源政策的补充。这个规划是以对环境、经济、收支平衡、消费和就业的总体评估为基础。首先，它的目的是促使丹麦继续削减CO_2排放。这应该通过长期的、以投资改进基础设施——这会促进能源系统向分布式可再生能源系统转变——的方式来实现。这些改变需要投资，但这会带来更多的就业机会和更好的环境。

8.8.1　具体技术替代方案的设计

丹麦1995年对新的能源政策进行公共辩论的原因是1993年开始执行的官方能源规划被证明无法实现议会确定的CO_2排放目标。根据议会确定的目标，丹麦到2005年时应该将CO_2排放水平在1988年的基础上削减20%。因此，绿色能源规划在环境方面的考虑专注于建立一个能够降低CO_2排放并实现目标的能源系统。绿色能源规划将1993年的官方战略定义为参照情景，然后展示了一个包括以下特点的替代方案：

- 从电热供暖转向中央供暖：在丹麦的能源系统中，电热供暖的燃料消耗是天然气或燃油锅炉中央供暖燃料消耗的两倍，是热电联产中供热部分边际燃料消耗的四倍。在参照系统中，期望在有天然气或区域供暖的区域用中央供暖取代电热供暖。绿色能源规划建议在这些区域以外的地方也实现从电热供暖向其他供暖方式的转换。

---

① 摘自《环境和资源经济》，14/3，Henrik Lund，《丹麦绿色能源计划》，pp. 431－440（1999），经Springer Science＋Business Media准许。

• 改进房屋隔热层和低温区域供暖：1996 年，丹麦的大型城市中心地区都由大型燃煤蒸汽式热电联产电站进行区域供暖。这些电站的区域供暖燃料消耗取决于区域供暖系统的温度水平。因此，通过提高这些城市和城镇里房屋的隔热水平，一方面降低区域供暖的需求，一方面使蒸汽式发电站的供暖生产更有效率，从而实现双赢。

• 在区域供暖中使用天然气：1996 年，丹麦没有与热电联产供暖系统相连的家庭普遍使用天然气供暖。因此，可以通过在这些家庭安装微型热电联产机组或通过引进区域供暖与热电联产相结合从而实现燃料节约。后一种方案被绿色能源规划所提倡。

• 广泛使用生物质：绿色能源规划建议建设沼气电站，使 100% 的工业有机废弃物和 50% 的畜牧业牲畜排泄物得以利用。

• 风电：绿色能源规划建议到 2015 年实现风电装机容量 3000MW。这项经济分析假定其中一部分风机将会安装在海上，海上风电场的建设成本会更高。

进一步的培训和能源节约：在丹麦工业领域存在降低电力消耗的巨大潜力。问题是如何识别和实现这些电力节约。因此，绿色能源规划建议通过对所有的产业工人进行环境培训的方式推广电力节约。根据丹麦的经验，绿色能源规划预期这样的培训项目将会减少 20% 的工业用电量。

8.8.2 评估与比较

我们建了一个旨在计算绿色能源规划和参照情景的计算机模型。后来，这个模型成为开发 EnergyBALANCE 和 EnergyPLAN 模型的基础。我们采用 1988—1993 年的数据对这个模型进行了校正，从而使能源均衡与丹麦能源部的能源统计数据相对应。

模型的成本估计是基于 1995 年的投资和运营成本。在热能和电力生产中考虑了一定的技术进步，并且假定整个时期的效率都会保持提升。在风电、太阳能热技术、沼气以及气化方面，技术的发展以不断降低的建设和运营价格的形式表现出来。不仅如此，我们对燃料价格的两种不同发展情况都进行了计算。根据第一种发展情况，所有的燃料价格都在 1995 年世界市场价格水平上保持稳定。第二种情况则考虑了化石燃料的实际价格上涨（根据丹麦能源部的预测）。

依据绿色能源规划将在 1996—2015 年间（包括这两年）得到推广这个假设，我们将绿色能源规划与参照情景进行了比较。假定上述措施中的一半将在 2005 年之前得到推广，所有的措施都将在 2015 年前得到推广，我们以此进行了 2005 年和 2015 年的详细技术计算。与参照情景相比，绿色能源规划的推广会产生以下结果：

• 环境与燃料消耗：截至 2005 年，丹麦能源领域（不包括交通）的总燃料消耗将会降低 5%，其中化石燃料将会降低 9%。当包括交通领域的燃料消耗时，2005 年的 CO_2 排放量将比 1988 年降低 20%。绿色能源规划建议到 2015 年时 CO_2 的排放量相比 1988 年降低 34%。

● 新的电力装机容量：除了 Nordjyllandsværket 和 Skærbæk 这两个已经在建设中的发电站之外，参照情景计划在 2005 年之前再建两个装机各为 400MW 的电站，并在 2005—2015 年间再建 6 ~ 7 个电站。然而，绿色能源规划证实直到 2015 年都不需要新的电力装机容量（不包括在建的电站）。考虑到分布式热电联产的快速发展、大型城镇地区低温区域供暖的普及、工业领域的能源节约以及对电热供暖进行替代，因此没有必要在 2015 年前建设新的电站。

● 成本、外汇和就业：在燃料价格不变的情况下，绿色能源规划将使年度总成本（投资、燃料和运营）从 270 亿丹麦克朗增加到 320 亿丹麦克朗（不包括税收或补贴）。这在很大程度上是因为投资额的增加。外汇的消耗将在初期略有增加（1996 年为 7 亿丹麦克朗/年），但此后逐年下降，因此到 2015 年相比参照情景可以实现外汇节约（到 2015 年为 6 亿丹麦克朗/年）。在燃料价格小幅上升的情况下（根据丹麦能源部的最新预测，能源价格预期会上涨 25% ~ 50%），额外的支出会减少到大约 40 亿丹麦克朗/年，并且到 2015 年可以实现外汇节约 14 亿丹麦克朗/年。

因此，绿色能源规划涉及在丹麦进行相当数量的额外投资。在能源系统的重新定位阶段，这个规划对收支平衡的效果很大程度上是中性的。

无论燃料价格如何，参照情景所使用的就业参数都略少于 40000 人。而推广绿色能源规划将会使就业机会在 1996 年增加约 12000 人，到 2015 年增加量会上升到约 17000 人。

● 公共财政账户：在模型中，我们对推广绿色能源规划给公共财政带来的净效果进行了计算。这个计算包括增加的税收收入、减少的社会福利支出、减少的能源补贴以及天然气公司（在丹麦由政府和市政部门拥有）由此增加的利润。不仅如此，计算还包括了对整个社会营业额增加的间接效应。假定现有的能源补贴水平到 2005 年保持不变，我们计算得出对丹麦的可再生能源发电和分布式热电联产需要补贴 0.10 ~ 0.27 丹麦克朗/kWh，这一补贴水平到 2015 年逐渐降低到 50%。

假定增加 12000 ~ 17000 人的就业既不会产生劳动力瓶颈也不会导致工资增加，我们估算了绿色能源规划对公共财政的影响。当时，丹麦存在 250000 ~ 300000 的失业人口。估算的结果如表 8.9 所示。如表所示，推广绿色能源规划意味着从 2005 年开始公共财政每年增加 10 亿丹麦克朗收入，并到 2015 年增加到 12 亿丹麦克朗。

表 8.9 中额外收入的计算是基于消费者价格（家庭和工业的总能源成本）在绿色能源规划和参照情景中都保持不变这一假设。我们计算了公共财政在多大程度上

做出贡献，以使两个方案中平均的购买力和竞争力维持在相同的水平。公共管理的措施包括以下项目：

表 8.9　绿色能源规划对公共财政的净效果，不包括公共管理成本

10 亿丹麦克朗	2005 年	2015 年
额外成本	4.7	5.2
外汇成本	0.2	-0.6
就业效应	13000	18000
减少的收益	+1.5	+2.0
增加的税收	+1.3	+1.7
天然气公司的亏损	-0.2	-0.5
削减的能源税	-1.1	-1.4
能源补贴	-1.1	-1.4
次要的效应	+0.6	+0.8
对公共财政的效应	+1.0	+1.2

- 改变对电价管理；
- 在 2000 年之后禁止使用电热住宅空间供暖；
- 专门的针对性补贴；
- 提高待售房屋的隔热标准；
- 继续征收 CO_2 税和对可再生能源进行补贴（但补贴水平逐渐降低，20 年后降低 50%）；
- 用基于热电联产的区域供暖代替燃烧天然气的家庭锅炉；
- 为产业工人提供有关节电行为的培训；
- 增加研发，例如秸秆气化；
- 补贴沼气和生物质气化电站。

根据绿色能源规划，推广这些措施大约每年会花费 13 亿丹麦克朗的公共财政。这些成本与表 8.9 中的公共财政收入的预期增加额相近。因此，绿色能源规划能够以对公共财政几乎不产生影响的方式得到推广。

8.8.3　结论和回顾

绿色能源规划案例展示了如何对一个具体的技术替代方案进行设计，以在能源节约、效率改进和可再生能源方面的国内投资替代化石能源，从而改善丹麦的环境和能源效率。可行性研究显示这种重新定位只会小幅增加能源供应的总直接成本。然而，它将使丹麦社会能够利用 250000～300000 的总失业人口来实现经济增长并改善环境。这个规划是由丹麦总工会开发的，其目的是在政府的能源规划“能源 21”

出台之前影响针对丹麦能源政策设计的公共辩论，官方规划在辩论之后不久即出台。

从这个案例中归纳出的主要经验是，与前几个案例一样，虽然代表根本性技术变革的替代方案不可能来自与现有技术紧密关联的组织，但这样的方案可以来自其他组织，在这个案例中是丹麦总工会。

在 Nordjyllandsværket 案例中，制度设置使得当地的工人协会支持燃煤电站，因为它涉及相关的运营和建设工作，即便事实上燃煤电站所创造的就业数量要低于由热电联产、节能和可再生能源构成的替代方案。问题在于这些投资不会得到那些拥有资金的电力公司的支持。不仅如此，替代方案的工作机会分散得很广，并且其中许多机会存在于当地工会所在的区域之外的地方。因此，这样的替代方案超出了当地组织的能力范围，而且也不是它们认知的一部分。

这个案例展示出，当政府在更高的层面上促进对替代方案的讨论，并且这样的讨论并没有与某个地区的具体就业机会相关联时，描述、分析和讨论如何执行一个能够满足能源安全、环境和创造就业等目标的替代方案就成为可能。

从这个案例中学到的另外一个经验是，对这些替代方案的设计和经济评估不能应用新古典经济学方法进行。这些方法无法为不同的替代方案是否满足相关的政治目标提供相关的信息。然而，我们可以利用具体的制度经济学来找到这样的信息。

8.9　案例Ⅸ：泰国电站的案例（1999）[①]

泰国巴蜀府（Prachuap Khiri Khan）电站的案例是有关在一项可行性研究中包括所有相关目标的重要性的故事。这个案例是在泰国大量具体和总体的官方发展目标框架下，对一个规划中的1400MW 新建燃煤电站和一个技术替代方案进行的一项可行性研究。在泰国案例中有趣的一面是，政府为泰国社会确定了明确的政治目标。因此，这为对项目进行严格评估并将它与一个具体的替代方案进行比较创造了可能性。这个案例展示了在巴蜀府建电站的计划对于实现泰国社会的目标确实不是非常的合理；相反，我们在研究中可以发现更为合适的替代方案。案例的描述是基于《针对巴蜀府建设中的 1400MW 燃煤电站的可持续能源替代方案——一项能源、环境和经济成本-收益比较分析》（Lund 等，1999）、《泰国一个 1400MW 燃煤电站的可行性》（Lund、Hvelplund 和 Nunthavorakarn，2003）以及《可行性研究案例》（Lund、Hvelplund 和 Sukkumnoed，2007）这几本书。

这个案例是基于 1999 年在泰国曼谷召开的“泰国-丹麦可持续能源合作与泰国可持续能源网络”研讨会的结果。这个研讨会的成果是《针对巴蜀府处于建设中的

① 摘自《应用能源》，76/1 - 3，Henrik Lund 等，《在泰国建设一个 1400MW 燃煤电站的可行性》，pp. 55 - 64（2003），已经 Elsevier 许可。

1400MW 燃煤电站的可持续能源替代方案》（Lund 等，1999）这个报告。电力领域开发的项目对于世界上许多国家是一个存在争议的话题，这一点几乎举世皆知。在巴蜀府规划的1400MW 燃煤电站也是如此。一方面，由公共电力公司、私营电力生产商和工业企业组成的机构共同体正在逐步建立一个基于化石能源的电力行业。另一方面，泰国社会被经济危机、失业和自然栖息地的退化严重影响。泰国的政治系统正面临着对能源领域进行管理，以便用最有效的途径满足泰国的社会和经济目标这一艰巨的任务。政治家和希望建立一个合理决策基础的利益相关方需要不断地审视实际情况和发展动态是否合理；如果不合理的话，是否存在可以更有效地实现社会和经济目标的替代方案。

8.9.1 巴蜀府的 Hin Knit 电站

Hin Krut 电站项目位于巴蜀府通猜区（Thongchai）的 KokTaHorm 村。项目业主是外资占 85% 的一家合资企业——联合电力开发有限公司（Union Power Development Co.，Ltd.）。这家合资公司在 1995 年 6 月申报了这个项目，1996 年 12 月收到初步的电力购买协议，于 1997 年 6 月与泰国电力局（Electricity Generation Authority of Thailand，EGAT）签订了 25 年的独立电力生产合同。

与此同时，当地居民和环境主义者对这个项目给周围环境带来的负面影响表达了越来越多的关注。这个燃煤电站项目没有包括安装脱硫装置以降低二氧化硫的排放的内容，因此预计会成为当地居民健康的一个隐患。由于围绕这个项目存在的争议，当项目于 1999 年完成可行性研究时仍然处于政府批准阶段。尽管已经签署了合同，电力局 EGAT 仍然可以通过向联合电力支付约 50 亿 ~60 亿泰铢（约合 1.1 亿 ~1.4 亿美元）赔偿金的方式撤销合同。

这个燃煤电站预计安装两台 700MW 的机组，因此总装机容量为 1400MW。联合电力预计该电站每年消耗 385 万吨硬煤，以 44.77% 的效率每年生产 7125GWh 的电力。这个“交钥匙工程”电站的建筑成本为 9 亿美元，另外附加 3 亿美元的融资、咨询成本等。因此，预期的总建筑价格为 450 亿泰铢（12 亿美元），预计每年的运营和维护成本为 4.5 亿泰铢（1200 万美元/年）。

联合电力预期煤炭价格为 40 美元/吨，根据电力局 EGAT 的信息，这与煤炭的普遍价格比较接近。不仅如此，EGAT 预计煤炭价格会每年上涨 2.08%。根据合同，联合电力将会收到一项以电站电力供应量（容量成本）为基础的固定款项和一项与燃料消耗及运营维护相关的可变成本的补偿款。

实际的支付条款是保密的，但据悉电力局 EGAT 与另一家生产商的合同包括一项每月 422 泰铢/kW（11.3 美元）的容量成本。根据合同约定，无论电力公司是否发电，EGAT 都有义务付款。这种优惠合同的目的是保障投资者 15% 的内部收益率。

8.9.2　泰国的官方经济目标

泰国社会发展的官方社会和经济目标是由泰国政府在第八个国家发展计划 1997—2001（NESDB，1996）中制定的。泰国的国家能源政策办公室（National Energy Policy Office of Thailand，NEPO）的责任是根据国家经济与社会发展计划和递交给国家能源政策委员会的政府政策来制定与能源领域有关的政策、管理计划和措施。换句话说，NEPO 有义务将所有的计划与在国家经济与社会发展计划及其他政府政策中所定义的一系列官方目标联系起来，并且基于这些官方目标做出决策。

第八个国家发展计划受到了 1997 年泰国经济危机的影响，因此被认为是在认识全球化进程和对持续而长期的规划、决策、执行、监督和评估过程的需求方面认识的一个转折点。这个计划被认为是向全面的、以人民为中心的方向发展。这个计划中陈述的社会和经济目标是所有经济领域——包括经济政策、供应安全、就业、农村发展、技术创新、环境和其他方面——规划和决策的基础。

在可行性研究中（Lund 等，1999），我们对泰国社会不同的官方社会和经济目标进行了仔细的评估。对于所有的私营和公共能源领域项目都应该根据它们提供以下方面服务的能力进行评估：

- 充足的能源供应；
- 合理的能源价格；
- 较高的能源效率；
- 较高的成本效率；
- 较低的进口成分；
- 用于出口的新产品；
- 更多更好的就业机会；
- 对公共预算的积极效应；
- 农村发展；
- 规划和决策过程的分散化；
- 技术创新；
- 健康的环境。

8.9.3　一个具体技术替代方案的设计

为了展示上述目标可能对可行性研究的结果产生的影响，我们设计了一个针对燃煤电站参照情景的替代方案以进行比较。替代方案包括三个部分：基于生物质的工业热电联产、需求侧管理（DSM）和小水电。替代方案将泰国本地的燃料与它的工业和技术发展结合起来，旨在创造就业、促进技术创新、提供出口机会和其他效益。替代方案经过仔细的组合，包括1000MW基于生物质的工业热电联产、350MW的需求侧管理和40MW的小水电（见表8.10）。因此，替代方案和1400MW的参照燃煤电站提供完全相同的装机容量。

• 替代方案基本上是以满足泰国的官方社会和经济目标为原则构成的，即它应该具有成本效益、可靠、促进就业、使用本土资源。替代方案中的小水电部分在短期内很难证明具有成本效益。然而，它被纳入替代方案的原因是从长期来看它在技术发展、就业和其他方面具有潜在的积极影响。

• 替代方案的每个组成部分都只利用了该领域预估的技术潜力的很小一部分，这意味着这种类型的替代方案通常还可以应用于泰国未来其他的燃煤电站项目（见表8.10）。

• 2001—2010年的这段时间内，这个燃煤电站预计将替代能源效率为33%的燃油蒸汽式电站所生产的电力。因此，在这10年的建设期中，燃煤机组可以对替代方案起到补充作用。这些起到补充作用的电力所产生的所有成本也都包括在可行性研究中。

表8.10　替代方案和泰国的技术潜力估计值的比较

	替代方案	泰国的潜力估计值
工业热电联产	1000MW	10000MW
生物质资源	2200kt/年	20000kt/年
DSM	350MW	2200MW
小水电	40MW	8000MW

• 替代方案和燃煤电站每年及共计生产（或节省）的电量完全相同。

• 燃煤电站未来最多只需要两年就可以完成建设，但电力系统中预计直到2010年都存在过剩产能，因此替代方案可以充分利用电力生产中的过剩产能，从而使替代方案中项目的建设可以均匀地分布在2000—2010年的这10年间。这也给相关工业开发推广更好的生物质热电联产和小水电技术提供了时间。

8.9.4　可行性研究的比较

以25年为时间周期，我们对替代方案和燃煤电站参照情景进行了模拟，并比较了它们的能源、环境和经济特征。经济成本以生产要素价格——即不包括增值税和其他税收的投资成本、运营和维持成本——进行计算。燃煤电站的投资成本以电力当局EGAT将联合电力作为独立电力生产商而非自己执行电站项目而同意支付的容量成本为依据。不过，在计算就业时，我们使用了联合电力公布的实际投资成本。相关假设和条件的进一步细节以及分析中所使用的具体技术-经济数据请参阅《针对巴蜀府处于建设中的1400MW燃煤电站的可持续能源替代方案》（Lund等，1999）这个报告。

在一次能源供应方面，计算得出燃煤电站在25年里的最终能源消耗为68PJ/年，加总后为1689PJ。同时，将在10年时间内引入替代方案，因此最终的能源消耗在初期处于最高水平，这时候替代方案仍然依赖旧的、低效率的燃油电站发电。此后，燃料消耗将从2001年的86PJ/年降低到2010年及之后的大约2PJ/年。极低的2PJ/年的净燃料消耗量部分是由于用新的热电联产机组替代了旧锅炉所实现的较高的燃料节约，部分是由于需求侧管理和水电没有燃料消耗。替代方案的总能源消耗为468PJ。

在环境后果方面，替代方案的推广可以实现以下这几个方面：

- 在25年中降低燃料消耗72%；
- 在25年中减少CO_2排放6.7亿吨；
- 在25年中减少SO_2排放150万吨；
- 在25年中减少NO_x排放150万吨。

在生产成本和对收支平衡的影响方面，巴蜀府的燃煤电站和替代方案的经济成本的净现值几乎相同，以发电成本1.6泰铢/kWh、年折现率7%计算，两个方案的净现值都约为1500亿泰铢。资本成本、运营与维护成本以及燃料成本之间的划分影响了对就业和农村经济的效果。巴蜀府的燃煤电站的生产成本中包括53%的资本成本、44%的燃料成本和仅3%的运营与维护成本。而替代方案包括39%的资本成本、40%的燃料成本和22%的运营与维护成本。巴蜀府的燃煤电站的总成本中外汇部分为1170亿泰铢，但替代方案的进口成本仅为390亿泰铢。不仅如此，可行性研究显示，巴蜀府的燃煤电站仅为泰国的经济财富（GDP）贡献350亿泰铢，而替代方案贡献1150亿泰铢。因此，对替代方案的推广意味着：

- 在25年中电力生产的经济成本几乎保持在1.60～1.62泰铢/kWh不变；
- 产生更低的资本和燃料成本，但提高了运营和维护成本，这意味着给就业和农村经济带来积极的贡献；
- 节省780亿泰铢（21亿美元）的外汇，因此对泰国支出平衡的负面影响降低67%；
- 对泰国GDP的贡献增加800亿泰铢。

燃煤电站在25年中仅创造20万人次的就业机会，平均每年7000人次。替代方案在25年中创造180万人次的就业机会，平均每年约71000人次。因此，对替代方案的推广意味着：

- 在25年中额外增加160万人次的就业机会，这意味着巴蜀府的燃煤电站每创造1人次的就业机会，替代方案就创造10人次的就业机会；
- 在此期间每年额外创造大约64000人次的就业机会。

在对农村经济（例如源于生物质生产和运营维护的经济活动）的影响方面，燃煤电站为农村经济做出贡献的经济活动的净现值是50亿泰铢，而替代方案贡献930亿泰铢。因此，对替代方案的执行意味着：

- 给农村经济额外贡献880亿泰铢，即燃煤电站每向农村经济贡献10亿泰铢，替代方案将贡献190亿泰铢。

在对公共财政（主要来自个人所得税）的影响方面，燃煤电站创造的公共收入的净现值为70亿泰铢，而替代方案会创造220亿泰铢。因此，对替代方案的执行意味着：

- 给公共收入额外贡献150亿泰铢，即巴蜀府的燃煤电站向公共收入每贡献10亿泰铢，替代方案将贡献33亿泰铢。

8.9.5 结论和回顾

在这个案例中，我们以泰国的国家目标为基础对两个能源项目——规划位于巴蜀府的燃煤电站（参照情景）和包括生物质、能源效率和小水电的替代方案——进行了分析和比较。可行性研究显示，我们建议的替代方案在所有方面都近似或优于参照情景。在经济进口成本、创造就业、对泰国GDP的贡献、对公共收入的贡献、对农村经济的贡献以及对技术发展和环境的贡献方面，替代方案都明显优于参照情景。而在经济生产成本方面，替代方案几乎与参照情景相同。主要的经济结果归纳于表8.11中。

表8.11 主要的经济和就业结果的概要

主要的经济结果（10亿泰铢）	参照情景	替代方案	差别
经济成本	152	153	1
进口成本	117	39	-78
对GDP的贡献	35	115	80
对收入利润的贡献	7	22	15
对农村经济的贡献	5	93	88
主要的就业结果（以7%/年贴现）			
就业（人/年）	7009	34976	27968
农村（人/年）	1527	28311	26784

巴蜀府电站的可行性研究对泰国能源领域的技术创新有三个启发。第一，它使能源规划与更广泛的可持续发展及国家发展目标联系起来。因此，能源规划不再被

看作是仅在旧的技术系统中以满足系统需求和稳定性为目标的一个孤立行动。这项研究非常清楚地强调了制定跨行业政策的重要性。第二，它提高了公众对在更长的时间和更广的范围内发展可再生能源所带来的潜在收益——尤其是过去在泰国社会很少讨论的社会收益——的认知。这种不断提升的公众认知促使泰国政府启动更多的支持可再生能源发展的项目。2001 年，泰国政府制定了一项针对可再生能源的战略规划。两年之后，泰国政府决定为可再生能源的总体发展以及每个具体的可再生能源技术设定目标。第三，可行性研究为公众富有成效地参与确认政府的决策提供了机会和工具，这种参与可以防止过度的以及不合理的投资。在这个案例中，部分基于可行性研究的结果，泰国政府于 2001 年为公众讨论敞开了大门。2002 年，泰国政府决定推迟电站的建设，并改变它的地点和燃料。总之，可行性研究是帮助泰国社会发现最恰当的发展道路，并实现自己的发展目标的一种核心工具。

从这个案例中学到的关键经验是，它支持前几个案例中的观察结果，即我们不能期望与现有技术相关联的组织去投资或执行代表根本性技术变革的替代方案。这些方案不是它们的视角、兴趣和认知的一部分。不仅如此，这些组织将自动地使用专注于包括了现有技术的利益和认知的目标的经济评估方法（基于应用新古典经济学）。如果政治目标意味着根本性技术变革的话，这种认知不会考虑政治目标。这种特点在泰国的案例中尤其明显，因为在这个案例中政治目标已经被清晰地界定。

基于根本性技术变革的替代方案的设计和倡导需要来自于 NGO 和当地居民。为了展示这些替代方案是如何比燃煤电站更好地满足官方政治目标的，可行性研究需要以包括了对相关政治目的和目标的识别的具体制度经济学为基础。尽管法律程序要求根据泰国国家发展计划对这个项目进行评估，但国家能源政策办公室没有进行这样的一个系统性研究。相反，这样的分析需要来自能源管理部门之外。

8.10　案例X：经济委员会案例（2002—2003）

2002 年，丹麦经济委员会（Danish Economic Council，DEC）对丹麦 20 世纪 90 年代的能源政策进行了评估。这个评估是有关应用新古典经济学可能如何忽视现实生活中相关的技术和经济条件以及政治目标的故事。评估方法没有分析和认识 20 世纪 90 年代的真实经济状况——在当时的各种问题中失业是一个主要问题，它不仅漠视了这些问题，而且毫无根据地假定当时的经济情况是理想状态。并且这项评估本应该将能源政策的成功和政治上明确界定的经济目标——如降低失业率、改进收支平衡、促进技术和工业发展——进行比较，然而恰恰相反，这个方法将这些议题排除在评估之外。这个案例的描述是基于《可行性研究案例》（Lund、Hvelplund 和 Sukkumnoed，2007）、《经济委员会对风电和小型热电联产的评估是基于错误的假设》（Lund，2002a）[①]、《节约的运营成本和容量被遗漏了》（Lund，2002b）[②] 以及《一个没有风电和热电联产的更美好社会?》（Lund，2002c）[③] 等文章和书中的章节。

这个案例研究通过基于选择认知策略的替代方案计算进行了补充。因此，这个案例既展示了应用新古典的理念与基于具体的制度经济学的可行性研究之间的差别，也展示了用两种方式设计可行性研究的不同结果。

如前面的章节中已经解释的，丹麦多年来一直执行一套活跃的、有创新性的能源政策。从1972年到1990年期间，这项政策的主要目标是降低对进口石油的依赖，而在20世纪90年代，丹麦能源政策的主要目标是降低CO_2排放，这在几项国家能源计划中都有体现，并得到了《京都议定书》的进一步支持。在20世纪70年代和80年代，保障能源安全的战略目标是通过能源节约与增加国内的石油和天然气生产以及用煤和天然气替代石油相结合实现的。丹麦的房屋加装了隔热层，而电站则用进口煤炭替代石油。在20世纪90年代，丹麦制定了一系列的环境和能源政策措施，其中包括推广风电和用分布在全国的小型热电联产电站替代一百多个区域供暖锅炉。

2002年春天，丹麦经济委员会（DEC）发布了对20世纪90年代执行的能源政策措施的环境影响评估报告。其中的分析是基于应用新古典经济学的成本-收益分析。成本以投资和维护成本的形式计算，而收益按节省的燃料成本和环境效益的方式计算。此外，这个分析还计算了税收和消费者分配不当的情况，并把它们列为成本。这项研究包括了一系列不同的政策措施，得到的总体结论是资源没有以最为有效的方式得到利用，因为许多纳入的要素都得出了负的净值。因此，DEC的主要建议是成本-收益分析应该在未来得到更广泛的运用，以避免再犯同样的错误。

风电和小型热电联产电站的推广也被纳入分析中，并且作为这项研究的一个副产品，它们的结果显示这些领域的投资也得出了负的净值。然而，这种观点是以容量过剩会导致包括传统的燃煤蒸汽式电站在内的几乎任何新投资都会得到负面结果这个假设为基础进行分析的结果。由于应用新古典成本-收益分析方法的假设前提，与就业、收支平衡及技术创新相关的收益或者没有被考虑到分析中或者被低估。

因此，这项研究为应用新古典的假设前提可能对执行根本性技术变革产生的影响提供了一个很好的例子。以下描述是基于我的同事和我对经济委员会评估结果的一篇评论（Lund，2002a、2002b、2002c；Serup 和 Hvelplund，2002）。这个评论和其他评论意见一起在研究公布后的丹麦公众辩论中得到了讨论。在讨论中强调了两个重要的问题：第一个问题是将风电和小型热电联产电站的容量效益排除在外的问

---

① 译自丹麦语：Vismands vurdering af vindkraft og decentral kraft/varme bygger påfejl i forudsætningen.

② 译自丹麦语：Sparet drift og anlæg medregnes ikke.

③ 译自丹麦语：Et bedre samfund uden vindkraft og kraft/varme?

题，这展示了新技术是如何用针对旧技术的假设进行评估的，而在这些假设条件下，旧技术本身的成本效益在一定程度上都变差了；第二个问题是忽视就业、降低进口和技术创新的收益问题。

8.10.1 被忽视的容量效益（不公平的假设）

成本-效益分析的结果是以20世纪90年代丹麦的几项能源政策措施进行划分的。下文将讨论其中的三个方面，即总计达826MW的小型热电联产投资、总计1769MW的私营风电装机容量和总计1098MW的由电力公司拥有的风电装机容量。DEC分析的结果如表8.12所示。

如表8.12所示，DEC的结论是小型热电联产电站和风电对丹麦社会而言在经济上都不可行。它们在成本-收益分析中都得出了负值。在成本-收益研究中，所有的价格都以消费者价格的形式给出。在这个具体案例中，消费者价格是用生产要素价格（建筑、维护和燃料市场价格）乘以1.25的系数得出的，这个系数等于丹麦增值税的比例。不仅如此，这些价格以2%的年度通胀率被转换成了2002年的价格，而现值的计算却是基于6%的利率。

表8.12 丹麦经济委员会的成本-收益分析结果

2002年度消费者价格（10亿丹麦克朗）	建于1992年—1998年的826MW小规模热电联产	建于1992年—2011年的1769MW私人风机	建于1992年—2008年的1098MW电力公司风机
成本			
投资	12.2	20.6	8.0
维护	8.9	6.7	2.6
税收转移	1.7	0.6	0.1
消费者不当分配	0.5	0.8	0.4
总计	23.3	28.7	11.1
收益			
节省的燃料	2.1	9.9	4.4
节省的容量	—	—	—
节省的维护	—	—	—
环境收益	16.5	14.8	6.0
总计	18.6	24.7	10.4
净收益	-4.7	-4.0	-0.7

注：来源于丹麦经济委员会2002年数据。

总计826MW的小型热电联产电站是在1992—1998年间修建的。这项投资的成本是根据丹麦能源部的一项调查计算的，当时的总成本为53亿丹麦克朗。当以上述方法计算时，这些投资对应的数额约为120亿丹麦克朗。

成本-收益计算的关键假设是丹麦经济委员会主要报告中的这一句话：“产生负

净值结果的首要原因是丹麦拥有充足的电力生产容量。”[①] 而且在附件中写道：“因此，只有电站的可变燃料成本得到了节约。”[②]

这个分析没有包括节省的可变维护成本，并且没有对这种忽略给出任何解释。为了展示这个关键假设的重要性，我们的评论对节约的投资以及运营与维护成本的收益进行了计算（Lund，2002a）。表 8.13 所示为计算结果。如表所示，所有三项技术在表 8.12 中的亏空现在都变成了赢利。

表 8.13　与表 8.12 中的计算方法相同，但包括节省的容量和维护成本

2002 年度消费者价格（10 亿丹麦克朗）	建于 1992 年—1998 年的 826MW 小规模热电联产	建于 1992 年—2011 年的 1769MW 私人风机	建于 1992 年—2008 年的 1098MW 电为公司风机
成本			
投资	12.2	20.6	8.0
维护	8.9	6.7	2.6
税收转移	1.7	0.6	0.1
消费者不当分配	0.5	0.8	0.4
总计	23.3	28.7	11.1
收益			
节省的燃料	2.1	9.9	4.4
节省的容量	14.8	4.8	2.4
节省的维护	7.2	4.3	2.9
环境收益	16.5	14.8	6.0
总计	40.6	33.8	15.7
净收益	+17.3	+5.1	+4.6

这个计算是以与燃煤电站的电力生产成本相关的替代成本为基础的。其中，根据丹麦能源部的官方预测，资本成本为 800 万丹麦克朗/MW，维护成本为 60 丹麦克朗/MWh。在计算中，假定小型热电联产电站的容量系数为 100%，风电为 20%。20% 代表了与大型电站的容量利用率相同时风电可以利用的容量。

对于小型热电联产电站，1992—1998 年间节省的容量成本为 66 亿丹麦克朗。与此同时，如上文所述，在根据 2002 年的数值纳入通胀率和保障消费者价格之后，分析中得出的成本为 148 亿丹麦克朗。根据同样的程序，计算得出节省的维护成本

---

① 译自丹麦语：Årsagen til tabet er først og fremmest，at der i udgangspunktet var rigelig elproduk-tionskapacitet i Danmark. Danish Economic Council 2002，p. 16.

② 译自丹麦语：…og dermed kun har sparet brændselsudgifter på kraftværkerne. Danish Economic Council 2002，p. 210.

为 72 亿丹麦克朗。表 8.13 展示了这些数值会如何影响最终的结果。三项技术总计 94 亿丹麦克朗的负值被转变成 270 亿丹麦克朗的赢利。由此可见，以容量过剩为理由不包括容量支付的假设完全主导了分析。

然而，这样的假设与小型热电联产优于还是劣于大型电站这个问题并不相关；它只是表达了如果不需要新电站，那么就不要花费金钱去建设。这样的假设可能使任何的电站投资都产生负的结果。为了阐述这一点，我们对同一时期——分别是 1996 年和 1998 年——兴建的两个大型电站进行了同样的成本-收益分析。每个电站的装机容量都是 400MW，因此它们与 826MW 的小型热电联产电站相当。我们以 DEC 报告中同样的假设和方法对这两个电站进行评估，结果如表 8.14 所示。

表 8.14　使用与表 8.12 中同样的方法进行 800MW 大型电站的成本-收益分析

2002 年度消费者价格（10 亿丹麦克朗）	建于 1998 年的 400MW 燃煤电站	建于 1996 年的 400MW 天然气电站	总计
成本			
投资	5.3	4.2	9.5
维护	2.1	0.8	2.9
税收转移	—	—	—
消费者不当分配	—	—	—
总计	7.4	5.0	12.4
收益			
节省的燃料	1.0	-4.7	-3.7
节省的容量	—	—	—
节省的维护	—	—	—
环境收益	0.1	3.4	3.5
总计	1.1	-1.3	-0.2
净收益	-6.3	-6.3	-12.6

如表 8.14 所示，建设总计 800MW 的大型电站的结果比建设总计 826MW 的小型热电联产电站的结果更为负面。800MW 的大型电站产生了 126 亿丹麦克朗的亏空，而 826MW 小型热电联产电站只产生了 47 亿丹麦克朗的亏空。需要再次强调的是，这两个计算都假定不需要新的容量，因此不可能节省任何维护成本。

成本-收益分析的结论认为，基于容量过剩（由于修建了风电和大型及小型电站）这个假设，丹麦本来不应该新建任何电站；对这些新建电站评估的结果都是负值。问题在于，如果丹麦社会听从了这样的建议，不再新增任何装机容量，那么容量过剩这个假设就不会成立，因此这些结果没有任何意义。

与此同时，有人可能会问这个问题："丹麦在 20 世纪 90 年代应如何新增产能来实现最低成本?”它的答案可以在表 8. 12 和表 8. 14 中找到：小规模的热电联产电站应该优于大型电站。因此，我们的结论认为容量过剩的假设不成立，因为它得出了小型热电联产电站不具有成本效益这样一个错误的结论。

8. 10. 2 收支平衡、就业和技术创新

DEC 假设，在 20 世纪 90 年代，创新、就业和收支平衡对于绿色能源政策的效果没有社会价值。20 世纪 90 年代的丹麦能源政策促使绿色能源技术的出口从 1992 年的 40 亿丹麦克朗增加到 2001 年的 300 亿丹麦克朗。如果采用 50% 的进口比例，那么这项出口对收支平衡的净效果在 2001 年应该为 150 亿丹麦克朗。因此，这些技术的出口金额变得像丹麦非常重要的出口产品培根一样大，或者说对丹麦收支平衡的重要性像丹麦北海的石油财富一样重要。

DEC 因为没有把这些效果包括在他们的成本-收益分析中而招致批评（Serup 和 Hvelplund，2002)，但他们拒绝把这些效果归因于 20 世纪 90 年代的能源政策，而且在他们的分析中，他们也不愿意接受认可出口具有收益价值的建议。他们认为，丹麦当时在收支平衡和国际金融上的盈余意味着一项技术的积极的收支平衡效果并不重要。

对这种观点的反驳理由是：（1）丹麦仍有相当数量的外债，大约为 2000 亿丹麦克朗；（2）丹麦的收支平衡的盈余是由包括石油和天然气自给在内的各种因素带来的，其中石油和天然气一项给丹麦带来的收支平衡净盈余约为每年 150 亿丹麦克朗。这种积极效果预期未来会消失，因为丹麦的油井将在 2005—2020 年间逐渐枯竭。最后，丹麦的收支平衡盈余也是上述绿色能源技术出口带来的净效益，这大约为 150 亿丹麦克朗。

DEC 的一位前成员提出了相似的理由，并且丹麦的外交部长甚至声称绿色能源技术的成功出口是丹麦经济发展的支柱。丹麦出口委员会的出口补贴显示 1 丹麦克朗的补贴会带来 6 丹麦克朗的出口。这个数字是政治家“支付意愿”的体现，因此我们可以得出这样的结论：每 6 丹麦克朗的出口具有 1 丹麦克朗的社会价值。这意味着 2001 年 300 亿丹麦克朗的出口可以被额外赋予 50 亿丹麦克朗的社会价值，并且这种价值可以根据一个政治上的“支付意愿”原则而包括在分析中。

如果把 1992—2001 年的绿色能源技术年度出口和截至 2011 年的预期效果包括到计算中的话，这些收益的 2001 年累加价值可以达到 400 亿 ~ 600 亿丹麦克朗（具体数值取决于利率和 2001 年之后出口的进展）。这 400 亿 ~ 600 亿丹麦克朗应该被添加到表 8. 12 和表 8. 13 的收益中。如我们所看到的，考虑 20 世纪 90 年代的能源政策的收支平衡效果会完全改变计算的结果。

不仅如此，就业效应也是应该考虑的重要因素。丹麦绿色能源领域的发展为丹麦创造了约30000个新的工作机会。因此，包括这些技术在内的多种因素为2002年丹麦相比其他欧洲国家较低的失业率做出了贡献。与这些技术相关联的就业机会很大程度上出现在农村地区，这些地方的失业率相对高于丹麦的平均水平。

DEC辩称，在丹麦失业通常不是一个问题，并且对于在绿色能源领域，尤其是风电行业工作的人，如果绿色能源领域不存在的话他们也会在其他领域找到工作。他们还辩称20世纪90年代的能源政策并没有具体的创新效应，因此他们将这些方面的考虑排除在分析之外。因而，DEC的报告没有对20世纪90年代的能源政策的创新效应进行系统的分析，并且我们可以很明显地看到，与新古典经济学理论相关联的分析工具不能被用于这些分析中。尽管如此，认为创新效应可能具有重要意义的假设仍然成立，以具体的制度经济学为基础，涉及创新理论的分析仍然可以定性和定量地评估这些效应。

8.10.3　结论和回顾

基于丹麦经济委员会2002年的分析结果的讨论展示了传统的成本-收益思想在被用于评估政治战略和技术变化时可能会遇到多么严重的问题。因此，在丹麦的这个案例中，这种方法不能融合降低失业和以增加出口改善收支平衡这些目标。

根据容量过剩这个假设，经济委员会的结论认为风电和小型热电联产不是经济有效的选择。然而，这样的假设也会把包括传统电站在内的其他生产机组定义为不够经济有效。因此，在分析风电和小型热电联产时，容量过剩这个假设是无效的。在改正了这种误导性假设之后，分析结果对风电和热电联产的定性从“不具有成本效益”变成了“具有成本效益”。如果出口的价值按照“支付意愿”原则纳入分析的话，它们的可行性就会进一步提高。这个案例展示了将一个具体案例可行性研究和分析所服务的决策者所处的背景以及他们的目标联系起来的重要性。

从这个案例中得出的主要结论是，应用新古典成本-收益分析会忽视新技术在满足政治目标——包括收支平衡、创造就业和工业创新——方面的相关效益。不仅如此，与旧技术相关联的组织的兴趣和认知似乎会影响应用成本-收益分析的具体设计，以至于对像风电和小型热电联产（但不包括像燃煤电站这样的旧技术）这样的新技术的分析将受制于将任何技术都定义为“不具有成本效益”这种假设条件。

DEC的制度设置使其不能将同样的假设应用于对旧技术的相似分析上。这样的分析需要来自组织以外的地方。当这样的分析被其他人所倡导时，会面临DEC代表的强大阻力。甚至对于“在DEC分析中，热电联产和风电替代大型燃煤电站时不能节约可变运营成本”这种明显错误的假设，丹麦经济委员会也进行辩护。

相反，DEC研究的主要目标和结论似乎是呼吁使用同样类型的应用新古典成本-收益分析，以此避免政治家们所谓的“再次犯同样的错误”。在这种情况下，这意味着政治家们倡导用新技术来实现创造就业和工业发展等政治目标的做法应该被阻止。相反，他们应该接受应用新古典经济学的假设，即这些目标方面的效益没有被包括在计算中。

DEC的研究方法使政治家们面临着一个《第二十二条军规》似的困局（见第2章）。根据容量过剩这个假设，DEC认为政治家们本来不应该允许推广风电和小型热电联产，也不应该允许建设大型电站。然而，如果他们曾遵从这样的建议，而且没有批准这三个领域中任何一个领域的投资，那么系统中不会有过剩容量，因此应该在所有三个方面都进行投资。无论如何，最为经济可行的方案都是投资于风电和小型热电联产而不是大型电站。不幸的是，DEC的研究没能识别真相，并且推荐了完全相反的解决方案。

8.11 案例XI：北卡罗来纳州（North Carolina）案例（2006—2007）

这一部分由特约撰稿人Paul Quinlan提供。

北卡罗来纳州可再生能源与能效配额制度（North Carolina Renewable Energy and Energy Efficiency Portfolio Standard）这个案例描述了如何用资源评估和可行性分析方法以在美国东南部地区通过第一个可再生能源配额标准。主要的公共电力公司被迫磋商达成一项法律，将可再生能源和能效措施包括在它们的电力生产组合中。这是由于，在由州政府委托独立咨询机构完成的一份报告中发现，这一地区存在大量的资源，而且这些资源能够以成本有效的方式加以利用。案例的描述是基于《对北卡罗来纳州的可再生能源配额制度的分析》（La Capra Associates，2006）和《北卡罗来纳州将能效作为可再生能源配额制度的合格资源来源的可行性研究》（GDS Associates，2006）。

北卡罗来纳州的电力市场一直是受到管制的，因此在整个州维持着一个垄断的公用事业系统。北卡罗来纳州公用事业委员会（North Carolina Utilities Commission，NCUC）管理着三家公共和私营电力公司所提供的所有服务。这些垂直一体化的电力公司管理发电设施和输配电系统。NCUC也对为数众多但规模较小的电力会员制合作公司和市政府拥有的电力公司进行有限的监管。这些机构通过批发合同购买绝大部分的电力，然后把这些电力输送给服务区域内的顾客。

杜克能源卡罗莱纳公司（Duke Energy Carolinas）和进步能源卡罗莱纳公司（Progress Energy Carolinas）是州内最大的两家电力公司，供应州内消费的由电力公司生产电力的96%左右，为北卡罗来纳州约2/3的顾客提供服务。在北卡罗来纳州受到管制的电力市场内部，这两家电力公司都严重依赖煤电和核电。2007年，进步公司的煤电生产量占49%，核电占39%。同年，杜克公司的煤电和核电生产量分别占总产量的51%和45%（北卡莱罗纳公用事业委员会，2008）。

由于电力公司的商业模式专注于非可再生能源燃料来源，因此可再生能源和能效措施在它们提交给NCUC的长期资源整合计划中很明显缺失或被低估了。电力公司也提出低估这些资源的可得性和可靠性的理由。它们认为北卡罗来纳州缺乏大量的可再生能源资源，并且有限可得的资源也是间歇性的、不可靠的，而且开发成本昂贵。包括NCUC委员和州议会议员在内的决策者们高度尊重电力公司的立场，因为这些电力公司几十年来为北卡罗来纳州生产和供应了可靠的电力资源。

对制定可再生能源配额制度（RPS）的早期尝试显示，在北卡罗来纳州没有可用的选择。美国的许多州已经制定了要求一定比例的电力生产来自可再生能源的RPS标准。北卡罗来纳州议会2005年引入的一项法案要求该州到2016年有10%的电力生产来自可再生能源。这个法案缺少政治支持，并且在农业、环境和自然资源委员会被大幅改动。这种重大改动再加上总体缺乏支持使得法案处境艰难，最终没能通过州议会任何一个委员会的投票。同年，杜克公司宣布在北卡罗来纳州西部建一个新的煤电机组。

8.11.1　资源评估和可行性研究

RPS立法的失败促使NCUC组织了一次利益相关方会议，以讨论进一步详细研究这个议题的潜力。会议之后，州议会的环境评估委员会对NCUC发出了一个正式要求，请求进行一项评估在北卡罗来纳州通过一项RPS立法的潜在成本和收益的研究。NCUC被要求聘请一家有实力的咨询机构进行这项分析，并且参与以后与州决策者的后续讨论。

NCUC启动了这项工作，并且组成了一个代表电力用户、电力公司和环境组织的RPS顾问组，以在这个过程中提供帮助。NCUC成员评审了州政府收到的针对这项咨询工作的投标，并且帮助选择了拉·卡普拉公司（La Capra Associates）作为项目咨询方。RPS顾问组也针对研究的范围、输入数据的来源、分析方法、将要使用的模型、需要做出的假设以及将要进行的敏感性分析提出了建议。

在这个过程中，拉·卡普拉公司的研究专注于四个问题：

1. 北卡罗来纳州有多少新的可再生能源资源和能源措施可供利用？
2. 如果北卡罗来纳州通过了一项RPS制度，这会对电价造成什么影响？
3. 除了影响电价之外，一项RPS制度还可能带来哪些其他的潜在收益和成本？

4. 北卡罗来纳州在考虑可再生能源发展或一项 RPS 制度时，还必须考虑哪些其他的关键问题？

最终的报告在 2006 年 12 月发布，报告发现北卡罗来纳州可以满足实现一个可再生能源电力比例为5% ~10%的温和的 RPS 要求（La Capra Associates，2006）。资源评估过程识别了约 3400MW 可以开发的新的可再生能源资源，这包括陆地风能、水电资源、垃圾填埋气、牲畜排泄物和来自林木与农作物废弃物的生物质资源。这个评估没有包括海上风能或太阳能光伏的容量。海上风能被排除在外是因为美国没有被批准的和已开发的项目。这项评估指出，针对太阳能光伏不存在技术上或实际应用上的障碍，但当时的装机成本水平是一个主要的考虑因素。

另外一份辅助性报告评估了在北卡罗来纳州将能源效率作为一个潜在 RPS 制度的合法资源的可行性（GDS Associates，2006）。这个评估包括了太阳能热利用，报告发现，截至 2017 年，利用商业上可行并且成本上有效的能源效率措施可以降低 14%的电力能源消耗。

拉・卡普拉公司将这些能源效率措施和可再生能源资源结合起来评估六个潜在 RPS 情景的可行性和影响。如上文所述，报告肯定了在北卡罗来纳州建立一个温和的 RPS 制度的可行性。RPS 情景也被拿来与专注于新的传统燃料的基准情景进行比较，以确定对北卡罗来纳州电价的影响。分析发现执行一项 RPS 制度对电价产生的影响很小。例如，一项允许可再生能源和能效措施的组合占 10%的 RPS 制度会给一个每年使用 12000kWh 电力的用户增加 0. 38 美元/月的成本。

该报告还探讨了其他的经济和环境效益，并识别了通过执行一项 RPS 制度可以实现的若干正面效益。在六个 RPS 情景中有五个相比传统燃料基准情景增加了就业机会。允许能源效率措施作为一个合格的 RPS 资源所带来的工作岗位净增加量最大。这些 RPS 情景还会使物业税收入增加 6% ~54%。其他值得注意的收益包括消除传统燃料开采过程中的环境影响，并降低 CO_2 和其他污染物的排放。

最后，报告强调了决策者应该重点考虑的 RPS 设计因素。这包括针对电力公司的适用性要求、对符合条件的可再生能源资源的识别以及建立符合要求的其他支付方式。为了保障所有 RPS 要求的成功执行，改进电表计量和互联标准以及升级输电线以配合风电发展的潜在需求等方面也被列为值得注意的因素。

最终的报告得到北卡罗来纳州的利益相关方和决策者的高度评价。报告得到了背景差异较大的利益相关方的认可，这是因为报告及其结果出自一个独立的咨询机构。此外，RPS 顾问组在选择拉・卡普拉公司的过程中所做的工作给相关方带来了信心，即报告的结果代表了一个公平、平衡的评估和分析。

尽管电力公司在 RPS 顾问组中有代表席位，并且它们也支持最终的报告，但它们很快开始强调 RPS 的挑战和缺点。一个进步公司的代表通过强调“比传统资源的成本更高”来贬低可再生能源，并且质疑民众是否接受在整个州建设成百个风电场（Murawski，2006）。与此同时，杜克公司提交给 NCUC 的公共评论强调，在六个所分析的 RPS 情景中都需要增加新的基本负荷发电量。杜克公司还认为，由于技术、管制、经济和民众支持方面的原因，可再生能源会难以推广。不仅如此，能源效率措施需要采用综合电力规划模型进行一个更为详细的分析（Duke Energy Carolinas，2007）。

资源评估和可行性分析的发布为北卡罗来纳州能源政策的一个重要修正案提供了依据。一个建立一项 RPS 制度的法案迅速被引入州议会，并且决策者们组织包括电力公司、环保组织、工业代表和各种其他团体的利益相关方进行磋商。最初的一个修改意见包括允许公共电力公司在发电设施开始运营之前启动成本回收过程的条款。因为曾经有电力用户为没有完成的设施支付了建设成本，因此这种做法在几十年前被中止了。如果 RPS 磋商得以继续进行的话，公共电力公司会利用这个机会保障它们的重大利益。在六个月的谈判之后，一项精心构思的法律条款出现在议员们面前，等待大家的考虑和最终的通过。

2007 年 8 月，北卡罗来纳州州长签署了一项可再生能源和能效配额制度，使其成为法律。这项法律要求，截至 2021 年，公共电力公司零售电力的 12.5% 需要来自于可再生能源和能源效率措施。电力会员制合作公司和市政府拥有的电力公司需要在 2018 年之前实现零售电力的 10% 来自于可再生能源和能源效率措施。符合要求的可再生能源资源包括太阳能光伏、太阳热能、地热、潮汐能、风能、小水电、热电联产及来自农业废弃物、牲畜排泄物、林业废弃物、能源作物和填埋气的生物质资源。另有专门的条款要求发展太阳能和牲畜排泄物资源。

8.11.2　结论和回顾

这个案例代表了北卡罗来纳州的一个重大胜利，因为可再生能源与能效配额标准的通过在多个方面都产生了很显著的成就。首先，北卡罗来纳州是第 25 家通过 RPS 制度的州。更重要的是，它是东南部各州——严重依赖非可再生能源燃料的地区——当中第一个以立法的形式建立 RPS 要求的州。此外，在北卡罗来纳州不断增长的人口和较高的电力需求背景下，通过这一政策非常重要。考虑到这些因素，北卡罗来纳州成为在美国各州中，通过在整个州范围内实施 RPS 制度要求从而推广新的可再生能源发电和能效措施的领导者。

从这个案例中学到的主要经验是，由拉·卡普拉公司进行的资源评估和可行性分析在应对主要公共电力公司的机构权力和它们的选择消除策略时起到了关键作用。

电力公司不断地依赖这些策略来阻碍对北卡罗来纳州非可再生能源替代方案的讨论。这些公司未能在它们的长期综合资源规划中包括和重视可再生能源和能源效率措施。它们认为可再生能源技术不可靠，并且会提高电价。由于这些垂直一体化的电力公司在过去几十年中一直为北卡罗来纳州供应可靠的电力，因此决策者们倾向于尊重这些观点，并且未能考虑到替代方案。

进行资源评估和可行性分析对于提供一个政治上可行的替代方案非常关键。组建一个包括电力公司代表的RPS顾问组为选择拉·卡普拉公司进行这项研究和在整个报告中所采用的假设条件提供了合法依据。这个顾问组确保了研究报告中考虑到对于决策者们比较重要的目标。例如，这份报告详细分析了各种RPS方案，并探讨了每个方案的潜在经济影响。

最后，这个报告的结果证实了北卡罗来纳州存在大量的可再生能源资源，因此为该州非可再生能源发电的快速发展提供了一个替代选择。这些结果也展示了将能源效率措施纳入RPS制度，可以以相近的成本为发展不可再生燃料来源提供一个替代选择。尽管有这些结果作为例证，电力公司仍然在试图否认RPS方案的有效性，它们质疑建设上百个风电场的可行性，并强调对传统基本载荷发电的需求。

最终，主要电力公司将它们努力的方向转为从RPS法案中获取重大的利益。电力公司利用直接和间接权力，坚持在新的非可再生能源建设期间开始回收成本的条款。通过在利益相关方磋商期间施展它们的权力，电力公司成功消除了针对一项RPS制度在北卡罗来纳州是否可行这一问题的讨论。可再生能源的支持者必须在这些非可再生资源的成本回收条款上做出让步，以使北卡罗来纳州精心构思的RPS法案能够继续推进，并最终得到通过。

8.12　案例Ⅻ：IDA能源规划2030（2006—2007）

IDA能源规划2030案例是有关一个技术替代方案的具体描述可以提供信息，而以应用新古典理论为基础的宏观经济模型却不能识别这样的信息的案例。IDA能源规划2030是由第7章提到的丹麦工程师协会制定的。这个规划为降低CO_2排放、维护供应安全和发挥丹麦社会的商业潜能提出了具体的技术建议。如果这个规划得到执行，它所需要的直接成本与丹麦能源部提供的“正常商业”参照情景是很接近的。因此，与参照情景相比，这个规划能够在环境、能源安全和商业机会方面实现额外的效益，并且不涉及纯经济角度的成本。然而，这个规划强调了在现有的制度情况下，这种战略不能自发地得以实施。议会和政府需要推行一项积极的能源政策。如果得以实施的话，IDA 2030计划将把可再生能源的比例从现在的15%增加到45%。案例的描述是基于《丹麦工程师协会能源规划2030——背景报告、技术能源系统分析、社会经济可行性研究和对商业潜力的估计》(Lund 和 Mathiesen，2006)①和《增加可再生能源和节能的社会经济成本》（丹麦交通与能源部，税收和财政，2007)② 这两本书。

如第 7 章所描述的，这个规划是在“能源年 2006”活动中制定的，该活动吸引了 1600 多名参与者并组织了 40 多场讲座。2006 年 10 月，丹麦首相在对丹麦议会致开幕词时宣布丹麦社会的长远目标是实现 100% 可再生能源系统。不久之后的 2006 年 12 月，这个规划发布了。

随后，2007 年 1 月，丹麦政府宣布了一个初始行动的计划。该计划以小型文件的形式描述了到 2025 年应该实现的总体目标。在这个文件之后，政府立即发布了具体公共管理措施建议，以供政府和反对党讨论，并以绝大多数赞同意见为基础制定了一个共同的丹麦能源规划并确定相关政策。

丹麦政府在 2007 年 1 月宣布的一个目标是将丹麦可再生能源的比例从当时的 15% 增加到 2025 年的 30%。当媒体问到，如果总体目标是实现 100%，那么 2025 年的目标为什么不能更高时，政府的代表回答说这样对丹麦社会的成本太高了，大约意味着 50 亿丹麦克朗的社会经济损失。

这个回答使 IDA 能源规划在公共辩论阶段面临一场有趣的、自相矛盾的辩论。一方面，政府声称要达到 30% 的可再生能源比例需要 50 亿丹麦克朗的额外成本；另一方面，IDA 能源规划声称 45% 的比例可以在没有任何额外成本的情况下实现。实际上，如果 IDA 能源规划得以执行的话，丹麦社会大约每年可以节省 150 亿丹麦克朗。

这场争论引起了一些有意思的讨论。其中一个专注于在计算中所使用的利率。IDA 能源规划使用了 3% 的利率，而政府坚持使用 6% 的利率。这样的讨论遭到几位丹麦经济学家的批评，他们认为 6% 的利率太高，这意味着长期投资的收益被低估了。不仅如此，6% 与其他相似国家如瑞典、德国、英国和其他许多欧洲国家使用的利率水平相比也太高了（Andersen，2007)。

另外一个议题是燃料价格。IDA 能源规划使用了 2006 年的平均石油价格，对应的石油价格水平为 68 美元/桶，而政府使用的价格仅为 50 美元/桶。然而，在开始阶段，因为政府的计算没有被公布，因此没有人可以对 IDA 能源规划和政府规划之间的差异提供一个具体的解释。然而，在被批评采用秘密的计算过程之后，三个政

---

① 译自丹麦语：Ingeniφrforeningens Energiplan 2030，baggrundsrapport. Tekniske energisystemanal-yser，samfundsφkonomiske konsekvensvurdering og kvantificering af erhvervspotentialer.

② 译自丹麦语：Samfundsφkonomiske omkostninger forbundet med udbygning med vedvarende energi samit en φget energispareindsats.

府部门在2007年2月8日发布了一份七页的小型文件（在本节的开头提到）。这个文件确实激起人们研究的兴趣。这个文件代表了应用新古典经济学的经典案例。它对现有的制度设置依赖性非常高，以至于其结果与决策过程并不相关。

这两个计算的主要差别在于，这几个部委假定现有的制度不会发生变化，而IDA能源规划对成本的计算是与现有的税收制度相互独立的。因此，如第7章所描述的，IDA能源规划是基于对一系列投资的具体识别，因此它能够说明在分析中包括的风机和热电联产电站的具体数量。因此它也就能够识别投资、燃料、运营和维护等的最终成本。然而，几个政府部门的计算——根据它们自己的声明——是以简化和通用的假设为基础的宏观经济模型得出的结果①。

因此，这些政府部门不能说明它们的计算中所使用的可再生能源来源或所假设的投资成本。当以宏观经济模型为基础进行计算时，这些政府部门假定：

“针对所选择燃料的现有管理政策会继续存在，并且以一个稳定的补贴标准来倡导发展可再生能源。”②

看上去似乎整个评估都是以现有的制度和税率为基础进行的。针对节能的计算，在下面的陈述中，这个假设变得尤其明显：

“从根本上来说，这些计算是基于这样一个假设，即一系列在社会经济方面具有成本有效性的节能投资由于不同的障碍、不合理的市场激励或参与者之间缺乏了解而没有得到执行。”③

因此，这些政府部门承认在推广社会经济上具有经济可行性的投资时存在制度障碍，同时也承认这些投资的存在。然而，它们的计算是以假设这些障碍继续存在为基础进行的，并且得出了“由于推广节能和可再生能源需要许多补贴，因而对社会来说成本高昂”的结论。补贴本身并不是主要问题。但在宏观经济模型中，这些补贴会扭曲市场平衡的观点通常会引起问题的产生。然而，在推广社会经济成本上有效的投资时存在上述障碍事实上已经构成了这样一种扭曲，对于这个事实，这些政府部门没有进行评论。不仅如此，对于清除这些障碍可能就会清除扭曲而不是产生扭曲这一观点，它们也没有进行评论。

---

① 译自丹麦语：Omkostningsberegningerne er fremkommet i en general ϕkonomisk model，der bygger påforenklede og generelle antagelser. Danish Departments of Transport and Energy，Taxation and Finance，2007，p. 3.

② 译自丹麦语：…de nuværende reguleringer af brændselsvalg fastholdes…and…VEfremmes ved en ensartet stϕttesats…Danish Departments of Transport and Energy，Taxation and Finance，2007，p. 2.

③ 译自丹麦语：Beregningerne er grundlæggende baseret på en antagelse om，at en række samfund-sϕkonomisk fordelagtige energibesparelser ikke gennemfϕres som fϕlge af forskellige blokeringer，uhensigtsmæssige incitamenter på markedet eller manglende viden om mulighederne hos aktϕrerne. Danish Departments of Transport and Energy，Taxation and Finance，2007，p. 6.

8.12.1　结论和回顾

IDA 能源规划和各政府部门在最根本的事实上达成了一致，即潜在的、在社会经济上具有成本有效性的投资确实存在，它们由于不同的制度和市场障碍而没有得到推广。

IDA 能源规划简单地通过将所需的投资额和节省的燃料与运营成本进行比较，从而识别出可再生能源、节能和能效领域一系列在成本上有效的投资。根据这样的观察，IDA 能源规划建议议会和政府共同推动一项积极的能源政策，即清除推广经济上可行投资的障碍。

这些政府部门在计算推广可再生能源和节能的成本时以宏观经济模型的形式使用了应用新古典理论。这些模型都假定对现有的市场制度不作改变。不仅如此，它们还假定了我们目前处于一个平衡的状态中："我们生活在世界上最美好的部分。"因此，这些模型假定现有的市场制度为社会提供了最优的资源使用方式。根据这些假设，引入补贴制度预期会扭曲市场机制，因此会增加社会的成本。在丹麦的案例中，政府决定根据这些计算设定一个温和的目标。

简而言之，这些政府部门的计算提供了这样的信息，即如果丹麦不存在制度上的市场障碍（并且因此没有社会经济可行的投资可供推广），那么增加可再生能源和其他投资比例的成本会很高。然而，由于事实上丹麦存在制度上的市场障碍（双方都认同这种情况），而 IDA 能源规划能够识别出社会经济上可行的投资，那么如果这些障碍能够以合适的方式被清除的话，这些投资就可以得到推广。

当这些政府部门计算背后的假设没有公之于众的时候，错误就产生了，并且政治家们得出结论，认为可再生能源的比例不可能在不大幅增加社会经济成本的情况下得到提升。这个结论是错误的。IDA 能源规划 2030 展示了政治家们事实上可以进行选择。如果制度性障碍被清除的话——换句话说，如果政治家决定执行一项积极的能源政策的话，社会经济上可行的投资确实可以得到推广。

同样，从这里学到的主要经验仍然是，应用新古典经济学——在这个案例中是以宏观经济模型的形式假定我们已经生活在世界上最美好的部分——完全忽略了引入以根本性技术变革为基础的替代方案可以获得的效益。不仅如此，这样的模型也完全忽视对制度性障碍的识别，因而它们不能对决策过程提供相关的信息。这些模型不能确定最好的替代方案，而且它们也不能为如何执行这些替代方案提供相关的信息。

8.13　总结

在本章中，我们深入研究了代表将选择认知策略应用于具体决策过程的一系列实证案例。所有案例都涉及自 1982 年以来的能源投资。它们都专注于在一个涉及代表不同利益和视角以及具有不同层次权力和影响的许多人和组织的过程中进行集体决策。不仅如此，它们都涉及在社会中推行通常是根本性技术变革，即意味着重大制度变革的措施的政治目标。针对第二章和第三章阐述的选择认知理论和策略，我们可以从这些案例中学到以下这些经验。

8.13.1 现有组织会提出基于旧技术的建议

大多数情况下，都是由与现有技术相关联的组织提出建议，并且它们建议的项目一般也会非常适合这些组织。通常，这些组织只会提出一个建议，它们不会提出代表根本性技术变革的替代方案。

- 在 Nordkraft 案例中，电力公司建议了一个以燃煤为基础的集中化方案。电力公司没有提出任何涉及节能、扩大热电联产或可再生能源的替代方案。
- 在奥尔堡供暖规划案例中，提出了三个替代方案，但没有一个方案代表热电联产和煤以外其他燃料的组合。
- 在 Nordjyllandsværket 案例中，电力公司建议修建一个燃煤电站。一个由董事会成员提议的天然气替代方案在决策过程中却被忽视了。电力公司也没有提出基于可再生能源的替代方案。
- 在输电线案例中，电力公司建议修建一条 400kW 的空中输电线，这原来是一个自 20 世纪 60 年代开始的集中化电力供应计划的一部分。电力公司从未提出过能与分布式能源供应系统更好地配合的技术替代方案。
- 在劳西茨案例中，电力和采矿公司建议对现有的燃煤电站进行翻新和扩大，并含蓄地建议不使用热电联产给住宅供暖。而这些电力和采矿公司没有提出任何将引入与推广热电联产和节能及可再生能源相结合的替代方案。
- 在巴蜀府案例中，电力公司建议修建一个以进口硬煤为基础的大型燃煤电站。电力公司没有提出任何涉及需求侧管理、热电联产和使用国内生物质资源的技术替代方案。
- 在北卡罗来纳州案例中，电力公司未能在它们的长期综合资源计划中纳入和重视可再生能源与能源效率替代方案。

从这些案例中，我们可以观察到与现有技术相关联的组织会在它们的组织框架之内提出项目建议。我们不能期待这些组织中会产生代表根本性技术变革的替代方案。这超出了它们的认知范围，而且不是它们的兴趣或视角所在。

8.13.2 忽视根本性技术变革的目标

在几个案例中所提出的建议都与议会确定的能源目标或其他的政治上定义的目

标或期望相互矛盾。

• 在 Nordkraft 案例中，当地的市议会成员表示更倾向于一个以天然气为基础的替代方案，但他们甚至没有权力或资源来确保对这样的替代方案进行恰当的描述。

• 在奥尔堡供暖规划案例中，法律要求市政府选择社会经济上最优的方案。然而，这样的方案不能很好地配合市议会的选择倾向，因此在确定公共参与阶段的潜在方案时，这样的方案就被忽视了。

• 在 Nordjyllandsværket 案例中，电力公司的建议与议会的官方能源计划“能源2000”相冲突，这个能源计划没有建议丹麦应该建设大型燃煤电站。相反，它建议丹麦应该推广热电联产。

• 在输电线案例中，议会的官方能源计划“能源 2000”倡导从集中化向分布式供应系统的转变。

• 在巴蜀府案例中，电站建议书忽视了泰国社会一系列有关经济、环境、农村发展、创造就业和工业创新的相关的、明确定义的政治目标。

从这些案例中，我们可以观察到，即使意味着期望进行根本性技术变革的政治决定已经做出了，与现有技术相关联的组织仍然会继续提出在它们的组织框架内的项目建议。

8.13.3　替代方案必须由其他人提出

代表根本性技术变革的替代方案必须来自于其他人。当这些替代方案被引入时，现有的组织会试图在决策过程中消除它们。

• 在 Nordkraft 案例中，当地居民描述并倡导了一个具体的技术替代方案。这个替代方案由市民自己进行了分析，并且分析显示它相比预期转化为燃煤的方案有明显的优势。

• 在奥尔堡供暖规划的案例中，代表根本性技术变革的替代方案来自大学和当地居民。当这样的方案被引入时，市政府通过在比较分析阶段忽视它们来进行回应。接下来（当比较分析展示了一个让市政府不太满意的结果时），当局进行了新的分析，不太满意的分析结果被扣留了下来，没有展示给市议会。最终，当局发起了一场有关建议书所用的信头而非建议书内容的讨论。

• 在 Nordjyllandsværket 中，大学和当地居民提出了涉及能源节约和推广热电联产以及可再生能源的替代方案。当替代方案被引入时，电力公司试图在辩论中消除这样的选择。选择消除策略包括隐藏电力需求预判中的差异。

• 在输电线案例中，当地居民提出了技术上不同的替代建议。当这些替代方案被引入时，电力公司试图在辩论中消除这样的选择。选择消除策略包括：（1）声称替代方案在技术上是不可能的；（2）当市民进行的技术计算得出了完全相反的结果时，电力公司声称这些分析是基于不正确的数据；（3）以危害“国家安全”的风险为借口拒绝公开数据。

• 在劳西茨案例中，当地的公民组织聘请外国研究人员设计基于节能、热电联产和可再生能源的替代方案，并且当地的公民组织必须自己宣传这些替代方案。当这些替代方案被引入辩论中之后，它们受到了电力和采矿公司的强烈反对。

• 在巴蜀府案例中，当地的能源组织识别和倡导了一个基于能源需求管理、热电联产和国内生物质资源的替代方案。当这样的一份替代方案被引入辩论中时，它受到了电力公司和潜在投资者的激烈反对。

• 在北卡罗来纳州案例中，选择拉・卡普拉公司是应对公共电力公司的机构权力的关键。

8.13.4 制度变革最关键

对于社会而言，强迫现有的组织以不符合它们利益的方式行事不是一个有效的公共管理措施。对于这样的措施需要辅以制度变革。

• 在奥尔堡供暖规划案例中，当一个社会经济上最优的方案与次优方案相比会提高消费者价格时，当局未能促使市政府选择最优的方案。

• 在 Nordjyllandsværket 案例中，当局未能按照“能源 2000”的要求停止修建新的燃煤电站。

• 在欧盟 EIA 程序案例中，当更清洁的替代方案代表根本性技术变革时，法律、程序未能确保对这些替代方案进行描述。

8.13.5 应用新古典经济学提供了不相关的信息

当对技术变革——如引入可再生能源系统——的评估是以应用新古典经济学为基础时，这些分析通常会忽视相关的政治目标；相反，它们会提供与决策过程不相关的信息。

• 在沼气案例中，基于应用新古典经济学的成本-收益分析不能将这个案例与当时政府和丹麦议会最重要的经济目标——创造就业与改善收支平衡——关联起来。

• 在经济委员会案例中，成本-收益分析不能将这个案例与政府创造就业、改善收支平衡以及工业创新的政治目标联系起来。不仅如此，对新技术的评估完全以燃煤电站的假设为基础。例如，当电力生产由风电和小型热电联产替代时，燃煤电站由此节约的可变运营成本却没有被以收益的名义包括在分析中。风电和小型热电联产是以容量过剩这个假设为基础进行分析的，而这个假设会使任何投资都被定义为不具有经济可行性。同样的假设却没有用在对燃煤电站的分析中。

• 在 IDA 能源规划 2030 的案例中，由几个政府部门进行的分析是以在社会经济方面具有可行性的投资的障碍不会改变这个前提为基础的。不仅如此，宏观经济模型通常假定社会本身是处于最优的状态。在这种状态下，即便已经确定了阻止在社会经济上具有可行性的投资的制度性障碍，市场仍然会为资源提供最优的分配方式。

• 在北卡罗来纳州案例中，资源评估和可行性分析在提供一个政治上可行的替代方案方面起到了关键作用。

8.13.6　具体制度经济学提供了相关信息

当对技术变革的评估是以具体的制度经济学为基础时，就可以将所需的变革与相关的政治目标关联起来并为相关的决策过程提供信息。

• 在沼气案例中，分析展示了推广沼气可以比参照情景更好地帮助实现丹麦社会所有相关的政治目标，包括创造就业和经济增长等。

• 在巴蜀府案例中，分析揭示了当泰国社会相关的、清晰定义的政治目标被纳入替代方案的设计中时，一个包括能源需求管理、热电联产和可再生能源的替代方案可以比一个燃煤电站方案更好地满足这些目标。

• 在经济委员会案例中，基于具体的制度经济学的方法展示了当将分析过程与相关的政治目标关联起来时，目标技术的总体特征从“不具有成本有效性”变成了“具有成本有效性”。

• 在 IDA 能源规划 2030 案例中，基于清晰描述的具体投资的经济计算识别出了可以促进经济增长和工业发展的一个替代方案。然而，社会需要进行制度变革以执行这样的战略并获得这些收益。

• 在北卡罗来纳州案例中，分析结果展示了通过将能源效率措施纳入 RPS 制度中，可以以与发展非可再生燃料来源相当的成本提供一个替代的选择。

8.13.7　具体的替代方案提升选择认知

设计和倡导具体的技术替代方案可以提升认知，使社会意识到仍然存在选择，并且使公众可以讨论这样的选择。

• 在 Nordkraft 案例中，一个代表能源节约、推广热电联产和可再生能源的替代方案被提了出来，并面临公众的讨论。

• 在奥尔堡供暖规划案例中，一个代表热电联产与天然气相结合的“方案 4”被提了出来，并面临公众的讨论。

• 在 Nordjyllandsværket 案例中，一个基于小型热电联产和可再生能源的替代方案被提了出来，并面临公众的讨论。

• 在输电线案例中，包括能够更好地配合分布式能源供应系统的建议的几个技术替代方案被提了出来，并面临公众的讨论。

• 在劳西茨案例中，一个将热电联产的引入和扩张与节能及可再生能源相结合的替代方案被提了出来，并面临公众的讨论。

• 在绿色能源规划案例中，一个能够改善环境并同时创造经济增长的基础的计划被设计出来。这个方案在引入政府的能源规划“能源21”之前被提了出来，并面临公众的讨论。

• 在巴蜀府案例中，一个涉及需求侧管理、热电联产和使用国内生物质资源的技术替代方案被提了出来，并面临公众的讨论。

• 在IDA能源规划2030案例中，一个旨在降低CO_2排放、提升能源安全和促进工业发展的具体替代方案被提了出来，并面临在新丹麦能源政策辩论阶段的公众讨论。

• 在北卡罗来纳州案例中，可再生能源和能源效率的具体替代方案最终被纳入PRS中。

8.13.8 具体替代方案帮助识别制度障碍

具体的技术替代方案可以识别执行根本性技术变革的制度障碍，并设计应对这些障碍的公共管理措施。

• 在奥尔堡供热规划案例中，（具体的技术替代方案）可以识别由供暖法律规定的、构成了执行社会经济上最低成本方案的障碍的燃料税收制度，并设计跨越这些障碍的具体的公共管理措施。

• 在Nordjyllandsværket案例中，（具体的技术替代方案）可以识别由电力公司组成的现有组织是怎样涉及将自动导致新建电站愿望的机制的。不仅如此，一系列会产生“新集体式”而不是“旧集体式”管理建议的机制也被揭示出来了（见第三章）。

• 在输电线案例中，对“国家安全”的讨论最终导致了对法律的修订，由此将电力公司纳入到按照丹麦法律要求应该公开信息的机构之列。

8.14 结论

当社会将要执行意味着根本性技术变革的政治目标时，在相关的替代方案之间存在真正的选择是最关键的。然而，上述案例清晰地展示了这样的真实选择不会自己出现。

与现有技术相关联的组织通常是那些有责任建议新项目的组织。然而，这些组织的制度设置含蓄地表示，它们不能提出意味着根本性技术变革的建议。这超出了它们的视角、兴趣和认知之外。并且即便它们提出了这样的建议，对这些建议的执行也超出了它们的能力范围。因此，这样的情形在通常情况下不会涉及真正的选择。相反，它会重复出现一种霍布森式选择（即没有选择的选择）：或者选择一个与现有组织配合良好的项目，或者完全没有项目可选。并且，当意味着对根本性技术变革的期望的政治决定已经做出时，这些与现有技术相关联的组织仍然继续在它们的组织框架内提出项目建议。

在所有的案例中，代表根本性技术变革的替代方案都需要来自代表现有技术的组织之外。当这些替代方案被引入时，现有的组织会试图通过各种方式把它们从决策过程中清除掉。

因此，对真实选择的清除具有双重意义：第一，这些通常有责任提出建议的组织不能产生代表根本性技术变革的建议，这在它们的视角之外；第二，如果这些建议已由其他人提出，这些组织将试图在决策过程中消除这些建议，否则将会危及他们的利益。

对代表根本性技术变革的替代方案的恰当评估不能采用新古典经济学，并且以应用成本-效益分析和宏观经济均衡模型的形式进行。如上述案例所展示的，现有的制度设置似乎很适合这些模型的应用，以至于它们不能分析其他的替代方案，并识别出其中能够以最好的方式满足政治经济目标的方案。不仅如此，这些模型也不可以用来识别相关的市场障碍和不能执行社会经济上最优方案的情况。

引入具体的技术替代方案有助于提升公众对真实选择的认知。从这些认知中产生的讨论和公共辩论将会对识别各种层面的制度障碍——从市场障碍（例如：税收制度）到民主决策的基础内部的障碍（例如：设置为政治决策过程提供信息的委员会）——做出贡献。

第五部分

总 结 篇

第九章　结论与建议

本书统一和归纳了一系列独立研究的经验和结果，这些研究与社会如何看待和执行可再生能源系统的理解息息相关。本书从两个方面对这一课题进行了探讨：用选择认知理论的理论框架来理解可再生能源等重大技术变革在国家及国际层面上的实施；为设计可再生能源系统开发的一套能源系统分析方法和工具，包括各种分析的结果。本章介绍了丹麦及其他类似国家推广可再生能源系统的原则、方法以及相关结论。

9.1　结论

下文的结论首先针对选择认知，然后针对可再生能源系统。

9.1.1　选择认知

第二章陈述了两个选择认知理论。根据话语与权力理论，选择认知理论假定现有组织对现实和利益的观点会促使它们阻止根本性变革的开展，因为变革会影响这些组织的既得权力和影响力。选择认知理论认为，在变革这种社会运动中的一个关键因素是社会对“有一个选择”或“没有选择”的认知。

选择认知理论的第一论点认为，当社会试图推广某种根本性技术变革目标时，现有组织的影响力通常会暗示“别无选择”，只能采取可以保留现有组织地位的技术。这种影响会以多种形式呈现出来，并且通常以应用新古典经济学的假设为基础，即现有的组织和技术结构由市场决定，市场的运行方式决定了它们会主动甄别和推广最优解决方案。

选择认知理论的第二论点认为，在这种情形下，社会将从关注选择认知中受益，即提升社会对存在替代方案并且可以做出选择的认知。第二章介绍了提升选择认知的四种途径。在选择认知中，对具体的替代方案的描述和倡导是一个关键战略，是改变公共讨论关注重点所必须采取的第一步措施。通常，一个具体替代方案的倡导会导致两种改变：第一，社会确实存在一个选择；第二，公共讨论的核心从“这个方案不好，但也没有其他选项”变成“哪个替代方案是最好的方案”。

接下来的战略是“考虑讨论议题对应的社会经济目标”，并且将其纳入经济可行性研究中。选择认知理论是根据在涉及根本性技术变革的社会决策过程中，现有组织利益会试图影响决策过程，将其导向没有其他选择的方向这一事实提出的。该影响包括使用支持现有组织利益的方法和假设开展的可行性研究。因此，选择认知涉及对如何开展可行性研究的认知，以及对可行性研究方法的认知。对商业和社会经济分析的结合可以揭示出推广合适的新技术的制度障碍。

第三个战略是“提出具体的公共管理措施”。执行根本性技术变革的公共管理措施不能以上文提到的应用新古典经济学理论的前提条件为基础进行设计，主要是因为必要的技术方案通常需要新的组织和制度。然而，应用新古典模式通常把现有组织情况看作是给定的，不认为可以在公共管理中予以改变。

最后一个战略强调“公共决策不会发生在政治真空中”。在决策过程中，各种政治和经济利益团体会保护既得利益或价值。因此，认识到以下事实很重要，即现有的技术在民主决策的基础上通常得到了很好的代表，然而潜在的未来技术通常却无法得到代表或者只有很微弱的代表。因此，该战略呼吁形成一个“新集体式”管理机制，各种委员会赋予新技术代表较高的优先权。

第八章介绍了 1982 年以来 12 个应用选择认知策略的能源投资具体决策案例，都涉及许多代表不同利益、话语以及不同层次权力与影响的人和组织的集体决策过程。此外，还都涉及在社会中推广根本性技术变革的政治目标。

这些案例展示了在政治上决定的目标需要代表根本性技术变革的替代方案。针对选择认知理论和策略，我们可以从案例中学到以下经验。

总体上，这些案例以现有组织引入的一个（仅有一个）与这些组织配合良好的替代方案为起点，但这些组织不会提出代表根本性技术变革的替代方案。这些案例清晰地展示了我们为何不能从这些与现有技术相关联的组织中期望产生代表根本性技术变革的替代方案。根本性技术变革替代方案不属于它们对问题及解决方案的认知范围，即使有类似方案出来，现有组织也很难执行，因为超出了它们的能力范围。

在几个案例中，现有组织提出的建议与议会的能源目标或其他政治目标或期望相互矛盾。如果这些政治目标意味着进行根本性技术变革，现有组织会选择忽视这些目标。相反，它们会提出与自己的制度和机构设置配合良好的方案。

在所有案例中，我们都有可能识别出根本性技术变革方案比现有组织提出的方案能够更好地满足政治目标。然而，这样的替代方案需要由大学、非政府机构或当地居民等提出。

引进根本性的替代方案之后，现有组织会试图在决策过程中消除这些替代方案。案例中介绍了一系列经常使用的消除方式，包括但不限于下列方式：

- 忽视棘手的替代方案；

- 不重视与官方能源需求预测的矛盾；
- 以国家安全为借口拒不公开数据；
- 不向决策者公开棘手的分析结果；
- 讨论信头而非信的内容，指控寄信人。

根本性技术变革的社会经济可行性通常是以应用新古典经济学为基础进行分析。这些案例显示这些分析忽视了相关的政治目标，并且为决策过程提供了不相关的信息。然而，以具体的制度经济学为基础进行可行性分析时，我们则有可能将目标案例与相关的政治目标关联起来，并提供与实际决策过程相关的信息。

因此，这些案例证实了选择认知理论的第一个论点，即存在根本性技术变革的情况时，现有组织通常会暗示社会没有其他选择，只能使用保留和加强现有组织地位的技术。

对于选择认知理论的第二个论点，上述案例显示具体的技术替代方案设计可以提升社会公众对存在其他选择的认知，并且促使社会公开讨论这个选择。在几乎所有的案例中，具体的替代方案可以促进公共辩论。此外，具体技术替代方案的存在可以识别执行根本性技术变革的制度障碍，同时有助于设计出跨越这些障碍的公共管理措施。

上述案例说明，强迫现有组织违背其利益采取措施不是有效的公共管理措施。因此，在奥尔堡供暖规划案例中，由于社会经济最优方案与次优方案相比，会增加消费者供暖价格，因此当局未能迫使市政府选择最优方案。在 Nordjyllandsværket 案例中，当局未能执行“能源 2000”，阻止新燃煤电站的建设。而在欧盟环境影响评价程序案例中，丹麦的做法未能确保对更清洁的相关替代方案进行恰当分析。这样的措施需要进行制度变革作为补充，这种变革通常会改变市场情况，使新商业组织的进入成为可能。因此，这些案例通过实际经验展示社会公众可从提升对替代方案存在并可从中做出选择的认知中获益，证实了选择认知理论的第二个论点。

《选择认知：技术选择在丹麦能源规划公共辩论中的发展》（Lund，2000）一文描述了在过去 25 年中，丹麦的能源政策是如何在一系列的冲突中逐渐形成的。这一过程最终实现了对根本性技术变革的执行，并且丹麦已经在国际舞台成功展示取得的显著成果。虽然新旧技术代表间仍存在冲突，但丹麦成功实现了以社会作为行动主体。官方的能源目标和规划是在议会和公共参与的持续交流中制定出来的，在这个过程中对新技术和替代能源规划的描述起到了重要作用。公共参与以及由此带来的对选择的认知已经成为最终决策过程中的一个重要因素。因此，充斥着冲突的辩论应看作是能源规划和项目进一步提高的必需条件。

9.1.2 可再生能源系统

上述案例已经介绍并应用了以可再生能源技术为基础的具体技术替代方案设计方法。同时，本书开头对三个推广阶段进行了区分：引进阶段、大规模融合阶段和100%可再生能源系统阶段。在可再生能源系统替代方案设计和评估的工具和方法开发过程中，后两个阶段得到了重点关注。

介绍了能源系统分析工具 EnergyPLAN 模型，并且按照与选择认知理论框架相互联系的方式对其方法和工具进行了讨论。根据选择认知理论的观点，EnergyPLAN 模型的总体目的是分析能源系统，从而协助基于可再生能源系统技术的替代系统设计。针对选择认知，我们需要强调几项重点考虑的因素。

EnergyPLAN 模型可以对以化石、核能以及可再生能源系统为基础的各种能源系统进行连贯性比较分析。描述参照能源系统后，EnergyPLAN 就可以对完全不同的替代方案进行快速简单的分析，而且这个过程不会损失对复杂可再生能源系统的技术评估的连贯性和一致性。

EnergyPLAN 模型试图实现对根本性技术变革的分析。该模型以综合技术指标的方式描述了现有化石能源系统，这些指标可以相对容易地转换为完全不同的系统。比如，以 100% 可再生能源来源为基础的系统。该模型将市场经济分析的输入信息划分为税收和燃料成本，因此可以在不同税收框架对不同的制度框架进行分析。如果要分析更为激进的制度结构，该模型可以提供纯技术优化。因此，能够将具体电力市场设计等制度框架讨论与燃料和/或 CO_2 排放替代方案分析分隔开来。EnergyPLAN 没有将现有电力市场制度设置为仅有的最优制度框架。

该模型能够计算整个系统的成本，并将其划分成投资成本、运营成本和税收成本（如 CO_2 排放交易成本）。因此，模型能够为其他方面的经济可行性分析提供数据，例如收支平衡、创造就业、工业创新等。具体案例见第七章和第八章。

针对这三个不同的推广阶段，模型包括了与可再生能源系统相关的各类技术。因此，EnergyPLAN 模型是详细分析各种大规模融合的可能性以及 100% 可再生能源系统的有用工具。第五章讨论了针对丹麦能源系统的一系列研究议题，在这些研究中，EnergyPLAN 模型用于分析可再生能源的大规模融合。目前，丹麦的能源系统已经具有相对较高比例的可再生能源，因此适合对进一步的大规模融合进行分析。

在展示了这些研究之后，第五章描述了各能源系统进行大规模可再生能源融合能力的对比方法。问题的核心是如何设计对间歇性可再生能源具有很高接纳能力的能源系统。这些系统的设计应能够应对可再生能源的波动性和间歇性，尤其在电力供应领域。

从方法论的角度来看，需要关注如何应对像太阳能、风能、潮汐能等可再生能源的波动性问题，因为即使装机容量相同，它们各年之间仍然有波动。为了应对此类问题，过剩电力生产图表是一个可行的方法。图表中将每个能源系统用一条曲线代表，这条曲线展示了系统融合可再生能源的能力。这些图表可以用于太阳能、风能和潮汐能。

此外，这些分析还显示了在设计适合大规模融入可再生能源系统的过程中，将两个不同议题区分开来非常重要。第一个议题是年度能源量，即以年为单位的电力、供暖和燃料的供应量必须满足相应需求量。另一个议题是时间，即能源供应必须满足同一时间段内的需求量。后者在电力供应方面尤其重要。

针对这些建议，我们可以从分析中得到一个总体结论，即像热泵这样的能源转换技术可以提高系统效率，同时，也可以为系统提供具有经济可行性的高效储能方式；另一方面，像压缩空气储能和氢/燃料电池系统等“纯”电力存储技术在系统融入波动性可再生能源方面作用不大，而且可行性较低。

第六章探讨了与未来能源基础设施面临挑战相关的若干研究精髓，明确了智能电网、智能热网和智能供气网的概念。这三个概念在网络结构（允许进行涉及用户与双向流之间相互作用的分布活动）方面具有相似性。为了应对这一挑战，所有网络将得益于将现代信息与通信技术作为各级网络不可分割的一部分。但是，各个网络面临的主要挑战各有不同：智能热网面临的主要挑战在于温度水平和与低能耗建筑之间的相互作用；智能电网面临的主要挑战是具有波动性和间歇性的可再生能源发电存在的可靠性和一体化问题；智能供气网面临的主要挑战则是将具有不同热值的气体进行混合以及对有限生物质资源的有效利用。

从方法论的角度看，第六章的主要内容是三种智能网络的任何一种均是未来可再生能源系统的重要组成部分，但是不得将每个智能网络与其他网络或整个能源系统的其他部分分离。因此第六章提出了智能能源系统的概念。智能能源系统是一种结合并协调了智能电网、智能热网和智能供气网的方法，目的是确定三种网络之间的协同增效效应，以便为各自领域和整个能源系统提供最佳解决方案。

第五章中突出介绍了协同增效效应的一个重要实例，即当意识到必须最好利用热泵将一部分电能转化为热能时，利用蓄热（非利用电力储存）执行一个有效且成本最低的整体可再生能源系统解决方案。

第六章强调了整合智能电网和智能供气网时的另一种重要协同增效效应。一项针对为运输行业提供气体燃料或液体燃料从而补充直接用电潜在路径的调查表明了利用电解作用进行电能转气的需求，从而加速生物质转气。电能转气用于运输行业能够使气体贮藏取代潜在的长期电力存储，既经济又高效。因此，可再生能源与供电一体化的识别不仅仅包含运输行业直接用电措施，还包括电能转气需求。第七章介绍了利用 EnergyPLAN 工具设计 100% 可再生能源系统的结果。问题是如何构成并评估这些系统。第七章介绍了与基于化石燃料且大规模整合可再生能源或基于化石燃料且未大规模整合可再生能源的系统相比，100% 可再生能源系统的分析与评估面临的主要挑战。采用 100% 可再生能源系统增加了大规模整合可再生能源与现有能源系统、设计未来智能能源基础设施所面临的挑战。不仅必须使波动变化的间歇性可再生能源发电与能源系统的其他部分进行协调，而且能源需求必须适应潜在可再生能源的经济可行性而进行调整。此外，这种调整必须说明不同资源的特性差别，如生物质燃料和风力发电。

第七章展示了将 EnergyPLAN 模型应用于 100% 可再生能源系统设计所得出的结果。问题的核心在于如何构造和评估这样的系统。本章论述了这些系统相比以化石燃料为基础、有或者没有可再生能源大规模融合的系统的分析和评估方法的主要变化。对 100% 可再生能源系统的推广增加了在现有能源系统中大规模融入可再生能源的挑战。不仅具有波动性和间歇性的可再生能源生产必须与能源系统的其他部分协调起来，而且能源需求必须适应潜在可再生能源在经济可行的条件下进行的融合。不仅如此，这种协调还必须应对不同可再生能源来源——如生物质和风电生产——在特征上的差异。

根据丹麦的情况，第七章陈述了将现有能源系统转化为 100% 可再生能源系统面临的问题和前景的三项研究。第一项研究是大学开展的个人学术研究，该研究将第五章的分析应用到了一个连续性可再生能源系统的分析中；第二项研究是以丹麦工程师协会（IDA）成员的技术观点为基础的分析；第三项研究为 CEESA，是一个跨学科研究项目，主要研究了生产天然气或液态燃料作为运输领域电力应用补充的路线图。上述三项研究均分析了对连贯、复杂的可再生能源系统的设计情况，包括能源转换与存储技术的融合。该研究均采用了 EnergyPLAN 模型，以小时为单位进行详细模拟。

从方法论的角度来看，未来 100% 可再生能源系统的设计是一个非常复杂的过程。一方面，应将各类措施进行结合利用，实现目标；另一方面，应对各项具体措施进行评估，并与新的总体系统进行协调。在 IDA 能源规划案例中，整合了创造性阶段（融入大量专家观点），对总体系统进行技术和经济分析的详细分析阶段，以及对各个建议提供反馈的阶段。在一个反复的过程中，每个方案都将专家观点与从技术创新、高效能源供应以及社会经济可行性等角度将建议融入整个系统的能力相结合。

9.2　建议

在 2006 年 10 月的议会开幕词中，当时的丹麦首相安诺斯·福格·拉斯穆森在国会演讲中宣布了丹麦的长期能源政策目标：完全脱离对化石能源的依赖。在问答辩论阶段，首相声明核能不作为未来能源解决方案的组成部分。换言之，丹麦的长期能源目标就是 100% 转向可再生能源。此后，政府又多次重申了这个目标。其中部分目标还在赫勒·托宁·施密特担任首相（2011 年当选）后领导的新联合政府获得了宪法批准（丹麦政府，2011）。

2012 年，议会的绝大多数议员达成了一项新能源协议（丹麦气候、能源和建筑部，2012）。该协议涵盖了多项雄心勃勃的计划，进一步推动了丹麦向 2050 年实现 100% 可再生能源系统和运输领域能源目标迈进。2020 年的主要预期目标是可再生能源在最终能源消耗中的占比超过 35%，风电占比接近 50%，同时温室气体排放比 1990 年降低 34%。

因此，丹麦从 2006 年开始已经处于全社会执行根本性技术变革目标的状态。如何实现 100% 可再生能源的目标取决于集体决策，这个决策过程涉及代表不同利益和话语权的多个个人和组织，可以在不同层面对决策过程产生影响。选择认知理论认为在这个过程中的一个关键因素是对“还有其他选择还是没有其他选择”的认知。下文给出了从本书推导出的一些重要建议，可以应用在丹麦。这个列表并不全面，仅列出了几个典型的有代表性的例子。

9.2.1　100% 可再生能源系统

基本建议是提高对实施 100% 可再生能源系统的选择认知。根据丹麦的案例，本书介绍了将现在能源系统转换为 100% 可再生能源系统的技术挑战和前景的三项研究。每项研究都涉及两到三个以生物质或风能为基础的替代方案。这些研究的结论认为，以国内资源为基础的 100% 可再生能源供应在丹麦是可行的，并且有望在 2030 年达到 45% 的目标。

第一项研究识别了一些关键的系统柔性改进措施，对向 100% 可再生能源系统转变具有核心意义。这些分析显示，通过整合 180TJ/年的生物质、5GW 的光伏和 15～27GW 的风电，丹麦能源系统可以转换为 100% 可再生能源系统。在参照系统中，27GW 的风电是必需项目，但在结合了节能和能效改进措施之后，所需能量就降低到了 15GW。因此，第一项研究强调了在供应领域推广节能和能效改进的重要性。

第二项研究深入讨论了节能和连贯式交通解决方案的设计。这项研究建议在更高层面上推广节能措施，因此，这项研究中的能源需求比第一项研究中要低。另一方面，第二项研究应用的交通技术更为多样化，包括了电动汽车和生物质燃料技术，相比第一项研究，能源需求有所增加。

第二项研究显示丹麦可以用280PJ/年的生物质、19PJ/年的太阳能热、2.5GW的潮汐能和光伏发电以及10GW的风电构成一个100%可再生能源的能源供应系统。此外，这项研究还展示了生物质资源是如何与风电相互替代，研究还指出丹麦必须考虑对生物质资源或风电的依赖程度。以生物质为基础的解决方案涉及使用现在的农业用地，而风电方案则需要很大比例的氢或相似的能量载体，这会导致系统设计时产生一定的能源效率下降。

第三项研究（CEESA）对于几个重要问题的讨论和分析更加详细，丰富了前两项研究的内容。首先，进一步讨论和确定了适合的燃料运输路径，对某些潜在路径进行了量化，并将其与2050年100%可再生能源系统路线图进行整合。其次，研究深入讨论了技术发展的影响。比较了三种不同的方案，每一种方案代表了对技术有效性的不同假设。

最后，研究强调并介绍了采用智能能源系统方法确定适当的100%可再生能源系统设计的重要性。研究结合了对气化生物质和供气网储存装置的分析，同时考虑了运输领域的电动汽车和燃料生产以及区域供热系统。这创造出了一种整合了智能能源系统的能源系统，利用储存选项使最终方案生效。分析确保在气体供应和气体需求之间存在小时平衡，而结果显示当前丹麦盐穴储存设备的容量能够促进平衡的实现。

上述三项研究均采用了EnergyPLAN工具，证明了如何利用该工具设计100%可再生能源解决方案，同时构成该系统评估的基础。

9.2.2 大规模融合可再生能源

上述针对100%可再生能源系统的研究显示，当系统中的间歇性资源和热电联产及节能结合起来达到很高比例时，可再生能源战略的发展就是引进和增加柔性能源转换与存储技术，设计综合能源系统解决方案。上述措施对于大规模融合可再生能源的短期和中期，推进可再生能源系统发展具有关键意义。需要强调的是，在进行大规模融合分析时，不应将可再生能源看作是唯一措施。长期相关能源系统应是那些将节能和能效改进措施相结合的系统。在热电联产占比较高的系统中，过剩电力生产可以通过优先考虑以下技术予以解决。

第一步，热电联产电站的运营应在可再生能源发电量高时降低产量，而当可再生能源发电量低时增加产量。丹麦已经开始执行部分措施。然而，随着风电比例的增加，系统需要更多地使用锅炉而非热电联产，从而降低系统的效率。此类后果近些年已经在丹麦有所体现。因此，第二步是为热电联产电站配套热泵，或者增加热存储能力，从而使系统可以高效率地融合更多的可再生能源。该措施可以使系统在不损失总体效率水平的情况下融合高达40%的波动性可再生能源电力。丹麦的热泵投资经济可行性非常高，风电投资的经济性也随之大幅提高。第三步，应在交通领域使用电力，尤其是电动汽车。该措施可以提升纳入波动性可再生能源的效率。

然而，从中短期来看，应关注“现有组织对现实的认知以及它们的既得利益会使它们阻止那些会影响它们的组织权力和影响力的制度变革”的假设。通常，这些组织的利益会使它们创造出“社会没有选择，只能采用那些加强现有组织地位的技术”的认知。可以在现阶段观察到这种机制。

100%可再生能源系统的长期目标肯定不包括煤炭消耗，也不包括蒸汽涡轮机（见第六章）。然而，现在从使用煤炭中获利的组织已经开始倡导将煤炭与碳捕集技术相结合。如第二章所述，这些组织传达的信息很简单：丹麦和欧洲别无选择，只能燃烧煤炭，并引进碳捕集技术。后来，相关组织改变了策略，现在正试图用生物质取代煤炭，但是大部分只在现有蒸汽机电厂执行。如第六章所示，本技术无法满足未来可再生能源系统的要求。

现有组织与蒸汽机技术相关联的现实首先推动了现有技术的变更，而不是采取根本性变革措施，完全符合选择认知理论。建议政府要求提供具体的对比方案。

2010年之前，丹麦能源公司DONG能源参与了在德国北部推广大型煤电站的活动，但后来放弃。但是，这个事情是建立新煤电站项目的典型案例，从中可以总结如何应对这一情况的经验。

9.2.3　德国新建燃煤电站

由于欧洲的能源政策以增加热电联产和可再生能源比例，减少CO_2排放为核心，建立大型燃煤电站不是理想解决方案，而且进口硬煤也无益于欧盟的能源安全和收支平衡。然而，DONG能源公司提供的方案却提倡煤电，并于2010年前在德国北部进行了推广。该技术与DONG能源公司的现有组织结构非常匹配，该公司在丹麦运营了几个燃煤电站，并且拥有成熟的燃煤电站设计和建设技术。

根据从Nordjyllandsværket案例中得出的经验，我们可以预期会听到一系列半真实的陈述。例如，新电站的方案会宣称，由于新电站替代了旧电站并且使用热电联产，会产生良好的环境效益。但是电站附近的城镇非常小，上述采取的措施主要是象征性的举措。

燃煤电站具有5年的建设周期和大约30年的运营寿命，这些解决方案可能给欧

盟带来 CO_2 排放问题，而这个问题的解决方式是碳捕集技术。因此，社会就面临着一系列问题：“这是一个好的解决方案吗？如果碳捕集可以解决问题，为什么不建更多的燃煤电站？”在这些情况下，本书建议将目标方案与相关替代方案进行比较；换言之，为公众创造选择认知。这样做的目的是将公众讨论的重点从“建设燃煤电站是好是坏”转换到哪个替代方案可以更好地满足相关政治目标。

图 9.1 展示了一个替代方案案例。该图只是替代方案相关原则的一个框架，并不是基于供暖需求的准确数据。然而，根据第八章描述的案例，这些数据很可能代表了一种真实情况。参照情景是 DONG 能源公司提议的 1600MW 燃煤电站（第 1 步）再附加一个碳捕集站（第 2 步）。电站的假定效率为 47%，并且碳捕集设施假定需要消耗电站所生产电力的 1/4 ~ 1/3。

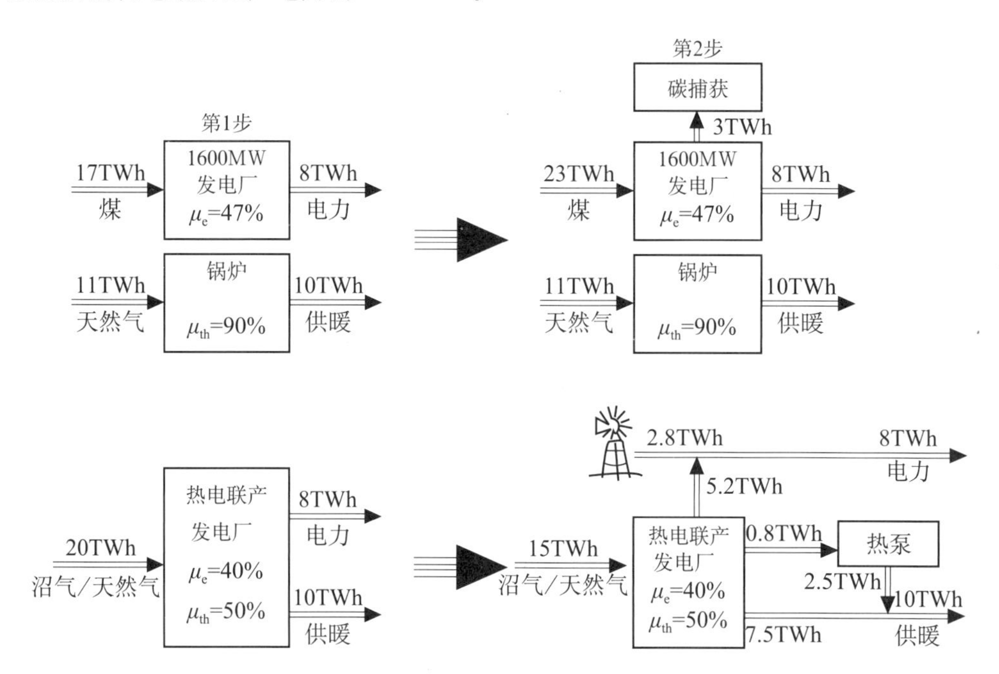

图 9.1　与燃煤电站参照情景需要碳捕集相比，热电联产替代方案可以高效率地使用生物质并且更好地融入风电

除了用煤之外，参照情景的一个问题是它无法充分利用热电联产的潜力。因此，替代方案（第 1 步）是在该地区的各个城镇和村庄里建一系列小型热电联产电站，随后（第 2 步）将热泵和热存储设施添加到系统中，这样的柔性能源系统可以增加风电的比例。小型热电联产电站可以用天然气（当地的居民住宅用天然气供暖）和沼气、秸秆等当地生物质资源进行燃料供应。

如图 9.1 所示，参照情景导致煤的进口量增加，因为发电和碳捕集都需要以煤做燃料。而另一方面，替代方案能够降低燃料消耗，避免大量的硬煤进口。两个方案的一次能源供应情况见图 9.2。

如果遇到此类项目倡议，建议政治家坚持对替代方案进行恰当的描述和分析。本处展示的草图可以促进主要建议的完善或修订，还有可能促成更好的替代方案。该措施的主要目的是提升社会对“存在其他选择”的认知。与现有组织的利益配合得最好的解决方案绝大多数情况下都不是唯一或最好的选择。

9.2.4 陆上风电发展减缓

根据本书的理论，我们可以预见，与以化石燃料生产相关的现有组织不会将气候变化问题看作一个非常严重的威胁，这一威胁可以通过现有组织框架内部的技术加以应对。如果根据这种看法推广可再生能源，肯定会优先考虑那些能够适应这些组织框架的可再生能源技术。

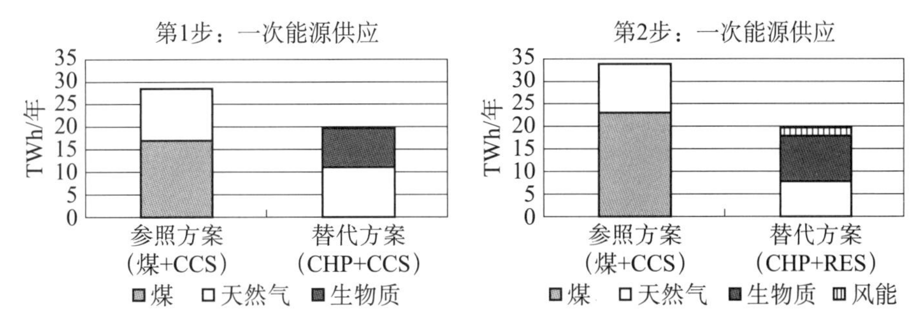

图 9.2 以燃煤电站和碳捕集相结合的参照方案与以热电联产和可再生能源相结合的替代方案的比较。两个方案的目标都是满足 8TWh 电力和 10TWh 热能的需求

这方面的一个典型案例是丹麦 2005—2010 年针对如何扩大风电规模展开的讨论（见第二章）。最为经济可行的方式是增加陆上风机的数量。根据多年的经验，丹麦社会清楚地知道，如果确定社区拥有风机部分权益并可以从中获利的制度框架，就可以实现风电目标；而如果没有社区的参与，当地社区就很可能会反对这个方案。

然而，出于风电应适应市场这一立场的考虑，抛弃了社区拥有风电的制度框架。相反，政府希望扩展海上风电场。这样的风电场与陆上风电场相比并不具有经济竞争力，并且会增加补贴需求。然而，海上风电场和现有电力公司的制度框架配合良好。

图 9.3 所示为丹麦风电 2008 年前的发展情况。如图所示，到 2004 年前，风电发展出现了停顿，丹麦风电容量增长主要是在 2004 年之前的八年间；1996—2003 年，平均每年新增 315MW，这期间的装机总量占到丹麦风电总装机容量的 80%；2004—2008 年，平均每年仅新增 5MW 的装机容量。

2004 年，丹麦议会就扩大风电规模事宜达成一致。然而，这个协议到现在尚未实施，其中的一个原因是取消了社区持有权。2008 年，议会再次以多数票同意发展

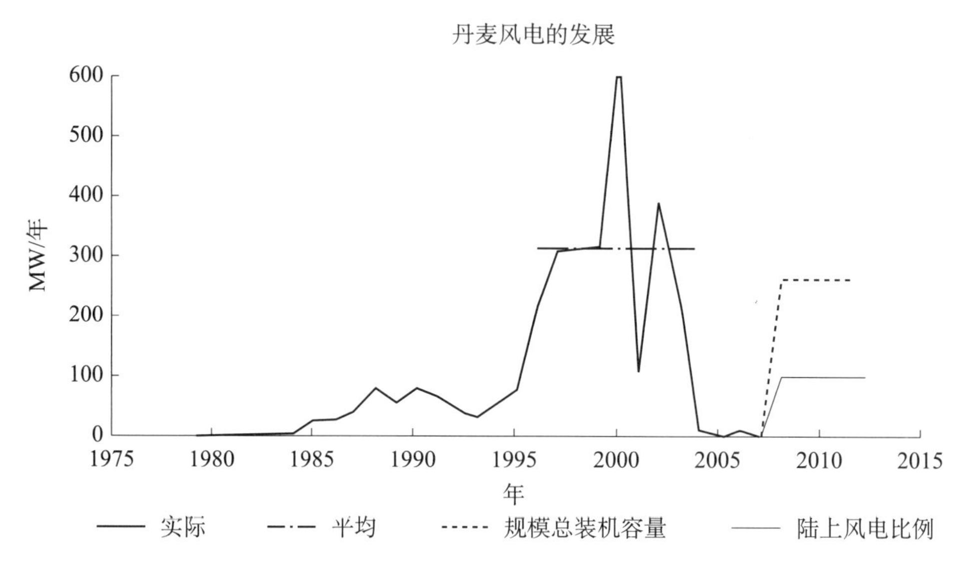

图 9.3　1996—2003 年，平均每年新增 315MW，这期间的装机总量占到丹麦风电总装机容量的 80%，未来的发展按计划主要是在海上风电领域

风电（丹麦政府，2008）。2008—2012 年，风电在电力需求中的占比从现在的 20% 增加到近 30%。然而，陆上风电的发展速度很低。按照规划，大多数的新增装机为海上风电。即便如此，来自当地社区的反对呼声仍然很高是一个重要顾虑因素，并且因此达成了补偿协议。此外，中央政府陷入一场要求市政当局为风电场进行合理选址的冲突。尽管许多市议会表达了对发展风电的积极态度，但民众对在其附近建立风电场颇为抵触，这也是议会面临的为难处境。中央政府也面临着两难选择：一方面是强制推行计划，另一方面是选择接受延迟或削减目标。

此后，在达成的新协议中，议会同意在 2020 年将风电的占比增加到近 50%，其中风电的重心还是海上风电，同时期望增加丹麦电力用户的津贴比例。

建议政治家以新的模式再次引入社区持有权条款，并且执行制度变革，使当地居民和社区拥有风机的部分所有权。该制度变革是发展丹麦陆上风电的必要条件，成本较低，而且可以调动风电场附近居民和全体公民的积极性。

参考文献

Amin, S. M., Wollenberg, B. F., 2005. Toward a smart grid. IEEE Power Energ. Mag. September/October 2005, 34 –41.

Andersen, A. N., Lund, H., 2007. New CHP partnerships offering balancing of fluctuating renewable electricity productions. J. Clean. Prod. 15 (3), 288 –293.

Andersen, A. N., Lund, H., Pedersen, N., 1995. Vurdering af behovet for en hϕjspændingsledning mellem Aalborg og Århus. Himmerlands Energi og Miljϕkontor, Skϕrping.

Andersen, M. S., 2007. Responsum angående samfundsϕkonomiske analyser af ved-varende energi. Danish Society of Engineers, Copenhagen.

Bachrach, P., Baratz, M. S., 1962. Two faces of power. Am. Polit. Sci. Rev. 56 (4), 947 –952.

Blarke, M. B., Lund, H., 2008. The effectiveness of storage and relocation options in renewable energy systems. Renew. Energy 33 (7), 1499 –1507.

Bromberg, L., Cheng, W. K., 2010. Methanol as an Alternative Transportation Fuel in the US: Options for Sustainable and/or Energy-Secure Transportation. Sloan Automotive Laboratory, Massachusetts Institute of Technology. http://www. afdc. energy. gov.

Christensen, J., 1998. Altemativer—Natur—Landbrug. Akademisk forlag, Copenhagen.

Christensen, P., Lund, H., 1998. Conflicting views of sustainability: the case of wind power and nature conservation in Denmark. Eur. Environ. 8, 1 –6.

Christensen, S., Jensen, P. -E. D., 1986. Kontrol i det stille-om magt og deltagelse. Samfundslitter-atur, Copenhagen.

Clark II, W. W., Bradshaw, T., 2004. Agile Energy Systems: Global Lessons from the California Energy Crisis. Elsevier Press.

Clark II, W. W., Eisenberg, L., 2008. Agile sustainable communities: on-site re-newable energy generation. Util. Pol. 16 (4), 262 –274.

Clark II, Woodrow, W., Fast, M., 2008. Qualitative Economics: Toward a Sci-ence of Economics. Coxmoor Press, Oxford, UK.

Clark II, W. W., Lund, H., 2001. Civic markets: the case of the California energy crisis. Int. J. Global Energ. Issues 16 (4), 328 - 344.

Connolly, D., Lund, H., Mathiesen, B. V., Leahy, M., 2010. A review of computer tools for analyzing the integration of renewable energy into various energy systems. Appl. Energ. 87, 1059 - 1082.

Copenhagen County, 1996. Avedϕrevaerket, blok 2, VVM-redegϕrelse, vurdering af miljϕmaessige konsekvenser Copenhagen County.

Crossley, P., Beviz, A., 2009. Smart energy systems: transitioning renewables onto the grid. Renewable Energy Focus 11 (5), 54 - 59.

Dahl, R. A., 1961. Who Governs? Yale University Press, New Haven.

Danish Economic Council, 2002. Dansk Φkonomi, Forar 2002. Danish Economic Council, Copenhagen.

Danish Energy Agency, 1991. Biogasfaellesanlaeg, hovedrapport fra koordineringsudvalget for biogasfaellesanlaeg. Danish Energy Agency, Copenhagen.

Danish Energy Agency, 1996. Danmarks vedvarende energiressourcer. Danish Energy Agency, Copenhagen.

Danish Energy Agency, 2001. Rapport fra arbejdsgruppen om kraftvarme-of VE-electricitet. Danish Energy Agency, Copenhagen.

Danish Energy Agency, 2008. Alternative drivmidler i transportsektoren (Alternative fuels in the transport sector). Danish Energy Agency, Copenhagen, http://www.ens.dk.

Danish Energy Agency, 2010. Technology Data for Energy Plants. Danish Energy Agency, Copenhagen.

Danish Energy Agency, 2011. Forudsaetninger for samfundsϕkonomiske analyser på energiomradet, april 2011. Danish Energy Agency, Copenhagen. http://www.ens.dk, ISBN: 978 - 87 - 7844 - 895 - 8.

Danish Energy Agency, 2012. Energy Policy in Denmark. Danish Energy Agency, Copenhagen.

Danish Government, 2008. Aftale mellem regeringen (Venstre og Det Konservative Folkeparti), Socialdemokrateme, Dansk Folkeparti, Socialistisk Folkeparti, Det Radikale Venstre og Ny Alliance om den danske energipolitik i arene 2008—2011. 21 February 2008. Danish Government, Copenhagen.

Danish Government, 2011. Et Danmark der står sammen, regeringsgrundlag, October 2011.

Danish Ministry of Climate, Energy and Building, 2012. The Danish Energy Agreement of March 2012, Copenhagen.

Danish Ministry of Energy, 1981. Energiplan 81. Danish Ministry of Energy, Copenhagen.

Danish Ministry of Energy, 1990. Energy 2000: A Plan of Action for Sustainable Development. Danish Ministry of Energy, Copenhagen.

Danish Ministry of Environment and Energy, 1996. Energy 21, The Danish Government's Action Plan for Energy. Danish Ministry of Environment and Energy, Copenhagen.

Danish Ministry of Finance, 1991. Finansredegφrelse 91. Budgetdepartmentet, Danish Ministry of Finance, Copenhagen.

Danish Ministries of Transport and Energy, Taxation and Finance, 2007. Samfundsφkonomiske omkostninger forbundet med udbygning med vedvarende energi samt en φget energispareind-sats. Danish Ministries of Transport and Energy, Copenhagen.

Duke Energy Carolinas, 2007. Notice Announcing the Availability of an Analysis of Renewable Portfolio Standard for the State of North Carolina and Request for Public Comment. North Carolina Utilities Commission, Raleigh.

ELSAM, 1991. Netudvidelsesplan 91. ELSAM, Skærbæk.

ELSAM, 2005. VEnzin Vision 2005. ELSAM, Skærbæk. www. elsam. com.

European Commission, 2011a. Smart Grid Mandate. Standardization Mandate to European StandardisationOrganisations (ESOs) to Support European Smart Grid Deployment. European Commission, Directorate General for Energy, Ares (2011) 233514 – 02/03/2011.

European Commission, 2011b. Energy 2020 – A Strategy for Competitive, Sustainable and Secure Energy. Publications Office of the European Union, Luxembourg, 2011.

European Council, 1985. Council Directive of June 27, 1985 on the Assessment of Certain Public and Private Projects on the Environment. European Council, 85/337/EEC.

Flyvbjerg, B., 1991. Rationalitet og magt. Det konkretes videnskab. Akademisk Forlag, Copenhagen.

GDS Associates, 2006. A Study of the Feasibility of Energy Efficiency as an Eligible Resource as Part of a Renewable Portfolio Standard for the State of North Carolina. North Carolina Utilities Commission, Raleigh.

Grahn, M., 2004. Why Is Ethanol Given Emphasis Over Methanol in Sweden? Department of Physical Resource Theory, Chalmers University of Technology, Göteborg.

Hansen, K., Mathiesen, B. V., Connolly, D., 2011. Technology and Implementation of Electric Vehicles and Plug-in Hybrid Electric Vehicles. Aalborg University, Copenhagen.

Heller, J., 1961. Catch – 22. Simon & Schuster, New York.

Hvelplund, F., 2005. Erkendelse og forandring. Teorier om adaekvat erkendelse og teknologisk for-andring med energieksempler fra 1974 – 2001. Aalborg University, Department of Development and Planning.

Hvelplund, F., Ilium, K., Lund, H., Maeng, H., 1991. Dansk energipolitik og ELSAMs udvidel-sesplaner-et oplæg til en offentlig debat. Aalborg University, Department of Development and Planning.

Hvelplund, F., Knudsen, N. W., Lund, H., 1993. Erneurung der Energiesysteme in den neuen Bundesländern – aber wie? Netswerk Dezentrale EnergieNutzung e. V, Potsdam.

Hvelplund, F., Knudsen, N. W., Lund, H., 1994. Kommentar zur Kritik der Lausitzer Braunkohlen AG an der Aalborg Universität Studie. Department of Development and Planning, Aalborg University.

Hvelplund, F., Lund, H., 1988. De lave kulafgifter pdeltegger varmeplanlaegningen-en kommen-teret aktsamling fra varmeplanlaegningen i Aalborg. Aalborg University Press.

Hvelplund, F., Lund, H., 1998a. Feasibility Studies and Public Regulation in a Market Economy. Aalborg University, Department of Development and Planning.

Hvelplund, F., Lund, H., 1998b. Rebuilding without restructuring the energy system in east Germany. Energy Policy 26 (7), 535 – 546.

Hvelplund, F., Lund, H., 1999. Energy planning and the ability to change. The East German example. In: Lorentzen, A., Widmaier, B., Laki, M. (Eds.), Institutional Change and Industrial Development in Central and Eastern Europe. Ashgate, pp. 117 – 141.

Hvelplund, F., Lund, H., Serup, K. E., Maeng, H., 1995. Demokrati og forandring. Aalborg University Press, Aalborg.

Hvelplund, F., Lund, H., Sukkumnoed, D., 2007. Feasibility studies and technological innovation. In: Kϕrnϕv, L., Thrane, M., Remmen, A., Lund, H. (Eds.), Tools for Sustainable Development. Aalborg University Press, Copenhagen, pp. 593 – 618.

Ingeniϕren, 2008a. Klimakrav anno 2050: Elbiler og underjordiske CO_2 – lagre. Ingeniϕren, Copenhagen, 11 January, 1st section, p. 14.

Ingeniϕren, 2008b. Undergrunden bliver den nye CO_2 – losseplads. Ingeniϕren, Copenhagen, 18 January, front page.

International Energy Agency, 2013. http: //www. iea. org/topics/smartgrids/ (accessed January 2013) .

Janis, I. L., 1972. Victims of Groupthink: A Psychological Study of Foreign-Policy Decisions and Fiascoes. Houghton Mifflin Company, Boston.

Janis, I. L., 1982. Groupthink. Houghton Mifflin Company, Boston.

Kleindorfer, G. B., O'Neill, L., Ram, G., 1998. Validation of simulation: various positions in the philosophy of science. Manag. Sci. 44 (8), 1087 - 1099.

La Capra Associates, 2006. Analysis of a Renewable Portfolio Standard for the State of North Carolina. North Carolina Utilities Commission, Raleigh.

Lackner, K. S., 2009. Capture of carbon dioxide from ambient air. Eur. Phys. J Spec. Top. 176, 93 - 106.

Laclau, E., Mouffe, C., 1985. Hegemony and Socialist Strategy. Verso, London.

Liu, W., Lund, H., Mathiesen, B. V., Zhang, X., 2011a. Potential of renewable energy systems in China. Appl. Energ. 88 (2), 518 - 524.

Liu, W., Lund, H., Mathiesen, B. V., 2011b. Large-scale integration of wind power into the existing Chinese energy system. Energy 36 (8), 4753 - 4760.

Lukes, S., 1974. Power. A Radical View. Macmillan, London.

Lund, H., 1984. Da EUSAM laerte Aalborg om planlaegning. Byplan, January 1984.

Lund, H., 1988. Energiafgifteme og de decentrale kraft/varme-vaerker. Aalborg University Press. Aalborg.

Lund, H., 1990. Implementaring af baeredygtige energisystemer (Implementation of Sustainable Energy Systems) . PhD dissertation, Department of Development and Planning, Aalborg University, Skriftserie nr. 50, 1990.

Lund, H., 1992a. Samfundsφkonomisk Projektvurdering og Virkemidler med biogasfaellesanlaeg som eksempel. Aalborg University Press, Aalborg.

Lund, H., 1992b. Et Miljφ-og Beskaeftigelses Alternativ til ELSAMs planer om 2 kraftvaerker-en viderebearbejdelse af det tidligere fremsatte "Alternativ til et kraftvaerk i Nordjylland." Department of Development and Planning, Aalborg University.

Lund, H., 1996. Elements of a Green Energy Plan Which Can Create Job Opportunities. General Workers Union (SID), Copenhagen.

Lund, H., 1999a. Implementation of energy-conservation policies: the case of electric heating conversion inDenmark. Appl. Energ. 64, 117 - 127.

Lund, H., 1999b. A green energy plan for Denmark, Job creation as a strategy to implement both economic growth and a CO_2 reduction. Environ. Resource Econ. 14, 431 - 439.

Lund, H., 2000. Choice awareness: the development of technological and institutional choice in the public debate of Danish energy planning. J. Environ. Pol. Plann. 2, 249 - 259.

Lund, H., 2002a. Vismands vurdering af vindkraft og decentral kraft/varme bygger pa fejl i forud-saetningen. Department of Development and Planning, Aalborg University.

Lund, H., 2002b. Sparet drift og anlaeg medregnes ikke. Naturlig Energi 24 (11), 16.

Lund, H., 2002c. Et bedre samfund uden vindkraft og kraft/varme? Naturlig Energi 25 (2), 19 - 20.

Lund, H., 2003a. Excess electricity diagrams and the integration of renewable energy. Int. J. Sustain. Energ. 23 (4), 149 - 156.

Lund, H., 2003b. Flexible energy systems: integration of electricity production from CHP and fluctuating renewable energy. Int. J. Energ. Tech. Pol. 1 (3), 250 - 261.

Lund, H., 2003c. Distributed generation. Int. J. Sustain. Energ. 23 (4), 145 - 147.

Lund, H., 2004. Electric grid stability and the design of sustainable energy systems. Int. J. Sustain. Energ. 24 (1), 45 - 54.

Lund, H., 2005. Large-scale integration of wind power into different energy systems. Energy 30 (13), 2402 - 2412.

Lund, H., 2006a. The Kyoto mechanisms and technological innovations. Energy 31 (13), 1989 - 1996.

Lund, H., 2006b. Large-scale integration of optimal combinations of PV, wind and wave power into the electricity supply. Renew. Energy 31 (4), 503 - 515.

Lund, H., 2007a. Renewable energy strategies for sustainable development. Energy 32 (6), 912 - 919.

Lund, H., 2007b. Introduction to sustainable energy planning and policy. In: Kφmφv, L., Thrane, M., Remmen, A., Lund, H. (Eds.), Tools for Sustainable Development. Aalborg University Press, Aalborg, pp. 439 - 162.

Lund, H., Andersen, A. N., 2005. Optimal designs of small CHP plants in a market with fluctuating electricity prices. Energ. Convers. Manag. 46 (6), 893 – 904.

Lund, H., Andersen, A. N., Antonoff, J., 2007a. Two energy system analysis tools. In: Kϕrnϕv, L., Thrane, M., Remmen, A., Lund, H. (Eds.), Tools for Sustainable Development. Aalborg University Press, Aalborg, pp. 519 – 539.

Lund, H., Andersen, A. N., Φstergaard, P. A., Mathiesen, B. V., Connolly, D., 2012. From electricity smart grids to smart energy systems-a market operation based approach and understanding. Energy 42, 96 – 102.

Lund, H., Bundgaard, P., 1983. Nar ELSAM Planlsegger. Alborg, Brϕnderslev... brikker i spillet. OOA Aalborg.

Lund, H., Duic, N., Krajacic, G., Carvalho, M., 2007b. Two energy system analysis models: a comparison of methodologies and results. Energy 32 (6), 948 – 954.

Lund, H., Hvelplund, F., 1993. Aktsamling om Nordjyllandsvaerket del I og II. Department of Development and Planning, Aalborg University.

Lund, H., Hvelplund, F., 1994. Offentlig Regulering og Teknologisk Kursaendring. Aalborg University Press.

Lund, H., Hvelplund, F., 1997. Does environmental impact assessment really support technological change? Analyzing alternatives to coal-fired power stations in Denmark. Environ. Impact Assess. Rev. 17 (5), 357 – 370.

Lund, H., Hvelplund, F., 1998. Energy, employment and the environment: towards an integrated approach. Eur. Environ. 8 (2), 33 – 40.

Lund, H., Hvelplund, F., 2012. The economic crisis and sustainable development: the design of job creation strategies by use of concrete institutional economics. Energy 43, 192 – 200.

Lund, H., Hvelplund, F., Ingermann, K., Kask, Ü., 2000. Estonian energy system. Proposals for the implementation of a cogeneration strategy. Energy Policy 28, 729 – 736.

Lund, H., Hvelplund, F., Kass, I., Dukalskis, E., Blumberga, D., 1999a. District heating and market economy in Latvia. Energy 24, 549 – 559.

Lund, H., Hvelplund, F., Nunthavorakarn, S., 2003. Feasibility of a 1400MW coal-fired power-plant in Thailand. Appl. Energ. 76 (1 – 3), 55 – 64.

Lund, H., Hvelplund, F., Sukkumnoed, D., 2007c. Feasibility study cases. In: Kϕrnϕv, L., Thrane, M., Remmen, A., Lund, H. L. (Eds.), Tools for Sustainable Development. Aalborg University Press, Aalborg, pp. 619 – 638.

Lund, H., Hvelplund, F., Sukkumnoed, D., Lawanprasert, A., Natakuatoong, S., Nunthavorakarn, S., Blarke, M. B., 1999b. Sustainable Energy Alternatives to the 1, 400MW Coal-Fired Power Plant Under Construction in Prachuap Khiri Khan. A Comparative Energy, Environmental and Economic Cost-Benefit Analysis. Thai-Danish Cooperation on Sustainable Energy with Sustainable Energy Network for Thailand (SENT), Nakhon Ratchasima.

Lund, H., Hvelplund, F., Mathiesen, B. V., Φstergaard, P. A., Christensen, P., Connolly, D., Schaltz, E., Pillay, J. R., Nielsen, M. P., Felby, C., Bentsen, N. S., Meyer, N. I., Tonini, D., Astrup, T., Heussen, K., Morthorst, P. E., Andersen, F. M., Munster, M., Hansen, L. – L. P., Wenzel, H., Hamelin, L., Munksgaard, J., Karnφe, P., Lind, M., 2011. Coherent Energy and Environmental System Analysis. Aalborg University.

Lund, H., Kempton, W., 2008. Integration of renewable energy into the transportation and electricity sectors through V2G. Energy Policy. 36 (9), 3578 – 3587.

Lund, H., Marszal, A., Heiselberg, P., 2011. Zero energy buildings and mismatch compensation factors. Energ. Build. 43 (7), 1646 – 1654.

Lund, H., Mathiesen, B. V., 2006. Ingeniφrforeningens Energiplan 2030, baggrundsrapport. Tekniske energisystemanalyser, samfundsφkonomiske konsekvensvurdering og kvantificering af erhvervspotentialer. Danish Society of Engineers, Copenhagen.

Lund, H., Mathiesen, B. V., 2009. Energy system analysis of 100 percent renewable energy systems. Energy 34 (5), 524 – 531.

Lund, H., Mathiesen, B. V., 2012. The role of carbon capture and storage in a future sustainable energy system. Energy 44, 469 – 476.

Lund, H., Münster, E., 2001. AAU's analyser. Rapport fra arbejdsgruppen om kraftvarme-og VE-elektricitet, Billagsrapport. Danish Energy Agency, Copenhagen.

Lund, H., Münster, E., 2003a. Modelling of energy systems with a high percentage of CHP and wind power. Renew. Energy 28, 2179 – 2193.

Lund, H., Münster, E., 2003b. Management of surplus electricity-production from a fluctuating renewable-energy source. Appl. Energ 76 (1 – 3), 65 – 74.

Lund, H., Münster, E., 2006a. Integrated energy systems and local energy markets. Energy Policy. 34 (10), 1152 – 1160.

Lund, H., Münster, E., 2006b. Integrated transportation and energy sector CO_2 emission control strategies. Transpor. Pol. 13 (5), 426 – 433.

Lund, H., Möller, B., Mathiesen, B. V., Dyrelund, A., 2010. The role of district heating in future renewable energy systems. Energy 35 (3), 1381 - 1390.

Lund, H., Salgi, G., 2009. The role of compressed air energy storage (CAES) in future sustainable energy systems. Energ. Convers. Manag. 50 (5), 1172 - 1179.

Lund, H., Siupsinskas, G., Martinaitis, V., 2005. Implementation strategy for small CHP-plants in a competitive market: the case of Lithuania. Appl. Energ. 82 (3), 214 - 227.

Lund, H., Φstergaard, P. A., Andersen, A. N., Hvelplund, F., Maeng, H., Münster, E., Meyer, N. I., 2004. Lokale energimarkeder. Department of Development and Planning, Aalborg University.

March, J. G., 1966. The power of power. In: Easton, D. (Ed.), Variations of Political Theory. Prentice - Hall, Englewood Cliffs, NJ.

Mathiesen, B. V., Connolly, D., Lund, H., Nielsen, M. P., Schaltz, E., Wenzel, H., Bentsen, N. S., Felby, C., Kaspersen, P., Ridjan, I., Hansen, K., 2014. CEESA 100% Renewable Energy Transport Scenarios towards 2050. Aalborg University.

Mathiesen, B. V., Lund, H., 2009. Comparative analyses of seven technologies to facilitate the integration of fluctuating renewable energy source. IET Renewable Power Generation 3 (2), 190 - 204.

Mathiesen, B. V., Lund, H., Karlsson, K., 2011. 100% Renewable energy systems, climate mitigation and economic growth. Appl. Energ. 88 (2), 488 - 501.

Mathiesen, B. V., Lund, H., Nφrgaard, P., 2008. Integrated transport and renewable energy systems. Util. Pol. 16 (2), 107 - 116.

Methanol Institute China, 2011. The Leader in Methanol Transportation. Methanol Institute, http: // www. methanol. org.

Mouffe, C., 1993. The Return of the Political. Verso, London.

Murawski, J., 2006. Report: state could go more green. The News and Observer, 14 December 2006.

Müller, J., 1973. Choice of Technology in Underdeveloped Countries. Technical University of Denmark, Copenhagen (Ph. D. dissertation).

Müller, J., 2003. A conceptual framework for technology analysis. In: Kuada, J. (Ed.), Culture and Technological Transformation in the South: Transfer or Local Innovation. Samfundslitteratur, Copenhagen.

Müller, J., Remmen, A., Christensen, P., 1984. Samfundets Teknologi—Teknologiens Samfund. Systime, Heming.

Möller, B., 2008. A heat atlas for demand and supply management in Denmark. Manag. Environ. Qual. 19 (4), 467 – 479.

Möller, B., Lund, H., 2010. Conversion of individual natural gas to district heating: geographical studies of supply costs and consequences for the Danish energy system. Appl. Energ. 87 (6), 1846 – 1857.

Nature Protection Appeal Board, 1993. Decision in the Case of a Supplement to the Regional Plan to Enable the Construction of a Combined Power and Heat Generating Station on the Limfjord (Nordjyllandsvaerket). Nature Protection Appeal Board, Copenhagen.

Nature Protection Appeal Board, 1994. Decision in the Case of a Supplement to the Regional Plan to Enable the Construction of a Combined Power and Heat Generating Station on the Limfiord (Nordjyllandsvaerket). Nature Protection Appeal Board, Copenhagen.

NESDB, National Economic and Social Development Board, 1996. The 8th Economic and Social Development Plan. Office of the National Economic and Social Development Board, Bangkok.

Nielsen, L. H., Jφrgensen, K., 2000. Electric Vehicles and Renewable Energy in the Transport Sector—Energy System Consequences. Risφ National Laboratory, Roskilde.

North Carolina Utilities Commission, 2008. Annual Report of the North Carolina Utilities Commission: Regarding Long Range Needs for Expansion of Electric Generation Facilities for Service in North Carolina. Report to the Joint Legislative Utility Review Committee of the North Carolina General Assembly, North Carolina Utilities Commission, Raleigh.

North Jutland Regional Authority, 1993. Regional Plan for North Jutland, Supplement No. 26 and EIA Analysis for Nordjyllandsvaerket. North Jutland Regional Authority, Aalborg.

O'Brian, M., 2000. Making Better Environmental Decisions. An Alternative to Risk Assessment. MIT Press, Cambridge, MA, and London.

OOA, 1980. Fra Atomkraft til Solenergi. OOAs forlag, Arhus.

OOA, 1996. Vedrφrende forslag til regionsplantillaeg nr. 6. Avedφrevaerket, blok 2. OOA, Copenhagen.

Orecchini, F., Santiangeli, A., 2011. Beyond smart grids-the need of intelligent energy networks for ahigher global efficiency through energy vectors integration. Int. J. Hydrogen Energ. 36 (13), 8126 – 8133.

Ostergaard, P. A., Lund, H., Blåbjerg, F., Maeng, H., Andersen, A. N.,

2004. MOSAIK Model af samspillet mellem integrerede kraftproducenter. Department of Development and Planning, Aalborg University.

OVE, 2000. Vedvarende energi i Danmark. En krφnike om 25 opvaekstår 1975 – 2000. OVEs forlag, Århus.

Oxford English Dictionary, 2008. www. aub. aau. dk (accessed in January-March 2008) .

Persson, U., Werner, S., 2011. Heat distribution and the future competitiveness of district heating. Appl. Energ. 88 (3), 568 – 576.

Pidd, M., 2010. Why modelling and model use matter. J. Oper. Res. Soc. 61, 14 – 24.

Pillai, J. R., Bak-Jensen, B., 2011. Integration of vehicle-to-grid in western Danish power system. IEEE Transactions on Sustainable Energy 2 (1), 12 – 19.

Pontzen, F., Liebner, W., Gronemann, V., Rothaemel, M., Ahlers, B., 2011. CO_2-Based methanol and DME-efficient technologies for industrial scale production. Catal. Today 171 (1), 242 – 250.

Qudrat-Ullah, H., Seong, B. S., 2010. How to do structural validity of a system dynamics type simulation model: the case of an energy policy model. Energy Policy 38 (5), 2216 – 2224.

Rasburskis, N., Lund, H., Prieskienis, S., 2007. Optimization methodologies for national small-scale CHP strategies (the case of Lithuania) . Energetika 53 (3), 16 – 23.

Risφ, 1991. Hφringsudkast til Samfundsφkonomiske analyser af Biogasfaellesanlaeg, bilag til hovedrapport fra Koordineringsudvalget for Biogasfaellesanlaeg. Risφ og Statens Jord-brugsφkonomiske Institut.

Rosager, F., Lund, H., 1986. Analyse af eloverlφbs-og elkvalitetsproblemer. Bomholms Amt, 1986.

Serup, K. E., Hvelplund, F., 2002. Vindkraftens eksport og beskaeftigelses-effekt uden vaerdi? Naturlig Energi 24 (11), 12 – 13.

Smart Grids European Technology Platform, 2006. www. smartgrid. eu. Retrieved January 2013.

Smith, G., 1882. The Dictionary of National Biography, Founded in 1882 and Published by Oxford University Press since 1917.

Stokes, G., Whiteside, D., 1984. One Brain. Dyslexic Learning Correction and Brain Integration. Three In One Concepts, Burbank, CA.

Stokes, G., Whiteside, D., 1986. Advanced One Brain. Dyslexia-The Emotional Cause. Three In One Concepts, Burbank, CA.

Thomsen, J., Frφlund, P., Andersen, H., 1996. Nyere Marxistisk Teori. In: Andersen, H., Kaspersen, L. B. (Eds.), Klassisk og Modeme Samfundsteori. Hans Reitzels Forlag, Copenhagen.

United Nations, World Commission on Environment and Development, 1987. Our Common Future. Oxford University Press, Oxford.

U. S. Department of Energy, 2012. Smart Grid/Department of Energy, http: //energy. gov/oe/technol ogy-development/smart-grid, Retrieved 2012 - 06 - 18.

Werner, S., 2004. District heating and cooling. In: Encyclopedia of Energy, pp. 841 - 848.

Werner, S., 2005. The European heat-market. Ecoheatcool project. December, 2005, ww w. ecoheatcool . org.

Wikipedia, 2008. www. wikipedia. dk (accessed in January-March 2008).

Wiltshire, R., 2011. Towards Fourth Generation District Heating, Discussion paper 2011.

Wiltshire, R., Williams, J., 2008. European DHC research issues. In: The 11th International Symposium on District Heating and Cooling, 2008, Reykjavik, Iceland.